U0221326

岩溶地区高层建筑地基基础设计与施工

林鲁生　徐礼华 等　编著

科 学 出 版 社

北 京

内 容 简 介

随着经济的发展,越来越多的高层建筑将建在岩溶地基上,岩溶地基是一种复杂地基,常常引起地基承载力不足、不均匀沉降、地基滑动和塌陷等地基变形破坏,并导致严重的工程事故。因此,岩溶地区高层建筑地基基础合理设计与施工关系到建筑物造价、工期与安全,甚至是工程成败的关键。

本书较为系统地论述了岩溶的类型、发育的条件、作用、形态、规律及深岩溶等问题;介绍了岩溶地质勘察技术及遇到的相关问题;论述了土洞、溶洞等的岩溶稳定问题、岩溶地基承载力确定以及岩溶地基处理等方面内容;分析了溶洞顶板和桩基作用,讨论了不同模型下溶洞顶板安全厚度理论计算公式;研究了上部结构、基础、地基三者的共同作用。对岩溶地质灾害危险性分区、岩溶地基风险评估进行分析,并针对复杂岩溶地质条件下超高层建筑设计与施工综合超前地质预报、岩溶地基安全施工技术与灾害治理进行研究;论述了针对复杂岩溶难题采取的新技术、新工艺和科技创新成果,这些认识和总结为龙岗地区乃至中国岩溶地区高层建筑建设提供了宝贵的技术参考资料,并对岩溶地质灾害防治和应急抢险工作具有重要的指导作用。

本书可供从事岩土工程、建筑设计、地质工程、地质灾害防治等专业的科研人员和技术人员参考使用,也可供高等院校师生参考。

图书在版编目(CIP)数据

岩溶地区高层建筑地基基础设计与施工 / 林鲁生等编著 . —北京:科学出版社,2017.6

ISBN 978-7-03-052835-3

Ⅰ.①岩…　Ⅱ.①林…　Ⅲ.①岩溶区-高层建筑-地基-建筑设计

Ⅳ.①TU473

中国版本图书馆 CIP 数据核字(2017)第 110737 号

责任编辑:刘凤娟 / 责任校对:张凤琴
责任印制:吴兆东 / 封面设计:铭轩堂

科 学 出 版 社 出版
北京东黄城根北街 16 号
邮政编码:100717
http://www.sciencep.com

北京建宏印刷有限公司 印刷
科学出版社发行　各地新华书店经销

*

2017 年 6 月第 一 版　开本:787×1092　1/16
2022 年 1 月第四次印刷　印张:21　插页:4
字数:474 000

定价:148.00 元
(如有印装质量问题,我社负责调换)

岩溶地区高层建筑地基基础设计与施工

主　编　林鲁生

副主编　徐礼华　唐恩斯　陈建辉　谢永生　张之雁

编　委　张建同　刘素梅　饶才金　谢　妮　李家杰

　　　　刘　平　陈秋如　肖　毅　魏永刚　曾　怡

　　　　易　洋　陈顺军

主　审　刘祖德

审　校　（按姓氏笔画排序）

　　　　刘　平　刘　歆　刘　瀛　杜　斌　杨　俊

　　　　肖　毅　陈秋如　李家杰　饶才金　徐　谦

　　　　曾　怡　魏永刚

序

喀斯特地貌是具有溶蚀力的水对可溶性岩石进行溶蚀等作用所形成的地表和地下形态的总称,又称岩溶地貌。

岩溶地貌在全世界主要分布区有:南斯拉夫迪纳拉山区,法国中央高原,俄罗斯乌拉尔山区,澳大利亚大陆南部,美国肯塔基和印第安纳州,古巴、牙买加和越南北部地区等。

中国岩溶地貌分布广泛,类型之多,为世界罕见,据不完全统计,总面积达 200 万平方公里,其中裸露的碳酸盐类岩石面积约 130 万平方公里,约占全国总面积的 1/7;埋藏的碳酸盐岩石面积约 70 万平方公里。

深圳市属于岩溶发育地区,发育带主要集中在龙岗区、坪山新区和大鹏新区等地区。岩溶地区的地下洞穴常造成水库渗漏,对坝体、交通线和厂矿建筑等构成不稳定的因素。龙岗区岩溶分布广泛,是岩溶塌陷多发区。其中,大量石灰岩隐伏于溶蚀洼地松散堆积层下部,在长期岩溶地质作用下,使得地下存在溶洞、暗河、土洞等,形成隐伏岩溶发育区,易形成岩溶地面塌陷地质灾害,工程地质条件较差,经有关工程地质专家鉴定,龙岗区不适宜建设超高层建筑。

随着深圳"东进战略"的实施,龙岗区经济迅速发展,不可避免地在岩溶发育地带建设高层、超高层建筑群。龙岗区建设领域博士后创新实践基地以龙岗目前第一高楼(设计标高 191.15m 的龙岗创投大厦)为载体,研究岩溶地区超高层建筑地基基础设计方法和施工技术,取得了预期成果。创投大厦目前已经顺利封顶,这标志着龙岗区因地下岩溶地质条件复杂不能承建超高层建筑成为了历史。

为了总结岩溶地区高层建筑的建设经验,提高我国岩溶工程地基处理及相应基础设计的水平,深圳市龙岗区建设领域博士后创新实践基地编写了《岩溶地区高层建筑地基基础设计与施工》一书。主要内容包括岩溶概述、岩溶地质灾害危险性评价、岩溶地基变形与稳定性分析、岩溶地基处理、岩溶地基高层建筑基础选型、岩溶区高层建筑地基基础设计方法、岩溶地区高层建筑地基基础安全施工及质量检测与验收、深圳市龙岗区创投大厦设计与施工。

本书的出版将会对深圳地区乃至全国岩溶地区高层建筑建设提供宝贵的技术参考,对岩溶地质条件下的工程建设具有重要的指导意义。

杜彦良

2010.12.28

前　言

中国的岩溶面积分布较广,约为国土面积的1/3,深圳市也在其中。随着深圳经济的快速发展,高层建筑越来越多,并将不可避免地建造在岩溶地基上。岩溶地层岩性不均匀,岩石的可溶性及岩溶化程度各异,岩溶水文地质条件十分复杂,岩溶发育对高层建筑基础及地基稳定性影响较大,因此,在岩溶地基上修建高层建筑必须考虑到岩溶中溶洞、溶隙、溶蚀带等对地基强度和稳定性的影响,合理处理岩溶地基,正确选择基础类型,以确保建筑物安全可靠、经济合理,取得良好的经济效益和社会效益。

本书正是为适应这种需求而编写的,全书共8章。其中,第1~2章系统阐述岩溶地质,深入论述岩溶地质灾害危险性评价原则、内容与方法;第3~4章深入分析岩溶地基变形与稳定性,全面介绍岩溶地基处理方法与技术;第5~6章集中介绍与评述岩溶地基高层建筑基础类型和选型原则、岩溶地基高层建筑基础设计方法;论述考虑高层建筑上部结构—基础—地基共同作用的设计方法;第7章为岩溶地区高层建筑地基基础安全施工技术与岩溶地区高层建筑质量检测与验收;第8章重点叙述深圳市龙岗区创投大厦的设计方法与施工技术,包括考虑上部结构—桩筏基础—岩溶地基共同作用的设计计算分析。

本书各章撰写分工如下:第1章徐礼华、谢妮;第2章唐恩斯、张建同;第3章陈建辉、张建同;第4章谢永生、张建同;第5章张之雁、刘素梅;第6章易洋、谢妮;第7章陈顺军、易洋;第8章林鲁生、刘素梅、陈顺军。

在本书编写过程中,参阅了许多国内外相关文献,谨向这些文献的作者表示诚挚的谢意。

限于编者水平,书中不足之处在所难免,敬请读者批评指正。

编　者

2016 年 9 月

目　　录

第1章　岩溶概述 ··· 1

　1.1　岩溶的定义、形态及类型 ······································ 1

　　1.1.1　岩溶的定义 ··· 1

　　1.1.2　岩溶的形态 ··· 1

　　1.1.3　岩溶的类型 ··· 8

　1.2　岩溶的形成条件 ·· 9

　　1.2.1　岩石的可溶性 ··· 10

　　1.2.2　岩石的透水性 ··· 11

　　1.2.3　水的溶蚀性与流动性作用 ······························· 11

　　1.2.4　地质构造 ··· 12

　　1.2.5　气候的影响 ··· 15

　　1.2.6　地形地貌的影响 ······································· 16

　　1.2.7　岩溶塌陷形成条件 ····································· 17

　1.3　岩溶发育 ·· 20

　　1.3.1　岩溶水系统发育过程 ··································· 20

　　1.3.2　岩溶发育的主要影响因素 ······························· 20

　　1.3.3　岩溶发育的特点 ······································· 22

　　1.3.4　岩溶土洞发育特征 ····································· 23

　1.4　深圳市岩溶分布 ··· 24

　　1.4.1　岩溶发育概况 ··· 24

　　1.4.2　区域地层 ··· 25

　　1.4.3　区域构造 ··· 26

　　1.4.4　区域水文 ··· 29

第2章　岩溶地质灾害危险性评价 ···································· 32

　2.1　岩溶地质灾害类型 ··· 32

　　2.1.1　岩溶灾害分类 ··· 32

　　2.1.2　岩溶灾害的处置原则 ··································· 34

　2.2　岩溶地质灾害评价原则 ····································· 35

　2.3　岩溶地质灾害危险性评估内容 ································ 36

　2.4　岩溶地质灾害评价方法 ····································· 36

2.4.1 岩溶塌陷危险性评价 ……………………………………… 36

2.4.2 岩溶塌陷预测评价 …………………………………………… 37

2.4.3 岩溶塌陷灾情评估与预测 …………………………………… 38

2.5 岩溶地质灾害防治 ……………………………………………… 39

2.5.1 防治原则 ……………………………………………………… 39

2.5.2 工程措施 ……………………………………………………… 41

2.6 岩溶地质灾害风险管理 ………………………………………… 44

2.6.1 风险识别方法 ………………………………………………… 44

2.6.2 风险评估方法 ………………………………………………… 45

2.6.3 岩溶塌陷勘查及监测 ………………………………………… 47

第3章 岩溶地基变形与稳定性分析 ………………………………… 51

3.1 岩溶地基类型 …………………………………………………… 51

3.2 岩溶地基勘察 …………………………………………………… 51

3.2.1 勘察的重要性 ………………………………………………… 51

3.2.2 勘察的目的和要求 …………………………………………… 52

3.2.3 勘察内容 ……………………………………………………… 52

3.2.4 勘察手段 ……………………………………………………… 53

3.3 岩溶地基承载力 ………………………………………………… 57

3.3.1 岩溶地区地基承载力确定 …………………………………… 57

3.3.2 溶洞及土洞地基承载力 ……………………………………… 58

3.3.3 岩溶地区地基极限承载力分析 ……………………………… 63

3.4 岩溶地基变形 …………………………………………………… 65

3.4.1 一般土层中发育的土洞对地基变形的影响 ………………… 65

3.4.2 软流塑黏性土中发育的土洞对地基变形的影响 …………… 65

3.4.3 岩溶地基中塌陷土层应力和变形的计算分析 ……………… 66

3.4.4 塌陷土层中的沉降计算 ……………………………………… 66

3.4.5 地基变形的验算 ……………………………………………… 66

3.4.6 桩基不均匀沉降处理 ………………………………………… 67

3.5 岩溶地基稳定性 ………………………………………………… 67

3.5.1 岩溶地基稳定性分类 ………………………………………… 67

3.5.2 岩溶地基稳定性评价方法 …………………………………… 69

3.5.3 溶洞及土洞地基稳定性分析 ………………………………… 75

3.5.4 岩溶洞穴顶板安全厚度分析 ………………………………… 85

第4章 岩溶地基处理 ………………………………………………… 86

4.1 概述 ……………………………………………………………… 86

4.1.1 溶洞地基处理简述 …………………………………………… 86

4.1.2　土洞地基处理简述 ··· 88

4.2　岩溶地基处理的难点与原则 ·· 88

4.2.1　处理难点 ··· 88

4.2.2　处理原则 ··· 89

4.3　岩溶地基常用处理方法 ·· 89

4.3.1　填堵法 ··· 90

4.3.2　跨越法 ··· 90

4.3.3　深层密实法 ··· 91

4.3.4　灌注法 ··· 92

4.3.5　桩基础法 ··· 94

4.3.6　平衡地下水、气压力法 ··· 96

4.3.7　换土垫层法 ··· 96

4.3.8　化学加固法 ··· 97

4.3.9　综合治理法 ··· 98

4.4　工程治理方法的适用性 ·· 98

4.4.1　针对已形成塌陷的治理 ··· 98

4.4.2　针对塌陷隐患的治理 ··· 99

4.5　岩溶地基处理效果检测 ··· 100

4.5.1　钻孔取芯法 ·· 100

4.5.2　压水试验 ·· 100

4.5.3　电测探法 ·· 101

4.5.4　超声波检测法 ·· 101

4.5.5　电磁波 CT 法 ·· 101

4.5.6　反射波法 ·· 101

4.5.7　频率-初速度法 ··· 102

4.6　缺陷桩的加固 ·· 103

第 5 章　岩溶地基高层建筑基础选型 ··· 105

5.1　岩溶地基高层建筑常用基础类型 ··· 105

5.1.1　天然地基基础 ·· 105

5.1.2　复合地基基础 ·· 105

5.1.3　预制桩基础 ·· 106

5.1.4　钻(冲、挖)孔灌注桩基础 ·· 106

5.1.5　人工挖孔桩基础 ·· 107

5.1.6　夯扩桩基础 ·· 107

5.1.7　桩筏基础 ·· 108

5.2　岩溶地基高层建筑基础选型影响因素 ··· 108

5.3 岩溶地基高层建筑选型基本原则及要求 ·················· 109
    5.3.1 回避岩溶地质危害的基础选型 ·················· 110
    5.3.2 分散岩溶地质风险的基础选型 ·················· 111
    5.3.3 消除岩溶地质危害的基础选型 ·················· 111
5.4 岩溶地基高层建筑基础常用型式适用条件 ·················· 112
    5.4.1 十字交叉基础 ·················· 112
    5.4.2 筏形基础 ·················· 113
    5.4.3 箱形基础 ·················· 114
    5.4.4 桩基础 ·················· 115
第6章 岩溶区高层建筑地基基础设计方法 ·················· 117
    6.1 岩溶区地基基础设计内容 ·················· 117
    6.2 岩溶地基浅基础设计 ·················· 117
        6.2.1 无筋扩展基础 ·················· 117
        6.2.2 扩展基础 ·················· 119
        6.2.3 柱下条形基础 ·················· 123
        6.2.4 筏形基础 ·················· 124
    6.3 岩溶地基桩基础设计 ·················· 130
        6.3.1 常用桩基础总体设计要求 ·················· 130
        6.3.2 桩基础设计内容及步骤 ·················· 135
        6.3.3 桩基竖向承载力计算 ·················· 136
        6.3.4 桩基水平承载力计算 ·················· 137
        6.3.5 桩基承载力验算 ·················· 139
        6.3.6 桩基沉降计算 ·················· 140
第7章 岩溶地区高层建筑地基基础施工 ·················· 143
    7.1 高层建筑基础施工 ·················· 143
        7.1.1 桩基施工技术 ·················· 143
        7.1.2 基坑支护技术与降水 ·················· 153
    7.2 高层建筑地基基础质量检测与验收 ·················· 163
        7.2.1 常用建筑地基基础及其质量检测 ·················· 163
        7.2.2 地基验收的一般规定 ·················· 166
        7.2.3 桩基础验收的一般规定 ·················· 175
第8章 龙岗区创投大厦设计与施工 ·················· 182
    8.1 工程概况 ·················· 182
    8.2 工程地质条件 ·················· 183
        8.2.1 地层岩性与地质构造 ·················· 183
        8.2.2 岩溶特性 ·················· 185

　　8.2.3　场地适宜性评价 ……………………………………………… 186

8.3　上部结构—桩筏基础—岩溶地基共同作用分析及溶洞稳定性分析 …… 188

　　8.3.1　共同作用概述 ………………………………………………… 188

　　8.3.2　上部结构—桩筏基础—岩溶地基共同作用分析 …………… 190

　　8.3.3　溶洞稳定性分析 ……………………………………………… 211

8.4　上部结构施工 ……………………………………………………… 229

　　8.4.1　钢筋施工 ………………………………………………………… 229

　　8.4.2　模板施工 ………………………………………………………… 232

　　8.4.3　混凝土施工 ……………………………………………………… 234

　　8.4.4　钢结构施工 ……………………………………………………… 238

　　8.4.5　脚手架施工 ……………………………………………………… 243

　　8.4.6　砌体结构施工 …………………………………………………… 244

8.5　地基与基础施工 …………………………………………………… 246

　　8.5.1　岩溶地基处理与施工 …………………………………………… 246

　　8.5.2　基坑及支护工程设计与施工 …………………………………… 253

　　8.5.3　桩基础施工 ……………………………………………………… 292

　　8.5.4　工程项目管理 …………………………………………………… 305

　　8.5.5　施工事故预防与处理 …………………………………………… 307

8.6　项目工程难点及应急措施 ………………………………………… 314

　　8.6.1　工程难点 ………………………………………………………… 314

　　8.6.2　应急措施 ………………………………………………………… 315

参考文献 ………………………………………………………………… 316

彩图

第1章 岩溶概述

1.1 岩溶的定义、形态及类型

1.1.1 岩溶的定义

岩溶是喀斯特(国际通用术语 Karst)的同义词,它具有地名学的意义,而实际上是指具有特殊地貌和水文现象的区域,以后发展成为国际通用术语,涵义更为广泛,表示喀斯特区域现象特征的总和。岩溶是以可溶性岩石(我国以碳酸盐岩为主)受水的化学溶蚀作用为主,并伴随以机械作用而形成沟槽、裂隙、洞穴以及由于洞顶塌落而使地表产生陷穴等一系列现象和作用的总称。

据估计,我国960万平方公里的土地上分布着超过130万平方公里的碳酸盐岩,出露于近地表或浅埋地下,如果包括埋藏较深的碳酸盐岩,将近1/3 的土地被这种沉积物覆盖。

1.1.2 岩溶的形态

岩溶是由于具溶蚀力的水对可溶性岩石进行溶蚀等作用形成的。岩溶发育形态各异,但其共同特征是在岩层内形成溶蚀空腔,在地表常见的有石林、溶沟、溶槽、漏斗、溶蚀洼地、落水洞、陷穴、岩溶泉等,在地下施工中一般遇到的是溶洞、暗河、土洞等。

目前对岩溶形态命名,一般采用出自南斯拉夫岩溶区域的一套术语,并加以发展,或扩大其含义,或改为各自理解的语言。1988 年,袁道先编著了我国岩溶相关术语,遵循以下主要命名原则:

(1)以个体形态命名为主,并作适当归类。形态由小到大,由地表到地下排列,这样能较系统地反映岩溶的成因与分布特征。

(2)形态与成因相结合的原则。岩溶形态命名以形态为主,因为形态是岩溶形成条件与环境的表现,对形态相同、成因不同者应加以区别。

(3)国际通用术语与我国常用术语相结合的原则。在岩溶区,流水对可溶性岩石进行作用,形成了独特的地表和地下的岩溶地貌,这些多种多样的岩溶形态都有其成因和发育的过程,而且彼此间有着一定的关系,因此它们中有的可形成岩溶的组合类型。

根据上述岩溶形态命名原则,结合我国的情况,将常见的47 种岩溶个体形态和9 种岩溶形态组合分述如下:

1. 岩溶个体形态

1）地表岩溶

（1）溶痕。地表水沿可溶性岩石表面进行溶蚀所形成的微小的形态是溶沟的雏形，如图 1-1 所示。

图 1-1 溶痕

（2）石芽与溶沟。地表水沿可溶性岩石的节理裂隙流动，不断进行溶蚀和冲蚀，开始是微小的溶痕，进一步加深形成沟槽形态，称为溶沟。沟槽之间突起的牙状岩体称为石牙，许多石牙首先在土下溶蚀而形成，后期受到地表水的溶蚀和侵蚀，仍埋藏于土下的叫埋藏石牙。由溶沟形成的组合形态就是溶沟田，沿石灰岩表面发育，如图 1-2 和图 1-3 所示。

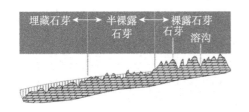

图 1-2 石芽与溶沟简化示意图

图 1-3 石芽与溶沟

（3）岩溶裂隙。地表水沿可溶岩的节理裂隙进行垂直运动，不断对裂隙四壁进行溶蚀和冲蚀，从而不断扩大成几厘米至 1~2m 宽的岩溶裂隙。

（4）落水洞。消泄地表水的、近于垂直的或倾斜的洞穴。它是流水沿裂隙进行溶蚀、侵蚀作用以及塌陷而形成的，分布于溶蚀洼地、岩溶沟谷和坡立谷底部，也有分布在斜坡上的。其形态不一,深度可达 100m 以上,宽度很少超过 10m。

(5)竖井。又叫天然井、喀斯特井、天坑等。由于地壳上升和河流下切的影响,落水洞进一步向下发育而成,其深度由数十米至数百米不等,分布在邻近河谷的谷坡地带。

(6)漏斗。为漏斗形状或碟形的封闭洼地,是地表水沿节理裂隙不断溶蚀,并伴有塌陷、沉陷、渗透及溶滤作用发育而成的(图1-4)。

图 1-4　漏斗

(7)溶蚀洼地。四周环山或丘陵,没有地表排水口、直径为几米到几百米的小型负地形,是岩溶地区特有的地表个体形态。它与漏斗不易严格区分,一般在形态上,溶蚀洼地的底部较平坦,覆盖着松散堆积物,可耕种;漏斗多为不规则圆形,底部平坦面积较小。在生产上,以底部长径 100m 为两者之间分界,如图 1-5 和图 1-6 所示。

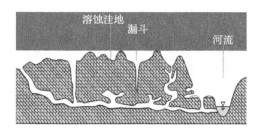

图 1-5　溶蚀洼地与漏斗

图 1-6　岩溶洼地

(8)岩溶槽谷。即长条状的合成洼地，其发育主要受构造控制，以川东最为典型。

(9)岩溶盆地。四周为山或丘陵环绕，没有地表排水口，长宽几公里至数十公里的大型负地形。南斯拉夫学者 J. 司威治最早将这种地形称为坡立谷(polje)，意为可耕种的平地。坡立谷通常指平底，周围被山封闭，具有地表灌和地下排水系统的大型封闭洼地，底部或边缘常有泉、地下河出没。岩溶盆地常沿主要构造线发育。我国云南的砚山和罗平、贵州的安顺都是较大的岩溶盆地(图1-7)。

图1-7 岩溶盆地

(10)岩溶平原。岩溶地区近乎水平的地面。在湿润的气候条件下，由于长期经受流水岩溶作用，岩溶盆地面积不断扩大，可达数百公里，地表为溶蚀残余的红土或冲积层覆盖的呈现出平缓起伏的平原地形，局部散布着岩溶孤峰，以广西的黎圹、贵县等地最为典型。德国学者列曼(H. Lehman)称之为喀斯特边缘平原，在高温多雨的湿润热带易形成，见图1-8。

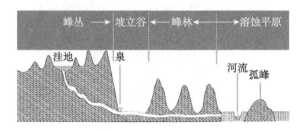

图1-8 岩溶平原形成过程

(11)岩溶准平原。岩溶发育到地面起伏很小，称为岩溶准平原。事实上岩溶准平原与岩溶平原是指同一岩溶类型，只是岩溶准平原强调了岩溶循环演变的阶段性。云南东部弥勒一带保存有很好的上升的岩溶准平原。

(12)岩溶夷平面。即岩溶准平原地面，这种岩溶化夷平的地面，由于后期的抬升，常见于山顶，呈波状起伏、峰顶齐一的形态。

(13)盲谷。岩溶地区没有出口的地表河谷，水流常消失在河谷末端的落水洞中转为暗河，多见于封闭的岩溶洼地或岩溶盆地里(图1-9)。

(14)干谷。岩溶地区干涸的或间歇性有水的河谷，其为以前的地表排水道，后因地壳上升或气候变化，侵蚀基准面下降，发育了更深的地下排水系统，使地表原来的河道成为干谷。谷底较平坦,并有漏斗、落水洞分布,常覆盖有松散堆积物。当地表河被地下河袭夺时,也可在地表留下干谷(图 1-9)。

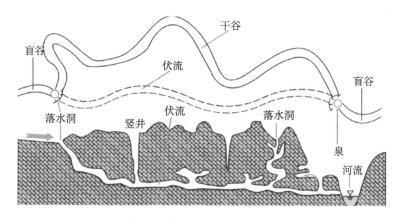

图 1-9　盲谷和干谷简化示意图

(15)岩溶悬谷。岩溶地区高悬于主谷谷坡上呈"U"形的干谷,因近期地壳上升形成。

(16)岩溶嶂谷。在岩溶地区,由于地壳急剧抬升,已形成的地下河迅速被切开,造成两壁直立的河谷,也称为岩溶箱状谷。这类河谷上有不少天生桥与穿洞保留。

(17)岩溶天窗。地下河顶板的塌陷部分。

(18)天生桥。又称天然桥,地下河与溶洞的顶板崩塌后横跨沟谷的残留顶板。其两端与地面连接,中间悬空而呈桥状。广义地说,一切横跨沟谷或河流上的岩体都可称为天生桥。

(19)岩溶湖。它的形成有两种情况:一是由于漏斗或落水洞的淤塞聚水而成;二是直接与地下含水层有联系的低洼地区。岩溶湖的集水主要靠泉水,这种湖终年有水,水量稳定。

(20)岩溶泉。岩溶水向地表溢出的天然露头。按岩溶水循环性质可分为垂直循环带、季节变动带、水平循环带以及虹吸循环带的泉。

(21)峰林。在热带地区,气候高温潮湿,碳酸盐类岩石被强烈溶蚀,石峰突起,并有地下排水系统,组成广义上的峰林地形。狭义的峰林在国外称圆锥状岩溶(kegel karst)和塔状岩溶(tower karst, turm karst),指高耸林立的石灰岩山峰分散或成群出现在平地上,远望如林,称之为峰林,其个体为石峰。峰体相对高差 100~200m,坡度很陡,一般均在 45°以上,有的地方依构造方向排列,其表面发育石芽与溶沟(图 1-10)。

(22)孤峰。兀立在岩溶平原上的孤立石峰。其岩裸露,石峰低矮,相对高度由数十米至百余米不等,如桂林的独秀峰。

(23)残丘。孤峰进一步发育,使岩块不断崩解成为蚀余残丘,相对高度只有几米至数十米,主要分布在郁江和浔江谷地。

(24)岩溶丘陵。起伏不大的岩溶丘陵,相对高度通常在 100~150m,坡度不如峰林陡,多小于 45°,已不具峰林形态。

图 1-10　峰林

(25)岩溶石柱。沿碳酸盐岩岩体垂直裂隙或溶槽等进行溶蚀,侵蚀后残留的上下直径大致一致的柱状岩体。在三峡石牌、北京西山拒马河十渡两岸白云岩中发育有典型的溶柱,高达十米至数十米。

(26)岩溶高原。四周被深谷陡崖所包围的岩溶高原,海拔在 500m 以上,顶面为波状起伏的峰林或岩溶丘陵,以贵州中部、北部及鄂西高原为代表。

(27)岩洞。又称岩屋,主要是由地表水冲蚀形成的近似水平的洞穴,宽度大于高度 3~5 倍,深度不超过 10m,通常分布在河谷两侧。

(28)红色土。指碳酸岩类岩石被溶蚀后留下的不溶残余堆积物,为棕红色黏土。在湿热气候条件下,氧化溶淋作用强烈,使氧化铁富集,故呈红色,常分布于石芽间。在岩溶盆地里厚度可达数米至十数米,形成波状起伏的红土台地,在云贵和广东、广西的岩溶盆地常可见到。

2)地下岩溶

(29)溶洞。又称洞穴。地下水沿着可溶岩的层面、节理或裂隙、落水洞和竖井下渗的水,在地下水垂直流动带内沿着各种构造面不断向下流动,同时扩大空间,形成大小不一、形态多样的洞穴。起初这种下渗的水所造成的溶洞是彼此孤立的;随着溶洞的不断扩大,岩溶作用不断进行,孤立的洞穴逐渐沟通,许多小溶洞就合并成为大的洞穴系统,这时静水压力就可以在较大范围内起作用而形成统一的地下水面,从而形成了水平溶洞。当地壳上升河流下切时,地下水位下降使洞穴脱离地下水成为干溶洞,随之洞内出现各种碳酸钙等的化学沉积物以及其他洞穴堆积。这种水平溶洞主要在饱水带内发育,可与阶地进行对比。另一种垂直型溶洞,循陡倾的石灰层面或垂直裂隙发育,常见于充气带和深饱水带,这类溶洞就不能与阶地对比了。

(30)地下河。即暗河或伏流,地面以下的河流,在岩溶地区常发育于地下水面附近,是近乎水平的洞穴系统,常年有水向邻近的地表河排泄,称为地下河。在新构造运动上升区的邻近谷坡地带,地下河水力坡降很大。

(31)地下廊道。近乎水平的地下河,人可进入。

(32)岩溶通道。又称溶洞网,由各种大小不同的洞穴和管道联系起来的洞穴系统,常见的是迷宫型和树枝型的洞穴网。

(33)暗湖。即地下湖。在岩溶岩体内,由于岩溶作用形成具有较大空间集聚地下水的湖洞,称为暗湖。它往往和暗河相连通,或在暗河的基底上局部扩大而成,起着储存和调节地下水的作用,如云南六朗洞。

(34)溶孔。碳酸盐类矿物颗粒间的原生孔、解理等被渗流水溶蚀后,形成直径小于数厘米的小孔,称为溶孔。

(35)晶孔。被碳酸钙重结晶的晶簇所充填或半充填的溶孔。

(36)洞穴堆积。即洞穴充填,在洞穴中常堆积有各种不同成因的堆积物,包括碎屑堆积、化学沉积、河流冲积物,有机充填以及混合充填等。

(37)顶板。指洞穴顶部的岩层。

(38)底板。指洞穴底部的岩层。

(39)石灰华。溶洞底部或岩溶泉露头处,往往有白色或淡黄色的碳酸钙沉积物,统称为石灰华,这是由于岩溶地区的地下水或地表水中有过饱和的碳酸盐类离子在适宜的环境下沉积而成。

(40)钟乳石。又称石钟乳,自溶洞顶部向下生长的一种碳酸钙沉积,这是渗流水下渗至洞顶,因水的蒸发及二氧化碳的散失,使溶在水的碳酸钙沉淀下来的缘故。

(41)石笋。洞顶的水滴落到底板后,经水的蒸发和碳酸钙的沉淀,形成由下而上增长的碳酸钙沉积,形如笋状。

(42)石柱。钟乳石往下长,与上长的石笋相连接,便形成石柱。

(43)石幔。即石帷幕,又称石帘。饱含碳酸钙的薄层水流经洞壁,因水温和压力的变化,碳酸钙析出,沉积成为层状堆积,形如布幔,称为石幔。

(44)边石。洞内的地下水流,由于水面受河底不平的影响,引起水波,水中的碳酸钙开始沉淀在水潭的边缘,称为边石。边石常成组地横切地下河,称为边石坝。

(45)石珊瑚。钟乳石和石笋等受水淹没,水退后,外表由于渗出水流常沉积较小的拳状堆积物,状如珊瑚、葡萄、菜花等,故称为石珊瑚、葡萄石、石花等,其成分大多是石膏。

(46)石珍珠。又称蛋石,在河内水潭中形成的碳酸钙圆粒。其核心常由小粒的燧石、砂或黏土组成,具有同心圆结构。

(47)月奶石。为一种乳白色、可塑的胶体状洞穴堆积,在其形成中微生物起着主要作用。其分布于洞壁,作片状、钟乳石和石笋等形状。

2. 岩溶地貌组合

各种岩溶形态常组合成一定的地貌类型,在发育过程中有其成因上的联系。

1)地表岩溶组合

(1)峰丛。联座的峰林称为峰丛,峰与峰之间常形成 U 形马鞍形地,从峰顶至峰间的 U 形鞍地的距离不超过峰林相对高度的1/3。

(2)峰丛—洼地或峰丛漏斗。峰林基部相连成无数峰丛,其间为岩溶洼地或漏斗,以红水河上游最为典型。

（3）峰林—洼地。峰林与其间的岩溶洼地组合而成。

（4）孤峰残丘与岩溶平原。峰林分散，孤立在岩溶平原之上，峰林已被蚀低成为孤峰或零星的残丘，分布于广西黎圹、宾阳一带。

以上四种组合类型，都是在热带气候条件下形成的。

（5）岩溶丘陵洼地。是由石灰岩丘陵和岩溶洼地及干谷组成的一种地形。丘陵间为岩溶洼地和干谷所分割，沟谷及洼地底部一般较为平坦，发育着漏斗与落水洞。这种组合往往是亚热带岩溶地貌的特征，以鄂西与黔北高原最为典型。

（6）岩溶垄岗—槽谷。在亚热带地区，由于碳酸盐地层中夹有非碳酸盐地层以及受紧密褶皱的影响，岩溶化作用后常形成槽状谷地与垄岗，如川东的北东-南西走向的平行峰谷区。

2）地表岩溶与地下岩溶组合

（7）溶洞与地下廊道组合。溶洞与地下廊道相连通组成复杂的洞穴系统，溶洞是地下廊道在地表的表现，即地下通道的出口。如桂林七星岩是一个复杂的洞穴系，共有两层，上层高出漓江 25～30m，总长 1.5km，目前已脱离地下水面，下层有水，可与漓江相通。

（8）落水洞、竖井-地下通道组合。落水洞通过竖井把地表岩溶与发育在深处的地下岩溶连接起来。

（9）岩溶干谷与暗河组合。在有干谷出现的地方，即说明地下有暗河的存在，这是由于原来在干谷里流动的水为适应新的岩溶基面而渗入地下，在地下发育暗河。

1.1.3 岩溶的类型

岩溶类型的划分与岩溶发育条件密切相关。对岩溶类型进行准确划分，困难很大，往往采用主要指标划分的原则。按单项指标划分的几种主要岩溶类型，如表 1-1 所示。

表 1-1　岩溶类型

划分依据		划分类型	备注
岩溶类型	按可溶性岩石的出露条件划分	裸露型岩溶	可溶岩全部出露地表，上面没有或很少有覆盖物，地表岩溶显著
		覆盖型岩溶	被松散堆积物覆盖的岩溶，覆盖层厚度一般小于 50m
		埋藏型岩溶	已成岩的非可溶性岩层之下的可溶岩类岩层所发育的岩溶
	按气候带划分	温带岩溶	发育在温带地区，气温较低，雨量和降水强度都比热带为小，主要是地下岩溶比较发育，故又称为隐伏岩溶，如华北地区、山西桃河、山东淄河十八漏等地的岩溶
		亚热带岩溶	是介于热带与温带之间的过渡类型，有明显的干季与雨季，以各种岩溶丘陵与洼地为其主要特征，如鄂西、黔北连片分布的岩溶丘陵洼地等
		热带岩溶	湿热的热带地表与地下岩溶作用强烈，峰林特别发育，如广西盆地和广东西江平原等地

续表

划分依据	划分类型	备注
按植被覆盖划分	裸露岩溶	全部或近乎完全没有被植被覆盖的岩溶
	绿岩溶	岩溶化地块几乎全为植被所覆盖
	草原岩溶	岩溶化地块均为草原所覆盖
	森林岩溶	岩溶化地块为大片森林所覆盖
按海拔划分	海底岩溶	如海底岩溶泉
	海岸岩溶	通常发育在厚层石灰岩地区的海岸,具地带性的特点
	高原岩溶	岩溶化的高原
	高山岩溶	指高山森林线以上发育的岩溶地貌
按岩性划分	假岩溶	一般认为由于岩石里胶结物溶蚀、潜蚀或其他外力产生类似岩溶的现象称为假岩溶
	盐岩溶	指发育在卤素岩中的岩溶,岩溶形态保存更为短暂
	石膏岩溶	指发育在石膏及硬石膏中的岩溶
	白云岩岩溶	属碳酸盐岩溶的一种,其溶解度和溶蚀速度都不及石灰岩快,由于不溶物质含量较多,故多溶蚀残余物质——红色黏土,但岩溶形态则与石灰岩近似
	石灰岩岩溶	碳酸盐岩溶中分布最广的一种,构成了典型的最常见的岩溶
按地质构造划分	水平层岩溶	在产状水平的厚层可溶岩地层里发育的岩溶
	褶皱区岩溶	在褶皱地区发育的岩溶
按石灰岩性质和岩溶发育程度划分	半岩溶	一般发育在不纯的石灰岩、白云岩或质纯白云岩中,以流水、风化、侵蚀为主的岩溶
	全岩溶	一般发育在质纯的石灰岩中的岩溶
按水文标志划分	充气带岩溶	发育于充气带内的岩溶
	浅饱水带岩溶	发育在饱水带上部的靠近地下水面附近的岩溶
	深部岩溶	在深饱水带内发育的岩溶
按岩溶地貌演化划分	单面山岩溶	岩溶地块受褶皱后,侵蚀成一单面山,并在此基础上进行岩溶作用,形成单面山岩溶
	准平原岩溶	在流水侵蚀作用下,岩溶地貌演化发育形成平原形态
按岩溶形成时期划分	古岩溶	古地质时代形成的岩溶
	化石岩溶	地下岩溶空间已全部被充填,与现代地下水循环系统关系不密切的岩溶
	现代岩溶	目前仍在发育的岩溶
按地表岩溶形态划分	漏斗岩溶	以岩溶漏斗为主
	石丘岩溶	以岩溶峰林、丘陵为主
	麻窝状岩溶	以峰林漏斗组合为主

(注:最左侧整体纵向标注为"岩溶类型")

1.2 岩溶的形成条件

岩溶的形成需要具备四个基本条件:岩石的可溶性、岩石的透水性、水的溶蚀性及水的流动性。

（1）岩石的可溶性。可溶性岩石是岩溶形成的物质基础。可溶性岩石主要指碳酸盐类（如石灰岩、白云岩、大理岩等）、硫酸岩类（如石膏、硬石膏、芒硝等）和卤盐类（如岩盐、钾盐等）。它们的溶解性与其结构、构造和矿物成分有关。晶粒粗大、岩层较厚的岩石比晶粒小、岩层薄的岩石更容易溶解，矿物成分中方解石比白云石易溶解，岩石中含黄铁矿时则岩石溶解加速。

（2）岩石的透水性。可溶性岩石的透水性取决于岩石的孔隙和裂隙。完整无裂隙的岩石，水不能进入岩石内部，故溶蚀作用则仅限于岩石表面。风化裂隙可使岩溶发育于地面以下一定深度的岩石内，构造节理和断层则使岩溶向更深处发育成规模更大的地下溶洞或暗河。可溶岩经受构造变动并发育构造裂隙是岩溶发育的一个必要条件。

（3）水的溶蚀性。有溶蚀能力的水是岩溶发育的外因和条件。水的侵蚀性强弱取决于水中 CO_2 的含量，其含量越多，水的溶蚀力就越大。

（4）水的流动性。岩溶地区地下水的循环交替运动是造成岩溶的必要条件。由于水的流动能使水中 CO_2 不断得到补充，岩溶则不断进行，而且岩体中的渗透通道越来越大，水流的冲刷、侵蚀能力越来越强；反之，若水的流动缓慢或处于静止状态，岩溶发育就会迟缓，甚至停止发育。

岩溶形成其实是一个动态过程，如图 1-11 所示。

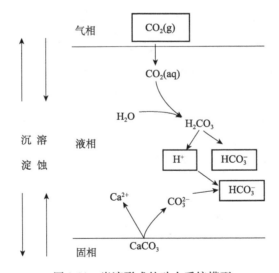

图 1-11 岩溶形成的动力系统模型

1.2.1 岩石的可溶性

岩石的可溶性是指岩石受溶蚀作用下产生的溶解度与溶解速度。可溶性岩石有三类：碳酸盐类岩石（石灰岩、质灰岩、泥质灰岩），硫酸盐类岩石（石膏、芒硝），卤盐类岩石（石盐和钾盐）。

一般来说,碳酸盐类岩石溶解度,从大到小依次为:石灰岩 > 白云岩 > 硅质灰岩 > 泥灰岩。在各种碳酸盐类岩石互层情况下,岩溶发育取决于优势易溶岩石的含量。

1.2.2　岩石的透水性

对可溶性岩石的透水性来说,裂隙较之孔隙更为重要。碳酸盐岩的初始透水性取决于它的原生孔隙(细小)与次生裂隙,但主要取决于构造裂隙的发育程度,透水性越好,岩溶地貌越发育。可见,可溶岩经受构造变动并发育构造裂隙是岩溶发育的一个必要条件。厚层质纯的灰岩,构造裂隙发育很不均匀,部分初始透水性差别很大,溶蚀作用集中于水易于进入与流动的裂隙发育部位,这是岩溶发育极不均匀的一个重要原因。薄层的碳酸盐岩通常裂隙发育比较均匀,连通性好的层面裂隙尤其发育。但由于其层厚限制了水的流动,且一般含杂质较多,故岩溶发育比较均匀而不强烈,主要表现为溶蚀裂隙。泥质灰岩的构造裂隙张开性及延伸性较差,不溶的泥质充填裂隙会阻碍水的循环流动,不利于溶蚀作用。

1.2.3　水的溶蚀性与流动性作用

水对碳酸盐岩的溶蚀能力,主要取决于其所含的 CO_2。

在 CO_2 参与下,水对碳酸盐岩的溶解作用反应如下:

$$CaCO_3 + H_2O + CO_2 =\!=\!= Ca^{2+} + 2HCO_3^- \tag{1-1}$$

$Ca(HCO_3)_2$ 的溶解度相当大,故 Ca^{2+} 和 HCO_3^- 均以离子状态存在于水中。此反应是可逆的,当反应达到平衡时,溶解作用便不再进行。如果条件发生变化(压力降低,温度升高),水中 CO_2 逸出,则反应向左进行,重新沉淀出 $CaCO_3$。

水呈酸性时,下列反应向左进行,将促使更多的 $CaCO_3$ 溶解:

$$CO_2 + H_2O =\!=\!= HCO_3^- + H^+ \tag{1-2}$$

因此含有机酸较多的水,溶蚀能力较强。同理,当水流经含有黄铁矿的岩层时,由于铁矿氧化生成 H_2SO_4,水中 H^+ 浓度加大,溶蚀能力也加强,岩溶往往格外发育。

富含 CO_2 的水,在溶解 $CaCO_3$ 的过程中,CO_2 逐渐消耗减少,侵蚀性逐渐减弱以致完全消失;另一方面,水在流动过程中,由于温度和压力等条件发生变化,CO_2 也可能重新从水中逸出,沉淀出 $CaCO_3$。逸出的 CO_2 一般在地下不易散失,最终仍将进入水中,使水的侵蚀性部分恢复,所以地下水经过相当长的流程以后,仍可具有一定的溶解能力。

岩溶发育的一个必要条件是水的流动。在水流停滞的条件下,随着水中的侵蚀性 CO_2 不断消耗,最终完全丧失其侵蚀能力,溶蚀作用便告终止。只有当地下水不断流动时,富含 CO_2 的渗入水不断得到补充更新,水才能经常保持侵蚀性,溶蚀作用才能持续进行。因此,地下水的径流条件是控制岩溶发育最活跃最关键的因素。

水的循环交替作用强烈,岩溶作用也强烈。在岩溶过程中,岩石的溶蚀大于物质的重新沉淀,因而在岩体中形成了各种各样的空洞。水的循环交替影响到水的类型、运动状态和岩溶形态。

循环交替条件各不相同;同一地区,在不同的时期,水循环交替作用也有变化;水循环交替条件在时间和空间上的变化,正是岩溶发育在时间和空间上不均一的主要原因;而分析水循环交替条件则是研究岩溶形成和发育的关键。透水性强的岩石有利于岩溶作用的进行。在这些岩石中的地下水运动速度相对较快,新鲜的地下水不断补充,使它处于不饱和状态,具较大溶蚀能力。

总之,不同地区,具有不同的岩性、构造、地壳运动条件及补给条件,故水交替条件各不相同;同一地区,在不同的时期,水交替作用也有变化;水交替条件在时间和空间上的变化,正是岩溶发育在时间和空间上不均一的主要原因;而分析水交替条件则是研究岩溶形成和发育的关键。

1.2.4　地质构造

新构造运动是第三纪以来所发生的地壳构造运动。新构造运动控制了地貌的发育,地貌发育形成了层状地貌,层状地貌控制了岩溶的发育分布。新构造运动对岩溶发育的影响主要是决定岩溶发育方向性、强弱性,因此其对于地下水储存构造的形成具有重要作用。新构造运动中的地壳升降运动影响着地下水循环交替条件变化趋势,从而控制了岩溶发育的类型、规模、速度及空间分布等变化趋势。当地壳处于相对稳定状态时,地下水面的位置比较固定,因此在地下水面附近可形成连通性较好,规模巨大的水平溶洞和暗河,这种情况下岩溶垂直分带现象也十分明显。当地壳上升时,地下水位相对下降,因此侧向岩溶作用相对较弱,导致水平溶洞和暗河不发育,而以垂直形态的岩溶形态为主,包括垂直管道、落水洞等。当地壳下降时,地下水的循环交替条件减弱,岩溶作用也随着减弱,若是地壳下降幅度较大,则已经形成的岩溶可能被新的沉积物所覆盖,成为隐伏岩溶或者大型掩埋型岩溶。

根据地质构造位置与岩溶发育分布的形态及平面位置分析,地表岩溶形态的排列和组合形式明显受构造制约,地质构造与区内岩溶发育程度和岩溶作用强度存在空间上的联系,地质构造本身对岩溶发育有一定的影响。

岩体节理裂隙发育,岩体中各类结构面,尤其是张性裂隙是岩溶发育的有利场所,为地表水的下渗及裂隙水的赋存、运移、岩体溶蚀作用创造了有利条件。因此,强烈的先期地质构造活动导致可溶岩地层裂隙发育、岩体破碎是岩溶发育的主导因素。

不同类型及不同性质的断裂、褶皱、节理等构造,其力学作用机制和岩石破碎程度不同。地质构造与溶洞发育的关系极为密切。实践表明,它不仅控制着溶洞发育的方向,而且还影响着溶洞发育的规模和大小。

1. 不同性质的断裂对溶洞发育的影响

断裂构造使岩层产生大量裂隙,为溶蚀作用及水流动提供了极为有利的条件。野外调查和实践表明,溶岩常常沿着断裂破碎带发育,并具有以下一些特征:

1) 张性断裂带溶洞发育程度通常很强烈

因张性断裂带受拉张应力作用,破碎带的宽度一般不大,但张裂程度较大,断裂面粗糙不平,断层角砾岩的角砾棱角尖锐,大小混杂,结构疏松,裂隙率高,常为岩溶水的有利通道,故通常岩溶作用和岩溶化程度最为强烈。沿断裂带发育的溶洞比较多,规模也比较大。

2) 压性断裂带的岩溶一般不发育

因压性断裂带受强烈的挤压应力作用,其宽度一般较大,特别是区域性的大断裂,破碎带的宽度有时可达数百米至 1km 以上。压性断裂带多为碎裂岩、超碎裂岩和断层泥所组成,一般呈致密胶结状态,孔隙率低,不利于岩溶水的流通,相对于其他类型的断层而言,其岩溶作用最弱,岩溶溶洞发育程度也最轻微。值得注意的是,有时在压性断裂带的上盘(或下盘)也可能出现强烈的岩溶溶洞发育现象。

3) 扭性断裂带岩溶作用的深度一般较大

由于扭性断裂带受剪应力作用,既有岩石的细粒化,也存在次一级的构造裂隙。断裂面多陡倾或近直立,延伸较深较远,有利于岩溶水向纵深方向活动,故岩溶作用及溶洞发育的深度一般较大。

4) 构造节理与层间裂隙的交接处岩溶作用强烈

这里所指的层间裂隙主要是在构造作用下,由于岩层层面之间的相对位移而产生的裂隙。当向斜轴部岩层总厚度为翼部岩层总厚度的数倍时,此种增厚在脆性岩层中常表现为层间裂隙的扩大,这就为溶洞的发育提供了良好的条件。实践表明,很多溶洞现象是沿节理及层面裂隙发育的。

2. 褶皱各部位溶洞的发育特征

(1) 背斜轴部是产生张应力的地方,张节理发育,在地形上往往处于山区分水岭地段,雨水或地表水沿这些节理裂隙做垂直运动,然后再向两翼或沿地质构造线方向运动,故岩溶多以落水洞、漏斗、洼地等为主,并具有与构造轴线一致的带状分布特征。在岩溶水运动系统中,此处一般属于补给部位。

(2) 向斜轴部在岩溶水运动系统中属聚水区或排泄区,岩溶水往往富集于轴部或循构造轴向流动,或向地表河流排泄。岩溶水运动的这一特征,再加上褶皱轴部较为发育的层间裂隙,就给向斜轴部岩溶水的水平运动创造了十分有利的条件。在这些部位往往形成较大的溶洞,甚至形成暗河。

(3) 褶皱翼部在岩溶水运动系统中居于径流部位,流速大,水动力作用活跃,岩溶化程度最强烈,尤以临近向斜轴部或河谷边缘地区更甚。在这一部位既发育有水平岩溶溶洞形态,也发育有与地表相联系的垂直岩溶溶洞形态。

(4) 褶皱构造的转折端,是岩溶溶洞发育的集中场所,往往形成大量的溶洞,其规模、形态各不同。

3. 碳酸盐岩岩层组合

碳酸盐岩的岩层组合是指碳酸盐岩层与非碳酸盐岩层在地层中的组合关系及其所

构成的各种不同含水层系在岩溶作用方面的差异性。对一定的地层层位而言(如统或组),碳酸盐岩岩层的组合通常可分为单一状和间互状两种形式。

单一状岩层是指全部由单一的碳酸盐岩所组成的岩溶地层,或碳酸盐岩中所夹非碳酸盐岩地层厚度很小(一般不超过10%)且变化不稳定的岩溶地层。此类岩层组合多以质纯的厚层块状灰岩或白云岩为主,局部亦夹有少量的薄至中厚层泥质、白云质灰岩或泥质白云岩。一般来说,岩溶最发育的是全部以纯碳酸盐岩组成的岩层组合。

间互状岩层是指碳酸盐岩与非碳酸盐岩组成互层(非碳酸盐岩占40%~60%)或夹层(非碳酸盐岩占10%~40%或60%以上)的岩溶地层。这类岩层组合中,岩溶化程度随着非可溶性岩层的增多而减弱。

单一状岩层和间互状岩层的岩层组合形成的岩溶情况有如下四个方面。

(1)厚而纯的碳酸盐岩(图1-12)。

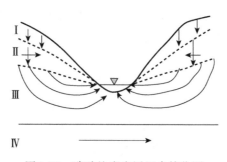

图1-12　碳酸盐岩岩层组合简化图

Ⅰ.包气带:多发育垂直岩溶形态。

Ⅱ.地下水季节变动带:两方向岩溶均发育。

Ⅲ.饱水带:规模大、连续性好的水平岩溶。

Ⅳ.深循环带:岩溶不很发育。

(2)碳酸盐岩夹非可溶性岩层。

(3)非可溶性岩层与碳酸盐岩互层:在同一时期,岩溶呈多层发育。

(4)非可溶性岩层夹碳酸盐岩:岩溶发育极弱。

碳酸盐岩与非可溶盐岩组合特点不同,就会形成各具特色的水文地质结构,从而控制着岩溶的发育和空间分布。

4. 新构造运动

地壳运动的性质、幅度、速度和波及范围,控制着水循环交替条件及其变化趋势,从而控制着岩溶发育的类型、规模、速度、空间分布及岩溶作用的变化趋势。

新构造运动的基本形式有三种:

(1)上升期:侵蚀基准面相对下降,地下水位逐渐下降,侧向岩溶不发育,规模小而少见,分带现象明显,以垂直形态的岩溶为主。

(2)平稳期:侵蚀基准面相对稳定,溶蚀作用充分进行,分带现象明显,侧向岩溶规模大,岩溶地貌较明显典型。

（3）下降期:常形成覆盖型岩溶,地下水循环条件变差,岩溶作用受到抑制或停止。

从更长的地质历史时期来看:

（1）间歇性上升:上升→稳定→再上升→再稳定,形成水平溶洞成层分布,高程与阶地相对应。

（2）振荡升降:岩溶作用由弱到强,由强到弱反复进行,以垂直形态的岩溶为主,水平溶洞规模不大,而且成层性不明显。

（3）间歇性下降:下降→稳定→再下降→再稳定,岩溶多被埋于地下,规模不大,但具成层性,洞穴中有松散物充填。从层状洞穴的分布情况及充填物的性质,可查明岩溶发育特点及形成的相对年代。

1.2.5　气候的影响

降水通过补给而影响水流条件,从而影响岩溶的发育。我国南方降水充沛,年降水量1000mm/a以上,北方地区一般均小于700mm/a。降水越多,水交替条件越好,水的侵蚀性强,作为溶蚀营力的水量也越多,岩溶就越发育,因而多雨的南方岩溶普遍比干燥寒冷的北方发育。

此外,南方气温高,有利于溶解作用的进行,并促使植被发育的土壤中有机质易于分解,为入渗降水及地表水提供大量的 CO_2 和较高的氢离子浓度,从而提供了强大的溶蚀营力。

1. 降水

（1）水直接参与岩溶作用,充足的降水是保证岩溶作用强烈进行的必要条件。

（2）水是溶蚀作用的介质和载体,充足的降水保证了水体的良好的循环交替条件,促进岩溶作用的强烈进行。

2. 气温

（1）气温升高,生物新陈代谢加快,土壤中有更多的 CO_2 富集,但水中的 CO_2 的溶解度减小,不利于岩溶作用。

（2）气温升高,溶蚀速率增大,有利于岩溶作用。

总体上:气温升高有利于岩溶作用的进行。温热潮湿的热带、亚热带地区:岩溶作用较强烈;高寒干燥的极地、寒带地区的岩溶现象不发育。气候在土壤圈中形成岩溶的过程如图1-13及表1-2所示。

气候与岩溶发展的关系主要有:

（1）热带岩溶:以溶蚀作用为主,具最典型的岩溶地貌,如广东、广西、海南。

（2）亚热带岩溶:除溶蚀作用外,侵蚀作用也起较重要的作用,如湖南、湖北。

（3）温带岩溶:重力崩塌为主,岩溶作用不十分明显。

（4）干旱区岩溶:主要是地下岩溶,淡水地区发育岩溶,咸水不发育岩溶。

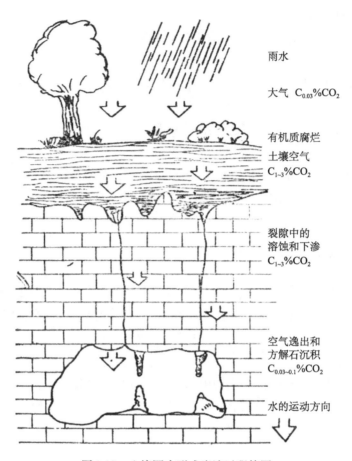

雨水

大气　$C_{0.03}\%CO_2$

有机质腐烂
土壤空气
$C_{1\sim3}\%CO_2$

裂隙中的
溶蚀和下渗
$C_{1\sim3}\%CO_2$

空气逸出和
方解石沉积
$C_{0.03\sim0.1}\%CO_2$

水的运动方向

图 1-13　土壤圈中形成岩溶过程简图

表 1-2　气候带岩溶发育情况

气候带	年平均气温/℃	年降雨量/mm	岩溶发育
热带	>20	>1500	地表、地下岩溶都很发育
亚热带	15~20	800~1500	地表、地下岩溶发育,但程度、规模比热带小
温带	<15	<800	只发育地下管道式岩溶,地表岩溶不明显

1.2.6　地形地貌的影响

地形条件有利于汇集降水的地方,岩溶往往也比较发育。地形往往决定着补给区与排泄区的分布,决定了水流的去向,从而控制岩溶管道以至地下河系的主要发育方向。在一定的气候背景之上,各种自然地理及地质因素主要通过区内地下水的径流而控制岩溶的发育。

(1)平坦地区:地表径流弱,入渗强烈,有利于岩溶发育;

(2)陡峭地区:地表径流强烈,入渗弱,不利于地下岩溶发育;

（3）突起地区：地下水位深，包气带厚度大，垂直岩溶发育；

（4）低洼地区：地下水位浅，汇水地带，岩溶发育强烈，以水平岩溶为主。

1.2.7　岩溶塌陷形成条件

岩溶地面塌陷是指覆盖在溶蚀洞穴之上的松散土体，在外动力或人为因素作用下产生的突发性地面变形破坏，其结果多形成圆锥形塌陷坑。岩溶地面塌陷是地面变形破坏的主要类型，多发生于碳酸盐岩、钙质碎屑岩和盐岩等可溶性岩石分布地区。岩溶塌陷分布见图 1-14。

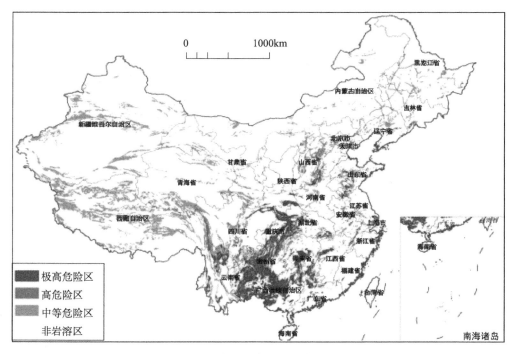

图 1-14　中国岩溶地面塌陷分区图

激发塌陷活动的直接诱因除降雨、洪水、干旱、地震等自然因素外，往往与抽水、排水、蓄水和其他工程活动等人为因素密切相关，而后者往往规模大、突发性强、危害也就大。岩溶塌陷形成过程如图 1-15 所示。

岩溶形成塌陷的三个基本条件是：岩溶洞隙的存在、一定厚度盖层、地下水活动。岩溶地面塌陷的形成条件也可归纳为地质基础条件和动力条件，产生岩溶塌陷的直接因素是可溶岩的发育程度和岩溶洞穴的开启程度，其可造成岩体结构的不完整，从而导致局部的不稳定，也为溶蚀陷落物质和地下水提供了条件，因此，可溶岩的岩溶越发育，岩溶洞隙的开启性越好，溶洞的规模越大，岩溶塌陷越严重。我国的古生界、中生界的石灰岩、白云岩、白云质灰岩、晚中生界、新生界富含膏盐芒硝或钙质的砂泥岩、灰质砾岩及盐岩等可溶岩是导致岩溶发生塌陷的物质基础。岩溶塌陷主要发生在裸露型岩溶、埋藏型岩溶和覆盖型岩溶分布区。

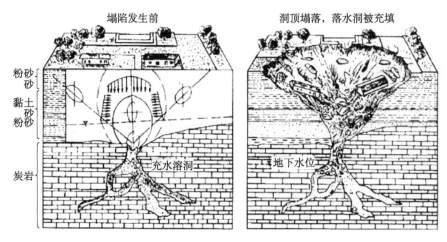

图 1-15　岩溶地面塌陷形成过程示意图

产生岩溶地面塌陷还与地下水活动、水动力条件的急剧变化及覆盖层厚度、结构和性质有关,据统计表明,岩溶容易产生塌陷的覆盖层厚度是小于 10m 的,10～30m 较少产生塌陷,厚度为 30m 以上则很少产生塌陷。覆盖层的岩性及结构对岩溶产生塌陷的影响也较大,一般是砂性土最容易产生塌陷,其次是黏性土或非均质土。此外,酸碱废液、人为振动、天然地震、附加荷载对可溶岩的强烈溶蚀等亦可诱发岩溶塌陷。

1. 可溶岩发育程度

可溶岩是由岩溶地面塌陷形成的物质基础,而岩溶洞穴的存在则为地面塌陷提供了必要的空间条件。大量塌陷事件表明,塌陷主要发生在覆盖型岩溶和裸露型岩溶分布区,部分发育在埋藏型岩溶分布区。当由地质作用形成的岩溶洞隙受人类经济-工程活动影响时,溶蚀作用将加速,使得岩溶进一步发育。岩溶洞隙主要发育在地表浅部,随深度增加,洞隙发育情况迅速减弱,其分布和发育受岩溶发育条件的控制,一般主要沿构造断裂带、褶皱轴部、相对易溶的地层岩性地段,或者与非可溶岩接触地带分布。这些地方,地表岩溶发育,多形成岩溶地区的负地形,如洼地、谷地、槽谷、岩溶平原、河流低阶地等。浅部岩溶洞隙,由于地下水活动频繁、交替强烈,一般连通性较好,地下往往形成错综复杂的洞隙网络系统。岩溶洞隙的开启程度是塌陷产生的重要因素,向上开口的溶洞裂隙是接受塌陷物质的门户和窗口,没有向上开口的洞隙一般不致造成地面塌陷。我国南方以溶洞、管道、溶蚀裂隙为主,北方多以小溶洞、裂隙、溶孔为主。岩溶洞隙的这些特征,不单为塌陷物质提供必要的储集空间和运移场所,还控制着岩溶塌陷的分布,使塌陷主要分布于上述岩溶强烈发育地段;并因岩溶发育的不均一性,使塌陷具有带状、零星状、面状分布的特点。可溶岩地层的岩溶发育程度不同,影响着岩溶塌陷产生的规模和强度,岩溶发育程度强烈的,塌陷产生的数量多且强度大,反之则小。

2. 覆盖层厚度、结构和性质

岩溶塌陷体的物质,可以是第四系松散沉积物,也可以是各类可溶岩或非可溶岩。基岩塌陷主要是由块体相对溶洞开口较小以及受构造与风化溶蚀作用致岩层变得破碎软弱而引起的。北方的岩溶陷落柱,大多属于这种类型。土层塌陷是指由第四系松散沉积物组成塌陷体的岩溶塌陷。土层岩性结构对塌陷形成有明显影响,在等同条件下,均一砂性土易产生塌陷,夹砂砾土的层状非均质土次之;均一黏性土塌陷的产生相对要缓慢一些;黏性土中新黏土(Q^4)较老黏土(Q^{2-3})容易塌陷,底部有黏性土分布的双层或多层状土地区,塌陷要少得多。应该指出的是,有松散土层覆盖的岩溶地区,由于上部土层孔隙性含水层与下部溶洞裂隙岩溶含水层,其含水特性、水力性质、渗透性能等差异较大,当水位降低时,上部孔隙含水层较下部岩溶含水层滞后疏干,而在孔隙含水层中沿下部溶洞裂隙分布的地方,形成了一些集中渗漏点,沿此渗漏点形成一些降落中心,增大土层渗透压力,有利于潜蚀作用产生,促进土洞的形成。

3. 地下水活动

地下水位活动是岩溶塌陷形成的主要动力因素,地下水的流动及其水动力条件的改变是岩溶塌陷形成的最重要动力因素。地下水径流集中和强烈的地带最易产生塌陷,这些地带有:①岩溶地下水的主径流带;②岩溶地下水的(集中)排泄带;③地下水位埋藏浅、变幅大的地带(地段);④地下水位在基岩面上下频繁波动的地段;⑤双层(上为孔隙、下为岩溶)含水介质分布的地段,或地下水位急剧变化的地段;⑥地下水与地表水转移密切的地段。地下水可使岩土体产生渗透潜蚀效应、失托增荷效应、负压吸蚀效应、水气冲爆效应、溶蚀效应、触变液化效应、水位波动解散效应等多种力学效应,从而引起岩土体破坏,形成土洞(溶洞),或直接导致塌陷的产生。此外,地下水还具有侵蚀、搬运能力,改变岩溶空间的大小、形状,并可使溶洞中的充填物由一地迁移至另一地,使充填的溶洞重新开启,或使溶洞被充填物堵塞,从而改变地下水的流动状态。

水动力条件发生急剧变化的原因主要有降雨、水库蓄水、井下充水、灌溉渗漏、严重干旱、矿井排水、强烈抽水等。人为因素引起的地下水活动对岩溶塌陷影响最大,在自然状态下,地下水水位波动不大,流速流量的变化较小,一般由气候变化引起;但如人工抽水、矿坑排水、水库蓄水等人为因素引起的地下水位、流速流量的变化,往往十分剧烈迅速,产生的塌陷远远超过自然条件下产生的塌陷。

4. 振动或地震

在溶洞分布地区,地震或人为振动可引起岩土层产生裂缝破裂、斜坡变形破坏、土体压密下沉效应、振动液化效应、塑流变形效应等,从而使岩土体破坏,导致地面塌陷产生。

5. 重力和荷载

在溶洞、土洞扩展过程中,溶洞或上洞顶板的岩土体本身的重力作用可引起塌陷,如自然界形成的基岩塌陷。荷载产生的附加力,在溶洞、土洞顶板上也可引起塌陷,一般与经济建设工程活动有关。

6. 酸碱液的溶蚀

废酸碱液的排放对岩溶地区岩土体有强烈的溶蚀破坏作用,可大量溶解带走可溶物质,改变岩土体结构,降低强度,产生土洞,导致塌陷。例如,广西合山电厂建成不久,因排放的 80 多度高温碱性污水(pH = 11.8)9380 吨,溶解带走了土层中可溶物质数十立方米,使除尘器柱基下沉、拉裂。桂林二纸厂制水车间酸性废液漏失,在车间内外造成大小塌洞数个,1983 年 8 月因塌陷使水罐倾倒,生产停顿。

7. 地形地貌

一定的地形地貌特征,是一定的岩性构造条件的综合反映。岩溶地区的洼地、谷地、盆地、河谷等,往往是构造裂隙发育或岩性较纯相对易溶的部位,其岩溶较发育,且多成为汇水中心或为地下水的逸流带或排泄带,十分有利于岩溶塌陷的产生。大部分塌陷都分布于上述岩溶负地形中,尤其是这些负地形中的低洼地带。

1.3　岩溶发育

深刻理解岩溶不仅需要掌握单个岩溶形态的判译,更重要的是掌握岩溶的发育规律,包括岩溶发育的分期,每一期发育的高度、岩溶的侵蚀基准面标高(区域的和局部的)、岩溶发育与地质构造期次和水文以及阶地的对应关系,岩溶发育与构造、岩性的关系、岩溶发育与地下水的关系等。

1.3.1　岩溶水系统发育过程

理想的岩溶水系统发育演化的整个过程如图 1-16 所示。最初在可溶岩中形成局部与区域地下水流动系统时,地下水在原有的孔隙——裂隙中流动。随着差异性溶蚀的进行,当裂隙溶蚀扩展到一定程度时,便形成与局部地下水流动系统相适应的多个地下管道系统(地下河)。侵蚀基准较低的地下河势能较低,构成较强的势汇,吸引较多的水流,使地下水分水岭不断向另一侧迁移。溯源溶蚀不断发展,地下河系的流域不断扩展。当低地势主干地下河扩展到与另一侧的地下河相通时,便袭夺后者使其成为低势地下河系的一个部分。

岩溶水系统的流域不断扩展、溶蚀作用不断进行,地下洞穴不断增加,介质导水能力不断加强,介质场的演化又反馈作用于渗流场,使岩溶水水力坡度变小,岩溶水水位降低,使一部分原先位置较高、与局部地下水流动系统相适应的岩溶洞穴管道悬留于岩溶水水位之上而干涸。而原先径流缓慢的区域,地下水流动系统则水流循环加速,最终发育成为包括整个碳酸盐岩体的形态完整的地下河系。岩溶水系统演变的结果是使由不同地下水流动系统造成的地下河统一成范围广大、排泄集中的地下河系。

1.3.2　岩溶发育的主要影响因素

通常岩溶在厚层的可溶性岩层中发育较为完整,在薄层可溶性岩层中只能形成小的岩溶形态。可溶性岩层与不透水层接触的地带,溶洞、暗河特别发育;如果与透水的非可溶岩接触,在可溶岩底部则无强烈岩溶发育。若可溶性岩与非可溶岩成互层、或非可溶

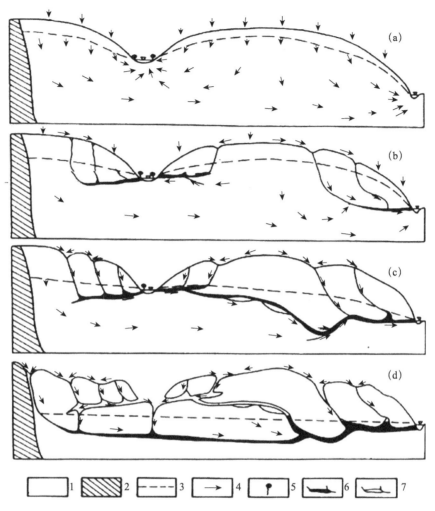

图 1-16　理想的岩溶水系统发育演化过程

岩夹层较多,则岩溶发育就会受到阻碍。

岩层的倾角对岩溶形态也有影响,岩层倾斜较缓时,层理外露地表的范围大,地表水沿层理下渗,造成沿层面延伸的岩溶形态。岩层水平时,地下水主要为水平运动,岩溶主要为水平溶洞。

构造裂隙对岩溶的发育影响较大。主要裂隙或断层的方向往往控制岩溶发育方向,沿断层带和主要裂隙交汇处,一般岩溶规模较大。向斜轴部,一方面,由于低洼,易积水,多暗河;另一方面,由于洞顶容易塌陷,又可产生漏斗和落水洞,故向斜轴部垂直通道和水平通道都有发育。背斜顶部张裂隙较发育,岩溶则以漏斗和竖井等垂直形态为主。

漏斗经常沿岩层走向、断层带或背斜轴部发育,成排发育的漏斗往往与岩性或构造有关。两组断层、节理交叉处或原始地形较低处,最易产生漏斗。沿着岩层倾向方向发育的漏斗,其形态往往受岩层面的控制,形成对称漏斗。

落水洞一般沿着裂隙发育或发育在几组节理相交处,受裂隙的形态所控制。

1.3.3　岩溶发育的特点

岩溶发育不像河流发育只有一个侵蚀基准面,它是受溶蚀-侵蚀和溶蚀两个基准面的控制。岩溶的发育具有其独特的阶段性和不均匀性。

1. 岩溶发育的阶段性

岩溶地貌的发育和常态侵蚀地貌的发育一样,也有一定的演变顺序,由上升的可溶性岩层组成的高地开始发育,经幼、青、中年期达到老年期,完成一个发展序列,也就是一个岩溶旋回。

1)岩溶旋回开始阶段

原始地面是一常态侵蚀可溶性岩层地面,或是由海水面以下新上升的可溶性岩层顶面。它可能是一个规则的构造面,也可能是一个上升的微起伏的剥蚀面。

2)幼年期

在原始地面上发育地表水系,岩溶现象主要在地表发育,地面上出现许多石芽和溶沟以及少量漏斗。

3)青年期

岩溶主要向地下发展,落水洞、漏斗、干谷、盲谷、溶蚀洼地广泛分布,地表水基本上完全被它们吸收转变为地下水,小的地表水系消失,地下河系发育;只有主河流因侵蚀速度远大于溶蚀速度,仍然存在于地表。

4)中年期

岩溶发育主要由地下向地表形态转化。由于洞顶塌陷,许多地下河又转为地表河,有大量溶蚀洼地和谷地形成。

5)老年期

当可溶性岩层下的不透水岩层广泛出露地面,或地面高度接近侵蚀基准面时,地表水流又发育起来,出现泛滥平原,在平原上残留一些孤峰和残丘。

在许多地区,并不是等第一个岩溶旋回结束,地壳再上升,开始第二个旋回,而是在第一个旋回发展过程中,或因地壳上升,或因气候变化,或因海面和侵蚀基准面下降,就开始了第二个岩溶旋回。因此,同一地区就产生了不同发育时期的岩溶地貌的叠置和叠加现象。

2. 岩溶发育的不均匀性

(1)岩溶现象大面积发生在岩溶化地面与岩溶侵蚀基准面之间的高差较大的地区,高差越大,岩溶发育越强烈。

(2)岩溶发育的时间长短影响岩溶发育强度。

(3)在地块的强烈隆升时期,以发育垂直岩溶形态为主;在相对稳定期,以发育水平岩溶形态为主。岩溶化地块稳定时间和水平岩溶发育时间较长,则可发育较完整的地下水系。

（4）地形分水岭和水文地质分水岭不相符合，也是岩溶发育的特征之一。

（5）因有特殊的地下水动力条件和溶蚀作用，常在地下发生河流袭夺现象，可以产生干谷、盲谷或天生桥。

3. 岩溶发育程度

岩溶发育程度可分为岩溶极强发育、岩溶强烈发育、岩溶中等发育、岩溶微弱发育四级，如表 1-3 所示。

表 1-3　岩溶发育程度

岩溶发育程度	钻孔线溶率/%	岩溶点密度/(个/km²)	钻孔遇洞率/%	场地岩溶现象
微弱发育	<1	<3	<5	地下岩溶以溶隙为主，偶见小规模溶洞；地表偶见漏斗、落水洞、石芽及溶沟等岩溶形态或岩溶泉出露
中等发育	1~5	3~30	5~20	地下岩溶形态以溶隙为主；地表常见洼地、漏斗、落水洞等多种岩溶形态或岩溶泉出露，石芽和溶沟发育（或覆盖），基岩面起伏较小
强烈发育	5~10	30~50	25~40	地下岩溶常见规模较大的溶洞或场地周围可见小规模暗河分布；地表常见密集的岩溶洼地、漏斗、落水洞等多种岩溶形态，石芽和溶沟强烈发育（或覆盖），基岩面起伏较大
极强发育	>10	>50	>40	岩溶形态以大型暗河、廊道、较大规模的溶洞（单一溶洞顶底相对高差大于 5m）、竖井和落水洞为主，地下洞穴系统已形成或基本形成，溶洞间管道连通性强，有大量溶洞水涌出

1.3.4　岩溶土洞发育特征

土洞是岩溶区常见的一种岩溶作用产物，它的形成和发育与土层的性质、水的活动、岩溶的发育等因素有关。其中地下水或地表水的活动是土洞发育最重要最直接的影响因素。地下水或地表水的活动和运移，将对土层产生潜蚀作用及崩解作用而形成土洞。此外，土洞洞体形成后，其洞壁周围将产生应力集中现象，当地下水位发生变化时，将进一步改变土洞洞壁周围土体的应力状态，并有可能致使洞体周边处产生破坏，土洞进一步扩大而最终导致塌陷，如图 1-17 所示。

此外，土洞发育具有以下特征：

（1）土洞多位于黏性土层中，在砂土及碎石土中少见。在黏性土中，凡颗粒细、黏性大、胶结好、水理性稳定的土层，不易形成土洞；反之，则易形成。

（2）在溶槽处，经常有软黏土分布，其抗冲蚀能力弱，是土洞发育的有利部位。

（3）土洞是岩溶作用的产物，其分布受岩性、岩溶水、地质构造等因素控制。凡具备土洞发育条件的岩溶发育的地区,一般均有土洞发育。

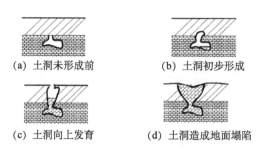

$\qquad$ (a) 土洞未形成前　　　　　(b) 土洞初步形成

$\qquad$ (c) 土洞向上发育　　　　　(d) 土洞造成地面塌陷

图 1-17　土洞形成过程简化示意图

(4)土洞常分布于溶沟两侧和落水洞、石芽侧壁的上口等位置。

(5)由地下水形成的土洞多位于地下水变化幅度以内,且大部分分布在高水位与低水位之间。在最高水位以上及低水位以下,土洞少见。

1.4　深圳市岩溶分布

1.4.1　岩溶发育概况

覆盖型可溶岩主要分布于龙岗、坪山、坪地、坑梓等河谷及河岸平原区和坑梓东部低台地边缘,岩溶埋深 4 ~ 50m。按埋深将岩溶埋深区分为浅埋区(<15m)、中埋区(15 ~ 30m)、深埋区(>30m)。岩溶浅埋区分布于可溶岩相对隆起带,且呈零星分布;岩溶中埋区分布于龙岗区的大部分地区,属可溶岩相对缓坡带;岩溶深埋区多位于断裂通过的可溶岩槽谷带。埋藏型可溶岩主要分布于龙岗及坑梓地区。埋藏型可溶岩主要分布在第四系谷、盆边缘及两侧山体低洼处的测水组(C_1c)砂页岩之下。可溶岩埋深一般大于覆盖型,多属深埋区。

1. 岩溶发育特征

根据区域资料,覆盖型可溶岩多沿次级背斜轴部及次级向斜槽部分布,受区域性断裂构造影响,在可溶岩内常形成 NE 向槽谷与窿脊相间平行排列的构造格局。受地下水溶蚀作用的影响,可溶岩顶部基岩起伏变化非常大。

隐伏岩溶发育形态主要有溶沟、溶槽、溶隙、溶孔及溶洞等。其中,溶洞主要以洞高 1 ~ 5m 的小型单层垂直溶洞为主,部分为水平或倾斜状多层溶洞。中大型溶洞及层状多层溶洞多发育于河流两侧及断层附近,单层高 7.1 ~ 22m。在龙口水泥灰矿区北缘断层附近,揭露到 4 层溶洞,最大洞高 17.3m,累计洞高 41.8m。坪山汤坑附近可溶岩南缘 NNE 向断裂通过处,钻孔揭露的溶洞最多达 7 层,单洞最高为 5.6m,合计高 25.3m,溶洞发育段高程 32 ~ 40.5m。汤坑以东坪山断裂东侧揭露 6 溶洞,累计洞高 26.3rn,最深溶洞发育高程 −84.1 ~ −94.2m。

此外,在断层控制的岩溶强发育区内地下水活跃地段,容易形成开口溶洞及土洞。

开口溶洞、土洞在龙岗河沿岸平原区最为发育,地下水流潜蚀作用强烈。开口溶洞主要分布于第四纪松散堆积层和测水组(C_1c)砂页岩残积层接触界面附近,高程 35 ~ −6m。土洞内多数被充填,少数为半充填,高程 40 ~ −14.5m。

龙岗区的岩溶发育程度不论在水平还是垂直方向上均具有明显的规律性。

(1)在水平方向上,沿区内 NE 向主干断裂通过部位或几组断裂交叉切割部位及龙岗河近岸地带两侧地下水富集带,常形成岩溶强发育区、带,因此岩溶发育在水平方向上明显受构造格局的控制。

(2)在垂直方向上,根据已有钻探资料显示,区内溶洞发育段标高为 33 ~ 94m,土洞发育段的标高为 19 ~ 35m。按溶洞发育标高,大致分为:上层 0.5 ~ 39m;中层 0 ~ −35m;下层 −38 ~ −94m。分析认为,龙岗区海岸山脉北麓,以海平面为侵蚀基准面,上层溶洞处于侵蚀基准面以上,与溶洞同层的土洞发育于 Q33 坡洪积含卵砾黏土层内,为 Q41 河流冲积层覆盖。因此,该层溶洞应属冰后期海面回升至现海面高度之后,在现代地下溶蚀条件下形成。中层和下层溶洞处于侵蚀基准面之下,不是现代水力循环条件下所能形成的,应为在地质历史时期,低海面条件下的产物。多层溶洞反映了溶洞形成的多期性特征。

2. 可溶岩特征

石炭系下统大唐阶石磴子组(C_1c)灰岩:青灰、灰白、灰黑等色。隐晶质结构,块状构造,裂隙发育并由方解石充填。局部夹薄层碳质或泥质的灰若、少数相变为碳质页岩或砂岩。岩石新鲜,灰岩岩芯完整,多为中长柱状,碳质页岩或砂岩岩芯相对破碎,多为饼状或碎块状,少量为短柱状。少数钻孔揭露岩溶角破岩,系灰岩溶蚀坍塌后经钙泥质再胶结形成的一种类似角砾状结构的"重胶结灰岩",其强度较灰岩要小。

3. 非可溶岩特征

石炭系下统大唐阶测水组(C_1c)微风化粉砂岩:灰黑、青灰色,少量褐红、黄色。粉砂质结构,层状构造,岩体裂隙较发育,裂隙多受铁泥质浸染,岩芯多为碎块状,少量为短柱状,局部石英岩脉和黄铁矿发育,岩块断面新鲜。岩质坚硬,但岩性不均,以粉砂岩为主,夹少量泥质粉砂岩、石英砂岩及钙质砂岩等。该地层位于大唐阶石磴子组(C_1s)灰岩以上,埋深标高在 27 ~ 40m,与下覆的石磴子组(C_1s)灰岩呈平行假整合接触关系。

1.4.2　区域地层

根据《深圳地质》区域地质资料,区域地层自上而下为第四系沉积物,下伏基岩为石炭系测水组及石磴子组。

(1)第四系沉积物(Q):由人工填土、冲洪积层及坡残积层组成,主要为黏土、砂层,层厚一般为 0.50 ~ 20m。

(2)石炭系测水组(C_1c):该组上段为褐黄、紫红色粉砂岩夹薄层状中细粒石英砂岩、含砾粗—中粒石英砂岩夹中细粒石英砂岩,厚度大于 63m;下段为灰、灰黑、紫红色粉砂质页岩、泥质粉砂岩与页岩、含碳质页岩、含碳质粉砂质泥岩、砖红色细—中粒石英砂岩互层,局部夹含砾石英砂岩、含铁质,偶夹两层薄劣质煤层,含腕足类、苔藓虫、海百合茎及植物等化石,与下伏石蹬子组呈整合接触。

(3)石炭系石蹬子组(C_1sh):该组上段为灰白、浅灰、青灰色结晶灰岩、灰白色大理岩与暗灰色微晶灰岩互层,含海百合茎,厚196m;下段为灰、暗灰色微粒灰岩,局部夹灰绿、深灰色薄-厚层状中细粒石英砂岩、粉砂岩及粉砂质页岩,含珊瑚及蜓类化石,厚191m。

1.4.3　区域构造

1. 皱褶构造

区域内的皱褶构造由于受断裂构造的破坏,花岗岩体的吞噬、火山喷发和自中生代以来的地层覆盖,显得支离破碎、残缺不全。

根据区域地质资料,场地附近发育的皱褶构造主要为龙岗向斜(嶂背向斜)和草塘背斜。

1)龙岗向斜(嶂背向斜)

向斜核部出露在龙岗南—嶂背一带,轴向呈北东50°~60°反S形延展,长约20km,其影响宽度3~5km。核部由下石炭统测水组第二段粉砂岩、细砂岩组成,两翼由下石炭统测水组第一段粗砂岩、砂砾岩,石蹬子组大理岩、白云岩组成。

2)草塘背斜

背斜核部出露在龙岗荷坳草塘一带,轴向北东50°,长约6km,其影响宽度为1km。核部为下石炭统测水组第一段粗砂岩、砂砾岩,两翼由石炭统测水组第二段粉砂岩、细砂岩组成。

2. 断裂构造

深圳市的断裂常成组、成带产出,可分为北东向、东西向、北西向、北北东向和南北向5组断裂构造带。

根据区域地质资料,场地附近断裂构造主要有北东向、北西向两组。

1)北东向断裂组

这组断裂构造带规模较大,单条断裂长度多数大于5~10km,宽10~20m,最宽达70余米,影响带宽几十米至300m,常具较好的连续性。走向北东50°~70°,由一系列平行斜列展布的以压扭性为主兼具张扭等多次活动断裂组成,切割、包容了东西向断裂,又为北北东向及北西向断裂所切割,是形成较早的北东向断裂的主体;按北东断裂的排列组合可以分为松岗断裂带、观澜断裂带、深圳断裂带及径心背断裂束等。

企岭吓—九尾岭断裂组:该断裂组属深圳断裂束的北西支,由企岭吓—九尾岭断裂及其旁侧的次级金线凹断裂和望天海螺断裂等组成。九尾岭断裂自淡水进入深圳市后,沿淡水和潮青两个红层盆地的南东边界,往西南经嶂背、荷坳、沙湾、九尾岭,向西南至泥岗,被北西向断裂错开后,断续延至沙头后进入深圳湾,全长达50km,延续性较好,宽5~

20m 不等。断裂在平面上微呈反 S 形舒缓波状展布。断裂组具有明显的碎裂变形特征，在下石炭统测水组及下中侏罗统塘厦组砂页岩中发育了厚大的破碎岩、构造角砾岩及硅化破碎带构成的垅岗状山脊。在嶂背及马桥山等处破碎带宽约 20m，影响带近百米，由断裂中心向两侧，显示由断层角砾岩→角砾状破碎岩→破砂岩→初裂岩的分带现象。断层角砾岩中，角砾棱角清晰，位移量大的角砾略具定向、拉长和去棱化作用，位移量小的角砾还可拼接复位。九尾岭独树村一带，破碎带宽仅数米，影响带宽约十余米，有破碎带中心向两侧一次由断层泥、糜棱岩、构造透镜体、压碎角砾岩和绿泥石化、硅化破裂砂岩组成。断裂具有多期活动的特点。

横岗—罗湖断裂组：该断裂组为深圳断裂束的轴心，由畲禾嶂—横岗—罗湖断裂、清风岭—烂寨顶断裂和炮台山—横岗头断裂等，以及与之平行的一系列次级断裂组成。断裂自樟树埔进入深圳市后经坪山燕子顶和清风岭、横岗，沿沙湾河谷进入罗湖，并延入香港与屯门断裂相连，市内长 38km。沿走向具 S 形展布特征，北东段（横岗—坪山一带）为北东 65°～70°，中段（深圳水库—横岗一带）为北东 30°～40°，西南段（罗湖一带）为 50°～55°。断裂组控制了中生代晚期坪山、狮子山和新田等小花岗岩体的侵位以及坪山、横岗、沙湾和香港境内元朗及屯门等串珠状第四系断陷盆地的沉积。航空红外及雷达影像图上，表现为一组由断崖和断谷组成的线性构造以及暗色影纹和带状分布的泉、水塘和沟谷等。断裂组南东侧长条状展布的花岗岩侵入体对比度差、影纹模糊；北西侧呈灰色色调，有对比度明显的呈带状分布的沉积地层及蠕状河流等。在南西段简龙村至横岗一带可达数百米，该处下石炭统砾岩层，位移达数百米，其中之砾石被压扁拉长，具有明显塑变特征，糜棱岩中变形纹理倾向北西 330°～345°，倾角 25°～45°，与片岩的片理略斜交。此外，变形带内应变滑劈理及由应变滑劈理组成的微褶皱、折劈带、韧性微断层、面理和线理等小构造极为发育。变形岩石的显微组构属 S 构造岩，与韧性剪切带的典型显微组构相同。并可见一系列显微韧性变形构造，如眼球状纹理、膝折、晶带弯曲、缎带、核幔、拔丝、韧性拖尾和缝合线构造，以及石英晶内的亚颗粒化、波状消光、压力影、变形纹和变形带等应变现象。在垂直于糜棱岩纹理及石英云母片岩片理走向切割的定向薄片中，据石英晶轴方位的统计结构，并用斯密特网投影，石英光轴有明显的优选方向，绕 C 轴形成极密区，具单轴对称型的组构特征，但由于后期构造的干扰，使其发生了较明显的旋转的扩散；晚期以脆性变形为主，形成叠加在动热变质带及韧性剪切带之上的构造破碎带和构造透镜体，断裂面标志清晰，呈波状弯曲，主断裂带宽几米至几十米，其中见多组擦痕阶步，显示出多期活动特征。在新田花岗岩体内断裂破碎带宽近百米，影响带宽近千米，破碎带上盘有 0.5～2m 的断层泥砾带，破碎带中心由断层角砾岩和碎斑岩组成，并具强烈的绿泥石化，带宽 5～10m，其中发育有一组北北东走向的低序次结构面，指示断裂呈反时针向滑移，外侧压碎岩带有明显的硅化、碳酸盐化和绢云母化等蚀变。在横岗一带还见有构造角砾岩组成的构造透镜体。在畲禾嶂至炳坑一段，以发育硅化破碎带为特征，带宽 20～30m，明显地显示垅岗地貌特征。畲禾嶂西侧硅化破碎带中可见大量石英质糜棱岩团块,糜棱岩定向纹理隐约可辨,同时还发育有一组劈面平直的破劈理。

石井岭—田螺坑断裂组:该断裂组属深圳断裂束的南东支,由呈左行斜列的田螺坑断裂及石井岭—黄竹坑断裂组成。该断裂组的北东段自樟树埔南缘往南西经坪山石井岭至三洲田水库附近尖灭;南西段自屯洋和盐田坳岩体西缘,经梧桐山北坡的莲塘,并进入香港的老鼠岭、米埔及屯门谷地东缘。断裂在市内长约30km,走向北东段为北东50°~60°,南西段具明显舒缓波状特征。在航空红外及雷达影像图上,具黑色粗线条特征,坪山盆地边缘为直线状灰黑色界面;断裂南东侧有粗菱格显纹,山脊陡阴影明显;西北侧为黑灰色,单调平滑,对比度差。该断裂组与企岭吓—九尾岭和横岗—罗湖断裂具有相似的活动特征。田螺坑断裂位于西坑以南,田螺坑、莲塘西一线,往南被第四系掩盖,可能延入香港地区。与横岗断裂平行展布,呈北东50°方向舒缓波状延伸,倾向西北,倾角45°~55°。为北西向永库断裂所切并发生反时针向滑移,在永库断裂的南西侧,断裂南东侧流纹质火山碎屑岩中,发育有多条宽十余米至数十米不等的千枚岩或超糜棱岩带、糜棱岩带和破劈理带,宽达数百米;断裂北西侧,下石炭统砂页岩内的二云母微片岩带中,有范围较窄的滑劈理带叠加;永库断裂的北东侧,在中侏罗世花岗岩中形成约10m宽的硅化构造角砾岩带、破碎岩带和破劈理带。在田螺坑附近可见石炭统石英云母片岩逆冲于上侏罗统糜棱岩化凝灰岩之上,垂直断距大于300m。断裂南西段表现为下石炭统测水组与上侏罗统梧桐山群火山岩系呈断裂接触,构造岩以糜棱岩化凝灰岩、片理化凝灰岩、片理化砂岩和碎裂岩为主。断裂面比较平直,倾向西北320°,倾角55°。两侧岩性均有不同程度的片理化现象,强烈之处为绢云母千糜岩,并且有以断裂为中心,应力作用向两侧逐渐变弱的趋势。断裂北东段表现为下石炭统测水组上泥盆统双头群为断裂接触,岩断裂带走向,岩性极为破碎,构造岩主要有硅化碎裂岩、片理化砂岩和十字石云母石英片岩等。在沙坑断裂切割晚侏罗世花岗岩见100m宽的碎裂岩。横岗头断裂控制了早白垩世的狮子石单元岩体产状,使其长轴方向与断裂基本平行。以后的断裂活动,破坏了该岩体的南部边界,在烂寨顶南东见宽约10m的硅化压碎岩。断裂两侧地貌反差较大,南东侧位中低山地貌景观,而北西侧是较为开阔的丘陵地带。断裂大部分发育在由陡变缓的山鞍及缓坡地段。该断裂在晚侏罗世以前就可能存在一个断裂界面,从而控制了梧桐山火山喷发。自晚侏罗世以来,又经历多期次构造活动历史,其中有3次活动较为显著。早期活动主要发生在白垩纪早期末,为断裂活动的强盛时期,以塑性变形为主,其产生的构造痕迹为糜棱岩带、片理化带。在剖面上为高角度逆冲,平面上为反时针向扭动,力学性质为压扭性;中期活动大致在早白垩世晚期,活动的强度有所减弱,以脆性变形为主,在横岗所发育的角砾状碎裂岩带及早白垩世的狮子石岩体,为该事情形成的产物。此外,沿断裂见有大量的岩脉、石英脉入侵,力学性质为张性。晚期活动在早白垩世后,表现为断裂旁侧岩体、岩脉再遭受破坏,形成硅化碎裂岩、构造片岩或糜棱岩,力学性质为压扭性。自第三纪以来,发生在该断裂上盘的小地震活动,岩断裂走向发育的陡崖、深切地地貌反差;区外淡水一带,控制了第三纪断陷盆地,均反映该断裂在较近时期仍在活动。

2)北西向断裂组

北西向断裂组包括油甘埔断裂、青塘断裂、将军帽断裂和清林径断裂等。

油甘埔断裂:该断裂呈北西 320° 方向舒缓波状延伸,倾向南西为主,倾角 60°～80°。发育于下中侏罗统和下石炭统及上泥盆统。市内长 4.5km,宽 15～20m。地貌上呈垅岗状。构造岩由褐铁矿化碎裂岩、构造角砾岩、硅化岩组成,具不对称分带现象,有南西至北东依次为碎裂岩、构造角砾岩、硅化岩,两侧围岩略具破碎现象。断面粗糙不平,偶见反阶步,断面间充填几厘米的断层泥,两侧岩层见拖拽现象。断裂早期活动始于晚侏罗世,以顺扭斜冲为主,发育碎裂岩、破碎角砾岩;晚期(早白垩世—晚白垩世)形成断层角砾岩、硅化岩及透镜体,作顺扭斜落滑移。

青塘断裂:该断裂走向北西 310°～320°,倾向南西为主,倾角 60°～80°。市内长约 3km,宽 5～10m 不等。断裂穿行于下侏罗统、下石炭统及上泥盆统中。发育断裂破碎带、硅化带。地貌上呈垅岗状。构造岩主要由碎裂岩、构造角砾岩、糜砾岩及硅化岩组成,具分带现象。断裂早期活动始于晚侏罗世,以斜冲为主,发育碎裂岩、破碎角砾岩,岩石被碾磨呈粉状,做逆冲运动,使晚泥盆世地层逆冲推覆于早石炭世地层之上,并由此产生拖拽褶皱;中期(晚侏罗世—早白垩世)有一张拉过程,发育石英岩、构造角砾岩,并贯入与断层同方向的犬牙状石英脉;晚期(早白垩世—晚白垩世)发育硅化岩、硅化角砾岩、糜棱岩,并使早期形成的构造岩再破碎,作顺扭斜落滑移。局部形成陡崖。

将军帽断裂:该断裂走向北西 320°。发育于下石炭统,市内长 7km。断裂破砂岩、硅化岩带发育,构造岩由褐铁矿化碎裂岩、硅化岩组成。铁质岩破碎裂隙充填。断裂两侧岩层产状紊乱,岩石略具破碎。断裂作顺扭斜滑。

清林径断裂:该断裂走向北西 310°,倾向北东,倾角 60°～80°。发育于下石炭统,市内长约 8km,宽 5m。地貌上呈垅岗状。褐铁矿化角砾岩带发育,岩石破碎强烈。局部见数条平行的断面,其间充填断层泥。两侧岩层明显错位。有时可见硅化岩具再破碎现象,铁质岩裂隙充填。裂隙作顺扭斜滑。

1.4.4　区域水文

根据场地周边区域踏勘结果,场地内未见地表水。深圳市地下水类型可分为孔隙水、基岩裂隙水、岩溶水及构造裂隙水。

1. 孔隙水

孔隙水主要分布于第四系土层中。第四系冲洪积砂砾层的孔隙率高,孔隙大,有利于地下水的赋存与径流,在补给来源充足的情况下,水量较丰富。但由于该类沉积物分布不稳定,厚度变化较大,同时受到补给来源及补给量的限制,一般单井涌水量达 100～300m³/d,属中等富水孔隙水。

第四系坡残积层普遍分布于台地、丘陵、低山的顶部或山坡,平原地区冲洪积层下部。大多以砾质黏性土、砂质黏性土、粉质黏土为主,一般厚度小于20m,由于其孔隙率小、赋水空间小、透水性差、富水性差,泉流量9.50~59.61m³/d,单井涌水量一般小于100m³/d,其富水性及透水性较差。

2. 基岩裂隙水

根据区域水文地质资料,基岩裂隙水较贫乏,其含水岩组为下石炭统测水组岩层,该组系为一套海—陆互交含碳质的泥沙质为主的碎屑岩建造,分布于葵涌官湖山、坪山碧岭、清风岭、望风岭、望牛岗、松子坑水库以北及上、下井、南约、龙田、回龙埔、荷坳、清林径、排榜、沙湾大望、莲塘及盐田的低矮丘陵地区。该组岩层在构造应力的作用下产生塑性变形,破坏形式以剪断为主,常形成闭合乃至隐藏的裂隙,其裂隙密度大,张开性差,延伸长度较短,使其缺少地下水的赋存空间及径流通道,因此,其富水性差,一般在枯季地下水径流模数为0.14~2.11L/(s·km²),水量贫乏。

但该含水层组局部地段所夹砂砾岩、砾岩属硬脆岩石,夹持于塑性岩层中,在地质构造应力作用下往往形成较密集的张开裂隙,有利于地下水的赋存与流通,局部形成中等水量地段,地下水径流模数可达5.19~12.17L/(s·km²)。

3. 岩溶水(龙岗隐伏岩溶盆地)

该含水岩组为下石炭统石磴子组灰岩。岩溶含水层的富水性一般较强,但不均一,具有明显的各向异性。同一个岩溶含水层在同一标高范围内,即使在同一地段,有的在仅几十米或几米范围内的富水性相差悬殊,可达数十倍、甚至数百倍。一般是岩溶发育强烈,溶洞充填物少的地段富水性强,反之富水性弱。

根据岩溶含水层富水性变化特征,在垂向上可以划分为强、弱两个含水带。岩溶发育强烈、富水性强,为强含水带;岩溶发育弱,富水性差,为弱含水带。

4. 构造裂隙水

龙岗复式向斜核部由下石炭统测水组砂岩组成,两翼由下石炭统测水组粗砂岩、砂砾岩,石磴子组大理岩、白云岩组成。向斜南东翼岩层出露较完整,产状较稳定;北西翼岩层出露不全。两翼发育次一级小褶皱,形态复杂多样,相应的岩石破碎,岩溶发育,因此,该向斜轴部为较富水地段。

北东向断裂由一系列平行斜列展布的亚扭性断裂组成,较密集,基本上呈等间距分布,规模较大,具有较好的连续性。其压扭性断裂的闭合性较好,其破碎带又以压碎角砾岩、构造透镜体、糜棱岩、强化片理岩石及断层泥为主,断裂带的富水性较差,但其对地下水的分布仍起到了一定的控制作用。

北西向断裂发育程度仅次于北东向断裂,具多期活动性,以压扭性为主,部分表现为先压扭后张扭的特征,破碎带断层角砾岩发育,一般呈次棱角状和棱角状,有石英脉贯入,破碎带内孔隙、晶洞发育,部分见有泥质、铁泥质充填。北西向断裂区域上对沟谷的分布、河流的走向,泉群分布具有明显的控制作用,为该区构造裂隙水的重要赋存构造,断裂富水性较好。

　　就构造断裂的富水性来说,以西北向断裂富水性最好。从断裂构造的组合情况看,两组断裂交汇处,特别是北东向断裂与北西向断裂交汇处,构造的富水性好。在石灰岩分布区,岩石两组断裂交汇处,岩石破碎,而溶洞发育,断裂构造的富水性更好。

第2章 岩溶地质灾害危险性评价

2.1 岩溶地质灾害类型

2.1.1 岩溶灾害分类

岩溶灾害种类繁多,依据岩溶不同类型的特征,主要有以下几种分类:

(1)按岩溶水量大小可将岩溶分为微量涌水型(< 10m³/h)、少量涌水型(10 ~ 100m³/h)、中等涌水型(100 ~ 1000m³/h)、大量涌水型(1000 ~ 10000m³/h)、特大涌水型(> 10000m³/h)。

(2)按形态大小不同,可以将岩溶分为洞穴型、裂隙型、管道型和大型溶洞等类别。

(3)按充填特征分类又可以分为充填型岩溶、半充填型岩溶和无充填型3个类别。

依据岩溶其他特征,还可以划分为其他一些类型。岩溶灾害类型的划分应以保证施工人员安全和以灾害对施工影响程度等为基本原则,如按揭露岩溶管道涌口突水量大小划分;按揭露岩溶管道中涌口突水的物质成分划分;按地下水从岩溶管道中涌口突水方式划分;按涌口突水灾害的后果划分。

地面塌陷是指因自然动力或人为动力造成地表浅层岩土体向下陷落,在地面形成陷坑且对社会经济和环境造成危害的灾害。岩溶地面塌陷多发生于碳酸盐岩、钙质碎屑岩和盐岩等可溶性岩石分布区,在可溶岩发育地区,岩溶洞隙上方的岩土体在自然或人为动力作用下发生形变破坏,向下陷落后,在地面或地表浅层形成塌陷坑洞的现象。引起岩溶地面塌陷活动直接诱因,除降雨、洪水、干旱、地震等自然因素外,往往与抽水、排水、蓄水和其他工程活动等人为因素密切相关。在各种类型的岩溶地面塌陷中,以碳酸盐岩塌陷最为常见;因抽水而引发人为塌陷的概率最大。岩溶塌陷灾害成因可总结如表2-1所示。

自然条件下产生的岩溶地面塌陷一般规模小、发展速度慢,不会给人类生活带来太大的影响。但在人类工程活动中产生的岩溶地面塌陷,不仅规模大、突发性强,且常出现在人口聚集地区,对地面建筑物和人身安全构成严重威胁。

岩溶地面塌陷主要分布于岩溶强烈到中等发育的覆盖型碳酸盐岩地区,其中以南方的桂、黔、湘、赣、川、滇、鄂等省区最为发育。岩溶地面塌陷的分布规律与表现主要有以下特征。

(1)多产生在岩溶强烈发育区:我国南方许多岩溶区的资料说明,浅部岩溶愈发育,富水性愈强,地面塌陷愈多,规模愈大。

表 2-1　岩溶塌陷灾害成因

岩溶塌陷灾害成因	自然作用产生	重力作用岩溶塌陷
		地下侵蚀作用岩溶塌陷
		旱涝岩溶塌陷
		地震岩溶塌陷
	人为活动诱发	人工荷载岩溶塌陷
		人工震动岩溶塌陷
		人工爆破岩溶塌陷
		人工抽水岩溶塌陷
		人工蓄水岩溶塌陷
		人工开挖岩溶塌陷

（2）多分布在河床两侧及地形低洼地段：在这些地区，地表水和地下水的水力联系密切，两者之间的相互转化比较频繁，在自然条件下就可能发生潜蚀作用，形成土洞，进而产生地面塌陷。

（3）常分布在降落漏斗中心附近：由采、排地下水而引起的地面塌陷，绝大部分发生在地下水降落漏斗影响半径范围以内，特别是在近降落漏斗中心的附近地区。另外，在地下水的主要径流方向上也极易形成岩溶地面塌陷。

岩溶塌陷的主要形式如图 2-1 所示。

岩溶形成的突水灾害主要由水力特征和填充物特征表现，岩溶突水灾害水力特征如下：

（1）突发性。这类型溶洞的充填介质为不透水物质，溶洞的周壁为结构完整的岩体，溶洞的形成往往呈垂直向发育，倾角大，因而溶洞的充填物和上部的水体所积储的势能很大。当岩溶场地开挖或打桩时，势能急剧释放，形成爆喷突发性灾害。

（2）高压性。当发生突水灾害时，往往伴随泥沙，且被高压喷出，充分体现了岩溶的高压特点。

（3）富水性。当发生突水灾害时，往往存在大量涌水以及泥砂，充分体现了岩溶的富水、富泥（沙）的特点。

岩溶突水灾害充填物特征表现如下：

（1）泥砾型：岩溶填充物为泥砾型，在施工中能够依据实际情况采取措施，比如"以堵为主"的排水措施就较"以排为主"措施要安全得多，也为后续施工带来便利。

（2）细砂型：细砂型填充物，由于粉细砂层颗粒细且为透水介质，因此，预注浆施工困难，工程实践表明，在该类充填物介质岩溶隧道施工中，容易发生涌水、涌砂现象。

（3）黏土型：黏土型填充物属于不透水层，在施工过程中一旦揭露此类岩溶填充物，极易发生爆喷突泥灾害。

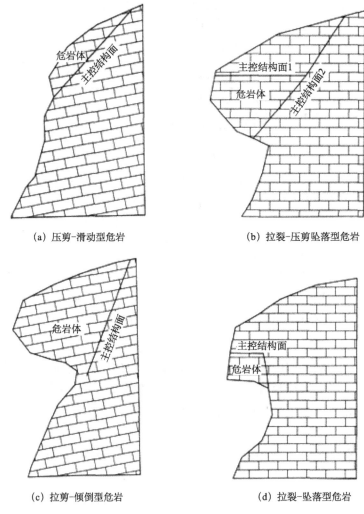

（a）压剪-滑动型危岩　　　　　　　（b）拉裂-压剪坠落型危岩

（c）拉剪-倾倒型危岩　　　　　　　（d）拉裂-坠落型危岩

图 2-1　岩溶塌陷形式

2.1.2　岩溶灾害的处置原则

岩溶地区建筑物施工难点主要有以下三个：一是如何准确地进行岩溶地区的地质预报，为信息化施工提供准确而可靠的依据；二是如何对岩溶造成的突泥、塌方、涌水等突发事故进行有效的预防和处置；三是如何选择安全经济的施工方法，快速通过岩溶发育地段。很多研究以及工程实践都表明，岩溶灾害的处置必须遵循一定的原则。总的来说，基本处置原则应遵循"保证施工安全"、"确保结构稳定"、"保障安全运营"。具体体现在以下两方面：一方面，为正确制订岩溶地段的施工方案，可以采用地质推理与地貌、地质调查相结合的方法对岩溶地段进行定性预测。当然主要以地质勘探方法为主，然后再结合超前导坑预报、地表钻孔探测、洞内超前钻孔预探等方法，进一步查明溶洞的类型、规模、发育程度、分布范围、填充物等情况。这是安全施工的前提和必要条件。另一方面,由于水是一切工程灾害的重要致使因素,在地表水系多、地下水丰富且岩溶发育的地区进行建筑物施工时,防水排水工作显得格外重要。所以岩溶建筑物施工时,根据相关数据资料,应尽量查明岩溶地下水情况,然后判断其对建筑物施工的影响,制定出切实可行的施工防排水处理措施。这是建筑物结构稳定以及安全运营的保障。

2.2　岩溶地质灾害评价原则

岩溶地质灾害评价的一般原则:

(1)岩溶评价应遵循从面到点,先定性后定量,定性与定量相结合的方法,综合考虑岩溶地基稳定与岩溶洞穴稳定性,再结合具体工程特点进行评价。

(2)初勘阶段,一般先进行定性判断,根据岩溶场地稳定性分区标准进行公路线路场地的分区评价。根据勘察资料,确定不稳定区。

(3)详勘阶段,在查明地基岩溶情况的基础上,要获取岩体完整性和岩石饱和单轴抗压强度资料,再根据公路岩溶地基岩体基本质量分级标准,确定地基岩体基本质量,再根据岩体基本质量,结合构造物形式,划分稳定地基和不确定地基。对不稳定地基岩溶顶板,根据岩体基本质量,确定岩体计算参数,进行岩体稳定性评价。在条件许可的情况下,对于基本质量等级为Ⅲ级、Ⅳ级的岩体,宜进行溶洞变形监测或荷载试验,以判断岩溶顶板的稳定性。对于基本质量等级为Ⅴ级的岩体,不宜采用上述方法进行定量评价,宜进行原位荷载试验。

(4)对人能进去的溶洞,应通过测量获取岩溶洞穴的形态参数,调绘岩溶顶板裂隙发育情况,确定半定量计算模型进行稳定性评价,安全系数可取低值。计算结果宜通过数值计算进行验证。对于人不能进去的溶洞,通过钻孔与物探相结合的方法来探明溶洞形态,根据岩体基本质量确定半定量计算模型进行稳定性评价,根据钻孔与物探方法的探测精度,分别取不同的安全系数。计算结果宜通过数值计算进行验证。

要进行岩溶灾害评估,首先需要对岩溶灾害危险地段进行划分,危险地段的划分和评价的作出是在掌握了区域岩溶发育规律和不同地下水类型的来龙去脉的基础上,把岩溶的平面分布和岩溶发育深度勾勒出来;依据地下水补给区是否有碎屑物质来源、碎屑物质的分布、岩性特征等来确定松散沉积物的特征;依据不同地下水类型推算出建筑场地内的水压力、水量、碎屑物质特征等判定突水、涌水、涌泥砂(地下泥石流)等灾害类型;最后依据上述资料划分出岩溶灾害的危险地段,并对不同地段的危险性作出定性和部分定量的评价。

危险地段的划分是建立在对建筑场地的岩溶分布位置和岩溶发育深度及地下水补给区、径流区、集中排泄点的来龙去脉等与建筑位置和建筑物设计高度的关系,进行全面深入系统分析的基础上所作出的科学预测。划分原则如下:

(1)全面系统地认识建筑场地周围的不同地质构造单元上的区域岩溶发育规律。

(2)认定不同地下水类型中岩溶的补给区、集中排泄点(不能用所谓的侵蚀基准面或地下水的排泄基准面来代替),依据地下水的可能径流方向和途径,结合地层岩性特征、地层产状、褶皱、断层、节理等地质因素,最后推断出岩溶的平面分布位置。

(3)根据3个岩溶发育深度推算出建筑场地附近的岩溶发育深度。

(4)岩溶发育的极限深度是指非可溶性的砂页岩和煤系地层等组成的隔水层顶面是岩溶发育的终止界线。如岩溶化潜水含水层,其隔水底板的上界面就是潜水型岩溶发育的极限深度。

(5)岩溶集中排泄点或带是指岩溶水沿过境河流的水面附近或夷平面与山体交汇处成点状或带状集中排泄的溶洞或暗河、大泉等的分布高程。当隔水层分布高程高于过境河流水面时,该地岩溶发育只有极限深度,即地下水只在隔水层顶面以上,以溶洞水、暗河出口、泉水等形式排出;当隔水层分布低于过境河流水面时,不仅在河水面附近有集中排泄点或带,而且在排泄点或带以下还有岩溶管道发育,可直至隔水层顶面的极限深度。

无过境河流的分水岭地区岩溶发育深度的确定:先确定当地目前岩溶发育处于4个发育阶段中的哪个阶段,再根据山体内岩溶水的补、径、排等地下水流场和附近形成稳定河谷断面的地表水等因素综合分析确定该区岩溶发育深度。

(6)确定岩溶管道分布与建筑场地交汇的里程范围和岩溶发育深度的关系。

(7)预测岩溶灾害是突水,还是泥、砂和水的混合物。

2.3 岩溶地质灾害危险性评估内容

评估内容主要有:工作区今后发生岩溶塌陷的潜在危险性、工作区今后一旦发生岩溶塌陷,可能给社会带来的影响。具体包括:

(1)影响岩溶塌陷的地质因素分析。

(2)潜在塌陷危险性评价。

(3)社会经济易损性评价,其考虑内容包括3个方面:

①社会敏感性:岩溶塌陷可能造成的精神和物质生活的影响。

②经济易损性:岩溶塌陷发生时,可能造成的直接经济损失。

③社会基础结构易损性:岩溶塌陷发生时,地面设施发生破坏的可能性。

(4)风险数据的处理与风险评估。

2.4 岩溶地质灾害评价方法

2.4.1 岩溶塌陷危险性评价

1. 岩溶地面塌陷危险性评价方法

岩溶地面塌陷危险性评价方法较多,主要有人工神经网络、模糊数学、回归分析法、基于人工神经网络(ANN)与地理信息系统(GIS)的综合评价方法等。下面简单介绍模糊层次综合预测法和 ANN 与 GIS 技术评价指标。

模糊层次综合预测法以选取岩溶地层、岩溶发育强度;覆盖层厚度、覆盖层岩性、覆盖层结构;距断裂距离、距褶皱距离、断层性质、构造组合、构造规模;地下水面与基岩面接触、地下水波动频率、地下水位变幅、地下水径流强度;地形变化、地貌条件;距抽水井距离、抽排水强度作为评价指标。

ANN 与 GIS 技术以选取盖层厚度、盖层成因、基岩岩性、空间遇洞指数、距断层距离、断层构造强度、水位平均变幅、水位平均变频、距强径流带距离、水位距基岩面距离作为评价指标。由于建设用地地质灾害危险性评估的工作手段主要是收集区域地质环境资料和进行野外地质灾害调查,因此,不可能建立特定地质要素与岩溶塌陷之间的定量统计关系,这决定岩溶塌陷这个多因素决策系统客观上存在模糊性。此外,基于地质灾害评估工作特点,实际工作中难以取得评价所需的全部信息,即信息量存在不充分性,且评价结果应与相关地质灾害危险性评估规程相一致。

2. 岩溶地面塌陷评价因子的选择

塌陷的形成首先下部要有可溶性岩的分布,且可溶性岩发育有溶洞、溶蚀裂隙等;其次,上覆有可致塌落的盖层;最后,有致塌力的作用,包括自然和人类工程活动的作用。前两者是形成塌陷的物质基础,后者是外因。形成塌陷的作用力中,地下水的活动,包括地下水位及其动力变化,往往是产生岩溶塌陷最积极或主导的因素。因此,可选取岩溶条件(岩溶地层、岩溶发育程度)、覆盖层条件(土层厚度、土层岩性、土层结构)、构造条件(距断层距离、距褶皱距离、断层性质)、地下水条件(地下水面与基岩面距离、地下水位变幅)、地形地貌条件(地形变化、地貌条件)等作为岩溶地面塌陷的评价因子。

2.4.2　岩溶塌陷预测评价

地质灾害的预报需要依据三个前提,即:①对地质环境的构造水动力条件以及水—岩和水—土作用的基础研究;②有关水文地质地应力、水动力、力学性质和形变等方面的试验;③边坡稳定性、危险度和危害度的计算与评判;④抓住岩溶地区临灾前的评估工作主要从区内地质、褶皱、水文地质、工程地质条件以及气候条件、工程特征、施工条件等对工程建设可能引发或遭受的地质灾害进行预测分析。

由于岩溶塌陷的产生是受多种因素影响的,单纯依靠某一方法难以作出切合实际的判断。预测评价的程序:地质条件分析→塌陷现状分析→定性、半定量、定量评价→塌陷预测。预测方法包括定性预测和半定量、定量预测两种,定性预测应全面分析区内地质及水文地质条件、人类工程活动情况,以及已知塌陷的分布、成因与产生的临界条件。半定量、定量预测要找出塌陷发育的主控因素,如岩溶发育程度、松散盖层的厚度、结构和性质,以及地下水水动力条件、地质构造等,运用指数法、模糊数学评判、灰色聚类分析、数量化理论等方法进行评价。对一个工作区的预测评价,一般应以定性预测为主,辅以半定量、定量方法,两者相辅相成,确保预测精度。

2.4.3 岩溶塌陷灾情评估与预测

目前国内岩溶塌陷灾情评估的方法,主要采用经验公式法、多元统计分析法,也可根据岩溶类型、岩溶发育程度、覆盖层厚度和覆盖层结构,进行岩溶塌陷活动程度判定,如表 2-2 所示。

岩溶塌陷等级的划分如表 2-3 所示。

表 2-2 岩溶塌陷活动程度

塌陷活动可能性		岩溶类型	岩溶发育程度	覆盖层厚度/m	覆盖层结构
会形成塌陷	特别容易形成	裸露型岩溶和覆盖型岩溶	特别发育:地表岩溶密度 >100 个/km²;钻孔岩溶率 >10%	<10	结构不均,且土洞特别发育的非均质土
	较容易形成		较发育:地表岩溶密度 5~10 个/km²;钻孔岩溶率 5%~10%	10~30	结构不均,土洞比较发育的非均质土
	不容易形成		不发育:地表岩溶密度 1~5 个/km²;钻孔岩溶率 1%~5%	30~80	结构不太均匀,土洞不发育的土
不会形成塌陷		埋藏型岩溶	极不发育:地表岩溶密度 <1 个/km²;钻孔岩溶率 <1%	>80	厚度较大,结构均一的黏性土

表 2-3 岩溶塌陷等级划分

种类	指标	特大型	大型	中型	小型
地面塌陷	岩溶塌陷面积/km²	>20	20~10	10~1.0	<1.0
	采空塌陷面积/km²	>5	5~1.0	1.0~0.1	<0.1

岩溶塌陷的灾情预测步骤包括以下三个:

(1)查明研究区的地质、水文地质条件。

(2)调查已有塌陷点的塌陷特征、分布规律及形成条件(环境及触发因素),确定出现塌陷的综合判断指标。

(3)考虑塌陷发展趋势和对环境的影响程度,对研究区进行塌陷预测分区,提出地表各种重要设施的保护方案和预防措施。

通常,采排地下水或矿坑突水时,在水位降落漏斗内容易产生岩溶塌陷的地段如下:

(1)浅部岩溶发育强烈,可溶岩顶板起伏较大,并有洞口和裂口,洞穴无充填物或充填物少,且充填物多为砂、碎石、粉质黏土的地段。

(2)采排地下水点附近或地下水位降落漏斗范围中心(特别是地下水的主要补给径流方向上)地段。

(3)构造断裂带(特别是新构造断裂带)背、向斜轴部,可溶岩与非可溶岩的接触部位。

(4)溶蚀洼地、积水低地和池塘、冲沟地段。

(5)第四系土层为砂、粉质黏土,且厚度小于 10m 地段。

(6)河床及其两侧附近。地面塌陷预测可考虑的影响因子包括:排水量、水位降低值、盖层物理、力学性质的指标、盖层厚度、岩溶发育程度的指标、表征构造破坏程度的参数和预测扩展半径时要考虑时间。预测时间、强度时,要考虑到抽水中心的距离。

地面塌陷在时间上具有突发性,在空间上具有隐蔽性,其预报为当前的前沿课题。可用于岩溶地面塌陷的探测方法和仪器有地质雷达(探溶洞)、浅层地震、电磁波、声波透视(CT)等。近年来,用 GIS 技术中的空间数据管理、分析处理和建模技术对潜在塌陷危险性进行预测,效果良好。

2.5 岩溶地质灾害防治

2.5.1 防治原则

岩溶分布区可划分为高、中、低 3 个危险性区。各危险区内,岩溶地质灾害防治原则不同。高危险区是岩溶地质灾害防治的重点,防治的基本原则是阻止上覆粉细砂的流失;中等危险区的防治原则是保护中部老黏土层或红层的完整性;低危险区应注意远城区老黏土中土/岩界面处土洞存在的可能性。各危险区应以地质结构为基础,在防治原则的指导下,制定相应的防治措施。

根据岩溶失稳机理,岩溶处治原则如下:

(1)岩溶地段路基工程,必须做好地面排水。对既有排水设施进行完善补强,防止集中径流渗漏引起坍陷。

(2)对范围较大,发育较浅的少数无充填溶洞,采取揭盖回填碎石及表层封闭的措施进行处理。

(3)岩溶形态密集地段,由于存在较多的松散充填物,部分溶洞甚至为溶洞或半充填状态,为封闭表水的渗流通道,改变水的渗流条件,同时为加固松散充填物和岩溶破碎带,采用注浆整治。

对岩溶地质灾害,其防治可依据岩溶类型或工程特殊情况进行有针对性处理,按如下分类进行处治。

1)间歇突水型溶腔

这类溶腔一般发育基本成熟或正在发育中,周边围岩基本完整,且强度不高。溶腔与地表连通性较好,但范围较小,平时无水,在降雨后水量会急剧增加。

针对该溶腔采取的处理措施为:①溶腔增设锚杆,增强回填片石与溶腔壁的摩阻;②初期支护采用格栅钢架,采用抗水压加强衬砌断面施工;③初期支护预埋钢管,维持原有水系;④初期支护拱顶砌筑石护拱,防止落石砸坏初期支护。

2)承压清水型溶腔

这类溶腔一般发育比较成熟,周边围岩强度较高,除与地表连通性好外,汇水面较大且地下岩溶管道连通较好,平时水源补给充足,雨季更为丰富。

处理措施:承压清水型溶腔主要采用正洞侧绕行恢复平导施工,利用泄水洞爆破泄水,从而减轻了施工压力,缓解了施工安全与进度的矛盾。

3)充填性溶腔

采用大管棚,结合小导管、帷幕注浆等措施是处理该类溶腔比较安全快速有效的方法。所需的注浆分别采用水泥浆、水泥-水玻璃浆及超细水泥浆液。

4)空腔型溶洞(溶腔、溶槽)

开挖揭示后首先进行这类溶腔或宽度超过 1m 溶槽的稳定性判断,最简单的办法是用目测来断定其发育是否已停止,有无溶洞管道连通地下水活动。判断顶部和侧壁是否稳定可采用微震,如无其他异常情况,可根据其与隧道相交的位置采取不同的处理措施通过。

5)基础跨越溶洞处治措施

查明溶洞分布范围、类型情况(大小、有无水,溶洞是否在发育中,以及填充物等)、岩层的稳定程度和地下水流情况(有无长期补给来源、雨季水量有无增长)等,分别以引、堵、越、绕等措施处理。对于引排水,当溶洞中有水流,不宜封堵时,可以采用暗管、涵洞、小桥等设施渲泄水流或者开凿泄水洞将水排出;对于跨径较小、已经停止发育的无水溶洞,视情况可以采用混凝土、浆砌片石或者干砌片石封堵;当溶洞较大较深时,可采用梁、拱跨越;当溶洞难以处理时,可以采用改线或者用导洞绕开溶洞区再回头处理溶洞的方案。

6)对于岩溶地区边坡灾害的处治措施

(1)降低主滑力:对处于危险阶状将发生边坡灾害的岩土体,减少其顶部体积,降低主滑力。

(2)增加危岩体的抗滑力(压脚):增加抗滑力,经常在坡脚采用砌石、抗滑桩、抗滑墙、支墩、灌浆等方法,对一些蠕变边坡,采用块石堆积在坡脚是有效措施。对于临灾的边坡,需要防止在坡脚的任何开挖和爆破,许多边坡灾害是人工活动诱发的。

(3)增强危岩体的强度:例如,预应力锚杆灌浆切断滑动面,可采取焙烧软弱岩土体、干燥、冻结、化学离子交换、重结晶等方法加强处于临界状态的软弱岩土体。

(4)降低危岩、土体水动力(降低水压):动水压力经常是诱发滑坡的最重要的因素,可采取在危岩体内降低地下水位的措施,使地下水和地表水同步升降。主要方法有钻孔排水廊道,将危岩体上的地表水及地下水排至安全地带内。

7)岩溶塌陷处治措施

岩溶塌陷的防治处理方法主要是:增强岩溶化岩体或土体强度;减少上部荷载;控制水动力条件;构建联合基础等。

对岩溶塌陷应采取预防和治理相结合的综合方案进行。预防措施是在查明塌陷成因、影响因素的基础上,为了消除或消减塌陷发生发展主导因素的作用而采取的措施。如调整抽排水方案、设置完善的排水系统、建立监测网(对水点、地面、建筑物及塌陷前兆现象进行监测)、工程选址时避开塌陷发育且尚有活动迹象的地段等。治理主要是针对塌陷发育的三要素(岩溶洞隙、土体、水),进行堵截水流、强化土层和洞穴充填物、填堵岩溶通道等。具体方法有清除填堵法、地表封闭处理、跨越法、强夯法、深基础法、灌注法、疏排围改治理及平衡地下水和气压力等方法。每一防治方法的选择要结合区内塌陷的成因、致塌模式及主控因素来进行,以确保防治工作的效果。

2.5.2　工程措施

1. 岩溶一般处治对策

1)整平填塞是岩溶处治之基

整平填塞就是将软硬不均的地基削硬填软基本达到各向同性软硬较均匀的目的,使建(构)筑物荷载向下传递形状相似,由此保持建(构)筑物的整体稳定。采取的主要方法有注浆和片块石抛填等,如图 2-2 所示。

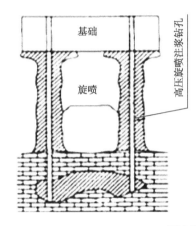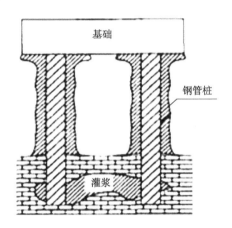

图 2-2　注浆示意图

2)桩基跨越是岩溶处治之本

溶蚀空间或埋深较大岩溶,填塞有时不能体现安全、经济、合理原则,技术难度较大。利用部分岩土摩擦力和支撑力,采用桩基跨越较理想。桩基能将建(构)筑物荷载直接传递到下部较完整岩体或通过桩周摩擦力传递至深部,受力合理,施工方便,不改变地下水系。

3)强固基础是岩溶处治之辅

在填塞不够稳妥或岩溶埋深大于 5m 的情况下(岩溶埋深较大),强固构造物基础是岩溶处治行之有效的辅助方法。

4)理论验算是岩溶处治之据

岩溶处治验算主要是验算岩溶洞穴顶板安全厚度和岩溶埋深安全深度。验算方法主要有:地基附加应力、溶洞顶板塌陷堵塞估算法、双向板(梁)分析法、厚跨比值法、成拱分析法、结构力学分析法、有限元法等。岩溶洞穴的稳定性主要与洞穴顶板的厚度、跨度、节理裂隙状况、受荷性质以及当地气候等因素有关。在选取验算方法时应遵循由简到繁、建模分析、多种方法相互验证的原则,根据验算结果采取适当的处治措施。

5) 四新技术是岩溶处治之源

四种新技术包括:新技术(勘探新技术:水陆两栖时间电磁法、高密度电法、浅层地震法、井中 CT 透视法和探地雷达法等;岩溶处治施工:冲击成孔法、定向爆破法、冷冻开挖法和高压灌浆法等)、新工艺、新材料和新设备。

2. 岩溶处治方法

下面介绍两种工程中常用的岩溶处治方法:

1) 开挖换填

根据场地的实际情况,对于范围大,发育较浅的少数无充填溶洞,可以将已经查明的溶洞直接挖开,再用碎石回填,如图 2-3 所示,最后再用水泥砂浆进行封顶,以防治地表水下渗。

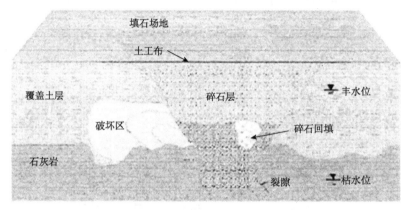

图 2-3 开挖回填示意图

2) 岩溶注浆

注浆法就是把具有一定浓度、固结后具有一定强度的水泥浆液或其他化学浆液,通过钻机在一定压力的作用下充填溶洞、土洞和岩溶裂隙等,如图 2-4 所示。从塌陷形成的机制来分析,地下水和地表水的活动是形成塌陷的主要因素,只要用浆液充填了水活动的一切通道,就割断了塌陷形成的主脉。

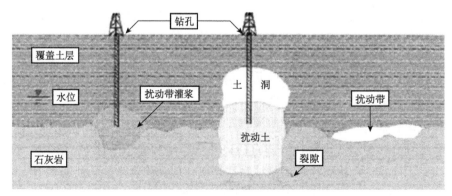

图 2-4 注浆处理示意图

为防止岩溶地面塌陷,可以通过注浆充填土洞和灰岩顶部的溶洞、溶蚀裂隙,并加固上体,改善土体的工程性质,切断地表水与地下水、孔隙水与岩溶水之间的水力联系,防止土体潜蚀的发生。且注浆法可预防岩溶的进一步发育和阻断新土洞的形成,是有效防治岩溶地面塌陷的一种地基处理方法。

由于岩溶、土洞发育位置的不确定性,要处理建筑场地范围内的岩溶塌陷,注浆孔的布置应按一定的原则:

(1)对单一的溶隙发育带(或溶蚀破碎带),基岩顶板厚度大于 10m 的单个溶洞,一般不作处理。

(2)对溶隙发育带(或溶蚀破碎带)与溶隙相互穿插的地段,注浆深度一般控制在基岩面以下 5m 内,注浆孔距以 5m 为宜。

(3)对溶隙发育带(或溶蚀破碎带)或下部有溶洞发育的地段,注浆加固处理地段的长度以溶隙发育带(或溶蚀破碎带)的长度为准,注浆深度一般控制在 10m 以内。当溶洞底板在基岩面以下不足 10m 时,注浆深度至溶洞底为止;当溶洞的洞径大于 2m,溶洞底板在基岩以下深度大于 15m 时,注浆深度至基岩面以下 15m 止。后两种情况的注浆加固地段的长度一般控制在溶洞前后各 10 ~ 15m 范围内,注浆孔距以 5m 为宜。

(4)对基岩顶板厚度小于 10m 的单个溶洞或溶洞群,均采用注浆加固处理,其注浆深度一般控制在基岩面以下 10m 以内。当溶洞底板深度不足 15m 时,注浆深度可至溶洞底为止。当洞径大于 2m,底板深度在基岩面以下大于 15m 时,注浆深度至基岩面以下 15m 为止。注浆加固地段的长度一般控制在溶洞前后 10 ~ 15m 范围内,注浆孔距为 5m。

(5)对上部有覆土的溶洞和溶隙发育带(或溶蚀破碎带)与溶隙、溶洞相互穿插地段,注浆深度亦从基岩面以下开始计算,以 5m 为宜。

(6)对于单一的溶蚀破碎带,当分布范围较广、埋深较浅、深度较大时,注浆加固深度可控制在基岩面以下 10m。

需要注意的是:对已经发生塌陷地段和地下水位在基岩面附近波动很大、极易发生土体潜蚀的地段,注浆孔间距采用 2.5m。

3. 岩溶塌陷的防治措施

我国对岩溶塌陷的防治工作开始于 20 世纪 60 年代,目前已有一套比较完整和成熟的方法,防治的关键是在掌握矿区和区域塌陷规律的前提下,对塌陷做出科学的评价和预测,即采取以早期预测、预防为主,治理为辅、防治相结合的办法。

塌陷前的预防措施主要有:合理安排建设总体布局;河流改道引流,避开塌陷区;修筑特厚防洪堤;控制地下水位下降速度和防止突然涌水,以减少塌陷的发生;建造防渗帷幕,避免或减少预测塌陷区的地下水位下降,防止产生地面塌陷;建立地面塌陷监测网。

塌陷后的治理措施主要有:塌洞回填;河流局部改道与河槽防渗;综合治理。一般来说,岩溶塌陷的防治措施包括控水措施、工程加固措施和非工程性的防治措施。

1)控水措施

(1)地表水防水措施。

防地表水进入塌陷区,可以实施以下几种措施:清理疏通河道,加速泄流,减少渗漏;

对漏水的河、库、塘铺底防漏或人工改道;严重漏水的洞穴用黏土、水泥灌注填实。

(2)地下水控水措施。

根据水资源条件,规划地下水开采层位、开采强度、开采时间,合理开采地下水,加强动态监测。危险地段对岩溶通道进行局部注浆或帷幕灌浆处理。

2)工程加固措施

(1)清除填堵法:用于相对较浅的塌坑、土洞。

(2)跨越法:用于较深大的塌坑、土洞。

(3)强夯法:用于消除土体厚度小,地形平坦的土洞。

(4)钻孔充气法:设置通风调压装置,破坏岩溶封闭条件,减小冲爆塌陷发生的机会。

(5)灌注填充法:用于埋深较深的溶洞。

(6)深基础法:用于深度较大,不易跨越的土洞,常用桩基工程。

(7)旋喷加固法:浅部用旋喷桩形成一"硬壳层",(厚10~20m即可),其上再设筏板基础。

3)非工程性的防治措施

(1)开展岩溶地面塌陷的试验研究,找出临界条件。

(2)增强防灾意见,建立防灾体系。

尽管岩溶塌陷的防治难度较大,但只要因地制宜地采取综合措施,岩溶塌陷灾害是完全可以防治的。

2.6 岩溶地质灾害风险管理

2.6.1 风险识别方法

从理论上看,岩溶灾害源与围岩相比在地质、地球物理、地球化学性质上有较大的差别,但是自然界影响这类特性的因素非常多,同时不同方法的探测深度和精度也存在较大的差别,各类方法的适应性也存在较大的差异。所以探测方法必须和地质环境、工程类型等因素充分结合起来,才能有效地实现灾害源的预测和探测。总体来说,地质条件的调查分析是预测灾害源的基础,在地质分析的基础上,再开展地球物理、化学等方法的研究。

(1)地质方法是在对工程区域地质背景和工程地质条件充分分析的基础上,结合掌子面围岩所表现的工程地质特性,预测掌子面后侧一定范围内产生灾害的可能性的一种方法。对于岩溶地下工程而言,系统地分析水文地质条件和岩溶发育特征,是明确探明对象特征,合理设计物理探明方案的基础。

(2)地球物理方法是探测地下灾害最常用的方法,在工程勘察和施工过程中都有大量的使用。常见的探测方法包括电法、TSP、GPR 和红外等。因其探测原理的差异,在对不同地质灾害体探明过程中表现出的效果也有所差异。所以在地质实际的探测过程中,应以根据地质分析得到的可能灾害特性为基础,选择合适的探测方法。大量的工程实践表明:在岩溶突水、突泥为探测重点的工程中,经常采用"长短结合探测方法",即经常采用 TSP 作为长距离探测方法,采用 GPR 作为临近掌子面精确探测方法。

(3)地球化学方法是利用岩土体中核素含量的差异来识别潜在的岩溶灾害。在西南山区,有些岩溶发育有一定的隐蔽性,难以通过地面调查发现,可以采用地球化学方法去寻找这一片区域内容的可能灾害点。特别是在岩溶不良地质体呈竖向管道状、漏斗状发育的地区,地球化学方法能较为准确地查出隧道沿线地表岩溶漏斗,这对地下灾害的识别和探测具有重要的指导意义。

2.6.2　风险评估方法

1. 岩溶塌陷潜在危险性评价

结合已有岩溶塌陷的发育和分布特征,对主要影响因素(表 2 - 4)进行综合分析、处理,建立塌陷发育的预测评价模型,对潜在塌陷的可能性进行评价。

1)主要影响因素分析

A. 地下水动力条件

研究结果表明,地下水动力条件对岩溶塌陷的发育有重要影响,地下水动力条件除受基础地质条件的影响外,还与地下水开采等人类活动有密切关系,下面通过三个方面反映它对岩溶塌陷的影响。

(1)地下水位:统计结果表明,绝大部分塌陷均分布在地下水降落漏斗之内,且越靠近漏斗中心,塌陷越多。

(2)地下水波动幅度:地下水位波动幅度是评价岩溶塌陷危险性的主要因素之一。

(3)地下水水力特征:地下水水力特征直接反映地下水波动过程中的承压性,试验研究表明,地下水作承压与无压波动最有利于岩溶塌陷的发育,其次是承压波动与无压波动。

(4)因素综合处理:采用加权平均法,对上述三因素进行综合处理,生成反映地下水动力特征。

B. 第四系土层条件

对岩溶塌陷有较大影响的土层特征主要有土层的结构、性质和厚度。

①基岩条件:基岩特征包括岩溶发育和构造两个因素。

②岩溶发育特征:岩溶发育特征可用单位涌水量作为反映基岩岩溶发育程度指标,岩溶越发育,则单位涌水量值越高。

③构造因素:为反映构造的影响,以构造分布图为基础,作成距离图,再根据距离越大,影响值越小的原则,生成专题图。

④因素综合处理:采用加权平均法,对上述两个因素进行综合处理,作成反映基岩岩溶特征对塌陷影响的专题图。

2)潜在塌陷危险性评价模型

潜在塌陷危险性评价就是对主要影响因素进行综合分析、处理的过程,考虑到本次

评估中所收集的资料的影响,采用加权平均法进行建模,模型为

$$H-sinkhole = (a * F-water + b * F-soil + c * F-rock)/m \quad (2-1)$$

式中,$m = a + b + c$。

表 2-4　主要影响因素分级表

分级	地下水动力条件			第四系		基岩岩溶	
	地下水降落漏斗(高)(标高 m)	地下水降落漏斗(低)(标高 m)	地下水波动幅度/m	地下水水力特征	土层厚度/m	岩溶发育特征/L/(s·m)	断裂距离/m
10	<1780	<1766	>17.5	承压~无压	<3	>31.5	<50
9	1780~1783	1766~1770	16~17.5		3~6	28~31.5	50~100
8	1783~1786	1770~1774	14.5~16		6~9	24.5~28	100~150
7	1786~1789	1774~1778	12.5~14.5		9~12	21~24.5	150~200
6	1789~1792	1778~1782	10.5~12.5		12~15	17.5~21	200~250
5	1792~1795	1782~1786	8.5~10.5	承压	15~18	14~17.5	250~300
4	1795~1798	1786~1790	6.5~8.5		18~21	10.5~14	300~350
3	1798~1801	1790~1794	4.5~6.5		21~24	7~10.5	350~400
2	1801~1805	1794~1800	2.5~4.5		24~27	3.5~7	400~450
1	>1805	>1800	<2.5	无压	>27	<3.5	>450

2. 岩溶塌陷风险评估

表示岩溶塌陷的社会风险信息的一个特别有效的手段是风险分区图。风险分区就是对工作区进行分带的过程,各分区都有特定的风险值。可以将岩溶塌陷的风险理解为在一定时期内,发生岩溶塌陷所造成的可能损失,换句话说,岩溶塌陷风险就是在给定时间里社会和经济的损失情况。通过风险分区图,可以方便快速地估计未来可能塌陷的位置、可能性、相对严重性,可以预计、减轻或避免潜在的损失。

风险评估模型简述如下:

岩溶塌陷风险(R-sinkhole)是潜在塌陷危险性(H-sinkhole)和社会经济易损性(V-social)的函数,即

$$(R-sinkhole) = f(H-sinkhole, V-social) \quad (2-2)$$

选用以下模型进行评估:

$$(R-sinkhole) = (H-sinkhole * V-social) \quad (2-3)$$

(1)城市地质灾害风险评估是广大环境地质工作者面临的新课题,以往的工作一般只进行发生灾害的危险性评价,对社会经济的影响考虑较少。

(2)城市地质灾害风险评估包括地质灾害危险性评价、社会经济易损性评价两大内容,危险性评价应以灾害发育的机理为基础,通过主要影响因素综合分析进行;易损性评价应包括社会敏感性、经济易损性和基础结构易损性三个方面,通过以土地利用要素分区为基础的社会功能分区进行易损性评估。

（3）地理信息系统（GIS）的推广和普及，为灾害的风险评估提供了极为有力的工具。

（4）灾害风险分区图是反映灾害风险评估结果的有效途径。

2.6.3　岩溶塌陷勘查及监测

1. 勘查工作内容的一般要求

（1）查明岩溶塌陷的发育现状、历史过程及其危害性。

（2）确定岩溶塌陷的成因、类型、形成条件和地质模式，研究其分布规律。

（3）确定岩溶塌陷发育的动力因素，研究其动态特征及其与塌陷的相关关系。

（4）确定岩溶塌陷的机制及其临界条件。

（5）研究岩溶塌陷综合评价预测和信息管理系统，评价其稳定性。

（6）确定岩溶塌陷的前兆现象与监测预报方法，研究预警措施。

（7）研究岩溶塌陷的防治工程方案和措施。

2. 勘查区岩溶环境调查研究

目的是了解勘查区所处的岩溶工程地质环境的特征及其组成要素的分布规律，以保证勘查工作的质量。调查研究方法主要是综合分析研究已有的各种资料，必要时进行补充的路线调查。调查研究范围以达到上述目的为原则，一般应包括一个完整的水文地质单元。调查研究的主要内容有：

1）地形地貌

调查研究山川形态与走势，地形切割起伏特征，地表水文网的配置格局，夷平面和阶地的发育特征和分布高程，地貌成因类型与形态特征，各地貌单元的分布，组成物质与形成时代等。着重调查研究岩溶地貌形态的成因类型和形态组合类型及其分布。

2）气象与水文

（1）气象要素中着重调查降水特征，包括多年长周期丰、贫水年变化特征，多年平均降水量，年降水量分布特征，单次最大降水量及持续时间，最大降水强度（以小时计）等。

（2）水文要素包括地表汇流面积，径流特征，河、湖及其他地表水体（包括季节性淹没的洼地）的流量和水位动态，包括最高洪水位和最低估水位及出现日期和持续时间，汛期洪水频率及变幅等。

3）地层

调查研究组成地质环境的地层层序及时代、成因类型、岩性岩相特征与接触关系及其工程地质特征。其中，侧重对碳酸盐岩及其他可溶岩和第四系松散沉积物的调查研究。

（1）对碳酸盐岩及其他可溶岩，调查研究其岩石成分和结构构造，非可溶岩夹层的岩性、厚度与分布，划分岩溶层组类型。

（2）对第四系松散沉积物，调查研究其岩性结构、沉积年代和成因类型及其厚度与分布。注意调查红黏土、软土及其他特殊土类的岩性成分、结构、厚度及埋藏分布条件，根据上述特征划分其岩性、结构类型，一般可作如下划分：

①均一结构:均一黏性土层或均一砂土层,由单一土层组成,其中夹层的单层厚度小于1m,累计厚度小于总厚度的10%。

②双层状结构:双层状结构黏性土-砂砾石层或双层状砂砾石-黏性土层,由同一成因类型的两种岩性土层或两种不同时代、不同成因类型的土层组成。

③多层结构:多层状黏性土夹砂砾石层或多层状黏性土、砂砾石层,由同一成因类型的多种岩性土层或多种不同时代、不同成因类型的土层组成。

4)地质构造

调查研究区域构造骨架与构造线方向,主要构造的形态特征、产状、性质、规模与分布,其形成时期与组合关系。着重调查断裂构造、其规模、产状、力学性质、组合与交切关系,以及破碎带的性状与特征。对节理裂隙,要注意调查其在不同构造部位、不同岩性中的发育特征与发育方向,着重调查裂隙密集带的发育与分布。

5)新构造运动与地震

(1)调查研究新构造运动的性质与特征。根据地震活动性、地形变特征、地貌差异及水热活动等迹象判定活动性断裂,注意调查其产状规模和破碎带特征,切割的最新地层及最新充填情况,判明其活动时期、活动特点及强度。着重调查构造现今活动迹象,根据地形变资料,分析现今活动特征。

(2)搜集历史地震资料,了解震中位置与震级,分析评价地震活动水平。搜集附近地震台站测震资料,了解地震活动规模及其与区域构造的关系。着重调查历史上破坏性地震所引起的各种地震效应,调查研究与塌陷有关的各种现象,如喷砂、冒水、地面开裂、塌陷、砂土液化、地下水位骤然升降的异常变化等。

6)岩溶发育特征

(1)调查研究岩溶的形态、规模、组合特征及其分布,统计分析不同条件下岩溶发育密度。分析研究岩溶发育与岩溶层组类型、构造、地貌及地下水动力条件的关系,了解岩溶发育与分布规律。

(2)以岩溶层组类型及岩溶地貌特征为基础,结合地表岩溶形态、岩溶率及蓄水性等指标,评价岩溶的发育程度,一般可划分为强、中、弱三级。

(3)对覆盖岩溶区、着重调查研究浅层岩溶洞隙的发育特征,包括其形态、规模、组合特征、连通情况及充填状况,分析研究强岩溶发育带在平面上的分布和剖面上的发育深度。注意调查研究隐伏于松散覆盖层之下的岩溶形态及其分布特征,如漏斗、洼地、槽谷等,分析研究其与浅层岩溶发育的关系。

7)岩溶水文地质条件

(1)调查研究岩溶地下水的类型及其特征。

岩溶地下水总体上具有赋存状态复杂(集中管道状或分散网络状),动态变化迅猛,径流通畅,流态多变的特点。这些特征在不同的地区,由于其补、径、排条件的不同又有明显的差异。影响补、径、排条件的因素,除了地质构造外,主要是受地貌,即碳酸盐岩的出露条件、地形切割程度及水文网的配置格局所控制,不同的地貌类型具有不同岩溶地下水特征。据此可将岩溶地下水划分为三种类型:岩溶山地(裸露型岩溶)的岩溶地下水,岩溶平原、盆地、谷地(覆盖型岩溶)的岩溶地下水和河湖近岸地带的岩溶地下水。

(2)调查研究岩溶水文地质结构和分布条件,其相互间的水力联系及与第四系孔隙水和地表水体的关系,分析研究岩溶水文地质结构的类型及特征。

(3)调查研究岩溶水系统的组成与分布特征。

调查研究岩溶泉和地下河的发育与分布特征,结合岩溶水文地质结构,分析研究岩溶水系统的组成和分布特征,其补给、径流、排泄的水动力条件及其水位、流量的动态变化特征。

(4)调查研究覆盖岩溶区的地下水流场特征。

着重调查研究岩溶水的流场特征和水位(水头)埋深与基岩面的关系及其动态变化,岩溶水主径流带的分布与水动力特征。近河(湖)地段注意调查研究岩溶地下水、上覆土层水与地表水之间的补排关系、洪水涨落过程所引起的它们之间的水位(头)差及水力坡降的变化以及洪水倒灌的影响范围。对于第四系覆盖层,包括黏性土层,注意调查其含水性及其分布,以及与岩溶地下水的水力联系与水头差。岩溶地区第四系黏性土常为坡、残积成因,多含砂砾质、且垂直裂隙发育,因而具有不均一的含水性,往往组成弱含水层。许多塌陷区部发现有隐伏土洞,土洞最发育的部位有两个,一个是基岩面附近,另一个是地下水的季节变动带。后一部位往往位于土层剖面的中部。土洞的形成从另一侧面表明上层中有水流的渗透作用。因此,第四系黏性土不能全部当作相对隔水层,而应具体了解其渗透性和含水性,它们对黏性土盖层中土洞和塌陷的形成有着相当重要的意义。

3. 岩溶塌陷监测

岩溶塌陷研究中,要监测地面、建筑物的变形和井泉或水库水量、水位变化,地下洞穴发展动态,及时发现塌陷前兆现象,对预防、减轻塌陷灾害损失非常重要。在地面塌陷频繁发生地区或潜在地面塌陷区内,可采取以下监测和预报措施:

(1)在具备地面塌陷的三个基本条件(即塌陷动力、塌陷物质、储运条件)与岩溶低洼地形地区,在抽排地下水的井孔附近,应对地面变形(开裂、沉降)进行监测。

(2)进行宏观水文监测,当出现地表积水或突然干枯,放水灌溉及雨季前期降雨都可视为可能发生塌陷的前兆。

(3)注意收集或及时发现具有塌陷前兆的异常现象,如出现建筑物开裂或作响、植物倾斜变态、井泉或水库突然干枯或冒水、逸气,地下水位突升突降,地下有土层塌落声及动物惊恐等异常现象,皆应警惕塌陷即将来临。

(4)监视井泉内、坑道与水库渗漏点的地下水位降深是否超过设计允许值,地下水位升降速度是否有骤然变化,渗漏水中泥沙含量是否高。另外,可以在井孔内安装伸缩性水准仪、中子探针计数器、钻孔深部应变仪及其他常规测量仪器等,以监测地下变形异常。

（5）塌陷时地表会发生变形，地球物理场亦会发生一定的变化，利用这种特性，在洞穴上部埋设装有聚氯乙烯铜线的混凝土管，在临塌陷或大塌陷前，地表覆盖层发生变形时，混凝土管就会被折断从而发出警报；也可以监测重力的变化，将重力变化的信号转换为音响的报警装置进行报警。

第3章　岩溶地基变形与稳定性分析

3.1　岩溶地基类型

由岩溶地质构造上部的岩(土)层构成的地基称为岩溶地基,又称喀斯特地基。根据碳酸盐岩出露条件,可将岩溶划分为裸露型、覆盖型和掩埋型三种,即由这三种岩溶的岩(土)层可构成三种地基,下面介绍常见的岩溶地基。

1. 裸露型

缺少植被和土层覆盖,碳酸盐岩裸露于地表或其上仅有很薄覆土。它又可以分为石芽地基和溶洞地基两种。

1)石芽地基

该地基由大气降水和地表水沿裸露的碳酸盐岩节理、裂隙溶蚀扩展而形成。溶沟间残存的石芽高度一般不超过3m,如被土覆盖,称为埋藏石芽。石芽多数分布在石岭斜坡上、河流谷坡上以及岩溶洼地的边坡上。芽面极陡,芽间的溶沟、溶槽有的可深达10余米,而且往往与下部溶洞和溶蚀裂隙相连。基岩面起伏极大,因此,会造成地基滑动及不均匀沉降和施工上的困难。

2)溶洞地基

浅层溶洞顶板的稳定性问题是该类地基安全的关键。溶洞顶板的稳定性与岩石性质、结构面的分布及其组合关系、顶板厚度、溶洞形态和大小、洞内充填情况和水文地质条件等有关。

2. 覆盖型

碳酸盐岩之上覆盖层厚度由数米至数十米(一般小于30m),这类土体可以是各种成因类型的松软土,如风成黄土、冲洪积砂卵石类土以及我国南方岩溶地区普遍发育的残坡积红黏土。覆盖型岩溶地基存在的主要岩土工程问题是地面塌陷,对这类地基稳定性的评价需要同时考虑上部建筑荷载与土洞的共同作用。

3.2　岩溶地基勘察

3.2.1　勘察的重要性

在岩溶的作用下,岩石溶蚀、开裂现象严重,溶洞、土洞发育,而且无规律地分布于不同深度或平面上,不仅会造成地表变形破坏,还会使地基土高低起伏严重,压缩变形不均匀,或使部分溶洞顶板变薄,从而影响地基的稳定性。此外,由于流动岩溶水的存在,还会造成后期的地基处理施工困难。如果没有查明建筑地基及其影响范围内溶洞、土洞以及基岩面的分布状况,就不能制定出有效的地基处理方案或科学的选择建筑基础类型,继而直接影响到建筑的安全和可靠性。因此,做好岩溶地区的岩土工程勘察至关重要。

3.2.2　勘察的目的和要求

岩溶场地勘察的目的在于查明对场地安全和地基稳定有影响的岩溶化发育规律,各种岩溶形态的规模、密度及其空间分布规律,可溶岩顶部浅层土体的厚度、空间分布及其工程性质、岩溶水的循环交替规律等,并对建筑场地的适宜性和地基的稳定性作出正确的评价。

在岩溶场地勘察过程中,应查明与场地选择和地基稳定评价有关的基本问题是:

(1)各类岩溶的位置、高程、尺寸、形状、延伸方向、顶板与底部状况、围岩(土)及洞内堆填物形状、塌落的形成时间与因素等。

(2)岩溶发育与地层的岩性、结构、厚度及不同岩性组合的关系,结合各层位上岩溶形态与分布数量的调查统计,划分出不同的岩溶岩组。

(3)岩溶形态分布、发育强度与所处的地质构造部位、褶皱形式、地层产状、断裂等结构面及其属性的关系。

(4)岩溶发育与当地地貌发展史、所处的地貌部位、水文网及相对高程的关系。划分出岩溶微地貌类型及水平与垂向分带,阐明不同地貌单位上岩溶发育特征及强度差异性。

(5)岩溶水出水点的类型、位置、标高、所在的岩溶岩组、季节动态、连通条件及其与地面水体的关系。阐明岩溶水环境、动力条件、消水与涌水状况、水质与污染。

(6)土洞及各类地面变形的成因、形态规律、分布密度与土层厚度、下伏基岩岩溶特征、地表水和地下水动态及人为因素的关系。结合已有资料,划分出土洞与地面变形的类型及发育程度区段。

(7)在场地及其附近有已(拟)建人工降水工程,应着重了解降水的各项水文地质参数及空间与时间的动态。据此预测地表塌陷的位置与水位降深、地下水流向以及塌陷区在降落漏斗中的位置及其之间的关系。

(8)土洞史的调查访问、已有建筑使用情况、设计施工经验、地基处理的技术经济指标与效果等。

3.2.3　勘察内容

岩溶对工程建设的影响很大,通常由于岩溶的存在而构成不稳定的或软弱不均的场地与地基,而岩溶发育、基岩破碎差异较大,洞体大小形态不一,勘察钻探很难反映场地的岩溶的具体情况。因此,在岩溶地区工程建设中,需要对岩溶充填物的成分、规模、来源及形成环境的分析进行勘察。

岩溶地区的地质条件复杂,进行岩溶地区勘察时,单一的勘察方法不能满足勘察技术的要求,因此要根据岩溶地区的自身特点和要求采用多种勘探方法相结合的方式进行勘察,包括工程地质调查与测绘、物探、钻探、坑探等。

岩溶地基的工程地质分区按场地的稳定条件分为无岩溶区(基本没有岩溶现象,场地的稳定性好)、岩溶一般发育区(场地的稳定性一般)、岩溶发育区(场地稳定性差)和岩溶极发育区(场地很不稳定,建(构)筑物应避让)。

岩溶一般发育区的勘察:重点勘察岩面起伏状况和岩面坡度、覆盖层的厚度,石柱的分布,确定岩面之上土层的均匀性、稳定性等,正确评价地基的稳定性和适用性。还要查明大溶洞的分布、规模、埋深、填充性,地下水的危害性等,钻孔按规范要求布置。

岩溶发育区的勘察:岩溶发育区地基复杂,除了无岩溶区的勘察内容外,重点查明基岩溶洞的分布、规模、填充性和连通性,地表水与地下水的水力联系,地下水的径流(岩溶水的流向)。钻孔布置应根据拟建工程的特征及地基的复杂程度进行,应满足查明岩溶特征的要求,由于岩溶发育区的地基十分复杂,因此,勘察中应与多种勘探方法结合,详细查明场地不良地质现象的类型、发育程度和分布规律、发展趋势等。

3.2.4　勘察手段

一般来说,由于岩溶地区地质条件比较复杂,为了摸清岩溶的分布规律和特点,岩溶地区的勘察手段也比较多样化。现阶段岩溶地区比较常用的勘察手段主要包括钻探、地球物理勘探、工程地质调查与测绘、原位测试、钎探等。对于岩溶地区的岩土工程勘察,往往需要多种手段综合运用,才能准确掌握溶洞、地下水等的分布情况,溶洞的充填情况,以及相关地层的地基承载力、变形情况。

岩溶地基勘察宜采用工程地质测绘和调查、物探、钻探等多种手段结合的方法进行,应以工程地质测绘和地球物理勘探为主,辅以钻探和静力触探加以验证,必要时结合室内物理模型试验和数值计算进行。

1. 工程地质测绘

一般地说,要按不同的工作目的开展多种比例尺的工程地质测绘,用于了解区域地层岩性与结构、地质构造、地下水开采现状等塌陷发育的地质背景条件。比例尺为 1:25000 ～ 1:5000,可用于了解塌陷的规模、分布、诱发因素、损失情况,以及产生灾害的地质与构造条件、人类活动背景等;比例尺为 1:2000 ～ 1:500,但进行测绘时不宜平均布置工作量,对地质条件复杂地段应重点控制。

工程地质测绘重点研究内容有:

(1)地层岩性。包括可溶岩与非可溶岩组、含水层和隔水层组及它们之间的接触关系,可溶岩层的成分、结构和可溶解性;第四系覆盖层的成因类型、空间分布及其工程地质性质。

（2）地质构造。包括场地的地质构造特征,尤其是断裂带的位置、规模、性质,主要节理裂隙的网络结构模型及其与岩溶发育的关系;不同构造部位岩溶发育程度的差异性;新构造升降运动与岩溶发育的关系。

（3）地形地貌。包括地表水文网发育特点、区域和局部侵蚀基准面分布,地面坡度和地形高差变化;新构造升降运动与岩溶发育的关系。

（4）岩溶地下水。包括埋藏、补给、径流和排泄情况,水位动态及连通情况,尤其是岩溶泉的位置和高程;场地可能受岩溶地下水淹没的可能性,及未来场地内的工程经济活动可能污染岩溶地下水的可能性。

（5）岩溶形态。包括类型、位置、大小、分布规律、充填情况、成因及其与地表水和地下水的联系。尤其要注意研究各种岩溶形态之间的内在联系以及它们之间的特定组合规律。

2. 地球物理勘探

在岩溶场地进行地球物理勘探时,有多种方法可供选择,如高密度多极电法勘探、地质雷达、浅层地震、高精度磁法、声波透视（CT）、重力勘探等。但为获得较好的探测效果,必须注意各种方法的使用条件以及具体场地的地形、地质、水文地质条件。当条件允许时,应尽可能地采用多种物探方法综合对比判译。

采用地面物探与井下物探相结合进行体积勘探的方案,主要查明隐伏基岩的岩性、顶板起伏及其中的构造分布、岩溶发育情况,第四系土层厚度与隐伏土洞的发育情况。应根据不同地层的地质条件、物性条件及拟解决的地质问题,选择有效的物探方法,要尽可能采用效果好的新技术和新方法,如地质雷达、浅层地震、高密度电法、瞬变电磁法等（表3-1）。

表 3-1　选用的物探方法

工作目的	物探方法
隐伏土洞（或扰动土层）	地质雷达、高密度电法
隐伏断裂的位置、产状	音频大地电场法、电测深法、电剖面法、静电 a 卡法
基岩埋深及顶板起伏	电测深法、浅层地震、综合测井
了解地下岩溶发育及地下水水力特性	高密度电法、浅层地震、激发激化法、EH4 电导率成像系统、核磁共振、自然电场法、电磁波 CT、高精度井温测量

电法是最常用的物探方法,以电测深法和电剖面法为主。它们可以用来测定岩溶化地层的不透水基底的深度,第四系覆盖层下岩溶化地层的起伏情况,均匀碳酸盐地层中岩溶发育深度,地下暗河和溶洞的规模、分布深度、发育方向、地下水位,以及圈定强烈岩溶化地段和构造破碎带的分布位置等。

地质雷达天然发射频率一般集中在 80 ~ 120MHz,穿透 5 ~ 9m。在雷达剖面上,通常可以识别出石灰岩石芽、充填沉积物的落水洞、岩溶洞穴、竖井或溶沟。

电磁法测量速度快,在大面积场地上测量效率高、费用低。

物探测线应尽量垂直于断裂构造、地层走向及岩溶发育方向,并尽可能避免或减少地形影响和其他干扰因素的影响,无法避开时应采取一定的抗干扰措施。同一测线至少有两种方法对比解译、互相验证,提高工作效率和保证勘探工作质量。对物性前提不明的地区,布置物探前,应先开展有效性试验工作,由已知到未知。物探解译成果一般应有钻探验证资料。

3. 钻探

工程地质钻探的目的是为了查明场地下伏基岩埋藏深度和基岩面起伏情况,岩溶的发育程度和空间分布,岩溶水的埋深、动态、水动力特征等。布置适量的钻探工作,主要用于验证物探异常,查明岩溶发育带及发育程度。一般布置在塌陷区或潜在塌陷区,并结合取样测试、抽水试验及综合测井等方法取得有关评价参数。勘探孔数量为物探异常点的15% ~20% ,勘探深度以揭穿浅部岩溶发育带为原则,孔深一般不超过100m。每个钻孔必须有设计书,目的明确,尽量做到一孔多用,如采样、试验、监测等。

对勘探点的布置也要注意以下两点:

(1)钻探点的密度除满足一般岩土工程勘探要求外,还应当对某些特殊地段进行重点勘探并加密勘探点,如地面塌陷、地下水消失地段;地下水活动强烈的地段;可溶性岩层与非可溶性岩层接触的地段;基岩埋藏较浅且起伏较大的石芽发育地段;软弱土层分布不均匀的地段;物探异常或基础下有溶洞、暗河分布的地段等。

(2)钻探点的深度除满足一般岩土工程勘探要求外,对有可能影响场地地基稳定性的溶洞,勘探孔应深入完整基岩3 ~5m 或至少穿越溶洞,对重要建筑物基础还应当加深。对于为验证物探异常带而布设的勘探孔,其深度一般应钻入异常带以下适当深度。

4. 静力触探

通过静力触探与地质雷达相结合来探明松散土层中隐伏土洞的分布特征,了解土层性质的变化。静力触探点一般占地质雷达异常点的25% ~30% 。

5. 室内物理模型试验与透变形试验

通过模型试验,再现塌陷的发育过程,来探讨岩溶塌陷的成因机制,确定塌陷发育的判据。这是研究突发性地质灾害先进而有效的方法,可以取得一系列野外无法取得的数据资料。

模型设计应依据地质环境条件和地下水开采的实际情况,注重设计模型与地质模型的一致性。每一致塌模式做1 ~2 组,研究塌陷的主控因素之间的关系。渗透变形试验用于确定土层发生渗透变形破坏的临界坡降J_p,每一类土一般不少于3 组。如运用模型试验对湘潭市区塌陷进行研究,得出岩溶洞隙附近土体的渗透坡降J与土层渗透系数K、土层孔隙度n、岩溶水下降幅度d_H、速度v的关系模型为:

(1)一元结构

$$J = 7.263 - 4778.8K - 8.8n + 0.05d_H + 1.2v \tag{3-1}$$

(2)二元结构

$$J = 0.053 - 27.3K - 5.79n + 0.011d_H + 1.42v \tag{3-2}$$

（3）多元结构

$$J = 6.03 - 1163.1K - 3.1n + 0.07d_H + 1.82v \qquad (3-3)$$

若 $J > J_p$，土层产生渗透变形破坏，可用于岩溶塌陷的预测预报。

6. 测试与观测

对于重要的工程场地，当需要了解可溶性岩层渗透性和单位吸水量时，可以进行抽水试验和压水试验；当需要了解岩溶水连通性时，可以进行连通试验。一般采用示踪剂法，可用作示踪剂的有：荧光素、盐类、放射性同位素等。为了评价洞穴稳定性，可采取洞体顶板岩样及充填物土样作物理力学性能试验，必要时可进行现场顶板岩体的载荷试验。当需查明土的性状与土洞形成的关系时，可进行覆盖层土样的物理力学性质试验。为了查明地下水动力条件和潜蚀作用、地表水与地下水的联系、预测土洞及地面塌陷的发生和发展时，可进行水位、流速、流向及水质的长期观测。

在岩溶地区工程地质勘察中，除了传统的钻探手段外，地球物理勘探方法的运用早已受到重视，近年来已经在岩土工程勘察中得到广泛应用，利用物探方法可获得有关岩溶特征的多种信息，通过这些信息可以解决一些与岩溶有关的工程、水文和灾害地质方面的问题，从而对岩溶发育场地的稳定性进行科学划分。为取得这些信息而进行的勘察是一件复杂而困难的工作。

近十几年来，国内外各行业利用物探方法进行了岩溶勘察的工程实践和试验研究。在岩溶场地进行地球物理勘探时，有多种方法可供选择，如高密度多极电法勘探、地质雷达、浅层地震、高精度磁法、声波透视（CT）、重力勘探等。但为了获得较好的探测效果，必须注意各种方法的使用条件以及具体场地的地形、地质、水文地质条件。当条件允许时，应尽可能地采用多种物探方法综合对比判译。物探的主要方法有：

（1）电阻率（电剖面和电测深）法。这是属于电法中最常用的勘察方法，也是岩溶勘察中运用最早、最主要的物探方法。它们可以用来测定岩溶化地层的不透水基底的深度，第四系覆盖层下岩溶化地层的起伏情况，均匀碳酸盐地层中岩溶发育深度，地下暗河和溶洞的规模、分布深度、发育方向、地下水位以及圈定强烈岩溶化地段和构造破碎带的分布位置等。

（2）高密度电法。常规电法随计算机技术发展起来的新的电测方法，采用 r 计算机换极技术和电流场的集流和屏蔽技术，对洞穴的探测精度比常规电法有了大幅度的提高，已被广泛应用。

（3）地质雷达。属于电磁法中的一种探测技术，在岩溶勘察中取得了令人满意的效果。钻孔地质雷达，可以通过钻孔直接进入地下深部，又具有地质雷达分辨率高的优势。欧美一些国家已将它作为岩溶勘察中的一种必备常规手段。地质雷达天然发射频率一般集中在 80 ~ 120MHz，穿透 5 ~ 9m。在雷达剖面上，通常可以识别出石灰岩石芽、充填沉积物的落水洞、岩溶洞穴、竖井或溶沟。

（4）无线电波透射法。可深入地下探测钻孔间、隧道间以及它们与地面之间的岩溶分布。

（5）地面地震反射波法。在岩溶区探测岩溶物特征时具有较好的效果。近年来发展起来的表面波（瑞利波）法，是浅层地震勘探的一项新技术，可以发现和圈定浅层溶洞和裂缝带。

（6）跨孔地震法、跨孔地震 cT。该方法可以较容易地分辨出岩溶在钻孔间的分布。

（7）声波透射法。该方法可以通过钻孔间接收的声波声速、波幅、频率的变化，测定岩体动弹性参数，评价岩体的完整性和强度，以及给岩溶定位。

（8）微重力法。国外有人将它作为岩溶发育区普查测量和详查测量中最有前途的方法之一。

（9）射气测量。通过探测岩溶或岩溶破碎带上方土体中的射线异常，来勘察其下是否有岩溶存在。

（10）地球物理遥感测量。可用于区域性岩溶地质调查和岩溶地貌的识别。

（11）其他。如环境同位素技术，通过调查与岩溶发育相关的水的运移规律，达到间接调查岩溶的目的。

3.3　岩溶地基承载力

3.3.1　岩溶地区地基承载力确定

一般来说，岩溶地区的岩石地基多为石灰岩，土层地基也多为黏土、粉质黏土或是黏土。对于岩溶地区岩土层地基承载力的确定，需要根据地基条件实际情况做进一步探讨。

1. 岩溶区的岩石地基承载力确定

岩溶地区的岩石地基主要是灰岩，目前国内很多地区对于灰岩的地基承载力的取值是根据《建筑地基基础设计规范》中关于微风化硬质岩石的承载力规定来确定的。然而，根据相关灰岩的单轴饱和抗压强度试验来看，灰岩的地基承载力往往要较《建筑地基基础设计规范》中的取值大。因此，为了能准确确定灰岩的地基承载力，应根据岩溶的发育状况、完整岩体顶板厚度、岩石完整程度，并结合岩石的单轴饱和抗压强度试验以及相关载荷试验、声波试验资料来确定。

岩石地基承载力的确定方法主要有如下三种：①根据岩石的风化程度确定岩基承载力的标准值；②根据原位荷载试验确定岩基承载力；③根据岩石的单轴抗压强度确定岩基承载力。此外，岩基承载力的计算方法还应考虑岩石破坏模式。虽然目前对岩基承载力的研究还不够，但有一个普遍的认识，岩体在自然条件下总是存在着节理裂隙，不是一种纯弹性体，但可考虑将岩体假定为弹性塑性体来进行理论分析，在国际上应用得比较多的计算式有：Prandtl 计算式、Terzaghi 计算式、Coates 计算式，都是基于完整、均质的岩质地基，而自然界中不存在理想完整的岩体，总是存在着节理、层理等结构面和一定的风化程度，破坏了岩体的整体性，当采取地基的极限承载力时，都应作适当折减。

2. 岩溶区土层的地基承载力确定

对于黏土、粉质黏土以及粉土层的地基承载力，一般采用原位测试试验、室内土工试验、当地经验以及理论计算等方法来确定，但是采用这几类方法进行地基承载力确定时往往存在较大差异，特别是当依据抗剪理论计算时，地基承载力值较原位测试试验和室内土工试验结果较高。因此，对于岩溶地区土层的地基承载力，需要根据地基土的成因、成分、结构、形成年代等特征，并综合运用静力触探试验、旁压试验、原位十字板剪切试验以及载荷试验等试验资料来确定。

3.3.2　溶洞及土洞地基承载力

地基中溶洞的存在将影响地基的稳定性，同时也将影响地基的承载能力。通过分析地基中溶洞周围应力状态，在保证溶洞地基稳定的前提下，可以反算求得地基的承载能力。含溶洞岩石地基承载力，除与溶洞跨度、顶板厚度等因素有关外，还与洞顶覆盖层厚度（重量）、地基荷载、基础尺寸大小、岩石的泊松比（侧压力系数）等诸因素有关。

1. 单一溶洞的承载力分析

单一溶洞的承载力主要用梁、拱模型来进行分析。为此，先根据溶洞的大致尺寸，判断在其上覆岩层中能否形成稳定的压力拱，如不能形成稳定的压力拱，则将其顶板作为梁结构，计算其承载力；若能形成压力拱，则因拱的拱底（非结构部分）范围恒包容溶洞于其内，溶洞的裂隙冒落带将以拱底面曲线为其终止界面，故拱的承载力将是该溶洞承载力的下限值。从工程应用的目的而言，该下限承载力能可靠地表明溶洞承载力。换句话说，因溶洞的承载力恒大于相应的压力拱的承载力，其承载能力将是可靠的。

1）梁模型

梁模型是将覆岩作为梁（完整岩体），作用于梁上的荷载为岩体或梁的自重以及上部桩基传来的荷载。以材料力学弹性梁为模拟构件而建立的计算模型，主要用于覆岩较薄，或浅埋的溶洞稳定性分析，即在覆岩中不能形成压力拱的情况。

在模型分析中，将考虑梁有如下破坏形式，其中一旦出现任一种形式的破坏，即认为梁已经破坏。

A. 支座上部拉裂破坏

固端支座梁在荷载作用下（图 3-1），支座处负弯矩最大，可导致梁顶开裂。一旦支座

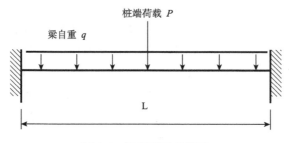

图 3-1　梁模型示意简图

处断裂,则梁转化为简支梁,承载力急剧下降,导致梁体的完全破坏。这种破坏形式的控制因素为岩体的抗拉强度,适当的地层侧压可推迟这种破坏的发生。

B. 支座附近剪切破坏

支座附近有较大的剪应力,可导致该处因抗剪强度不足的破坏。这种破坏将导致梁体结构整体下沉,若波及地表,则可导致漏斗状塌陷。这种破坏主要受控于岩体的黏聚力、摩擦角及地层侧压等。其中侧压越大,这种破坏越难于发生。

C. 跨中弯曲受拉破坏

当顶板的厚跨比 $h/L < 0.5$ 时,在自重及附加荷载作用下,跨中弯矩为最大且成为主要控制条件。

顶板按梁板受力情况计算,其受力弯矩按下列情况计算:

当顶板跨中有裂缝,顶板两端支座处岩石坚固完整时,按悬臂梁计算:

$$M = \frac{1}{2}pl^2 \tag{3-4}$$

若裂隙位于支座处,而顶板较完整时,按简支梁计算:

$$M = \frac{1}{8}pl^2 \tag{3-5}$$

若支座和顶板岩层均较完整时,按两端固定梁计算:

$$M = \frac{1}{12}pl^2 \tag{3-6}$$

抗弯验算:

$$\frac{6M}{bH^2} \leq [\sigma] \tag{3-7}$$

$$H > \sqrt{\frac{6M}{b[\sigma]}} \tag{3-8}$$

抗剪验算:

$$\frac{6f_s}{h} \leq s \tag{3-9}$$

式中,M 为弯矩(kN·m);p 为顶板所受总荷重 $p = p_1 + p_2$;p_1 为顶板厚为 H 的岩体自重(kN/m);p_2 为顶板上附加荷载(kN/m);l 为溶洞计算跨度(m);$[\sigma]$ 为岩体的计算抗弯强度(石灰岩一般为允许抗压强度的 1/8,kPa);f_s 为支座处的剪力(kPa);s 为岩体的计算抗剪强度(石灰岩一般为允许抗压强度的 1/12,kPa);b 为梁板的宽度(m);H 为顶板岩层厚度(m)。

适用范围:顶板岩层比较完整,强度较高,而且已知顶板厚度和裂隙切割情况。

2)拱模型

该模型适用于覆岩较厚、埋深较大的溶洞,此时在溶洞上覆岩层中能形成稳定的压力拱。

当顶板岩体被密集裂隙切割呈块状或碎石状时,可认为顶板将成拱状塌落,而其上

荷载及岩体则由拱自身承担。溶洞未坍塌时,相对于与天然拱处于平衡状态,如发生坍塌则形成破裂拱。破裂拱高度 H 为

$$M = \frac{0.5b + H_0\tan(90° - \varphi)}{f} \tag{3-10}$$

式中,b 为溶洞宽度(m);H_0 为溶洞的高度(m);φ 为岩石内摩擦角;f 为岩石强度系数,$f = \frac{1}{\tan\varphi}$。

破裂拱以上的岩体重量由拱承担,因承担上部荷载尚需一定的厚度,故溶洞顶板的安全厚度为破裂拱高加上部荷载作用所需要的厚度,再加适当的安全系数。

当拱破坏时,其破坏形式分别为:

(1)拱腰压溃破坏。按线弹性理论,最大压应力出现在拱腹顶部,该部位可因压应力过大而破坏,导致拱体变位,波及地表形成坍陷盆地。

(2)拱的剪切破坏。压力拱一般较平坦,且拱脚附近剪力最大,故拱脚附近的最小剪切面可能发生剪切破坏。这种形式的破坏若波及地表,则造成漏斗状坍陷坑。最小剪切面的确定与很多因素有关,主要涉及难以确定的一些几何参数。为简便起见,以拱脚处竖截面为剪切破坏的危险截面。这种破坏形式受控于岩体的抗剪强度,而地层侧压将延缓这种破坏的出现。

由上述拱模型的分析思路,利用结构力学的分析方法可得出拱的承载力计算公式。

3)板模型

确定岩溶地区桩基持力岩层安全厚度时,其计算模型通常是将持力岩层视为一刚性底板,其上作用一垂直桩端荷载,此时底板可能出现冲切、剪切和弯拉破坏等(图3-2)。

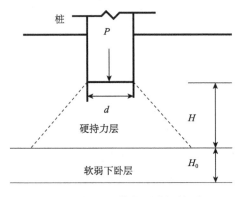

图3-2 桩基硬持力层冲切简图

A. 抗冲切验算

在桩基础设计中,当岩溶区桥梁桩基,桩端基岩下存在溶洞时,需验算基岩的抗冲切强度。假定硬持力层的产状接近水平,在桩端荷载作用下,形成一个顶角为 α 的冲切锥台向软下卧层冲切,抵抗锥台下冲的反力,由作用在锥台侧表面上的硬持力层拉力 Q_1 和

作用在锥台底面上的下卧层顶的托力 Q_2 组成。由静力平衡条件可得

$$p \leqslant \frac{Q_1 + Q_2}{n} = \frac{R_t A_1 + R_d A_2}{n} \tag{3-11}$$

式中，p 为作用在桩底的竖向荷载；Q_1 为冲切锥台侧表面上硬持力层的抗拉力；Q_2 为冲切锥台底面下卧层顶的承托力；R_t 为持力岩层的抗拉设计强度；R_d 为冲切锥台底面下卧层顶的设计承托强度（可忽略）；A_1 为冲切锥台的侧表面积；A_2 为冲切锥台的底面积；n 为安全系数。

B. 抗剪验算

桩端下基岩存在溶洞时，溶洞顶板在基桩传来的荷载作用下也可能因抗剪强度不足而发生破坏。由于溶洞可能无填充物或充填物为软、流塑状，可假设下卧层无承托能力，由极限平衡条件可得

$$p \leqslant \frac{Q}{n} = \frac{hl\tau}{n} \tag{3-12}$$

式中，p 为作用在桩底的竖向荷载；Q 为硬持力层抗剪能力；h 为硬持力层厚度；l 为剪切柱面周长；τ 为硬持力层抗剪强度。

C. 抗弯拉验算

桩端基岩存在溶洞时，除了可能发生冲切破坏、剪切破坏外，在其弯矩最大处可能因抗弯能力不足而发生受弯破坏，当溶洞顶岩层较完整，无裂隙或裂隙被胶结很好时，受弯破坏可按两端固定梁板计算。

如为圆形桩，先将桩底等效代换为方形，代换后其边长为

$$b = \sqrt{\frac{\pi D^2}{4}} = 0.866D \tag{3-13}$$

可得最大正弯矩和最大负弯矩分别为

$$M_{\max} = \left[\gamma h l^2 / 24 + b(l + b)(R_j - \gamma h)/8 \right] b \tag{3-14}$$

$$M_{\min} = - \left[\gamma h^2 / 12 + bl(R_j - \gamma h)/8 \right] b \tag{3-15}$$

式中，h 为硬持力层厚度；γ 为上覆围岩容重；R_j 为基桩基底平均压力；l 为溶洞跨度；b 为基桩代换边长。

计算出最大正弯矩和最大负弯矩以后，再用下式验算：

$$\frac{6M}{BH^2} \leqslant \frac{[\sigma]}{n} \tag{3-16}$$

式中，M 为弯矩（kN·m）；n 为安全系数；B 为计算宽度；H 为溶洞顶板安全厚度；$[\sigma]$ 为岩石允许的弯曲应力。

取以上各种情况下桩端荷载的最小值，除以一定的安全系数，即得桩端允许荷载。

从顶板的稳定性角度出发，运用结构力学分析方法，对单一溶洞存在时桩基承载力确定进行了分析。根据不同的约束条件，可把顶板分别模拟成梁、拱、板模型等，分别计算每一种情况下桩基荷载，取其最小值并除以一定的安全系数作为桩基的最大容许荷载。结构力学分析方法虽然简单，但它为岩溶地区桩基承载力的初步确定提供了一定

依据。

2. 桩基承载力

岩溶地区桩基承载特性与岩溶发育程度、基础尺寸、溶洞顶板跨度、厚度等因素密切相关。桩的极限承载力系指当支撑地基产生破坏时桩所受的平均压力。对于岩石基础的极限承载力,目前主要有以下几种确定方法:

(1)理论分析方法主要分有限单元法和极限平衡方法。

(2)传统的极限承载力计算公式:类似于土力学中太沙基极限承载力计算公式。

(3)现场载荷试验:桩的静载试验或地基承载力平板试验等。

在这些方法中,现场载荷试验应用较少,因为要使岩石地基发生破坏,需要施加非常大的荷载,所需要的试验加载设备极为庞大,试验费用昂贵,而且由于尺寸效应等因素,载荷试验结果的代表性也是有限的。

对于极限承载力的确定,目前有许多确定准则,较为常见的有以下几种:

(1)Vesic(1963)建议极限承载力可以从 $P\text{-}S$ 曲线上斜率保持在一个稳定的最小值的点确定。

(2)Christian(1965)采用对数坐标中 $P\text{-}S$ 曲线中的间断点来确定。

(3)Desai 和 Christian(1975)提出采用以下两种压力中的最小值的判断准则:一种为 $P\text{-}S$ 曲线中初始部分的斜率与曲线的破坏阶段切线的交点;另一种为极限位移(沉降)所对应的压力。

由于当基础下存在溶洞时,岩体屈服破坏形式不仅与岩土性质、孔洞尺寸有关,而且与溶洞相对位置等都有关。通常对于埋深较浅的溶洞,塑性区将扩展到溶洞顶板从而导致孔洞的坍塌破坏;而对于埋深较大的溶洞,塑性区是否到达溶洞的顶部,还取决于孔洞的尺寸、深度以及岩性等。综合考虑各种因素,这里通过以下方法确定桩基的极限承载力:①当溶洞埋深较浅时,以塑性区是否到达溶洞顶部为标准。②当溶洞埋深较深且岩体强度较高时,采用塑性区到达溶洞顶部时所对应的基底压力作为极限承载力,有时所得到的结果将偏高,安全性偏低,此时宜采用 $P\text{-}S$ 曲线加以确定。

影响岩溶地区嵌岩桩基承载特性的因素主要有:

1)施工方法

(1)成孔方法。不同的成孔方法会产生不同的孔壁粗糙度,对孔壁附近岩体造成的损伤程度也不同,而孔壁粗糙度对于嵌岩桩侧阻的发挥有重要的影响,一方面,桩-岩界面相对粗糙,则极限侧阻值提高;另一方面,界面粗糙度对界面剪切变形也产生影响。

(2)清孔程度。清孔程度对嵌岩桩的承载特性的影响也反映在桩-岩界面侧阻的发挥上。

(3)清底情况。孔底沉渣的有无不仅影响桩的设计承载力,甚至可以影响到桩的设计原则,清底好的桩完全可以按照全嵌岩桩设计,清底差的桩只能按侧阻嵌岩桩设计。

2）物理力学因素

（1）岩体的初应力。主要是水平初应力的影响。较高的水平初应力不仅可以提高桩侧阻力，而且可以减小软化反应的程度。

（2）岩体的工程地质构造。尽管大多数分析将岩体假定为均匀、连续、各向同性的材料，但实际上岩体的工程地质条件是复杂多变的，岩体中的节理、裂隙、软弱夹层对桩的承载特性都将产生影响。

（3）材料参数：包括岩体的弹性模量，抗拉、抗压强度以及黏聚力、内摩擦角等。

3）桩的几何因素

桩的几何因素表现为桩在土层中的埋入深度、嵌入岩体的深度及直径。

4）溶洞的几何因素

包括溶洞的高度、跨度以及几何形状、顶板厚度等。

5）时间因素

时间因素对于嵌岩桩的影响主要表现在桩端阻、侧阻分担总荷载的变动。随着时间的推移，桩侧界面分担的荷载有一部分转移到端阻上，转移值的大小与岩石、土的蠕变性能有关。

3.3.3　岩溶地区地基极限承载力分析

溶洞或土洞的继续发展，往往产生岩溶塌陷，塌陷土体的工程性质往往变得更松软，其承载力也比周围未塌陷土体的低。岩溶区的地基塌陷通常是局部性的，且规模不大，其平面形态多为圆形（少量椭圆形）。在岩溶塌陷地基上从事工程建设，对于规模不大的塌陷，工程设计人员经常采用梁、板跨越的处理措施，并同时适当加大梁或板的强度或刚度。设计梁、板的基础底面面积一般要比无塌陷地段大，以达到降低基底压力，满足地基承载力和变形的设计要求。但在设计时，经常使设计人员感到棘手的是：跨越塌陷体土层梁、板的基础尺寸应为多大？设计地基承载力应为多少？若仅以塌陷层的地基承载力作为整个地基的设计依据，无疑是太保守而造成浪费；若以周围未塌陷土层的地基承载力作为设计依据，又太冒险（等于没有考虑塌陷的存在）。

1. 采用板跨越时的地基极限承载力

设塌陷土层为圆柱体（图 3-3），考虑到塌陷部分土层的承载力比周围未塌陷土层要低，压缩性要高，而跨越板有一定的刚度（设计时通常会适当加大），当上部结构荷载传到跨越板（基础）时，周围未塌陷土体将分担相对更大的压应力，当周围土体的应力 P 达到极限时，$AA'BB'$ 内的土体将产生被动破坏，即土块 ABC 在竖向荷载 p 的作用下沿 AB 滑动，对塌陷体 $BCC'B'$ 产生侧向被动挤压。塌陷体 $BCC'B'$ 抗被动挤压能力的大小，对周围土体 ABC 的竖向压力 P 的大小起着关键控制作用。

假设：①滑动极限平衡区位于塌陷圆柱体顶部附近，滑动面成漏斗形，滑动体破坏高

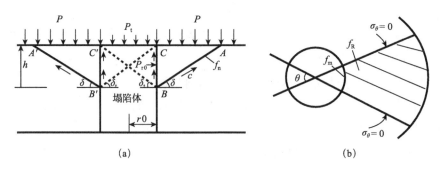

图 3-3　塌陷地基计算示意图

度 $h = 2r_0\tan\delta_t$，其中 r_0 为塌陷圆柱体半径，$\delta_t = 45 - \dfrac{\varphi_t}{2}$（塌陷体水平侧向力 P_{r0} 为大主应

力，其破裂面与水平面成 $45 - \dfrac{\varphi_t}{2}$ 的角度，φ_t 为塌陷体的内摩擦角；②载作用下塌陷体与周

围土体间的摩擦力 $\tau_m = 0$，极限平衡土体中，环向应力 $\sigma_\theta = 0$，在①中不计地基土的自重。

图 3-3 中，f_R 为地基土极限承载力 P 的作用面积；f_n 为内聚力 c 的作用面积；f_m 为 P_{r0} 的作用面积；P_t 为塌陷体极限承载力（kPa）；P 为周围地基土极限承载力（kPa）；δ 为滑动面 AB 面与水平面的夹角（°）；c 为地基土内聚力（kPa）。

由力平衡关系可得

$$P = \frac{P_{r0}}{1 + \tan\delta_t \cdot \cot\delta} + \frac{2c}{\sin2\delta} \tag{3-17}$$

2. 采用梁跨越时的地基极限承载力

当采用梁跨越塌陷体时，如采用条形基础梁，其受力则相对简单，此时可按平面问题考虑，对图 3-3（a）而言，取垂直纸面方向单位宽度进行分析，当土体达到极限平衡状态时：

$$P = P_{r0} + \frac{2c}{\sin2\delta} \tag{3-18}$$

综合前面分析可以得出以下结论：

（1）在岩溶塌陷地基中，当采用梁板跨越处理措施时，地基土的极限承载力与塌陷体的力学性质密切相关，塌陷体土层的极限承载力及其抗剪强度对周围未塌陷地基土的极限承载力有重要影响作用。

（2）采用梁或板跨越塌陷地基时，其地基的极限承载力不同，可根据极限平衡理论推导的公式来计算岩溶塌陷地基的极限承载力。

（3）对塌陷体进行适当的夯实（或挤密），可提高梁跨越处理时地基土的极限承载力，而对板跨越时地基土极限承载力提高不大。

3.4　岩溶地基变形

3.4.1　一般土层中发育的土洞对地基变形的影响

在岩溶地基中,石灰岩以上的上覆黏性土的状态,由地表从上往下,往往呈硬塑、可塑、软流塑状态,具有较明显的规律性(深圳龙岗岩溶地基也类似如此)。在靠近上部地表的硬塑及可塑黏性土中,其静止侧压力系数 K_0 一般不等于1,现假定土洞发育在该硬塑或可塑黏性土层中,根据弹性理论,土洞周围将产生应力集中,在平面应变状态下,土洞周围土体应力分布问题应视为一个双向受压无限板孔的应力分布问题,且原岩土压力 p 和 q 不等(p、q 为作用在土体上的垂直应力、水平应力)。

考虑因潜蚀作用或崩解作用形成的土洞所产生的位移 u'_a 为

$$u'_a = \frac{(1 + \mu)pa}{2E}[(1 + \lambda) + (1 - \lambda)(3 - 4\mu)\cos 2\theta] \tag{3-19}$$

其中,μ 为土体的泊松比;E 为土体的变形模量。由式(3-16)可知:当 $\theta = 90°$,$270°$ 时,就是土洞顶部和底部所产生的位移,设地基土体的变形是连续传递的,不出现空脱现象,可认为土洞顶底部所产生的位移就是地基土表面所产生的位移。

由于土洞是在建(构)筑物建成后,由地下水(地表水)潜蚀或崩解作用而形成的,其土洞规模开始时均较小(土洞的半径 a 较小),因此,可用土洞中心处的应力状态来代替土洞的原岩应力,即

$$\begin{cases} p = \gamma h + p'_0 \\ q = \lambda(\gamma h + p') \end{cases} \tag{3-20}$$

式中,γ 为土的重度,h 为地面至土洞中心的距离,λ 为侧压力系数,p' 为建筑物在土洞中心点处所产生的附加应力。

3.4.2　软流塑黏性土中发育的土洞对地基变形的影响

在岩溶区,土洞往往发育在基岩以上的软流塑黏性土中,当由潜蚀作用或崩解作用所形成的土洞发育在软流塑土层中时,软流塑土层的静止侧压力系数 $\lambda = 1 - \sin\varphi' \approx 1$ (软流塑土层的 φ' 一般在10°以下),此时,可近似认为土洞周围的原始应力 p、q 相等,即 $p \approx q$ ($\lambda \approx 1$),并代入式(3-20)即得土洞周边位移沉降公式:

$$u'_a = \frac{(1 + \mu)pa}{E} \tag{3-21}$$

式(3-21)为土洞为空洞无内压力条件下的变形位移。u_{ab} 为有地下水 p_1 作用时土洞周边所产生的变形位移。

$$u_{ab} = \frac{(1 + \mu)(p - p_1)a}{E} \tag{3-22}$$

3.4.3　岩溶地基中塌陷土层应力和变形的计算分析

在岩溶区,由于自然环境的变化及作用、人类工程活动等的影响,岩溶塌陷也随之产生。在已塌陷的地基上从事工程建设,人们习惯于对于塌陷区采取地基处理措施,如换填、灌浆、基础跨越(或桩基)等。从地基基础设计的角度来说,地基必须满足强度、变形和稳定性的要求。因此,对塌陷地基而言,只要其强度、变形及稳定性满足要求,也就未必一定要采用地基处理措施。岩溶区地基土层塌陷大多是局部性的,其平面范围较小。由于塌陷土层与其周围未塌陷部分的土层差异较大(塌陷土层更松软),直接用《建筑地基基础设计规范》(GB 50007—2011)中的有关规定来进行地基强度和变形验算,将会产生较大的误差。这是由于在规范中,地基的应力计算是基于弹性理论半无限空间均质地基推导出来的,而局部塌陷地基中的应力计算并不能用弹性理论来计算。若考虑塌陷地基土层存在差异,可运用散体极限平衡条件,提出小范围塌陷土层中应力计算的模型,并对塌陷土层中的应力和变形进行计算或验算。对于少数较大平面范围的塌陷,则仍可根据地基基础设计规范,按常规方法进行应力和变形的验算。

若在塌陷土体中,其上部土层相对较好,下部存在较软弱的下卧层,则可根据上述的方法求得软弱下卧土层顶面处的土压力 p,并要满足《建筑地基基础设计规范》(GB 50007—2011)中的规定: $p \leqslant f_a$, f_a 为塌陷土软弱下卧层修正后的地基承载力特征值。

3.4.4　塌陷土层中的沉降计算

地基中的塌陷是局部范围内形成的相对松软土层,在附加应力的作用下,其沉降变形要比周围未塌陷地基土大,且其沉降不能用常规的方法来进行计算,这主要是由于塌陷体中的应力分布传递并不符合弹性理论的半无限空间体应力传递规律。此时,塌陷土体中在垂直方向上的应力分布可用书中前述的方法求得。

前述求得的竖向压力是土体自重与基底附加应力共同作用的结果。

一般情况下,附加应力是产生沉降的根本原因,对于某一单层土的沉降 $\Delta S = \dfrac{p_0}{E_s}h$($p_0$ 为附加应力, E_s 为压缩模量, h 为土层厚度)。

通过求得塌陷体各分层范围内的附加应力平均值后,即可得总沉降 S 为

$$S = S_1 + S_2 + \cdots + S_i = \frac{p_{01}}{E_{s1}}h_1 + \frac{p_{02}}{E_{s2}}h_2 + \cdots + \frac{p_{0i}}{E_{si}}h_i \qquad (3\text{-}23)$$

3.4.5　地基变形的验算

岩溶地区地基变形的验算多是根据《建筑地基基础设计规范》(GB 50007—2011)中的相关规定进行的,如采用各向同性均质线性变形体进行理论计算,考虑了相邻荷载的影响,采用分层总和法进行计算,但是没有考虑到地下水位发生变化时地下水对地基变

形的影响。众所周知,地下水对地基土变形影响较大,当地下水位下降时地基土内有效应力增大,地基土体中的附加应力和自重应力将发生变化,地基的沉降量也就随之增大。而且大多数勘察报告中对于土层压缩模量的取值是在压应力为 100~200kPa 的范围内得到的,这种计算方式对于上部结构荷载较小的地基来说比较适用,但是对于一些结构荷载较大的高层建筑往往有失准确性。对于这类情况下岩溶地区地基土的压缩模量取值,要采用实际压力值计算,即根据土体的压缩试验结果计算较为合理。

3.4.6　桩基不均匀沉降处理

桩基不均匀沉降主要分三部分进行分析研究,分别为:单个溶洞桩基处理、串珠状溶洞桩基处理及溶沟、溶槽桩基处理。

无论是单个溶洞、串珠状溶洞,还是溶沟、溶槽的桩基处理方法,均是按照桩基处理原则而采取的有效措施。

预防桩基不均匀沉降的主要措施有:

(1)加强现场勘察,做到逐桩钻探,有条件时,可进行物探孔内透视,查清桥梁桩基影响范围岩溶发育情况。

(2)不穿过溶洞的摩擦桩,采用套管钻机施工,安全可靠,工期快。

(3)对于溶洞发育高度小于3m 的桩基,可采用常规的冲孔方案,但应注意泥浆比重,采用增加抛填片石、水泥等措施防止坍孔,并加强操作,严格施工管理。

(4)对已探明溶洞较大、发育严重的桩基,采用覆盖层人工挖孔、钢护筒穿越溶洞的方案。

(5)采用岩溶注浆。这是在岩溶病害处理中最常见的方法,其处理原则与路基岩溶注浆处理方式相同。

3.5　岩溶地基稳定性

在岩溶区,由于岩溶的作用,建(构)筑物地基中分布有对地基基础稳定性有较大影响的溶洞,有时甚至因溶洞的存在而改变基础设计方案,在利用岩石地基(含溶洞)作为地基持力层时,岩石地基的稳定性显得尤为关键和重要。岩溶地基变形破坏的主要形式有四种:不均匀沉降、地表塌陷、地基承载力不足和地基滑动。岩溶洞穴对工程的危害体现为建筑物基础悬空和对建筑物稳定性的影响,如图3-4 所示。科学地评价含溶洞岩石地基的稳定性,应用工程地质分析与理论计算相结合的原则,显得非常重要与必要。

3.5.1　岩溶地基稳定性分类

岩溶场地稳定性分为极不稳定场地、不稳定场地、中等稳定场地、稳定场地四类。

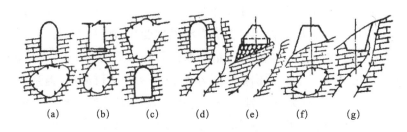

图 3-4　岩溶洞穴对建筑工程的危害

（a）～（c）、（f）：建（构）筑物底下（上）面有溶洞；建（构）筑物处于不稳定状态

（1）当场地存在下列情况之一时，为极不稳定场地。

①极强烈岩溶发育区场地。

②岩溶水富集区及排泄带。

③存在对场地稳定性有重大影响的其他不良地质现象。

（2）当场地存在下列情况之一时，为不稳定场地。

①强烈岩溶发育区。

②埋藏的漏斗、槽谷等，并覆盖有软弱土体的地段。

③岩溶水排泄不畅，可能暂时淹没的地段。

④具有多层土层结构，地下水埋藏较浅且变化幅度较大或水位线在基岩面附近的地段。

⑤存在影响场地稳定的其他不良地质现象。

（3）中等岩溶发育区场地为中等稳定场地。

（4）岩溶弱发育区场地为稳定场地。

极不稳定场地是建筑物需要尽量避让的地段，不稳定场地不宜作为地基，中等岩溶发育区场地要在地基评价的基础上采取相应处理措施。

岩溶场地的工程地质分区是以场地的稳定条件作为基本原则。岩溶场地的稳定性除与岩溶有关外，还受其他不良地质现象等因素制约，因此，岩溶场地的稳定性评价要综合考虑各种影响因素。

岩溶地基稳定性对建筑物（构筑物）具有重要影响，地基稳定性分级（表 3-2）对于岩溶地基处理具有参考意义。

岩溶地基稳定性根据建筑物不同，参考如下说明进行评价。

（1）当岩溶地基具备下列条件之一时为稳定地基。

①当地形平缓时，基础置于微风化硬质岩石上，近旁为延伸较大裂缝宽度小于 1m 的竖向裂隙和落水洞。

②基础底面下土层的厚度大于地基压缩层厚度，且不具备形成土洞的条件。

③基础底面下土层的厚度小于地基压缩层厚度，但洞内为密实的沉积物充填而又无被水冲蚀的可能。

④基础尺寸大于溶洞平面尺寸，且有足够的支承长度。

表 3-2　岩溶地基稳定性分级

等级	地层岩性	地质构造	地下水	洞体表面特征	洞底堆积物
稳定	层面胶结好	无褶皱、断层。裂隙不发育、未形成临空不稳切割体	洞内很少滴水,无流水	洞内均有钙壳、溶蚀窝状面,洞体表面较平整	洞底平坦,表层堆积物为黏性土或钙质胶结层
基本稳定	层面有一定程度的胶结	有小型断层、褶皱,形成的临空切割体少	断层中有季节性地下水活动	有少量钟乳石、灰华物、无近期崩塌痕迹,有少量危岩	洞底平坦,表层堆积物中有少量块石
稳定性差	层面胶结差	断层发育,形成较多的临空切割体	顶板、断层中常有地下水活动	钟乳石多、局部地段有危岩和近期崩塌痕迹	有近期崩塌堆积物,有大量块石
不稳定	层面胶结差	断层很发育,形成大量的临空切割体	洞内、断层中漏水严重	钟乳石、石笋、石柱等林立丛生,大面积分布	洞底为暗河或大量近期崩塌物

⑤微风化硬质岩石中,顶板厚跨比接近 0.5 或大于 0.5。

(2)当一般构造物或建筑物岩溶地基具备下列条件之一时为稳定地基。

①基础底面以下土层厚度大于独立基础宽度的 3 倍或条形基础宽度的 6 倍,且不具备形成土洞或其他地面变形的条件。

②基础底面与洞体顶板间岩土厚度小于①规定的情况,但符合下列条件之一时:

(a)洞隙或岩溶漏斗被密实的沉积物充填且无被水冲蚀的可能。

洞体为基本质量等级为 Ⅰ 级或 Ⅱ 级岩体,顶板岩石厚度大于或等于洞跨,即厚跨比接近或大于 1 为岩溶稳定地基第一个条件。

(b)洞体较小,基础底面大于洞的平面尺寸,并有足够的支承长度。

(c)宽度或直径小于 1.0m 的竖向洞隙、落水洞近旁地段。

(3)岩溶地基具备下列条件之一时为稳定地基。

①当基底面积大于溶洞平面尺寸时,对于基本质量等级为 Ⅰ 级岩体中的溶洞,其基底下的溶洞顶板厚跨比接近 0.3 或大于 0.3;Ⅱ 级岩体中的溶洞,其溶洞顶板厚跨比接近 0.4 或大于 0.4;Ⅲ 级岩体中的溶洞,其溶洞顶板厚跨比接近 0.5 或大于 0.5。

②当基底面积小于溶洞平面尺寸时,对基本质量等级为 Ⅰ 级或 Ⅱ 级的岩体,溶洞顶板厚跨比接近 2 或大于 2。

不满足上述条件的不确定地基,应进行洞穴顶板稳定性分析。影响岩溶顶板稳定的内因为溶洞顶板厚度、跨度及形态、岩层产状、节理裂隙、岩石的物理力学性质,外因为外力状况、岩石含水量与温度变化、洞内水流搬运的机械破坏作用。最终归纳为 4 种主要因素:岩石的物理力学性质,顶板的完整性,跨径和厚度。

3.5.2　岩溶地基稳定性评价方法

岩溶空洞实质上是一种自然水动力开挖的隧道,故可将其视为隧道模型,采用各种简化方法进行研究和评价。岩溶空洞稳定性分析评价过程的一般步骤为:实际洞体→几何模型→力学模型→数学模型→计算方法→结论。其核心内容是力学模型、数学模型、计算方法的研究。近年来在该领域内取得较多进展,对岩溶空洞地基稳定性的分析评价经历了从定性→半定量→定量的过程。

目前已有一些洞体稳定性分析评价的定量方法,但是由于洞体受力状况、围岩应力场的演变十分复杂,要确定洞体破坏形式和取得符合实际的岩体力学参数很困难,加之受到探测手段的局限,很难查清洞体与围岩的边界条件与性能指标。因此,定量评价方法的应用在工程实践中受到很大限制,而半定量的评价方法较为实用。

溶洞的稳定性评价采用定性评价与定量评价相结合的方法,岩基承载力在选用声波测试、抗压试验、点荷载试验、岩芯采取率、岩石质量指标(RQD)等相关性较好的几种指标划分出不同岩质单元后予以确定。红黏土地基评价对象包括:土洞稳定性、地基均匀性和地基承载力,地基承载力根据土工试验数据计算出土的液塑比 I_r 和含水比 α_w 来确定。岩土地基可综合岩石地基和红黏土地基评价方法进行评价。

岩石地基评价目的在于解决场地稳定性、溶洞稳定性及地基承载力三方面问题。

(1)场地稳定性评价。场地整体稳定性取决于场地是否受滑坡、泥石流、活断层等影响。

(2)溶洞稳定性评价。根据表3-3和表3-4,对影响场地稳定性有关因素进行分析后作出稳定性评价,适用于一般工程。

(3)岩石地基承载力定量评价可采用公式计算法和有限单元法进行评价。

1.公式计算法

采用式(3-24)~式(3-27)进行计算:

$$H = \frac{H_0}{K-1} \tag{3-24}$$

表3-3 溶洞稳定性评价表

评价因素	对稳定有利	对稳定不利
地质构造	无断裂、褶曲,裂隙不发育或胶结好	有断裂、褶曲,裂隙发育
岩层产状	走向与洞轴线正交或斜交,倾角平缓	走向与洞轴线平行,倾角陡
岩性与层厚	灰岩与白云岩,厚层块状	薄层灰岩、泥灰岩、白云质灰岩
顶板厚跨比及完整性	完整岩石厚跨比 0.5~0.87;破碎岩石厚跨比 >5	完整岩石厚跨比 <0.5;破碎岩石厚跨比 <5
洞体形态及埋深	洞体小,垂直发育,单体分布,埋藏深	洞体大,水平发育,埋藏浅
充填情况	全充填有密实沉积物	半充填、无充填或有松散崩塌物
地下水	无地下水	有水流
与基础应力传递线关系	在传递线之外	在其内
建筑特征	建筑荷重小,为一般建筑物	荷重大,为重要建筑物
地震烈度	<7度	>7度

表 3-4 洞隙稳定性定性评价

影响因素	对稳定有利	对稳定不利
岩性及厚度	厚层块状、强度高的岩石	泥质岩、白云质灰岩,薄层状有夹层且岩性软化
裂隙状况	无断裂,裂隙不发育或胶结好	有断层通过,裂隙发育,岩体被两组以上裂隙切割,裂隙张开,岩体呈平砌状
岩体产状	走向与洞轴正交或斜交,倾角平缓	走向与洞轴平行,陡倾角
洞穴形态与埋藏条件	洞体小(与基础尺寸相比),呈竖向延伸井状,单体分布,埋藏深	洞径大,扁平状,复体相连,埋藏浅,在基底附近
顶板情况	顶板岩层厚度与洞径比值大,顶板呈板状或拱状,可见钙质沉积	顶板岩层厚度与洞径比值小,有悬挂岩体,被裂隙切割且未胶结
充填情况	为密实沉积物填满且无水冲蚀的可能	未充填或半充填,水流冲蚀充填物,洞中见有近期塌落物
地下水	无	有水流或间歇性水流,流速大,有承压性

$$H = \frac{T}{SL} \tag{3-25}$$

$$H = 2\sqrt{\frac{f_s}{S}} \tag{3-26}$$

$$H = \frac{\frac{1}{2}B + H\tan\left(45° - \frac{\varphi}{2}\right)}{f} \tag{3-27}$$

其中,H 为顶板厚度;S 为岩体计算抗剪强度;L 为溶洞平面周长;T 为溶洞顶板总剪力;K 为岩石涨余系数,灰岩取 1.20;H_0 为溶洞最大洞高;f_s 为支座处剪力;φ 为内摩擦角;B 为洞宽;f 为岩石坚固性分类系数($f = f_r/100$,f_r 为极限抗压强度)。

式(3-24)、式(3-26)适宜顶板岩石破碎、裂隙发育的溶洞评价,式(3-25)、式(3-27)适宜顶板完整或有少量裂隙发育的溶洞评价。

2. 有限单元法

有限单元法的原理是视溶洞围岩为连续介质,并考虑不连续面的影响,将围岩岩体划分为有限数目的单元体,应用弹性力学理论,求解出围岩的应力场和位移场,计算并校核围岩岩块结构面强度,以此评价溶洞稳定性。贵州在铁道与水电工程中,有限元法应用实例较多,如盘西线沙坡隧道、乌江渡水电站等。

3. 定性评价法

定性评价法主要适用于初勘阶段选择场地及一般工程地基稳定性分析评价。它分为经验比拟法和综合分析方法。经验比拟法是根据评价对象洞隙条件,与条件相似的工程实例进行类比评价。综合分析法是根据洞隙各项边界条件,对比表 3-4 中所列影响洞隙稳定性的诸因素进行综合分析评价。

定性评价方法是目前运用较为广泛的方法,一般适用于初勘阶段选择场地及一般工程地基稳定性分析评价,主要方法有综合分析法、经验比拟法。综合分析法主要是采用多种影响下伏溶洞稳定的因子来进行综合考虑,最后对岩溶的稳定性作出评价。目前一般采用的因子主要有岩性及厚度、裂隙状况、岩体产状、洞穴形态与埋藏条件、顶板情况、充填情况、地下水等。

定性评价法没有定量的标准,该法往往只适用于一般的工程中,包括影响综合分析法和经验比拟法。①综合分析法。该法可根据洞隙各项边界条件,对比表 3-4 中所列影响洞体稳定性的诸因素进行综合分析并作出评价;②由于涉及岩溶问题的公路、工程实例较多,经验比拟法根据已查明地质条件,结合基底荷载情况,对影响溶洞顶板稳定性的各种因素进行分析比较,作出稳定性评价。相应的评价因素和评价标准可参见表 3-5。

表 3-5　溶洞稳定性评价

影响因素	对稳定性有利	对稳定性不利
岩性及厚度	厚层完整块状、强度高	泥质岩、白云质灰岩,薄层状有互层且岩性软化
裂隙状况	无断裂、裂隙不发育或胶结好	有断层通过,裂隙发育,岩体被两组及以上裂隙切割,裂隙张开,岩体呈平砌状
岩体产状	岩层走向与洞轴正交或斜交,倾角平缓	岩层走向与洞轴平行,倾角较陡
洞穴形态与埋藏条件	洞体小,呈竖向延伸的井状,单一分布,埋藏深	洞径大,扁平状,复合相连,埋藏浅,在基底附近
顶板情况	顶板岩层厚度与洞径比值较大,顶板呈板状或拱状	顶板岩层厚度与洞径比值小,有悬挂岩体,被裂隙切割
充填	密实沉积物填满且无水冲蚀的可能	未充填,有水流冲蚀充填物,洞中有近期塌落物
地下水	无	时有水流或间歇性水流,流速大,有承压性

4. 半定量评价方法

常用的半定量评价方法主要是依据工程经验或者通过工程类比的方式,建立简单的计算模型来近似求解溶洞顶板稳定所需安全厚度,如顶板厚跨比法、结构力学近似分析法、散体理论分析法等。

1)完整顶板安全厚度的评价

完整顶板是指未被节理裂隙切割或虽被切割但胶结良好,但可视为整体的洞穴顶板,否则即为不完整顶板。其评价方法主要有:

(1)利用剪切概念估算顶板厚度。当溶洞顶板岩层完整、层理较厚、强度较高,但溶洞跨度较小时,剪力是主要控制条件,可按受剪力计算,所以岩溶顶板厚度(h)再加上适当的安全系数,即为顶板的安全厚度。

(2)按梁板受力情况估算。当溶洞顶板岩层完整,近似于水平层且洞跨较大时,弯矩是主要控制条件,可按梁板受力情况计算 h,所以 h 再加上适当的安全系数,即为顶板的安全厚度。但顶板跨中有裂隙,两支座处岩石坚固时,按悬臂梁计算端部弯矩。当顶板较完整,但两端支座处岩层有裂隙,与洞壁不成整体时,可按简支梁计算弯矩。当顶板和洞壁岩层均较完整是一体时,可按两端固定梁计算弯矩。

(3)载荷试验法。

在有代表性的浅层洞体上,将顶板岩体修凿呈一梁状,有条件时底面或侧面亦可贴设电阻应变片,于其上分级加载,观察其应力与变形。通过试验可以了解在特定条件下洞体的变形特征、破坏形式等。以试验结果对洞体稳定性进行评价是一种定量的评价方法,是众所公认的,但由于条件的限制,以往工程中运用得较少。

2)不完整顶板安全厚度的评价

(1)按塌落堵塞概念估算。洞内无地下水搬运的情况下,当溶洞顶板塌落时,岩块体积松胀,但塌落至一定高度,溶洞将被完全堵塞,顶板不再塌落。

(2)按破裂拱概念估算。当顶板岩体被密集裂隙切割呈块状或碎石状时,可认为顶板将成拱状塌落,而其上荷载及岩体则由拱自身承担。

3)顶板厚跨比法

该方法不考虑溶洞顶板的形状大小,荷载大小、性质及作用位置,根据溶洞的水平投影跨度 L 和顶板最薄处厚度 h,求出厚跨比 h/L,将其作为安全厚度评价依据,常用于稳定围岩。因水平洞顶比拱形差,故取近似水平状态的 h/L 作为估算安全厚度的最小比值,由经验知,$h/L \geqslant 0.5$ 时,顶板是安全的,一般可取 $h/L \geqslant 1.0$ 作为安全界限。

4)估算顶板安全厚度法

当顶板与围岩接触良好,无明显裂隙时,将溶洞围岩视为结构自承重体系,根据洞体形状、裂隙情况、完整程度进行内力分析,所得 h 再乘以适当安全系数,即为顶板安全厚度。

对稳定围岩,将溶洞围岩视为结构自承重体系,据洞体形态、完整程度、裂隙情况进行内力分析,所得 h 再加适当安全系数,便为顶板安全厚度。

5)结构力学近似分析法

(1)按梁板抗弯估算安全厚度。结合顶板厚跨比值,其抗弯厚度的估算可分别采用梁板拱的简化计算模型。当溶洞顶板与围岩连接完整坚固,洞跨较大(厚跨比 $h/L < 0.5$),岩层较厚,弯矩是主要控制条件时,设溶洞宽度为 L,顶板承受总荷载为 q,梁板宽度为 b,抗弯验算:

$$H \geqslant \sqrt{\frac{6\alpha \cdot q \cdot b^2}{l \cdot [\sigma]}} \tag{3-28}$$

式中,$[\sigma]$ 为岩体允许抗弯强度,灰岩抗弯强度一般为其抗压强度的 $1/8$;α 为系数,当顶板有裂缝,两端支座处岩石完整时,按两悬臂梁计算,α 取值为 $1/2$;当有一支座处有裂隙,其他地方完整时,按简支梁计算,α 取值为 $1/8$;当顶板岩层完整时,按固支梁计算,α 取值为 $1/12$。当厚跨比 $h/L \geqslant 0.5$ 时,将顶板近似为圆拱,按拱计算。在内力分析后根据岩石力学指数进行应力验算。

(2)按梁板抗剪估算安全厚度。适用于洞顶板完整、岩层较厚、强度较高、但洞跨较

小、剪力是主要控制条件时。假设桩基范围内溶洞顶板承受的荷载为 q,顶板抗剪力为 T,根据极限平衡条件有

$$q - T = 0, \quad T = \tau \cdot h \cdot L \tag{3-29}$$

式中,τ 为灰岩允许抗剪强度的 1/12;L 为溶洞顶板的平面周长。

6)散体理论分析法

(1)坍塌填塞法:适用于顶板严重风化,裂隙发育,有可能坍塌的溶洞、土洞。该方法认为洞顶坍塌后,塌落体体积增大,当坍落到一定高度时,洞体自行填满,无需考虑其对地基的影响,塌落高度再加适当的安全系数,便为顶板安全厚度。

(2)经验公式法:松散层坍塌形成空洞,则引起围岩强度降低,围岩应力重分布及空洞应力释放,形成松弛带,具有平衡拱作用。松弛带产生的围岩压力高度,据大量隧道塌方统计得到的经验公式是与围岩类别和空洞宽度有关的函数。

(3)坍塌平衡法:据坍塌体平衡条件,考虑松散体内摩擦角、滑移面摩擦角、空洞宽度、土侧压力系数,求得洞顶以上维持坍塌体平衡条件的最小稳定厚度,所求厚度 h 加上荷载作用高度,即为顶板安全厚度。胡宗汉在考虑松散体的黏聚力并忽略地表水渗流的动水压力和旋吸作用情况下,也利用坍塌体平衡条件导出相似的维持坍塌体平衡的最小厚度公式。

7)试验测试法

(1)电阻应变片测试法。对已查明的浅层洞体,为验证在外荷载下洞顶板岩体的应力状态或已知裂隙面的变形情况,可在洞顶施加载荷,沿纵横洞轴方向贴设电阻应变片及布置挠度计量测,在加荷过程中追踪测量。

将测得的最大应力与岩体抗剪强度进行对比,若后者大于前者 5~10 倍,则认为岩溶洞体的顶板是可靠的。为了解顶板岩体中某些裂隙处是否存在应力集中及明显的变形,可在裂面上及其一侧分别贴电阻应变片量测,若二者无明显差别,则说明裂隙的存在并不影响顶板整体受力。

(2)载荷试验法。在有代表性的浅层洞体上,将顶板岩体修凿呈一梁状,有条件时在底面和侧面也可贴设电阻应变片,并于其上分级加荷,观察其应力和变形。通过试验可以了解在特定条件下洞体的变形特征、破坏形式和顺序。此外,通过试验可以反求顶板岩体参数,建立其与岩样强度指标、岩体纵波速度等的相关性,借此评价其他洞体的稳定性。

5. 定量评价法

随着计算技术的迅猛发展,定量评价开始逐渐被更多的人采用,尤其是数值模拟技术,更是被大量地用于评价岩溶稳定性问题。目前定性评价岩溶稳定性的方法主要有稳定系数法、普氏压力拱理论分析法、数值模拟法。

定量评价法是在取得了翔实的地质资料、准确的岩体物理力学参数的情况下采用的评价方法。定量评价法因涉及岩土体力学参数较多且不易确定,故一般先对参数进行简化并通过假定条件建立相应的物理力学模型,再进行分析计算,依据结果对溶洞顶板稳

定性作出评价和判断。

1）稳定系数法

基底以下浅埋洞体稳定性评价取决于两类作用力的关系：①致塌力，包括洞顶岩土自重、附加荷载、垂向和侧向渗流力、真空吸蚀力、振动力；②抗塌力，主要是可能塌落岩土体周边摩阻力及颗粒联结黏聚力。假设溶洞顶板岩土体呈现松散破碎状，在其上部四周形成圆锥形破坏面和柱状塌落体，根据郎肯土压力理论，可以求出塌落岩土体近似圆柱体侧表面的摩擦阻力 F 为

$$F = \frac{1}{2}\gamma \cdot h^2 \cdot \pi \cdot b \cdot \tan\varphi \cdot \tan^2\left(45° - \frac{\varphi}{2}\right)$$
$$+ h \cdot \pi \cdot b \left[q \cdot \tan\varphi \cdot \tan^2\left(45° - \frac{\varphi}{2}\right) - 2C \cdot \tan\varphi \cdot \tan^2\left(45° - \frac{\varphi}{2}\right) + 1\right] \quad (3\text{-}30)$$

式中，γ 为岩土体的容重；C 为岩土体的黏聚力；φ 为松散体的内摩擦角；q 为均布外荷载；b 为土柱横截面直径；h 为土柱高度。

设 K 为岩溶地基稳定系数，则

$$K = \frac{F_1}{F_2} = \frac{F_1}{(J + P_0 + q + W + Q_v) \cdot 0.25\pi \cdot b^2} \quad (3\text{-}31)$$

式中，F_1 和 F_2 分别为抗塌力和致塌力；W、J、P_0、q 和 Q_v 分别为岩土自重、地下水垂直渗流力、真空吸蚀力、附加荷载作用力和振动力。当 $K \leqslant 1.0$ 时，岩溶地基不稳定；当 $K \geqslant 1.5$ 时，岩溶地基稳定。

2）普氏压力拱理论分析法

适用于上覆岩土层厚度 $h > (2.0 \sim 2.5)h_1$ 的深埋洞体，在岩土体中可以形成自然平衡拱（压力拱，塌落拱），压力拱高 h_1 与洞跨度 $2b$ 和洞高 h_0 以及土层内摩擦角及坚固系数 f_i 有关，压力拱高 h_1 和承载力 Px 可以计算出。假设空洞上有均布荷载 q，当 $q \leqslant Px$ 时，q 全部由压力拱承担，作用于洞顶垂直荷载 $q_v = \gamma \cdot h_1$；当 $q > Px$ 时，$q_v = \gamma \cdot h_1 + q - Px$，此时需要对增大空洞承载力进行验算，才能判断洞体是否稳定。

3）统计法

以上两种方法是针对洞体单体而言的。对于整个岩溶区地基稳定性的定量评价可采取数学地质统计法，即根据岩溶塌陷成因和形成条件，应用数学地质方法，对岩溶塌陷逐步进行判别分析，再在应用地质定性分析基础上结合多元统计，对岩溶塌陷区发展趋势进行预测和评价。

3.5.3　溶洞及土洞地基稳定性分析

1. 岩溶区土洞地基稳定性分析

岩溶地基的稳定性是岩溶区工程建设的重要问题之一，它直接关系到工程建设的可行性、安全性及工程造价等。目前，对土洞地基稳定性的评价，定性评价较多，定量评价较少。定性评价主要是根据工作者的实践经验，定性分析土洞地基的土层性质与结构、

地下水、岩溶发育程度等因素对土洞稳定性的影响。定量评价的方法主要有:①根据土洞坍塌的稳定条件进行评价;②根据试验资料或塌陷因素进行评价。前一种定量评价方法由于受计算边界条件的影响,有时其计算结果误差较大,而后一种定量评价方法需要较多的试验资料,较繁琐,实践中用得较少。

1)整体破坏型式土洞地基稳定性

A. 坍塌平衡法

土体内部形成空洞前,在垂直应力和水平应力作用下处于自然平衡状态。随着土洞的出现,上部土体失去支撑,应力状态发生变化,如图3-5所示。

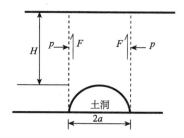

图3-5 土洞顶板稳定性示意图

假若土洞为长条形,作用在土洞顶板上的压力为 P_0,那么 P_0 主要由以下作用力组成:

$$P_0 = G - 2F \tag{3-32a}$$

式中,P_0 为空洞单位长度顶板上所受的压力(kN/m);G 为空洞单位长度顶板上土层的总重量(kN/m),$G = 2a\gamma H$;a 为空洞长度的 $1/2$(m);γ 为土的重度(kN/m³);H 为地表至溶洞间土层厚度(m);F 为空洞单位长度侧壁的摩阻力(kN/m):

$$F = \int_0^H (N \cdot \tan\varphi + c) = \frac{1}{2}\gamma H^2 \cdot K_0 \cdot \tan\varphi + cH \tag{3-33}$$

式中,N 为楔形体在侧壁上的土压力(可取为土的静止土压力),$N = K_0 \cdot \gamma H$;因此式(3-32)可变为

$$P_0 = 2a\gamma H - \gamma H^2 \cdot K_0 \cdot \tan\varphi - 2cH \tag{3-32b}$$

由式(3-33)可以看出,当 $P_0 = 0$ 时,亦即 H 增大到一定厚度时,顶板上方土体恰好处于基线平衡状态,若将这时的 H 称为临界厚度 H_0,则有

$$H_0 = \frac{2a\gamma - 2c}{\gamma \cdot K_0 \cdot \tan\varphi} \tag{3-34}$$

并且当 $H < H_0$ 时,可认为顶板不稳定;当 $H_0 < H < 1.5H_0$ 时,顶板稳定性差;当 $H > 1.5H_0$ 时,顶板稳定。若土体表面存在附加单位压力为 R,则

$$P_0 = 2a\gamma H - \gamma H^2 \cdot K_0 \cdot \tan\varphi + 2aR \tag{3-35}$$

当 $P_0 = 0$ 时,

$$H_0 = \frac{a\gamma - c + \sqrt{(c - a\gamma)^2 + 2\gamma K_0 aR \cdot \tan\varphi}}{\gamma \cdot K_0 \cdot \tan\varphi} \tag{3-36}$$

土洞为圆形时,作用在土洞顶板上的压力为 P_0 为

$$P_0 = G - F \tag{3-37}$$

其中, $G = \pi a^2 \gamma H$, $F = \int_0^H (N \cdot \tan\varphi + c) \cdot 2\pi a$。

当土洞处于极限平衡状态时,土洞顶板的压力 $P_0 = 0$,即

$$\pi a^2 \gamma H - (\pi a\gamma H^2 \cdot K_0 \cdot \tan\varphi + 2\pi acH) = 0 \tag{3-38}$$

化简得土洞地基临界安全厚度 H_0 为

$$H_0 = \frac{a\gamma - 2c}{\gamma \cdot K_0 \cdot \tan\varphi} \tag{3-39}$$

对比长条形和圆形土洞地基临界安全厚度 H_0 的式(3-4)和式(3-9),可以发现:圆形土洞比长条形土洞的临界安全厚度要小,更有利于地基的稳定性。

B. 成拱分析法

发育于松散土层中的土洞,可认为顶板将成拱形塌落,而其上荷载及土体重量将由拱自身承担。此时破裂拱高 h 为 $h = B/f$,其中, $B = b + h_0\tan(90° - \varphi)$; $f = \tan\varphi = \dfrac{\sigma_n\tan\varphi + c}{\sigma_n}$,即 $h = \dfrac{b + h_0\tan(90° - \varphi)}{f}$。

2)局部破坏型式土洞地基的稳定性

考虑土洞地基局部破坏失稳型式,从弹塑性力学理论出发,分析地基中土洞洞壁周围土体的应力状态,通过计算评价土洞地基的稳定性。

A. 土洞地基弹性理论应力

a. 土洞中产生的次生应力

设距地面以下为 h 处有一半径为 a 的圆形土洞($h > 6a$)。设地基土层是均质的、各向同性的弹性体,为此,可把在地基中的土洞周围土体应力分布问题视作一个双向受压无限板孔的应力分布问题(图 3-1),采用极坐标来求解土洞周围土体应力。此问题的求解应力公式同式(3-40)。

$$\begin{cases} \sigma_r = \dfrac{1}{2}(p + q)\left(1 - \dfrac{a^2}{r^2}\right) + \dfrac{1}{2}(q - p)\left(1 - 4\dfrac{a^2}{r^2} + 3\dfrac{a^4}{r^4}\right)\cos2\theta \\[2mm] \sigma_\theta = \dfrac{1}{2}(p + q)\left(1 + \dfrac{a^2}{r^2}\right) - \dfrac{1}{2}(q - p)\left(1 + 3\dfrac{a^4}{r^4}\right)\cos2\theta \\[2mm] \tau_{r\theta} = \dfrac{1}{2}(p - q)\left(1 + 2\dfrac{a^2}{r^2} - 3\dfrac{a^4}{r^4}\right)\sin2\theta \end{cases} \tag{3-40}$$

式中, σ_r 、 σ_θ 、 $\tau_{r\theta}$ 为围岩中的径向应力、切向应力、剪切应力; p 、 q 为作用在岩体上的垂直应力、水平应力; θ 为与水平轴的夹角。

圆形断面土洞周边($r = a$)处的应力,根据式(3-40),可得

$$\begin{cases} \sigma_\theta = p(1 + 2\cos2\theta) + q(1 - 2\cos2\theta) \\ \sigma_r = \tau_{r\theta} = 0 \end{cases} \tag{3-41}$$

由式(3-41)可知,在土洞周边处,切向应力 σ_θ 最大,径向应力 $\sigma_r = \tau_{r\theta} = 0$。

在弹性体中,对存在一孔洞,圆孔周边产生应力集中的影响区域为 $6a$ 半径范围,其余范围可不考虑其影响,仍可按弹性体考虑其应力状态。因此,只要基础底面至土洞中心的距离满足 $h > 6a$ (a 为土洞半径),就可以用式(3-40)来解决土洞周围土体中的应力分布。

同理,由式(3-42)来求得:在建筑物荷载作用下,地基中土洞周围土体的应力。

$$\begin{cases} p = a_A p_0 + \sigma_{CA} \\ q = \lambda(a_B p_0 + \sigma_{CB}) \end{cases} \tag{3-42}$$

b. 不同土洞断面形状所产生的次生应力

土洞若为椭圆形土洞,其长半轴为 a (水平轴),短半轴为 b (竖直轴),作用在土洞上的垂直应力仍为 p ,水平应力仍为 q ,那么,土洞周围任一点的切向应力 σ_θ 、径向应力 σ_r 和剪应力 $\tau_{r\theta}$ 值的大小,可根据弹性理论,按椭圆孔复变函数解得

$$\begin{cases} \sigma_\theta = \dfrac{p[m(m+2)\cos^2\theta - \sin^2\theta] + q[(2m+1)\sin^2\theta - m^2\cos^2\theta]}{\sin^2\theta + m^2\cos^2\theta} \\ \sigma_r = \tau_{r\theta} = 0 \end{cases} \tag{3-43}$$

式中, m 为椭圆轴比, $m = \dfrac{b}{a}$, θ 为土洞周边计算点的偏心角(与水平轴夹角)。

从判断土洞稳定性的观点出发,只要找到土洞周边极值点处的应力大小,看其是否超过土体的强度,即可判断其稳定程度。从研究圆形土洞周边应力得知,椭圆形土洞周边应力的两个应力极值仍然在水平轴($\theta = 0$ 、 π)和垂直轴 $\left(\theta = \dfrac{\pi}{2}、\dfrac{3\pi}{2}\right)$ 上。

从式(3-43)中可见,当原始应力(p 、 q)为定值时,切向应力 σ_θ 值的大小是随轴比 m 而变化的,即轴比 m 是影响应力分布的唯一因素。

断面形状土洞所产生的次生应力岩溶区地基中的土洞断面形状,除了圆形和椭圆形外,还有其他的形状,如近似正方形、矩形、拱形、马蹄形等。对于这些断面形态的土洞,其周围的应力状态较复杂,很难用理论解来表示,目前常用光弹试验或有限元方法等来确定其周围的应力状态。

土洞周围土体稳定性判别及塑性破坏边界由式(3-41)知,在土洞周边处 $\sigma_r = 0$, $\tau_{r\theta} = 0$ 。且土洞周边上的应力以水平方向的左右两点($\theta = 0$ 、 π)最大,土洞顶底板中央应力最小,并有可能出现拉力。因此,判断土洞周边是否稳定,可找出关键点处的应力值,判别其是否产生破坏,如果关键点处不会产生破坏,则可认为土洞是稳定的;反之,土洞将产生破坏。例如,对圆形土洞而言,即 $\theta = 0$ 、 π 、 $3\pi/2$ 、 2π 处的应力值是关键点的应力值。

(1)土洞周边土体的莫尔-库仑准则判别。

根据极限应力圆与抗剪强度包线相切的几何关系(图3-6),可建立以 σ_1 、 σ_3 表示土中一点的剪切破坏条件,即土的极限平衡条件。

$$\sigma_1 = \sigma_3 \tan^2\left(45° + \frac{\varphi}{2}\right) + 2c\tan\left(45° + \frac{\varphi}{2}\right) \tag{3-44}$$

或

$$\sigma_3 = \sigma_1 \tan^2\left(45° - \frac{\varphi}{2}\right) - 2c\tan\left(45° - \frac{\varphi}{2}\right) \tag{3-45}$$

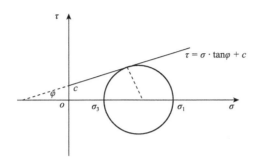

图 3-6　土的极限平衡条件

在土洞周边处,由于 $\tau_{r\theta} = 0$,所以 σ_θ、σ_r 为大、小主应力,$\sigma_1 = \sigma_\theta$,$\sigma_3 = \sigma_r = 0$,得到土的极限平衡条件式如下:

$$\begin{cases} \sigma_\theta > \sigma_1 = \sigma_r \tan^2\left(45° + \frac{\varphi}{2}\right) + 2c\tan\left(45° + \frac{\varphi}{2}\right), & \text{破坏} \\ \sigma_\theta < \sigma_1 = \sigma_r \tan^2\left(45° + \frac{\varphi}{2}\right) + 2c\tan\left(45° + \frac{\varphi}{2}\right), & \text{安全} \\ \sigma_\theta = \sigma_1 = \sigma_r \tan^2\left(45° + \frac{\varphi}{2}\right) + 2c\tan\left(45° + \frac{\varphi}{2}\right), & \text{处于极限平衡状态} \end{cases} \tag{3-46}$$

(2)土洞破坏区塑性边界。

当 $p \neq q$ 时,土洞周围土体塑性区的边界为不规则形状,要准确地确定塑性区边界有一定的困难,目前尚无理论解,通常采用近似计算方法确定塑性区边界。其原理为,首先按弹性理论求得土洞周围土体应力,然后将此应力值代入塑性条件,满足塑性条件的区域则为塑性区。这种方法只能近似地求出塑性区边界,求不出塑性区的应力。具体解法如下:

按式(3-40)求出圆形土洞周围土体中的某点处的应力 σ_θ、σ_r、$\tau_{r\theta}$;若土洞为椭圆形,则用式(3-4);若土洞为其他断面形状,可用关键点处的应力值。

将求得某点的 σ_θ、σ_r、$\tau_{r\theta}$ 代入式(3-46)得到该点处的大、小主应力 σ_1、σ_3:

$$\sigma_1 = \frac{\sigma_\theta + \sigma_r}{2} + \sqrt{\frac{(\sigma_\theta + \sigma_r)^2}{2} + \tau_{r\theta}} \tag{3-47}$$

最后,将求得的大、小主应力 σ_1、σ_3 用莫尔-库仑准则进行判别。若土体有破坏的点,则由一系列破坏点所组成的区域则为塑性破坏区。

B. 齐尔西解答在含溶洞岩石地基中的运用

齐尔西解答是弹性力学中关于"圆孔孔边应力集中"的经典解,它设有一矩形薄板,在离开边界较远处有半径为 a 的小圆孔,在四边受均布拉力,集度为 p,如图 3-3 所示,通过弹性力学分析,原来的问题变换为一个新问题:内半径为 a,而外半径为 b 的圆环或圆

筒,在外边界上受均布拉力 p ,并得到薄板的应力为

$$\begin{cases} \sigma_r = p\dfrac{1 - \dfrac{a^2}{r^2}}{1 - \dfrac{a^2}{b^2}} \\[4mm] \tau_{r\theta} = \tau_{\theta r} = 0 \\[4mm] \sigma_\theta = p\dfrac{1 + \dfrac{a^2}{r^2}}{1 - \dfrac{a^2}{b^2}} \end{cases} \tag{3-48}$$

由式(3-48)可看出,薄板内径向应力 σ_r 和切向应力 σ_θ 都随径向距离 r 及薄板尺寸参数 b 而变化。只要基础底面至溶洞中心的距离 h 大于 $5a$ (a 为溶洞半径),就可以用齐尔西解答来解决溶洞围岩中的应力分布问题。

由于基础底面尺寸并不是无限大,即基底压力作用的范围有限,此时可以这样处理:在溶洞中心 $5a$ 以外范围,仍采用弹性力学中关于弹性半空间的理论解答,即常规的地基中附加应力计算方法,分别计算出距溶洞中心距离 $5a$ 处 A 点附加应力 $a_A p_0$ 、 B 点的附加应力 $a_B p_0$ (图3-4),用基础对 A 、 B 点处所产生的附加应力 $a_A p_0$ 、 $a_B p_0$ 分别作为 A 点的水平面和 B 点的竖直面处的附加应力(也可分别取 A 点水平面上若干个点的附加应力平均值及 B 点竖直面上若干个点的附加应力平均值,但这样相对复杂)。

$$\begin{cases} p = a_A p_0 + \sigma_{CA} \\ q = \lambda(a_B p_0 + \sigma_{CB}) \end{cases} \tag{3-49}$$

式中, a_A 、 a_B 分别为基底至 A 、 B 点处的附加应力系数; p_0 为基底附加应力; σ_{CA} 、 σ_{CB} 分别为 A 、 B 点处岩土体自重应力; λ 为岩体侧压力系数。

当基础底面压力为大面积荷载作用时, $a_A \approx 1$ 、 $a_B \approx 1$,则

$$\begin{cases} p = p_0 + \sigma_{CA} \\ q = \lambda(p_0 + \sigma_{CB}) \end{cases} \tag{3-50}$$

2. 溶洞稳定性分析评价

已知地基中溶洞周边所产生的次生应力,并且已知洞体周边所产生的次生应力将随洞体形状不同而出现较大差异,在不同的部位,次生应力也不同,甚至可以产生数倍于基底压力 p 的次生应力,对地基的稳定性将产生不利的影响。此时,可应用格里菲斯破裂准则对岩石地基进行判别。

格里菲斯破坏准则表达为

$$\begin{cases} R_f = \dfrac{-(\sigma_1 - \sigma_3)^2}{8(\sigma_1 + \sigma_3)}, & 当 \sigma_1 + \sigma_3 > 0 时 \\[3mm] R_f = \sigma_3, & 当 \sigma_1 + \sigma_3 < 0 时 \end{cases} \tag{3-51}$$

σ_1 、 σ_3 分别为最大、最小主应力,以压为正; R_f 为岩石单轴抗拉强度,本身带负号。

对于求得的溶洞周边次生应力,切向应力 σ_θ 最大,径向应力 $\sigma_r = 0$,剪应力 $\tau_{r\theta}$,所

以 σ_θ 为主应力,即 $\sigma_1 = \sigma_\theta$, $\sigma_3 = \sigma_r = 0$,将其代入式(3-51)进行判别。

相关案例分析:某工程,拟采用 ϕ1500mm 钻孔灌注桩基础,以基岩作为桩端持力层,基岩为泥盆系上统融县组微风化石灰岩,隐晶质块状结构。其中的一钻孔桩基地层为:石灰岩面埋深11m,基岩面以上为可塑、软塑黏土,其重度 $\gamma = 19\text{kN/m}^3$,灰岩重度 $\gamma = 25\text{kN/m}^3$。石灰岩桩端承载力标准值外 $q_{\text{pk}} = 4000\text{kPa}$,设计桩底压力为3930kPa,钻孔桩嵌入微风化完整灰岩0.5m,桩底以下1.95m 处有一洞高0.60m 的空溶洞,见图3-7。石灰岩单轴饱和抗压强度 $f_r = 30\text{MPa}$,单轴抗拉强度 $R_f = 1900\text{kPa}$。

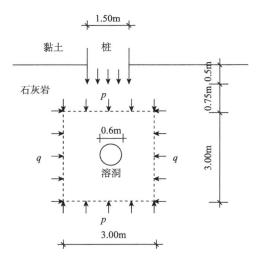

图3-7　基桩下溶洞地基应力计算图

为求得距溶洞中心 $5a$ 处的垂直及水平应力 p、q,经计算得到式(3-52)所需的计算参数:

$$\begin{cases} p = a_A p_0 + \sigma_{CA} \\ q = \lambda(a_B p_0 + \sigma_{CB}) \end{cases} \tag{3-52}$$

$$\begin{cases} \sigma_\theta = p(1 + 2\cos2\theta) + q(1 - 2\cos2\theta) \\ \sigma_r = \tau_{r\theta} = 0 \end{cases} \tag{3-53}$$

$$a_A = 0.646, \quad a_B = 0.646$$

$$p_0 = 3930 - (11 \times 19 + 0.5 \times 25) \approx 3709 \,(\text{kPa})$$

$$\sigma_{CA} = 11 \times 19 + 1.25 \times 25 \approx 240 \,(\text{kPa})$$

$$\sigma_{CB} = 11 \times 19 + 2.75 \times 25 \approx 278 \,(\text{kPa})$$

$$\lambda = 0.25 \quad (石灰岩 \mu 取 0.2)$$

由式(3-52)计算得到

$$p = 2637\text{kPa}, \quad q = 131\text{kPa}$$

并将其代入式(3-53),得到溶洞周边的应力 σ_θ(其中 $\sigma_r = 0$, $\tau_{r\theta} = 0$),见表3-6。

表 3-6 圆形溶洞周边应力 σ_θ 值

$\theta/(°)$	0	15	30	45	60	75	90
σ_θ/kPa	7780	7109	5274	2768	262	−1573	−2244

现用格里菲斯准则对溶洞周边应力进行稳定性判别：

（1）洞体两帮（ $\theta = 0,180°$ ）： $\sigma_1 = \sigma_\theta = 7780$ kPa， $\sigma_3 = \sigma_r = 0$ ，代入式(3-51)得

$$\left| \frac{-(\sigma_1 - \sigma_3)^2}{8(\sigma_1 + \sigma_3)} \right| = 973\text{kPa} < |R_f| = 1900\text{kPa} \quad （安全） \tag{3-54}$$

（2）而对洞体顶底板（ $\theta = 90°,270°$ ）： $\sigma_3 = \sigma_\theta = -2244$ kPa， $\sigma_1 = \sigma_r = 0$ ，因为 $\sigma_1 + 3\sigma_3 < 0$ ，所以用式(3-21)判别：

$$|\sigma_r| = 2244\text{kPa} > |R_f| = 1900\text{kPa} \quad （产生拉裂破坏） \tag{3-55}$$

因此，须变更原基桩设计方案，才能保证建筑物安全。岩溶区含溶洞岩石地基的稳定性，除与基础底面的压力有关外，还与基础尺寸、基础底面至溶洞顶板的距离、溶洞的断面尺寸形状等密切相关。

在岩溶区，当利用含溶洞岩石地基作为建（构）筑物持力层时，其稳定性评价宜采用工程地质定性分析与理论计算相结合的方法：

（1）工程地质定性分析宜重点分析含溶洞地基的地质构造、结构面、岩层、洞体形态、地下水等因素。

（2）稳定性理论计算可利用与本章有关公式进行分析评价。减小基础底面尺寸、增大基底至溶洞顶板的距离，可增加地基的稳定性；洞体直径（跨度）及洞体形状对地基稳定性影响很大，溶洞直径（跨度）越小，对稳定性越有利；椭圆形溶洞的竖直轴与水平轴之比越小，溶洞越不稳定。

（3）地下水产生的"真空吸蚀作用"对溶洞地基稳定性影响很小；洞内有充填物时，有利于溶洞的稳定，但作用不是很显著。

3. 已塌陷含溶洞岩石地基的稳定性分析

在自然因素或人为因素的影响下，溶洞顶板有可能垮塌而形成较陡峭、起伏较大的基岩面，当基岩中存在软弱结构面时，并将基岩选作为桩基础持力层时（图 3-7），其地基的稳定性评价可采用如下方法：

由临空面、滑移面以及与纸面平行的切割面所构成的楔形滑块，其两侧切割面可以是垂直的节理或溶蚀界面（包括溶缝或岩、土交界面）。所以，滑块的宽度一般不是单位宽度，故在进行抗滑力的计算时，应采用该滑块的实际切割宽度。

1）滑动体受力分析

滑块除其自重外，还受到桩基荷载的作用（岩溶区，当以岩石作为持力层时，往往采用桩基础）。滑块深埋于红黏土之下，一般情况下，其临空面不是自由面，而是被红黏土掩埋，红黏土对滑块起两种作用：在滑块水平的投影面上，红黏土的竖向自重应力相当于在滑块上加载；而滑块的竖向投影面上，红黏土的自重引起水平向应力，对滑块起着侧向约束作用。按工程要求，桩的竖向位移和侧向位移要求严格，不允许产生滑移，因此，竖

向荷载按红黏土的竖向自重应力考虑,水平向的约束力按静止土压力考虑,当岩、土交界面存在土洞时,可视临空面为自由面,滑块既不受上覆红黏土的荷载,也不受对临空面的水平约束。

假设楔形滑块两侧的切割面对滑块不产生阻力,滑块的受力简图如图 3-8 所示。

如图 3-9 所示,W 为滑块自重,$W = \gamma_2 h_2 bL$(kN),p_a 为桩基的设计荷载(kN);p_1 为上覆土对滑块水平投影面的作用力,$p_1 = \gamma_1 h_1 bL\cos\theta$(kN);$p_2$ 为上覆土对滑块的侧向约束力,$p_2 = k_0 \gamma_1 h_1 bL\sin\theta$(kN);$T$ 为滑块的抗滑力,

$$T = cbL + [(W + p_a + p_1)\cos\theta + p_2\sin\theta]\tan\varphi \ (\text{kN})$$

式中,γ_1 为上覆土的重度(kN/m^3);γ_2 为灰岩的重度(kN/m^3);h_1 为滑块形心至地表的高度(m);h_2 为滑块的平均厚度(m);b 为滑块的平均宽度(m);L 为滑动面平均长度(m);c 为滑动面的黏聚力(kPa);φ 为面的内摩擦角(度);θ 为动面的倾角(度);k_0 为静止土压力系数。

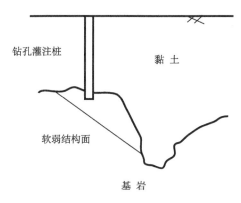

图 3-8 已塌陷溶洞地基示意图

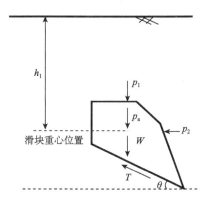

图 3-9 地基滑块受力图

2)稳定计算公式

(1)当临空面为红黏土掩盖时,滑块的稳定计算式:

$$K = \frac{cbL + [(W + p_a + p_1)\cos\theta + p_2\sin\theta]\tan\varphi + p_2\cos\theta}{(W + p_a + p_1)\sin\theta} \tag{3-56}$$

(2)当岩、土交界面存在空土洞时,滑块的稳定计算式:

$$K = \frac{cbL + (W + p_a)\cos\theta\tan\varphi}{(W + p_a)\sin\theta} \tag{3-57}$$

一般情况下,K 值应大于 1.25。

4. 溶洞对地基稳定性影响的定性评价

影响含溶洞岩石地基稳定性的因素很多,有岩体的物理力学性质、构造发育情况(褶皱、断裂等)、结构面特征、地下水赋存状态、溶洞的几何形态、溶洞顶板承受的荷载(工程荷载及初始应力)、人为影响因素等,它们是地基稳定性分析评价的重要依据。

1）断裂构造

岩溶地基失稳的主要表现形式是岩溶塌陷,岩溶塌陷是物质迁移转换的产物。物质的转移必须有一定的通道才能得以实现,可溶性基岩中的断裂、裂隙虽不能容纳过多塌落物质,但它可通过其中的水流将物质迁移它处,使土层中逐渐形成土洞,最终使上部覆盖层失稳。因此,断裂构造的力学性质、构造岩的胶结特性、裂隙发育程度、规模及其与其他构造的组合关系等,在一定程度上控制了岩溶地基的稳定性。

断裂构造的存在,总体来说对岩溶地基稳定性不利。断裂构造的力学性质、规模、构造岩的胶结特征、裂隙发育程度及与其他构造的组合关系,在一定的程度上决定了岩溶地基的稳定性。张性或张扭性断裂的断裂面较粗糙,裂口较宽,构造岩多为角砾岩、碎裂岩等,且多呈棱角状,粒径相差大,胶结较差,结构较松散,孔隙较大,透水性强,对岩溶地基稳定性不利,如桂林市西城区许多岩溶地基的塌陷失稳,均分布在张性或张扭性断裂带上或其附近;而压性或压扭性断裂的裂面较平直、光滑、裂口闭合、胶结较好、结构较致密、透水性差,不利于地下水活动,对地基稳定性影响较小。

2）褶皱构造

在纵弯褶皱作用下,较易在褶皱转折端处形成空隙-虚脱现象,同时在褶皱核部易形成共轭剪节理及张节理,这些部位的空隙及裂面粗糙,胶结较差,地下水活动较频繁,对含溶洞岩石地基稳定性不利;而平缓的大型褶皱,对地基稳定性影响较小。

3）结构面

当含溶洞岩石地基中存在结构面(如节理等)时,对其稳定性不利。结构面的性质、成因发展、空间分布及组合形态,是影响稳定性的重要因素。一般来说,次生破坏夹层比原生软弱夹层的力学性质差得多,如再发生泥化作用,则性质更差。若溶洞周边处出现两组或两组以上倾向不同斜交的结构面,就极有可能产生坍落或滑动。

4）岩石

当石灰岩呈厚层块状、质纯、强度高,并且岩石的走向与溶洞轴线正交或斜交,角度平缓时,对地基稳定性影响较小;反之,对地基稳定性不利。

5）溶洞洞体

当溶洞埋藏较深,覆盖层较厚,洞体较小(与基础尺寸比较),溶洞呈单体分布,且呈圆形时,对地基稳定性影响较小;反之,对地基稳定性不利。另外,当溶洞内有充填物时,也对地基稳定性有利。

6）地下水

地下水是影响含溶洞地基稳定性的重要因素,地下水的活动将降低岩体结构面的强度。当水位变化较大或有承压水时,也可改变地基溶洞周围的应力状态,从而影响地基的稳定性。

7）其他影响因素

人工爆破、人为大幅度降水、交通工具加载或振动、地下工程施工及基坑开挖等产生临空面而改变溶洞周围应力状态、地震(水库诱发地震)等,都有可能引起溶洞地基的塌陷失稳。

3.5.4　岩溶洞穴顶板安全厚度分析

影响洞体顶板稳定的因素很多，内因有顶板厚度及完整程度、洞体跨度及形态、岩体强度及产状、裂隙状况及洞内充填情况；外因有荷载大小、作用次数和时间、温度、湿度等。

枚举优化方法，考虑不同顶板厚度，不同溶洞宽度，不同溶洞高度的几何模型，再根据实际地质情况确定材料参数，采用强度折减流形元方法求得各模型的安全系数，研究安全系数与溶洞顶板厚度、溶洞宽度的关系，再根据实际路段岩溶发育规模，得到保证达到一定安全系数要求的溶洞顶板厚度。具体思路如图 3-10 所示。

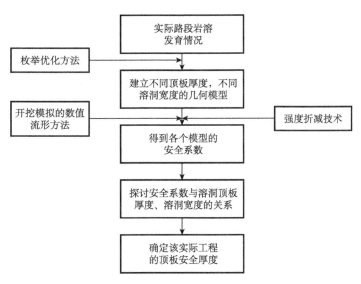

图 3-10　确定岩溶顶板安全厚度框图

第4章　岩溶地基处理

　　岩溶地区地基处理方法多采用换填法、顶柱法、跨越法、灌浆加固法、挤密法、桩基法以及填实强夯法等。其中换填法适用于一些溶洞或土洞埋藏相对较浅的岩溶地区,需首先清除洞内软弱充填物然后回填毛石或混凝土等;顶柱法适用于溶洞顶板很薄、跨度较大而且裂隙发育的岩溶地区;跨越法适用于溶洞壁完整,而顶板较为破碎的情况;桩基法适用于高层建筑,且下部溶洞较大的岩溶地区;灌浆加固法适用于溶洞或土洞埋藏相对较浅的岩溶地区;挤密法是将钢管、混凝土桩或是砂桩挤入土洞或松散土层中,将土层挤压密实,从而形成复合地基;填实强夯法适用于存在大面积且埋深较浅的溶洞或土洞地区,这样可以破坏不稳定土洞,提高地基承载力。此外,还有变断面基础法、绕避法、垫褥法等。在具体的工程处理中,有时需要采取两种或多种综合措施进行处理,才能取得满意的效果。

　　在岩溶地区,一般对地基稳定有影响的土洞,应杜绝地表水渗入土层,使土洞停止发育和发展;当地质条件许可时,尽量对地下水采取截流、改道等,以阻止土洞继续发展。当土洞埋深较浅时,采用挖填和梁板跨越;对直径较小的埋深土洞,可不做处理,仅在洞顶上采用梁板跨越即可;对直径较大的埋深土洞,可采用顶部钻孔灌砂或灌碎石混凝土,以充填空间。当对地下水不能采取截流、改道等方式以阻止土洞发育时,一般可改用桩基等措施。

4.1　概　　述

4.1.1　溶洞地基处理简述

　　对地基稳定性有影响的岩溶洞隙,应根据其位置、大小、埋深、围岩稳定性和水文地质条件对其进行综合分析,因地制宜采取下列处理措施:对洞口较小的洞隙,宜采用镶补、嵌塞与跨盖等方法处理;对洞口较大的洞隙,宜采用梁、板和拱等结构跨越。跨越结构应有可靠的支承面。梁式结构在岩石上的支承长度应大于梁高 1.5 倍,也可采用浆砌块石等堵塞措施;对于围岩不稳定、风化裂隙破碎的岩体,可采用灌浆加固和清爆填塞等措施;对规模较大的洞隙,可采用洞底支撑或调整柱距等方法进行处理。

　　岩溶地基处理方法较多,其中较为常见的方法有加固法、跨越法以及桩基法。

1. 加固法处理岩洞地基

加固岩溶地基指通过向溶洞中灌浆阻断其与地下水的关联,以达到提高岩溶地基的强度和稳定性,阻止溶洞进一步变大的目的。这种岩溶地基处理方法投入成本较少,且比较适合加固浅层岩溶;如溶洞中填充有砂砾或黏性土,其结构决定了其具有较强的漏水性,甚至出现与上部溶洞相连的情况。为获得较好的加固效果,对该种类型的岩溶进行加固时应考虑使用联合灌浆技术。如果岩洞中无填充物,不应进行旋喷洗孔处理。施工中注浆和旋喷清水的目的在于提高存在于溶洞内部浆液的稳定性,有助于处理后浆体形成均匀稳定的结构。另外,实际施工时应对溶洞填充情况、范围大小、深度情况等参数把握准确;如遇到岩溶埋深较深的情况,应使用压力注浆法对其进行加固处理。该种加固方法的原理在于:利用压浆泵将浆液通过注浆管注入需要加固的位置,并结合使用挤密、渗透、填充等手段将位于土颗间和岩石缝隙中的气体和水分驱走,当浆液胶结后就会形成一个稳定性和渗透性较强的结构,进而达到加固岩溶地基的目的。另外,浆液注入时能够将岩溶开口洞隙封堵住,以此阻止地下水位升降时发生腐蚀,进一步增强岩溶地基的强度。

2. 跨越法处理岩洞地基

跨越法包括的类型较多,如拱跨法、梁跨法、板跨法均属于跨越法的范畴,不同的方法处理的岩洞基地类型有所差别。当溶洞洞口较大且内部有水、洞口较小以及溶洞较深时,应根据工程实际施工要求,认真分析地基受力特点,利用钢筋混凝土或板对其进行封底处理,即宜考虑使用板跨法;如溶洞埋深较深但仍未超出持力层时,可凭借钢筋混凝土梁实现跨越溶洞的目的;当建筑工程堤式坡脚挡墙、堑式挡墙、边墙或桥台、桥墩等地基出现含有水流或洞形复杂、深度较深的岩溶时,宜考虑使用拱跨形式进行处理。

3. 桩基法处理岩洞地基

桩基法处理岩洞地基时,因岩溶地基的实际情况不同,因此应采用不同的桩基形式,其中较为常见的桩基形式有:冲孔灌注桩、钻孔桩、预应力管桩、群桩等,另外还有复合地基。下面对不同桩基形式特点以及使用时应注意的问题逐一进行探讨。

当溶洞洞穴顶板较薄,洞口比较小且有多层结构时,宜选择使用冲孔灌注桩。该种桩结构从溶洞上层顶板中穿出,达到下层溶洞顶板,因此经验丰富的施工人员能够通过冲击声音,估计溶洞顶板的厚度,以此判断其是否达到持力层。当然,实际施工时为保证施工质量可先超前钻桩位,查明洞穴的具体情况,然后将冲击钻钻到符合施工要求的岩层中;当岩溶表面比较粗糙,且存在夹层,而且地基下有孤石出现时,宜采用钻孔桩。该种桩基具有较强的嵌石能力,并且在钻穿夹层、孤石时具有较大优势。但是,该种桩基不适合在溶沟分布较多,岩溶缝隙较多的岩洞地基中使用,因为实际施工时容易将钻卡死,而且由于受到洞隙的影响,钻的位置容易改变;当地基下出现流砂、土洞、淤泥或暗河与地下溶洞相同时,可选择使用受上述因素影响较小的预应力管桩,以保证成桩质量;当利用上述桩基形式无法保证成桩质量,且岩溶表面有厚度较大的砂土层覆盖时,可使用群桩,以提高成桩的安全性和成桩质量。另外,遇到岩层起伏较大、存有大量土洞、土层较厚以及建筑荷载较小时,可使用复合地基,以克服自然地基的弱点。当然,为了减少桩基承载压力,可将位于地基表面上的软土挖去,做成多层或一层的地下室,以提高桩基结构的稳定性。

4.1.2　土洞地基处理简述

土洞一般埋藏浅,发育快,顶部强度低,发展到一定程度就会塌陷,对建筑物威胁较大,特别是对高层建筑,由于基础埋置深,上部荷载大,造成的危害更大。有时建筑物施工时,由于地质勘察布孔有限而未发现土洞,但在建筑物使用后,由于改变了地下水的条件,如人工降低地下水位,就会产生新的土洞和地表塌陷。土洞对建筑物的影响有时比溶洞还要大,因此在岩溶地段进行建设时,应查清土洞的分布、形状、深度以及它们的发育程度,可采用钎探的方法。

对地基中存在的土洞,应根据土洞在地基中所处的位置、土洞大小及形状、埋深、水文地质条件等,综合采取的处理措施有挖填法、灌填法、梁板跨越法、桩基法和处理地表水及地下水法等。

地基处理应考虑地基、基础与上部结构的共同作用,要适应上部结构的选型,同时结构也要适应地基的变形。例如,在岩溶塌陷灌浆时,是否考虑在灌浆塌陷体的顶部预留 $10 \sim 20 cm$ 空间,做成砂垫层(褥垫层),以调整灌浆塌陷体与周围地基的差异沉降。

4.2　岩溶地基处理的难点与原则

所谓地基处理,就是用各种材料、掺合料、化学剂、电热等方法或机械手段来提高地基土强度,改善土的变形特性或渗透性的处理技术。据有关资料调查统计,世界各国各种土木、水利、交通等类工程的事故中,地基问题往往是主要原因。我国有关资料也显示,由于地基问题处理不当而造成的工程事故占总数的 40% 左右。故地基问题的处理恰当与否,关系到整个工程质量、投资和进度,其重要性也越来越多地被人们所认识。

4.2.1　处理难点

岩溶地基处理难点主要体现在如下几方面:

(1)喀斯特岩面起伏,导致其上覆土质地基压缩变形不均。

(2)在土层较厚的溶沟(槽)底部,往往有较软弱的土层存在,更加剧了地基的不均匀性。

(3)岩体洞穴顶板变形造成地基失稳。

尤其是一些浅埋、扁平状、跨度大的洞体,其顶板岩体受数组结构面切割,在自然或人为作用下,有可能坍落造成地基的局部破坏。

(1)岩溶水的动态变化给施工和建筑物造成不利的影响。

雨季深部岩溶水通过连接地表的垂直通道(如漏斗、落水洞等)向地面消泄;由于各种原因,岩溶垂直通道堵塞而丧失消泄地表水流的功能,都可能造成场地的暂时性淹没。以分布不均为特征的岩溶水依存于裂隙洞穴体系而存在,常无统一水面,水位和水量骤变。旱季时,在某一深度的岩体可能是干燥状态,雨季可能突发涌水,使深基施工措手不及。如补给源位置较高,管状裂隙水流在巨大的动水压力作用下可能冲毁建筑物地坪及地下室底板。

(2)土洞坍落形成地表塌陷。

土洞形成后常可以保持相对稳定,若外界条件改变,可逐渐坍落,最后波及地表形成塌陷或地面变形。土洞较之岩洞洞隙具有发育速度快、分布密度大的特点,对场地、地基造成的危害不容忽视。

4.2.2　处理原则

在对溶洞、土洞或岩溶塌陷进行地基处理时,一般应遵循以下原则:

①重要建筑物宜避开岩溶强烈的发育区。

②当地基含石膏、岩盐等易溶岩时,应考虑溶蚀继续作用的不利影响;

③不稳定的岩溶洞隙应以地基处理为主,并可根据其形态、大小及埋深,采用清爆换填、浅层楔状填塞、洞底支撑、梁板跨越、调整柱距等方法对其进行处理;

④岩溶水的处理宜采取疏导的原则。

⑤在未经有效处理的隐伏土洞或地表塌陷影响范围内不应作天然地基,对土洞和塌陷宜采用地表截流、防渗堵漏、挖填灌填岩溶通道、通气降压等方法进行处理,同时采用梁板跨越。对重要建筑物应采用桩基或墩基。

⑥应采取防止地下水排泄通道堵截造成动水压力对基坑底板、地坪及道路等不良影响以及泄水、涌水对环境的污染的措施。

⑦当采用桩(墩)基时,宜优先采用大直径墩基或嵌岩桩,并应符合下列要求:桩(墩)以下相当桩(墩)径的 3 倍范围内,无倾斜或水平状岩溶洞隙的浅层洞隙,可按冲剪条件验算顶板稳定;桩(墩)底应力扩散范围内,无临空面或倾向临空面的不利角度的裂隙面可按滑移条件验算其稳定;应清除桩(墩)底面不稳定石芽及其间的充填物。嵌岩深度应确保桩(墩)的稳定及其底部与岩体的良好接触。

此外,在建筑结构处理措施中,应选用有利于与上部结构共同工作,并可适应小范围塌落变位、整体性好的基础形式,如十字交叉条形基础、筏板基础、箱形基础等,同时采取必要的结构加强措施。

4.3　岩溶地基常用处理方法

针对岩溶地基处理方法的详细介绍见下面各小节。

4.3.1　填堵法

该方法适合塌坑较浅或浅埋的土洞。首先清除其中的松土,填入块石、碎石,做成反滤层,然后上覆黏土夯实。该法可分为充填法、换填法、挖填法、垫褥法等。充填法适用于裸露岩溶土洞,其上部附加荷载不大的情况。最底部须用块石、片石作填料,中部用碎石,上层用土或混凝土填塞,以保持地下水的原始流通状况,使其形成自然的反滤层。对已被充填的岩溶土洞,如充填物物理力学性质不好,可采用换填法,须清除洞中充填物,再全部用块石、片石、砂、混凝土等材料进行换填。对浅埋的岩溶土洞,将其挖开或爆破揭顶,如洞内有塌陷松软土体,应将其挖除,再以块石、片石、砂等填入,然后覆盖黏性土并夯实,称挖填法。此法适用于轻型建筑物,并且要估计到地下水活动再度掏空的可能性。为提高堵体强度和整体性,在填入块石、片石填料时,注入水泥浆液;对于重要工程基础下或较近的溶洞、土洞,除去洞中软土后,将钢筋或废钢打入洞体裂隙后再用混凝土填洞,对四周的岩石裂隙注入水泥浆液,以粘结成整体,并阻断地下水。对岩溶洞、隙、沟、槽、石芽等岩溶突出物,可能引起地基沉降不均匀,将突出物凿去后做30～50 cm砂土垫褥处理,称为垫褥法。

4.3.2　跨越法

该方法适合溶洞规模较大,溶洞内充填物松软,基础处理工程修建困难、耗资巨大,或者溶洞虽小但要求不堵塞水流的地段,可根据具体条件采用相应的梁板形式跨越岩溶地段。

岩溶洞体较深,挖填困难或不经济或浅埋洞体顶板厚度和完整程度难以确定时,可采用跨越法将跨越结构置于岩溶地基基础之上,据上部结构性质、荷载大小及跨度大小,分别采取板、梁、拱等方式跨越。在设置跨越结构时,其支承面须有可靠基岩,梁式结构支撑面须经过验算。该法优点在于,不管岩溶的具体形态如何,将比较复杂的地下工程改变为较易进行的地面工程,而且不担心地下水流重新带走洞内充填物。

1. 板跨法

板跨法如图4-1所示。在工程基础挖基过程中遇到深度较大、洞径较小不便入内施工或洞径虽大、但因有水的溶洞,可根据建筑物性质和基底受力情况,用混凝土板或钢筋混凝土板封顶。

2. 梁跨法

梁跨法如图4-2所示。对埋藏较深但仍位于地基持力层内规模较小的塌陷或土洞,可用弹性地基梁或钢筋混凝土梁跨越土洞或塌陷体。

3. 拱跨法

拱跨法如图4-3所示。在地下建筑工程的边墙、堑式挡墙、堤式坡脚挡墙及桥墩、桥台等地基下常见洞身较宽、深度又大、洞形复杂或有水流的岩溶地基,宜采用拱跨形式。

拱分浆砌片石拱、混凝土拱和钢筋混凝土拱。为增强拱身强度,拱下可砌筑垂直支撑柱,对建筑物本身而言,也可加设拉杆(或锚杆支撑)或其他预应力钢筋混凝土构造。

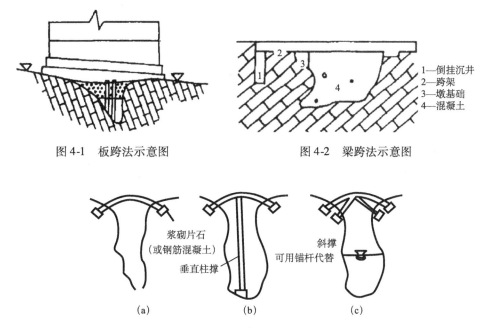

图 4-1　板跨法示意图　　　　　　　图 4-2　梁跨法示意图

1—倒挂沉井
2—跨架
3—墩基础
4—混凝土

浆砌片石
(或钢筋混凝土)

垂直柱撑

斜撑
可用锚杆代替

(a)　　　　　　　(b)　　　　　　　(c)

图 4-3　拱跨法示意图

　　此法包括板跨法、梁跨法、拱跨法等。深度较大、洞径较小不便入内施工或洞径虽大、但因有水的溶洞,可根据建筑物性质和基底受力情况,用混凝土板或钢筋混凝土板封顶,称板跨法。对埋藏较深但仍位于地基持力层内的规模较小的塌陷或土洞,可用弹性地基梁或钢筋混凝土梁跨越土洞或塌陷体。

4.3.3　深层密实法

1. 强夯法

　　强夯法适用于溶洞较浅的岩溶地基。强夯法是通过反复将夯锤(10~20t)起吊到一定高度(10~40m),使其自由下落,产生强烈冲击,达到对覆盖层土体强力夯实作用。该法可用于夯实塌陷后回填的松软土层,以提高土体强度;亦可消除隐伏土洞,是一种治理结合预防的措施。其一般适用于土层厚度较小、地形平坦且通有便道的岩溶塌陷区。

　　在覆盖型岩溶区,处理大面积土洞和塌陷时,强夯法是一种省工省料、快速经济且能根治整个场地岩溶地基稳定性的有效方法。它可使土体压缩性降低,密实度加大,强度提高,减少或避免土洞及塌陷的形成,消除地基隐患。一般夯击 1~8 遍,夯点距离为 3m。如无地下水影响,2 遍夯击间歇时间可不受限制,在夯击过程中,如果夯锤突然下陷,说明下部有隐伏土洞,此时可随夯随填土或砂砾土料处理。

2. 挤密法

　　该法用于砂桩挤密法和振动水冲法,一般适用于杂填土和松散砂土。根据材料及施工方式不同又有砂桩挤密法、振动水冲法、灰土、二灰或土桩挤密法,石灰桩挤密法等。它们的原理和作用是通过挤密或振动使深层土密实,并在振动挤密过程中回填砂、砾石、灰土、土或石灰等形成砂桩,与桩间土一起组成复合地基,从而提高地基承载力,减少沉降量,消除或部分消除土的湿陷性或液化性。

4.3.4　灌注法

灌注法是岩溶土洞地基一种常用的地基处理方法,其施工简便,实用有效,运用广泛。注浆加固是把灌注材料通过钻孔或岩溶洞口进行注浆,其目的是强化土层或洞穴充填物、充填岩溶洞隙、隔断地下水流通道、加固建筑物地基。

1. 渗透灌浆

渗透灌浆是岩溶区土洞地基处理中一种常用的有效方法,但其灌浆中所采用的压力范围较难确定,若灌浆压力太小,不能灌满土洞内充填物的孔隙;若灌浆压力太大,可能导致地基土层破坏。利用灌浆过程中的浆液扩散的规律和理论,可以得到浆液在土洞壁处产生的压力,以此来确定灌浆过程中的最小压力。根据弹性理论,可以计算出土洞周围土体的应力状态,并可用莫尔-库仑准则对其进行稳定性判别,以此来确定灌浆的最大临界压力;同时,根据灌浆过程中浆液对土洞洞壁产生的压力,可以确定为使土洞上方地基不产生上抬的最大临界灌浆压力。

2. 高压喷射注浆法

高压喷射注浆是用高压脉冲泵通过钻杆底部的喷嘴向周围土体中喷射化学浆液,高压射流使土体结构破坏并与化学浆液混合、胶结硬化,从而起到加固作用的一种地基处理方法。高压喷射注浆法适用于基岩埋藏较浅,溶隙发育,基岩面以上覆盖土层较薄的塌陷区;也可用于塌陷土洞埋藏较深,洞内大量漏浆,充填物为可塑状或软塑状的塌陷区。

工程上常用固化浆体为水泥浆,可用于处理淤泥、淤泥质土、流塑、软塑或可塑黏性土、粉土、砂土、人工填土和碎石土等地基。若地下水流速过大,固化浆液在注浆管周围凝固的情况、无充填物的岩溶地段以及对水泥有腐蚀的地基不适用。当土中含有较多大粒径的块石、坚硬黏性土或有过多的有机质时,应根据现场试验结果确定本方法的适用程度。当地基为砂质土时,用水泥浆与砂混合可以得到较高的强度。根据地质情况不同,加固体的强度可达到 $500 \sim 10000 \mathrm{kPa}$,加固深度可达 $20 \sim 30 \mathrm{m}$,可适用比深层搅拌法强度高的建筑地基,可用于对浅部土层或塌坑回填的松软土层处理,改善覆盖层性质。

3. 联合灌浆方法

由于场地溶洞多为软塑状黏性土或夹有砂砾充填,存在严重漏水现象,有的则与上部土洞相通,为了保证加固效果,采用联合灌浆方法:即对溶洞内的充填物进行扰动清洗后,旋喷一定量的水泥浆,然后采用类似水下混凝土浇注方法对溶洞灌注水泥混合浆,至孔口返浆,使溶洞内的冲填饱满,以达到加固的目的。对洞内无充填物则不进行旋喷洗孔。高压旋喷清水及注浆是为了保证灌注水泥混合浆液前溶洞内浆液的稳定,也保证加固处理后形成的灌浆体性质均匀稳定,不存在软弱"灶",并使溶洞没有继续发育的条件及空间。施工中应注意地层情况,准确控制需处理的溶洞的规模、深度、范围及充填情况。溶洞灌浆是大面积处理小型设备基础及辅助用房下的浅层溶洞的首选方案。

4. 冲孔灌注桩

冲孔灌注桩是采用泥浆护壁,水下灌注,无需抽取地下水而形成的,避免了深层岩溶裂隙水的抽取导致周围地基沉降。在多层溶洞的岩溶区成孔施工需注意:①如何堵住泥浆渗漏及混凝土流失。一般解决方法:向孔内回填大量黏土,目的是堵漏,同时也堵住护壁裂隙的漏浆。黏土可不必装袋,直接倒入孔内。水泥需整袋抛入,使其沉底。当再次打穿下一层溶洞发生漏浆时,重复上述工作,直到完成一个桩孔为止。②软弱层泥浆护壁困难,尤其在岩溶内护壁易塌孔;在软弱层以及溶洞内施工时,可采用套管护壁成孔。③溶沟、溶槽内施工时易卡冲斗,沿岩面易发生倾斜,溶沟、溶槽内施工时,可采用预埋块石,保持冲斗的作业面强度均匀,以减少孔斜和卡冲斗。④冲斗的冲击易使桩尖处持力层松动,且沉渣清理较困难,易降低端承力。一般处理方法为终孔处采用轻冲,清渣可采用跟进探头,并检查沉渣情况。

冲孔灌注桩施工中采用袋装黏土及水泥填堵溶洞及防渗堵漏的方法,行之有效,且最为经济,同时保证成桩质量,避免大规模超灌混凝土。

5. 半充填类型的溶洞

土洞的全充填部分可直接采用注浆工艺进行处理,这种情况较半充填情况简单一些。对于半充填类型的土溶洞,采用地面搅拌后高压灌注低标号混凝土与袖阀管注浆相结合的处理方法,即利用大型综合高压混凝土泵站在地面将混合料(水泥、粉煤灰、砂、石粉等)预先搅拌成低标号混凝土,然后利用高压混凝土泵由钻孔直接注入地下土溶洞中。由于高压泵的压力驱动,充填扩散范围较大,较易充填密实。再利用袖阀管注浆法具有可分段、定深、多次复注的优点,二次充填固结加固洞体顶底板及低标号混凝土四周为充填固结加固密实的部位,弥补了低标号混凝土充填上的不足之处。其目的在于充分利用拌和混合料均匀性与充填性的同时,再结合注浆的充填与固结特性,对注入的混合料周围尤其是顶板进行补充加固,使洞体形成密实的整体。

6. 浆液对土洞洞壁产生的压力计算

在处理土洞地基时,若土洞内无充填物,一般可先在土洞内充填碎石或中、粗砂,然后进行渗透灌浆。渗透灌浆就是在压力的作用下,使浆液填充土洞内充填物的孔隙,并要求浆液不扰动破坏周围地基土层的结构。浆液的扩散能力与灌浆压力大小密切相关,灌浆压力提高,可增大浆液扩散半径,增加可灌性。但是,灌浆压力太大,将有可能导致土洞周围地基土层的破坏,降低承载力;若灌浆压力太小,又不能灌满土洞内充填物的孔隙,因此,进行土洞地基灌浆,必须选择一个合适的灌浆压力范围。目前,工程实践中灌浆压力的确定,多数是依据设计人员的经验来确定的,部分工程通过现场试验确定,并无理论上的计算依据。

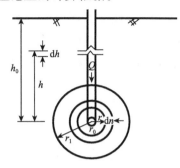

图 4-4　注浆管底端的注浆球形扩散

岩溶区的土洞多数呈球形,洞内有些有充填物,有些无充填物。对于无充填物的土洞,一般先在土洞中充填碎石或砂等,待土洞充填满后,再灌入水泥浆液等。假定浆液在土洞内的充填物中按球形扩散,并且设①被灌物为均质和各向同性;②浆液为牛顿体;③浆液从注浆端注入地基土内;④浆液在地层中呈球状扩散,如图4-4 所示。

根据达西定律可得注浆点处浆液的压力 h 为

$$h = h_0 - \frac{q\beta}{4\pi K}\left(\frac{1}{r_0} - \frac{1}{r}\right) \tag{4-1}$$

式中,q 为注浆量($\mathrm{cm^3/s}$);β 为浆液黏度对水的黏度比;r 为浆液的扩散半径(cm);h_0 为灌浆压力,厘米水头;h 为注浆点处浆液的压力,厘米水头;r_0 为灌浆管半径(cm);K 为土洞中充填物的渗透系数(cm/s)。

土洞洞壁临界内压力的 P'_a 大小为

$$P'_a = \frac{3\gamma H\tan^2\left(45 + \frac{\varphi}{2}\right) + 4c \cdot \tan\left(45 + \frac{\varphi}{2}\right)}{2 + \tan^2\left(45 + \frac{\varphi}{2}\right)} \tag{4-2}$$

式中,γ、H 分别为地基土的重度及土洞的埋深;c 和 φ 为土洞周围地基土的内聚力和内摩擦角。

在灌浆过程中,若灌浆压力过大,将有可能造成土洞周围土体上抬,影响地基稳定,这时需要确定土体产生上抬所需的临界内压力 P''_a:

$$P''_a = \gamma H + \frac{\gamma H \cdot K_0\tan\varphi + 2c}{r_1} \tag{4-3}$$

在土洞周边处($r = r_1$),令式(4-1)中压力水头 $h = 0$,洞内充填物的渗透系数为 K,计算得到的 h'_0 就是在灌浆过程中浆液刚好充满整个土洞所需的最小水头压力(cm),即

$$h'_0 = \frac{q\beta}{4\pi K_1}\left(\frac{1}{r_0} - \frac{1}{r}\right) \tag{4-4}$$

式中,K_1 为土洞内充填砂、石的渗透系数(cm/s)。将压力水头 h_0(cm)换算成压力

$$P'_0 = h_0/10 \quad (\mathrm{kPa}) \tag{4-5}$$

综上所述,灌浆过程中,其最小灌浆压力应不小于式(4-5)中的 P'_0;而最大灌浆压力应不大于式(4-2)计算得到的($P'_a + P'_0$),同时也应小于式(4-3)中的($P''_a + P'_0$)。

4.3.5　桩基础法

1. 桩基处理的比选

冲孔灌注桩:如果溶洞数量较多但是单个洞体体积容量比较小,面对此种情况,我们

应该考虑用桩打穿多层洞顶的方法。为了安全的保障，应该做好探查工作，具体方法是做桩前利用相关设备探清洞内状况，之后用冲击钻穿至符合设计要求的层数。

钻孔桩：如果地表崎岖不平、地下有独立岩石或桩体质量较大，可以考虑使用钻孔桩。此种技术受力明显，穿成的孔直径大，因此操作起来非常便利。钻孔桩的优点是：能简单利索地穿透夹层，能穿过独立岩石。但是使用过程中也应该注意：不应该把这种技术用在浅层底层中存在没有充分发育的熔岩的基层中。

预应力管桩：对地表下存在淤泥、土洞或洞体与地下河流连通的状况，可以考虑采用预应力管桩，因为此种方法在应用过程中不会受到上述因素的影响，这种方法的优点是在观察压力时非常直观和便利，因为在压桩机上设计有可以观察压力数值的压力表，但是也存在一个显著的缺点，即在土壤岩石相对薄弱的地方较容易发生断桩。

群桩：对地表面情况相对复杂、岩溶上部覆盖一定厚度的砂质层，上述各种方式都会失去其应有的效用，因此任务质量难以保证。而群桩法，可以在保证桩体有效性、安全保障度和作业顺利进行的条件下，有效、稳定、快速地解决这类复杂的地质状态。其优点是：群桩的端头并不一定要求固定在复杂的地表上，其方法很简单并且相当可靠，只要在端头覆盖的地面的压力泡可以有效分布在地表表面，并且存有坚固的下卧层结构，群桩法就能有效规避复杂多变的熔岩表面对桩基形成的破坏。群桩法有诸多解决问题的方法，其中静压预制管桩是相对比较有效和可靠的方式之一，其应用越来越广泛。

岩溶地基工程勘察和处理条件复杂，需要在施工过程中实地检验、补充，在勘察资料不符时及时进行补充勘察，是工程勘察的一个重要阶段。对这一个阶段要重视岩溶地区，对重要建筑采用一桩一孔或一柱一孔进行施工勘察。勘察工作应该做到认真细致，定性准确，采用各种方法和理论进行分析计算，建立符合客观实际的岩土模型，并求得相应的岩土工程参数，进而作出有针对性的处理。

2. 深基础法

对于一些深度较大，跨越结构也不适宜的隐伏土洞或已形成的岩溶塌陷，通常采用桩基等深基础，将荷载传递到深部稳定基岩上。

1）灌浆钢管桩

灌浆钢管桩加固效果如图 4-5 所示。钢管桩对沉降要求严格，应以完整灰岩作持力层，可采用有孔钢管作为灌浆孔进行灌浆，以扩大灌浆影响范围，并利用钢管支承在完整灰岩中获得较大的桩端承载力，最后在钢管内灌注强度较高的水泥砂浆成为钢管桩。钢管桩具有强度高、施工进度快、施工工艺易行和施工质量易保证等特点。

钢管桩是将数根钢管通过钢孔由基岩面安放在下部完整基岩上，使上部荷载通过钢管桩直接作用于深部完整基岩上，因此不需要考虑桩底基岩的岩溶发育程度，涌水大小，基岩完整程度等因素，并可将单桩承载转化为群桩承载，比较适用于持力层深度大，地下水丰富，基岩岩溶强烈发育的地方。

钢管桩施工应保证纯水泥浆灌浆量及砂浆灌浆量，以保证钢管桩的桩径。目前国内运用钢管桩处理岩溶地基还未普及，经济方面应该是主要原因，有关施工规范尚需完善，对钢管桩间非完整基岩承载力的利用,更需在今后的实际工程和实验中加以总结和归纳。

2)旋喷桩

旋喷桩处理如图4-6所示。旋喷桩地基处理可以起到地基加固和基坑止水的双重作用,可将石灰表面的溶沟、溶槽及浅层溶洞充填密实,若桩端下有3m厚的完整石灰岩岩面,保证桩端及上部结构的稳定可靠,可不考虑下部石灰岩溶洞对地基基础稳定性的影响,旋喷注浆在浅层多溶洞,且岩面凹凸不平,高差变化大的情况下,对地基进行处理,是能满足加固要求的,且在技术上是可行的。

图4-5　灌浆钢管桩加固效果图

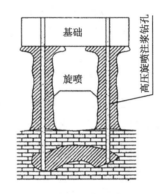

图4-6　旋喷桩加固效果图

4.3.6　平衡地下水、气压力法

随着水位的升降,岩溶空腔中的水气压力产生变化,常在岩溶发育区出现气爆或冲爆塌陷。因此,在查明地下岩溶通道的情况下,设置各种岩溶管道通气装置平衡水、气压力,以消除真空负压作用。岩溶塌陷治理应遵循预防和治理相结合、标本兼治的方针。治理方法的选择必须有针对性,对于不同成因类型的岩溶塌陷,宜对症下药,采取切实有效的治理方法;治理工程主要针对岩溶塌陷形成的三要素——岩溶系统、覆盖层、地下水系统,采取有效控制措施,通过强化加固土层和洞穴充填物、封堵岩溶通道、疏排或堵截地表、地下水等方法达到治理效果。

4.3.7　换土垫层法

换土垫层法的原理是挖除浅层软弱土或不良土,分层碾压或夯实土,按回填的材料可分为砂垫层、碎石垫层、粉煤灰垫层、干渣垫层、灰土垫层、二灰垫层和素土垫层等。它可提高持力层的承载力,减少沉降量,消除或部分消除土的湿陷性和胀缩性,防止土的冻胀作用以及改善土的抗液化性。

换土垫层法可分为充填法、换填法、挖填法、垫褥法等几类。充填法适用于裸露岩溶土洞,其上部附加荷载不大的情况。最底部须用块石、片石作填料,中部用碎石,上层用土或混凝土填塞,以保持地下水的原始流通状况,使其形成自然的反滤层。当已被充填的岩溶土洞,如充填物物理力学性质不好,可采用换填法。须清除洞中充填物,再全部用块石、片石、砂、混凝土等材料进行换填。对浅埋的岩溶土洞,将其挖开或爆破揭顶,如洞内有塌陷松软土体,应将其挖除,再以块石、片石、砂等填入,然后覆盖黏性土并务实,称挖填法。此法适用于轻型建筑物,并且要估计到地下水活动再度掏空的可能性。为提高堵体强度和整体性,在填入块石、片石填料时,注入水泥浆液;对于重要工程基础下或较近的溶洞、土洞,除去洞中软土后,将钢筋或废钢打入洞体裂隙后再用混凝土填洞,对四周的岩石裂隙注入水泥浆液,以粘结成整体,并阻断地下水。对岩溶洞、隙、沟、槽、石芽等岩溶突出物,可能引起地基沉降不均匀,将突出物凿去后做 30~50cm 砂土垫褥处理,称为垫褥法。

换土垫层法按处理方法不同又可分为:

(1)机械碾压法。此法常用于基坑面积宽大和开挖土方量较大的回填土方工程,一般适用于处理浅层软弱地基、湿陷性黄土地基、膨胀土地基、季节性冻土地基、素填土和杂填土地基。

(2)重外向型锤夯实法。一般适用于地下水位以上稍湿的黏性土、砂土、湿陷性黄土、余填土以及分层填土地基。

(3)平板振动法。此法适用于处理无黏性土或黏粒含量少和透水性好的杂填土地基。

4.3.8 化学加固法

现在常用的化学加固法,根据施工方式不同又可分为:灌浆法、高压喷射注浆法、水泥土搅拌法三种。

1. 灌浆法

它的原理和作用是通过注入水泥浆或化学浆液的措施,使土粒胶结,用以改善土的性质、提高地基承载力、增加稳定性、减少沉降、防止渗漏。该方法通常适用于处理岩基、砂土、粉土、淤泥质黏土、粉质黏土、黏土和一般填土层。

2. 高压喷射注浆法

此法的原理和作用是将带有特殊喷嘴的注浆管通过钻孔置入要处理土层的预定深度,然后将浆液(常用水泥浆好)以高压冲切土体。在喷射浆液的同时,以一定速度旋转、提升,即形成水泥土圆柱体;若喷嘴提升而不旋转,则形成墙状固化体。用此方法可以提高地基承载力,减少沉降,防止砂土液化、管涌和基坑隆起,建成防渗帷幕。其适用于处理淤泥、泥质土、黏性土、粉土、黄土、砂土、人工填土和碎石土等地基。当土中含有较多的大粒径块石、坚硬黏性土、大量植被或有过多有机质时,应根据现场试验结果确定其适用程度。

3. 水泥土搅拌法

根据材料和施工方式不同可分为:湿法(亦称深层搅拌法)和干法(亦称粉体喷射搅

拌法）。其原理和作用是：湿法是利用深层搅拌机，将水泥浆与地基土在深层拌和；干法是利用喷粉机，将水泥粉或石灰粉与地基土在原位拌和，搅拌后形成柱状水泥土体，以达到提高土体承载力，减少沉降量，防止漏陷，增加稳定性的目的。该法适用于处理淤泥、淤泥质土、粉土和含水量较高且地基承载力标准值不大于 120kN 的黏性土等地基。

用于防渗时，可用水泥浆和沥青作帷幕，灌浆顺序可先外围后中间，先地下水上游后下游；用于充填加固时，用快干材料或砂石等将洞隙先填塞，开始时压力不宜过高，以免浆料大量流出加固范围。在对广州白云机场候机楼扩建工程岩溶地基处理过程中，运用双液化学硅化法对复杂多层含水溶洞成功进行加固。

4.3.9　综合治理法

在岩溶塌陷形成过程中，其形成机理也随之发生变化。如抽排水致塌，当地下水位位于覆盖层中时，主要是潜蚀效应起作用；当地下水位在岩溶含水层变化时，真空吸蚀效应尤显重要。针对岩溶塌陷形成机理复杂，多效应共同作用，最终导致塌陷这一特征，进行工程治理时应采取综合治理方案。如图 4-7 所示为岩溶塌陷综合治理法，1 为排水沟；2 为防渗层；3 为结构物加固；4 为地基处理；5 为报警装置；6 为塌陷。

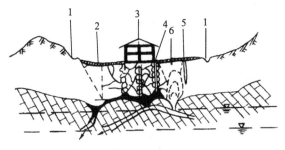

图 4-7　岩溶塌陷综合治理图

4.4　工程治理方法的适用性

4.4.1　针对已形成塌陷的治理

对于已经形成的塌陷进行治理可以采用清除填堵法、跨越法、强夯法、灌注法、深基础法、高压喷射注浆法等加固处理方法。消除填堵法是最简单、直接、经济、快速的方法，因此，也是塌陷治理中应用较为普遍的方法之一。它的另一方面特点是治标不治本，该方法只能简单地恢复地表形态，往往不能防范塌陷再次发生。

当塌陷治理的目的是不但要求恢复矿山地貌形态，而且治理后的塌陷地段要作为建筑场地使用时，则需依据场地内岩溶发育特征、覆盖层厚度及性质、水文地质条件以及拟建建筑特性综合考虑，确定治理方法。强夯、灌注、高压喷射注浆均能对塌坑或地表浅层覆盖层软弱土体起到加固作用,从而满足拟建建筑对场地和地基强度的要求;跨越法可以应对溶洞规模较大,基础处理工程难度大,或溶洞虽小但要求不堵塞水流等情况;深基础法用于那些深度较大,跨越结构也不适宜的隐伏土洞或已形成的岩溶塌陷。

4.4.2　针对塌陷隐患的治理

岩溶塌陷主要取决于岩溶发育程度、覆盖层性质及水文地质条件三方面因素。

1. 针对覆盖层性质治理

覆盖层较薄、结构松散,则易发生塌陷。强夯、灌注、高压喷射注浆等治理方法对地表覆盖层起加固作用,覆盖层性质得以改善,岩溶塌陷的主要致灾因素之一得到控制。

2. 针对水文地质条件治理

制约岩溶塌陷发生的另一个重要因素是水文地质条件,由前述塌陷机理的讨论可知:覆盖层内土洞的形成及后期隐伏土洞产生塌陷主要取决于地下水(地表水)的动态。灌注、跨越以及地表水疏排围改等治理方法正是针对这一对象特征施治的。灌注法借助压浆封闭岩溶洞隙、注浆帷幕堵截岩溶管道,达到控制地下水位动态,预防岩溶塌陷的目的;跨越法则对地下水采取合理疏导方法,针对由真空吸蚀机理导致的岩溶塌陷加以防控;对地表水采取合理的疏、排、围、改措施,通过控制地表水入渗对岩溶塌陷的影响,总之,针对塌陷隐患的治理是标本兼治的方法,治理成功的关键在于正确分析岩溶塌陷形成机理,针对致灾主控因素合理选择工程治理方法。

1)注意系统平衡

工程治理设计宜根据此三要素综合确定,既要抓主因素,也须兼顾其他。例如,采用清除填堵法,塌坑中填入块石、碎石,做成反滤层,然后上覆黏土夯实,往往还需配合灌浆处理,将浅部基岩中的溶隙封堵,其目的在于防止地表水入渗引起土中潜蚀及进一步塌陷。治理措施是针对岩、土、水系统的综合治理。效果:提高土体强度、改善岩体完整性、削弱岩溶连通性、减弱水动力强度。

2)注意点面平衡

工程治理方案如果只从局部考虑进行设计,可能会顾此失彼。譬如,采用压浆处理岩溶塌陷潜在隐患是目前较好的处理方法之一。值得注意的另一方面问题是:在设计地段实施压浆后,原地下水的通道被切断,地下水在压浆半径边缘找寻突破口,其结果造成地下水径流方式改变,地下水可能运移到更远的排泄区,势必在其他适宜的地方产生塌陷。对此情况的解决方案是,治理设计之前一定要查明岩溶发育规律和岩溶管道的连通性。

3)注意动态平衡

针对水文地质条件进行塌陷预防及治理有合理疏排与有效封堵两种措施。矿坑疏排水和突水是矿区岩溶塌陷中最突出的。对此,治理方案宜堵不宜排。然而,对岩溶管道、溶隙进行注浆封堵的同时,也封堵了地下水循环通道,其效果有二:防范并削弱了潜蚀作用诱发的岩溶塌陷;由于封堵作用,可能造成相对封闭的岩溶(土洞)空腔,一旦后期水动力条件改变,真空吸蚀和高压水气冲爆机理会导致岩溶塌陷的概率增大。因此,在封堵的同时还应设置排气管道。对于不宜封堵的岩溶系统,可以采用跨越法治理,保持岩溶含水层排泄畅通。无论采用哪种方法,均应在查明水文地质条件的前提下施治,尽可能减弱动水压力。

4.5　岩溶地基处理效果检测

地基岩溶注浆整治效果的检测方法与评价,目前国内暂时没有统一的标准,常用的质量检测方法有:钻孔取芯法、压水试验、物探检测法(其含电测探法、声波检测法、瞬态面波法、电磁波 CT 法等)。每种方法均有利有弊,存在一定局限性,因此利用几种方法结合起来进行综合评价较为准确且相对简单。比如,采用电测探、瞬态面波法及电磁波 CT 等综合物探方法,辅以钻孔取芯、压注水试验,对注浆施工前后物性参数变化进行对比,根据注浆加固的目的和地层所能达到效果的反应等,来综合评价判定地基岩溶注浆整治质量。

4.5.1　钻孔取芯法

钻孔取芯观察水泥结石充填情况是一个比较直观的方法,由于地质体的各向异性和不均匀性,注浆加固的充填区域和方向具有不确定性,加上裂隙的可注性具有一定的宽度界限(大于 0.2mm),钻孔取芯观察具有一定的偶然性。施工结束后,视工程的重要性和岩溶形态,按设计要求,在注浆孔间布置不少于 5% 的质量检测孔,且每注浆段布置不得少于 2 孔,钻孔取芯具体标准按照《工程地质钻探标准》(CECS240:2008)执行,检查孔所取岩芯可见水泥结石体,并基本填满可见裂隙,较大的水泥结石体单轴抗压强度 ≥ 0.3MPa,即判定为注浆合格。

钻孔取芯法特别适用大直径混凝土灌注桩的成桩质量检测,可用来检查基桩混凝土胶结、密实程度及其实际强度,可准确判断断桩、混凝土夹泥活离析、蜂窝、松散等不良状况;可测出桩底沉渣厚度并检验桩长;认定桩端持力层岩性和厚度是否符合设计或规范要求;验证低应变反射波法等方法认为有缺陷的桩。还可用钻芯孔对出现断桩、夹泥或混凝土离析、松散、沉渣过厚、持力层不完整等缺陷桩进行压浆补强处理。

4.5.2　压水试验

压水试验检测注浆效果是对注浆质量进行检测最直接的一种方法,通过注浆前后的压水试验对比,分析注浆前后的单位体积吸水率大小以及是否满足规范要求等,判定注浆充填密实程度,再综合其他检测方法进行验证,最后经综合分析得出结论。具体方法为在注浆孔间布置质量检测钻孔,孔数为注浆孔总数的 2% ,且每个注浆段落不得少于 2

孔,压水试验具体方法参照《水利水电工程钻孔压水试验规程》(SL 31-2003)执行,测定的渗透系数小于注浆施工前的1/10,视注浆施工合格。

4.5.3　电测探法

电测探法是目前物探检测中最常用的方法,在一般条件下可以基本定性地检测岩溶孔洞的注浆充填效果,其评价分析的基础为被注浆地层的电性差异,检测剖面在溶洞、土洞、溶蚀破碎带强烈发育等电性异常明显地段能较好地排查注浆充填情况,最大限度地避免检测范围内的空洞异常。电测探法一般采用声波测试手段进行辅助检测判断,两者结合进行充填密实性测试。高密度电法原理与常规电测探法是基本一致的。之所以称其为高密度,简单地说就是在进行电法测量时,将测点排得相当密集,一般间距只有几米。

4.5.4　超声波检测法

超声波测试是对高密度电法检测一种附属和辅助判断手段,其检测是采用单发双收装置。由发射换能器发射的超声波,经水耦合沿孔壁最佳路径传播,先后到达两接收换能器,通过仪器分别读取两接收换能器接收到的超声波到达时间,计算出声波时差及波速,根据介质中波速不同来判断注浆质量。

4.5.5　电磁波 CT 法

电磁波 CT 法正是利用电磁波传播衰减理论,分别在 2 个钻孔或坑道中发射和接收无线电波,根据不同位置接收的场强大小来确定地下不同介质分布的一种地球物理勘察方法。对电磁波而言,地下介质的不同物性特征主要表现在对电磁波能量的吸收,这种吸收作用与地下介质的裂隙分布、含水程度、矿物质含量以及不同的岩性分布等因素有关。

采用电磁波 CT 对岩溶洞穴的分布、土石界面的识别是较为有效的,特别是能直观地反映孔间地质条件的变化,这是其他方法所不具备的。但由于测试较为复杂,造价较高,未能大量使用,也为建立在统计数据基础上的定量分析带来一定的困难。

4.5.6　反射波法

反射波法是采用瞬态冲击方式,通过实测桩顶加速度或速度响应时域曲线,利用一维波动理论分析来判定基桩的桩身完整性。在桩身存在明显波阻抗差异的界面(如桩底或沉渣、断桩和严重离析等)或桩身截面面积变化(如缩径或扩径)部位产生发射。根据传感器(速度、加速度)接收到的反射波与首波相位关系来确定桩身完整性。因此,反射波法检测桩身完整性,首先考虑波在桩身中的传播与衰减规律,研究桩身中阻抗变化引起波的反射与透射特性,分析检测获得的时程曲线上波形、波幅、波频、波速的变化关系。

反射波法目前能准确判定缺陷位置,但对缺陷程度与桩底沉渣厚度不能做出正确判断。对于山地和岩溶地区端承桩下部易出现混凝土缺陷的情况,给出当锤击点位于桩的中心,传感器安装在离桩中心 2/3 半径处时,缺陷段的平均波速 c_d 计算公式为

$$c_d = \frac{2L - 0.6D - c_m \Delta t_1}{\Delta t_2 - \Delta t_1} \tag{4-6}$$

式中,L 为桩长(m);D 为桩径(m);c_m 为桩身完整段的混凝土波速,可用桩身完整性为 Ⅰ 类桩的平均波速代替(m/s);Δt_1 为首波波峰与缺陷反射波峰间的时间差(s);Δt_2 为首波波峰与桩底反射波峰间的时间差(s)。图 4-8 是基于软弱层顶面介绍反射波传播方向。

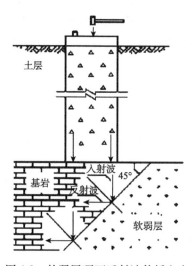

图 4-8　软弱层顶面反射波传播方向

4.5.7　频率-初速度法

频率-初速度法可用于计算单桩的竖向承载力推算值,见图 4-9。使用该方法检测桩的动刚度,并将其作为判定桩身完整性及桩端持力层性质是否存在异常的依据。

单桩的动刚度 K_d 可用下式计算:

$$K_d = \frac{f_0^2(1 + e)W_0\sqrt{H}}{\nu_0} \tag{4-7}$$

式中,f_0 为桩-土体系的固有频率(Hz),通过对第 1 次冲击的振动波频谱分析确定;e 为碰撞系数,$e = 1.107t\sqrt{H}$,t 和 H 分别为第 1 次冲击与回后第 2 次冲击的时间(s)和穿心锤落距(m);W_0 为穿心锤重量(kN);ν_0 为桩头振动初速度(m/s),$\nu_0 = A_d/a$,其中 a 为与 f_0 相应的速度传感器的灵敏度系数(mV/(m·s^{-1})),A_d 为第 1 次冲击振动波初动相位的最大峰峰值(mV)(图 4-10)。

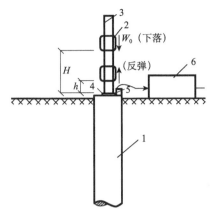

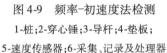

图 4-9　频率-初速度法检测

1-桩;2-穿心锤;3-导杆;4-垫板;

5-速度传感器;6-采集、记录及处理器

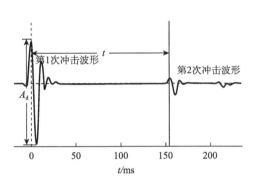

图 4-10　频率-初速度法波形图

4.6　缺陷桩的加固

　　对缺陷桩的处理,应结合工程实际情况,根据桩的受力特性,各土层的地质情况、嵌岩深度和岩性、缺陷位置和严重程度等多方面因素,进行分析与验算,确认可否满足安全使用要求,如能满足要求,可不作处理。通过调整上部建筑物结构,改变原有传力路线,将多余力传到其他能承受荷载的桩上,或者增设扩大基础以达到原不合格桩不受或少受力的目的,使现有结构及桩能满足结构安全使用要求,也可不作处理。若不能满足要求,须采用合适的加固处理方案,并选用合适方法检测加固效果,确保加固后的桩能够满足安全使用要求。

　　1. 桩身结构的加固

　　(1)凿除桩的上部或条件允许的中下部桩身缺陷段,重新灌注较高等级的混凝土,用反射波法检验其效果,确保桩身质量。

　　(2)采用注浆法下部严重缺陷加固时,须先确定缺陷性质,对桩身夹泥,必须用高压水将其冲洗出。当对桩身强度要求很高时宜采用复合注浆,先将水泥浆液灌注到桩身较大的空隙中,填充空隙,改善桩体的整体性,然后利用 EEA 环氧树脂浆液的高渗透性充填细小孔隙,从而使基桩的整体强度得到提高。注浆效果可用低应变反射波法检测桩的完整性,必要时用钻芯法验证。

　　2. 桩底沉渣与桩端岩石裂隙的加固

　　端承桩的沉渣厚度不应大于 50mm。当桩底有沉渣时,采用低应变反射波法检测桩底反射波为同相反射,无法确定沉渣的厚度,难以直接判定嵌岩桩的沉渣是否超标。实践中,在桩底反射波为同相,但桩的动刚度值大小尚正常的情况下,沉渣厚度一般来说很小或未发现沉渣;当桩的动刚度值较正常值偏小较多时,一般沉渣厚度较大,超过规范的要求。用钻芯法定量确定沉渣厚度,对于沉渣厚度超过规范规定的,应判定为不合格桩。当桩端持力层破碎、裂隙发育层时,也比桩身混凝土波阻抗低,桩底为同相反射。桩底沉渣与桩端岩石裂隙一般采用注浆法加固,具体做法是:布孔→钻孔→洗孔→下注浆管→制配浆液→注浆→封孔→结凝→检测。

3. 桩端受力范围内软弱层或溶洞的加固

当桩端持力层存在软弱夹层,特别是在岩溶发育地区,桩底存在溶洞时,软弱层或溶洞的波阻抗远低于其围岩的波阻抗,引起波的同相反射。用注浆法加固桩端受力范围内软弱层或溶洞时,必须查明软弱层或溶洞的规模,考虑浆液是否流失,对加固方案可行性进行研究。

4. 注意事项

(1)根据受检桩所处的工程地质及水文地质条件、施工工艺、施工人员素质,预测检测对象可能出现哪些质量缺陷及其在检测曲线上的表征。

(2)总结受检正常桩的反射波曲线特征,对出现异常的,应怀疑其异常出现的部位有缺陷;对桩身完整性进行分析时,须将桩底反射后的一段曲线也纳入分析范围。这一点非常重要,因为当桩端局部受压岩石周边一定范围内有软弱层或溶洞时,桩端的约束力性质就会有改变,可能导致桩的失效。

(3)桩底出现沉渣与桩底离析时反射波的特征类似,需结合施工情况进行判别。持力层中的软弱层或溶洞与桩底离析或沉渣产生的反射波相位一致,均为同相。两者的主要区别在于反射波的起跳时间不同,前者在 $2L/c$ 之后,而后者在 $2L/c$ 之前。

(4)对于桩端嵌入硬质岩的端承桩,桩底的反射是很难看出的,因为它被岩石顶面引起的反相反射所掩盖,作完整性分析时,桩底反射位置应在岩石反相反射后某一合适位置,这样分析研究出来的桩身混凝土波速才会正常,否则,分析波速偏高。

(5)桩的动刚度可作为检测桩身缺陷和沉渣的一个重要参考依据,其值偏离正常范围时,应综合分析桩可能存在的缺陷。对怀疑有缺陷的桩,应有针对性的用钻芯法进行验证。

(6)制定缺陷桩加固方案时,应规定加固所要达到的效果及检验方法。当对桩身强度要求很高时宜采用复合注浆处理桩身缺陷,对单液注浆必须慎重。采用反射波法及频率-初速法对加固效果进行检验时,不仅要比较加固前后的反射波曲线和动刚度变化,还要与其他同条件正常桩的反射波曲线和动刚度作比较,以确保结构安全。

(7)对于多缺陷的桩,可利用小波分析具有多分辨率分析的特点,在时域和频域内部表征信号的局部特征,充分突出缺陷的特征,通过比对加固前后反射波信号的小波变换曲线,能更直观地看出加固后反射波信号的变化。

第5章 岩溶地基高层建筑基础选型

5.1 岩溶地基高层建筑常用基础类型

在岩溶地区高层建筑的基础合理选型,是保证高层建筑综合质量的前提条件,需要引起足够的重视,如何做到设计合理、节约资源、降低造价,已成为工程技术人员的研究课题。岩溶区不同地貌单元及不同岩溶地质条件下高层建筑基础选型应针对具体工程,寻求一种结构安全稳妥、施工安全快捷、质量满足要求的基础设计方案。归纳起来,基础形式[1,2]有以下几种:天然地基基础;复合地基基础;预制桩基础;钻孔灌注桩基础;人工挖孔桩基础;夯扩桩基础;桩筏基础。

5.1.1 天然地基基础

在一些岩溶地区,场地岩土层按成因类型从上而下一般依次为人工填土层、冲积土层、残积土层和基岩。土层一般为可塑至硬塑,当接近石灰岩面时,由于含水量增大,土层变为可塑或软塑,甚至流塑。因此对于一般的多层建筑,若柱脚内力不太大,岩溶地区最理想的基础类型就是采用以基岩以上的可塑至硬塑土层为持力层的天然地基浅基础。同时应根据建筑物的情况,必要时对该土层做压板试验,以取得设计所需的更为精确的承载力计算及沉降验算指标。如果场地上面填土层较厚或土质不好,可采用换土方案进行处理,处理时应分层夯实;也可采用架空地板代替室内填土、设置地下室或半地下室等方案来满足地基承载力的要求,减少建筑物沉降及不均匀沉降。

5.1.2 复合地基基础

在一些岩溶地区,基岩上覆盖土层有一定厚度,但其承载力不高,而建筑物荷载又较大,单靠天然地基已不能满足承载力要求时,可考虑采用复合地基基础。目前工程大都采用深层搅拌桩对土层进行加固处理,经处理后的地基承载力标准值可达 200MPa,甚至更多,一般可满足十层左右建筑物对地基承载力的要求。从已有工程经验来看,在保证施工用水泥符合要求的前提下,此时决定搅拌桩质量的关键是注浆量和搅拌均匀程度,因此在施工时应予以足够重视。同时还应特别注意桩头质量,一般可根据施工记录和钎探检验,对有疑问的桩头进行水泥土强度检验,若强度不足,可将软弱部分挖除,回填素混凝土或砂浆。在进行基础设计时,如有必要,还应按群桩作用原理将搅拌桩和桩间土视为假想的实体基础进行软弱下卧层验算。另外,采用 CFG 桩对土层进行加固处理,在岩溶发育地区的工程应用上也有一定的优越性。CFG 桩复合地基基础和其他类型复合地基基础相比,具有工期短、桩数少、桩质量及承载力有保证等优点。

5.1.3　预制桩基础

这里讨论的预制桩仅限于预制钢筋混凝土方桩和预应力混凝土管桩。岩溶地区的预制桩不宜直接支承在基岩面上。预制桩的施工方法有采用柴油锤施打的锤击法和采用静力压桩机施压的静压法。在岩溶地区,基岩上面的覆盖土层中,坚硬土层或密实砂层不多见,岩面上土层常呈软塑至流塑状,几乎不存在强风化的过渡岩层,基岩表面就是裸露的新鲜岩石,强度较大。若采用锤击法进行施工,预制桩一旦接触岩面而继续锤击,如果桩身未发生滑移,此时贯入度会立即变得很小,锤击力在桩身中产生很大的拉应力,桩身反弹特别厉害,出现桩端变形、桩头打碎、桩身断裂、桩身倾斜等破坏现象。因此,在岩溶地区不适合采用锤击法施工的预制桩基础。采用静压法施工的预制桩基础在上部荷载不大的情况下,大部分上部荷载可由桩周的桩土摩擦力来承担,因此,其不失为一种可供考虑的基础类型。由于静压法施工是将预制桩缓慢地压入土层中,遇到坚硬的岩面,也是缓慢地接触,只要岩面坡度不是太大,静压桩桩身一般不会被压坏。

工程实例 1:

广州市机场路西侧翠逸家园工程,总建筑面积 80 000 多平方米,由 6 栋地上 17 层,地下 1 层的高层建筑组成。地质勘察报告显示,该场区为灰岩岩溶发育富水区。考虑到灰岩面起伏变化大,且岩面附近的土层力学性能多数较差,部分处于潜流状态,而建筑物的柱脚内力较大,柱网很不规则,因此设计时决定采用静压法施工的预应力混凝土管桩,同时结合场区的特殊情况,确定了"小桩多桩承台"的设计指导思想。该工程从 1999 年 8 月开始动工,2000 年竣工,施工速度快,从沉降观测结果中反映出基础情况良好。

工程实例 2:

广州体育馆工程,位于广州市新广从公路原白云苗圃路段,是第九届全国民族运动会的主要场馆,由主场馆、训练馆和大众活动中心三个馆组成。在对基础进行初步勘察时,发现训练馆和大众活动中心这两部分基础坐落在碳酸岩地层中,而且岩溶发育。因此,采用跨孔电磁波透视扫描探测技术,对基岩中隐伏岩溶进行探测,了解岩溶的分布情况。由于柱脚内力较大,设计时采用静压预制混凝土方桩。该工程从 1999 年 6 月动工,2001 年 6 月底竣工交付使用,施工速度较快,建成后至今使用情况良好。

5.1.4　钻(冲、挖)孔灌注桩基础

《建筑桩基技术规范》(JG 194—2008)中建议岩溶地区的桩基宜采用钻、挖孔桩。岩溶地区地下承压水一般较大,且钻孔桩在施工时常需用冲孔来配合成孔,冲击成孔时会遇到溶洞、土洞、坚硬斜面岩石以及半边石笋、石芽、半边土的情况,使冲击成孔面软硬差

异大,这些不利因素导致施工过程中的塌孔、成孔偏斜、卡钻、掉锤等事故屡见不鲜。另外,岩溶发育情况复杂,在施工中常需对每根桩都进行超前钻,以帮助确定终孔深度。但在不少工程中都发现,即使进行了超前钻,在验桩抽芯时,仍常发现桩底存在溶洞,这又带来如何处理桩底溶洞的问题。所以采用钻孔桩基础一般工期较长,且费用很高。

工程实例:

广州市机场路某工程,楼高 9 层,总建筑面积约 7000m²。场地内土层主要为粉质黏土、粉土或中、粗砂,土层多呈可塑性,层厚 11 ~ 26m,其下为灰岩,岩质坚硬,溶洞较发育,且揭露溶洞孔内漏水。在钻探时还发生过孔内掉入岩芯管和金刚石钻头的事件。地质勘察报告中建议采用钻(冲)孔灌注桩基础,桩端入岩。设计人员根据报告建议设计了钻孔桩基础,且每根桩都做超前钻,除了施工中遇到各种困难外,在验桩抽芯时又发现桩底仍存在溶洞。为安全起见,将原随机选择抽芯桩的数量扩大到每根桩都进行抽芯,最后根据这些结果,对发现溶洞的桩进行压力灌浆处理,严重延误工期,投资也增加了不少。

从该工程得出的经验教训是,如果在岩溶地区采用钻孔桩基础,设计人员在施工前应与施工单位一起制定有效的技术措施,以保证施工顺利进行。在成孔施工之前,应采用超前钻并结合其他物探方法查明桩端基岩性状,以应对可能发生的不利情况。在冲击施工中,要勤观察,注意吊绳摆动情况,在击落提锤之际,如果发现钢丝绳始终向一边移动,说明遇到了坚硬斜面岩石,此时宜先用混凝土填实,低锤密击进行纠偏,然后再改为正常冲击;还应注意,如在地下水丰富的地质中进行冲击成孔施工,不得强行抽取孔内地下水,否则易导致塌孔。

5.1.5　人工挖孔桩基础

在岩溶地区采用人工挖孔桩基础应保持十分谨慎的态度,因为岩石裂隙与溶洞大多连通,挖孔桩施工时有些因地下水无法抽干,导致桩挖到一定程度无法施工下去,只能半途而废。且挖桩时抽水易使附近的建筑物及道路下沉,同时还易诱发土洞的迅速形成。另外,在人工成孔的施工过程中,由于可能存在溶洞、土洞,工人一不小心打穿就可能掉下去,或者被溶洞里的流砂或地下水淹没,造成生产安全事故。岩溶地区的人工挖孔桩需要有一桩一孔的详细地质资料,但是由于一个钻孔的面积太小,不足以代表一根桩的地质情况,所以施工难度较大。采用人工挖孔桩基础时,设计人员应提醒施工单位注意不要多桩同时抽水,桩入岩时应各个击破,尽量将岩面裂隙封堵,减少裂隙连通。

5.1.6　夯扩桩基础

夯扩桩是在沉管灌注桩的基础上,桩端混凝土经过锤击夯扩形成扩大头来达到提高桩端阻力和桩承载力的一种新型扩底桩。桩由上部桩身和下部复合载体组成,桩身为钢筋混凝土结构,复合载体是避软就硬,以碎砖、碎石、混凝土块等为填充料,在持力层内夯扩加固挤密形成的挤密实体。因为夯点在深层土内,土体能充分吸收强大的夯击能,使桩端土体密度显著增大,从而大大提高了桩端土的承载力。

当洞深深较浅时,可用重锤击穿洞顶板,以填料填实洞穴,并且在夯击过程中,可即时对土洞进行充填处理,不会危及地面安全。夯击到岩面时,由于强大的夯击能,实际上也是对岩顶板进行强度及稳定性检验。若洞穴埋深较大或顶板较厚,可在洞穴顶板以上适当位置制造有一定厚度的持力层跨越洞穴。

5.1.7　桩筏基础

岩溶土层上通常有一定厚度的覆土层,桩筏基础是使桩端与岩溶地层保持一定距离,因而可使底部筏板落在承载力较好的土层上,使桩与筏板共同承担上部结构荷载。桩筏的共同作用有利于基础差异沉降控制和满足承载力要求,其结构高度可高于复合地基基础结构物。筏板刚度较大,能跨越地下浅层小洞穴和局部软弱层,因而具有良好的整体性,避免桩基因桩端持力层存在溶洞、裂隙等缺陷而给上部结构带来危害,同时因它不直接接触岩溶地层,故可克服预制桩、钻(冲)孔灌注桩和人工挖孔灌注桩的缺点。虽然桩筏基础具有承载力高、整体性好、沉降量小、工期短、投资省等优点,但在岩溶地区的应用尚不多见,其主要原因是桩筏基础中桩-土-筏共同作用机理非常复杂,设计难度相对较大,设计人员较少采用。但从概念和理论上讲,针对岩溶地区复杂的地质状况,若建筑物层数较多,荷载较大,则桩筏基础仍是一种技术先进和安全可靠的基础类型。

工程实例:

广州市江高镇某工程,两栋地下3层,地上22层商住楼,设计上采用桩筏基础,桩采用内击沉管扩底桩,桩长控制在地面以下14.5m左右。在夯打桩端扩大头之前,先进行桩端夯击置换加固,对土洞、薄顶板溶洞重锤击穿,填充碎石并夯挤压实,在14.5m以下形成一个厚约5m的密实至中密状态的砾石、砾砂、黏土复合地基持力"硬壳层",跨越整个场区,然后在其上投入干硬性混凝土,夯打桩身扩大头,施工桩身。事后对桩进行了动测及静载试验,试桩结果良好。因此我们认为在岩溶地区,这种桩型有着较大的优越性,值得推广。

5.2　岩溶地基高层建筑基础选型影响因素

岩溶地基高层建筑基础选型是基础设计的第一步,也是高层建筑基础设计的关键。因此,合理选择基础类型是必不可少的一个重要环节。结合上部结构特征和岩溶特殊地质条件等因素合理选择基础类型,对提高结构可靠性,降低工程造价,具有非常重要的意义。岩溶地基高层建筑基础选型涉及的因素众多,包括建筑场地的水文地质条件、建筑物的使用要求、上部结构体系类型、荷载特点、施工技术条件、周围的环境要求、造价、工期等,综合考虑这些因素,不仅要具备深厚的理论基础,还要有长期的工程经验。岩溶地基高层建筑的基础选型复杂,一般情况下,综合不同的侧重点,基础选型时应主要考虑以下几个因素[3],见图5-1。

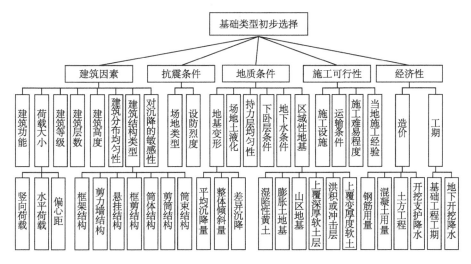

图 5-1　高层建筑基础选型的影响因素

(1)建筑因素:高层建筑的上部结构资料对基础选型的影响大,且从多个角度影响基础的选型,主要包括建筑功能、荷载大小、建筑等级、建筑高度、建筑层数、建筑分布均匀性、建筑的结构类型以及对沉降的敏感性等。

(2)抗震条件:高层建筑需要根据建筑场地的类型及设防烈度选出合适的基础类型。

(3)地质条件:高层建筑在进行基础选型时,要充分考虑建筑所在地的地质条件,包括持力层的情况和穿越土层的情况,通过地质勘探分析场地内的场地土液化、持力层的均匀性、地下水条件、是否存在区域性地基及地基变形等。

(4)施工可行性:施工队高层建筑基础选型主要的影响主要体现在以下两方面,一方面是要考虑施工对周围建筑物的影响,即由于施工产生的对周边环境的振动和施工过程中空间的大小;另一方面是要考虑施工的设备、运输情况、施工的复杂程度以及结合当地的施工经验。

(5)经济性:高层建筑的基础工程造价要占整个工程造价的25% ~40% ,在高层建筑基础选型过程中,经济性是要优先要考虑的,要通过对设计方案进行全面的经济技术论证,多种方案对比,在造价与工期中综合考虑,得出最具经济效益的基础形式。

5.3　岩溶地基高层建筑选型基本原则及要求

岩溶地质形成的时代久远,不良地质作用较发育,地质条件复杂,基岩面起伏大,由于地质的复杂性和现有勘察手段的局限性,很难对场地内的溶洞洞等地质现象做出准确和详细的了解,因此建筑物的选址范围应尽可能避开岩溶地质复杂,且对场地稳定性有直接危害或潜在威胁的地段。但当必须面对复杂且有害的岩溶地质条件时,基础选型直接关系到工程的安全、成本高低和顺利与否,提出合理、经济的适合岩溶地质的基础选型方法和发展出成熟可靠的适应岩溶地质的基础形式具有重大的技术价值和经济意义。面对和处理岩溶地质的复杂性和危害性,结合起来可以从岩溶的特点出发,按以下原则解决岩溶地区基础选型设计所遇到的问题:

(1)当岩溶埋藏较深时,考虑回避;当岩溶中埋时,考虑采用合适的基础选型分散地质风险;当岩溶浅埋时,则需要直接消除岩溶地质带来的危害。

(2)根据岩溶地质地下水通常很丰富的特点,首选不必降水的基础方案。考虑到岩溶地质土洞的存在,应采取能避免浇捣时混凝土流失的基础形式和施工方案。

(3)由于下卧岩溶的复杂性,采用桩基处理时选择能发挥桩侧阻力的桩型,提高桩土共同作用的能力;或者考虑如何消除桩端持力层地质的复杂性,提高桩端承载力。

(4)考虑复合多个桩型的施工工艺来寻求一种适合岩溶地质条件的桩型。

(5)为回避地质条件的复杂性,桩基检测应简单直接。

5.3.1 回避岩溶地质危害的基础选型

如果岩溶地质埋藏较深,上覆土层具有足够的承载力,或经过处理能达到建筑物的承载要求,或具有某种可以利用的潜质,就可以回避岩溶地质危害,使基础不触及岩溶。此时,如场地中有土洞存在,可根据土洞的埋深和发育程度及场地的稳定性,通过挖填灌砂或用整体基础跨越,也可以用大能量强夯来夯塌土洞,改善地基性能。

如上部结构承载要求不大时,可以考虑采用浅基础,但必须注意场地内土洞的处理和土洞的发育速度以及场地的稳定性;天然基础不能满足或土洞较发育时,考虑地基处理,如强夯复合地基等;多层建筑可采用夯扩桩和深层搅拌法复合地基,也可以采用预制桩;高层建筑可采用 CFG 桩或预应力管桩等,或形成桩筏。重点在于如何充分利用上覆土层的潜力,尽可能降低基础工程造价。对于桩来说,由于岩溶的存在,端承力不好利用,必须充分挖掘桩侧阻力,关键是在不触及岩溶的情况下选择合适的桩型,得到最大的经济效果。不管是浅基础还是桩基础,为提高上覆土层的性能,都可以通过强夯或砂桩等地基处理手段来增强场地的稳定,消除土洞等地质危害,从而获得较大的地基承载力或桩侧阻力。

除目前广泛应用的 CFG 桩和预应力管桩等较成熟的成本较低的桩型以外,如有机会可在岩溶地区使用推广程度稍差的竹节桩、挤扩多支盘桩、载体桩等。对于缺少黏性土的场地,竹节桩、挤扩多支盘桩更能发挥桩侧阻力。特别是竹节桩,在岩溶地区使用效果可能会更好。

工程案例:

深圳市龙岗区爱地花园二期[5]首次将预应力管桩应用于岩溶地质,是回避岩溶地质的成功案例。该工程位于深圳龙岗区,二期为 7 栋 18 层塔式住宅,总建筑面积为 15 ~ 16 万 m²。地质报告揭示:所在场地存在大量溶洞,成串珠状,溶洞能见率 53.6%,线岩溶率

16.6%。溶洞大部分充填软塑或含砾粉质黏土,大部分孔漏水、漏浆,表明与外界有水力联系或溶洞之间相互连通。地质报告建议桩基采用冲(钻)孔灌注桩,以完整微风化大理岩为桩端持力层。为避免桩端置于微薄的溶岩顶板上,建议进行超前钻探。在对地质条件进行评估后,基础改用预应力管桩,不触及基岩面,为纯摩擦桩,可更好地发挥桩、土及底板的共同作用。施工中采用复压方式了解场地黏土对桩承载力的时效性,确定合适的桩长和沉桩压力,在达到承载力的前提下控制桩长,既保证工程质量又降低成本。爱地花园施工完毕后,各项指标已满足质检部门的要求,初步估算节省超过1000万元投资,并大大缩短了施工工期。

5.3.2　分散岩溶地质风险的基础选型

当复杂地质无法回避时,应尽可能分散其危害性。当岩溶埋藏不足够深或上覆土层没有足够的承载力时,只能采用桩基。为防止桩的局部失效,应采用低承载力桩加筏板的基础方案。

工程案例1:

盛龙花园二期[6]桩基工程就是分散岩溶地质风险的成功案例。盛龙花园位于深圳龙岗区龙翔大道东北侧,二期为14栋17~30层塔楼,1层地下室。地质报告揭示场地岩溶较发育,有大小、形状不等的溶洞,溶洞呈串珠状,充填软塑状黏性土;地下水丰富,基岩埋藏大多在10m以内;上覆土层厚薄不均,岩面起伏很大,倾斜陡峭。试桩表明,机械冲孔桩和人工挖孔桩不适合该场地的地质环境,最终改为低承载力的预应力管桩加筏板。

工程案例2:

云南[7]某岩溶地区一栋6层框架结构中的应用夯扩载体桩,通过柱形锤夯击消除溶洞的危害,遇到溶洞时填建筑垃圾夯实,成本低廉。载体桩由柱形锤在护筒内夯击成孔,施工时不需要降水,可以解决岩溶地区地下水丰富的难题。该工程单桩承载力为1100kN,推断采用载体桩形成桩筏能满足一般高层建筑的承载要求。用建筑垃圾夯实桩底,也可以避免灌注桩浇筑时混凝土的流失。

工程案例3:

天津市东丽区天津空港物流加工区[8],通过采用预应力管桩作为复合载体桩桩身来保证桩身质量和承载力的方法也可应用于岩溶地区,该桩型能显著提高桩基承载力,同时大大降低基础沉降量。

5.3.3　消除岩溶地质危害的基础选型

当岩溶裸露时,对于承载要求不大的多层建筑,可直接对岩溶地质进行处理,对不稳定的岩溶进行爆破、清理、换填和填塞。

对于承载要求较高的高层建筑采用嵌岩桩,是长期以来岩溶地区惯用的基础设计方法,但在施工中常常会引起邻近道路沉降以及桩基施工后的抽芯检测中仍然发现桩底有溶洞。

钻(冲)孔桩是在岩溶地区高层建筑中应用最为广泛的一种桩型,但在施工中也存在一定的问题。例如,桩护壁的混凝土浇筑因受地下水流动的影响,质量得不到保证;岩面倾斜陡峭、冲孔入岩深度难判断;溶洞分布密集,桩端下的抽芯检测合格率无法得到保证等。在较多溶岩浅埋地区的工程中,冲(钻)孔桩与挖孔桩相结合是较常见的一种做法。

5.4 岩溶地基高层建筑基础常用型式适用条件

岩溶地基高层建筑因为岩溶地基自身的复杂性,在基础选型中需要更加注意地基稳定性问题,高层建筑与一般中低层建筑在地基基础方面相比主要特点[1]如下:

(1)工程造价比较高,基础方案的选择需要更准确可靠的工程地质勘察资料和更全面深入的分析比较,才能做出既符合安全质量要求,又经济合理的地基评价和设计处理方案。

(2)对地基的承载力要求比较高,除了垂直荷载比较大以外,还需要考虑水平风力和地震力的稳定性。

(3)对不均匀沉降比较敏感,受压深度比较深,需要更确切的变形指标和计算方法。

(4)基础埋深或要求处理地基的深度比较深,与现有施工条件及设备、材料的关系比较密切。

5.4.1 十字交叉基础

当高层建筑上部结构的柱子传来的荷载较大而单独基础或柱下条形基础均不能满足地基承载力要求时,可在柱网下纵横两向设置钢筋混凝土条形基础,这样就形成了如图 5-2 所示的十字交叉条形基础。这种结构比单独基础的整体刚度好,有利于荷载分布。

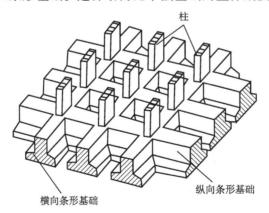

图5-2 十字交叉条形基础

十字交叉条形基础主要适用于下列三种情况[10]：①上部结构为框架-剪力墙结构、地基条件较好、无地下室时；②上部结构为框架或剪力墙结构、地基较差、荷载较大、无地下室时；③上部结构为框架-剪力墙结构、无特殊防水要求、有地下室、地基较好、荷载及开间分布比较均匀时。

5.4.2　筏形基础

若上部结构传来的荷载很大，十字交叉条形基础还不能够提供足够的底面积，可将条形基础的底面积扩大为整板基础，简称筏板基础。采用筏板基础不仅能使地基土单位面积的压力减小，而且提高了地基土的承载能力，增强了基础的整体性，并可以减少高层建筑的不均匀沉降。所以，采用筏板基础能使地基土的承载力随着基础埋深和宽度的增加而增大，而基础的沉降则随着基础埋深的增加而减少。

通常的筏板基础是一块等厚度的钢筋混凝土平板，称为平板式筏板基础，一般厚度为 $1.0\sim2.5\mathrm{m}$（图 5-3(a)）。当柱荷载较大时，可以加大柱下面的基础板厚度，使其能承受相应的剪力和负弯矩（图 5-3(b)），也可以设计成墩板式基础（图 5-3(c)）。如果柱距太大和柱荷载差产生较大的弯曲应力，则可沿柱轴线采用加厚的基础板肋带（图 5-3(d)），成格型梁板式刚性结构，或者使基础板与地下室墙组成刚架。

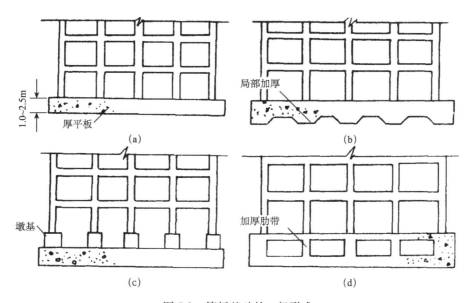

图 5-3　筏板基础的一般形式

筏形基础以其成片覆盖于建筑物地基的较大面积和完整的平面连续性为明显特点，它不仅易于满足软弱地基承载力的要求，减少地基的附加应力和不均匀沉降，还具有其他基础不具备的功能，例如，能跨越地下浅层小洞穴和局部软弱层；提供地下比较宽敞的使用空间；作为水池、油库等的防渗底板；增强建筑物的整体抗震性能；能适应位于其上的工艺连续作业和设备重新布置的要求；有地下室或架空地板的筏基还具有一定的补偿性。

5.4.3 箱形基础

当高层建筑的上部结构荷载较大,底层墙柱间距过大,地基承载能力相对较低,采用筏板基础不能满足要求时,可采用箱形基础。箱形基础是由钢筋混凝土底板、顶板和纵横交错的隔墙组成的一个空间的整体结构(图5-4),这样基础自身刚度很大,可以减少高层建筑的不均匀沉降,同时还可以被利用作为地下室。

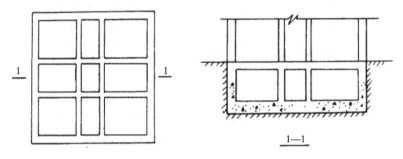

图5-4　箱形基础

箱形基础大部分为补偿式基础,即在设计中,使建筑物的重量约等于由建筑位置移去的土总重(包括地下水位中的水重)。图5-5(a)表示开挖前水平的地面,地下水位在地面下距离为 h_1 处,图5-5(b)表示基础开挖基坑至 h_2 的深度,此处 $h_2 > h_1$,而图5-5(c)表示建造高层建筑后已将基坑全部充满。如果建筑物的重量等于由基坑中移去的土和水

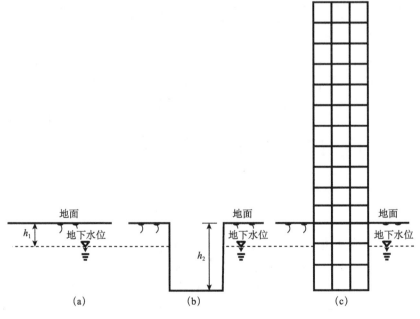

图5-5　补偿式基础

的重量,显然,在深度 h_2 以下土中的总竖向压力相同。基础的沉降是由地基有效压力的增加而发生的,如果地基有效压力不变,则建筑物不会沉降。即补偿式基础的原理为移去土的重量与施加的建筑物重量基本平衡,其结果是建筑物的沉降很小。

高层建筑中的箱形基础,根据基底的实际平均压力大小可分为全补偿式基础(基底的实际平均压力等于基底土原有的自重压力)和欠补偿式基础,亦称部分补偿式基础(基础底面的实际平均压力大于基底土原有的自重压力)。箱形基础适用于软弱地基上的高层、重型或对不均匀沉降有严格要求的建筑物。箱基宽阔的基础底面使地基受力层范围大大扩大,较大的埋置深度($d > 3\mathrm{m}$)和中空的结构形式使挖卸去的土重抵偿了上部结构部分传来的荷载在地基中引起的附加应力(补偿效应)。所以,与一般的基础相比,它能显著提高地基稳定性、降低基础沉降量。箱基具有比筏板基础大得多的空间刚度,用以抵抗地基或荷载分布不均匀引起的差异沉降和跨越不太大的地下洞穴,而建筑却只发生大致均匀的下沉或不大的整体倾斜,而不引起上部结构中过大的次应力。

5.4.4　桩基础

桩基础是高层建筑常用的基础形式,具有承载能力大,能抵御复杂荷载以及能良好地适应各种地质条件的优点,尤其是对于软弱地基上的高层建筑,桩基础是最理想的基础形式之一。一般桩基础可选用预制钢筋混凝土桩、灌注桩和钢管桩等。具体选择时应结合岩溶地基情况、上部结构类型、荷载的大小、施工单位的打桩设备和技术条件、建筑场地的环境等因素,通过技术经济综合分析后决定。常用的桩基础支承形式按桩的传力及作用性质可分为端承桩、摩擦桩基础(图 5-6)。端承桩主要靠桩端的支承力起作用;而摩擦桩则主要靠桩与土的摩擦力来支承。

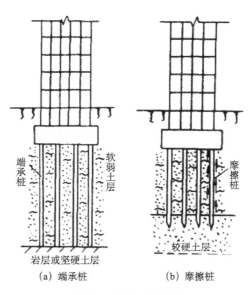

(a)端承桩　　　　　　　(b)摩擦桩

图 5-6　桩的支撑形式

　　桩基础适用条件如下:①不允许地基有过大沉降和不均匀沉降的高层建筑或其他主要的建筑物;②重型工业厂房和荷载很大的建筑物,如仓库、料仓等;③软弱地基或某些特殊性土的各类永久性建筑;④作用有较大水平力和力矩的高耸结构物(如烟囱、水塔等);⑤地下水位或地表水位较高,施工排水困难时;⑥需要减弱其动力影响的动力机器基础或以桩基作为地震区建筑物的抗震措施。桩基础具有承载力高、稳定性好、沉降稳定快、沉降量小的特点,可以抵抗上拔力和水平力,同时又是抗震液化的主要手段,它不仅能适用于机械化施工,而且能适应各种复杂地质条件。当地基上部软弱而在桩端可达的深度处埋藏有坚实地层时,最宜采用桩基。

　　当受地质条件限制,单桩承载力不很高,而不得不满堂布桩或局部满堂布桩才足以支承建筑荷载时,常通过整块钢筋混凝土板把柱墙(筒)集中荷载分配给柱,这类基础为桩筏基础。筏可做成梁板式或平板式。桩筏基础主要适用于软土地基上的筒体结构、框剪结构和剪力墙结构,以便借助于高层建筑的巨大刚度来弥补基础刚度的不足。

　　桩箱基础是由具有底、顶板、外墙和若干纵横内隔墙构成的箱形结构把上部荷载传递给桩的基础形式。由于箱体刚度很大,具有调整各柱受力和沉降的良好性能,因此,在软弱地基上建造高层建筑时较多地采用桩箱基础。它适用于包括框架在内的任何结构形式。桩箱基础是一种可以在任何适用于桩基的地质条件下建造任何结构形式的高层建筑的"万能式桩基"。但是桩箱基础是各种桩基中最贵的。迄今为止,对桩-箱基础的设计计算,尚无统一、完整的计算方法。

第6章 岩溶区高层建筑地基基础设计方法

6.1 岩溶区地基基础设计内容

基础设计在岩溶地区进行基础设计时,除了要保证基础本身具有足够的强度和稳定性以支承上部结构外,同时要确保地基的强度、稳定性以及变形满足要求。满足设计要求的方案可能不止一个,需根据技术经济指标以及施工条件等各方面因素进行比较,从而确定最为合理的方案。在岩溶地区基础设计之前,必须调查清楚场地的工程地质和水文地质条件,对岩土工程勘察报告进行全面、深入的分析研究,查明岩溶以及土洞的分布、形态、埋深等发育特征;同时要对建筑物的功能与使用要求、结构类型及特点等进行全面了解。

在岩溶地区进行基础设计时,需要掌握的资料包括:地基基础设计等级;建造基础所用的材料以及基础的结构形式;基础的埋置深度;岩溶地基土的承载力;基础的形状和布置,以及与相邻基础和地下构筑物、地下管道的关系;上部结构的类型、使用要求及其对不均匀沉降的敏感度;施工期限、施工方法以及所需的施工设备等;若在地震区还应考虑地基与基础的抗震。

大部分情况下岩溶地区的天然地基满足不了承载力要求,需使用加固后的复合地基,其基础设计步骤为:选择基础材料和构造类型;确定基础的埋置深度;确定岩溶区复合地基承载力;按地基承载力确定基础底面的初步尺寸,当压缩层范围内有岩溶或土洞时,还应确定其顶板的承载力;根据规范要求和建筑物的具体条件确定是否进行地基变形验算;对建在斜坡上或者有水平荷载作用的建筑物,验算其抗倾覆及抗滑移稳定性;按基础材料强度确定基础剖面形状、各部分尺寸;绘制基础施工图。

6.2 岩溶地基浅基础设计

按基础的受力性能分,浅基础可分为无筋扩展基础和钢筋混凝土扩展基础;按基础的构造及形式分,浅基础又分为独立基础、条形基础、十字交叉基础、筏形基础、箱形基础等。

6.2.1 无筋扩展基础

设计墙下条形基础和柱下独立基础未采用钢筋时,称之为无筋扩展基础。在岩溶地

区,无筋扩展基础高度应满足下式的要求:

$$H_0 \geqslant \frac{b - b_0}{2\tan\alpha} \tag{6-1}$$

式中,b 为基础底面宽度(m);b_0 为基础顶面的墙体宽度或柱脚宽度(m);H_0 为基础高度(m);$\tan\alpha$ 为基础台阶宽高比 $b_2:H_0$,其允许值可按表 6-1 选用;b_2 为基础台阶宽度(m)。

表 6-1　无筋扩展基础台阶宽高比的允许值

基础名称	质量要求	台阶宽高比的允许值		
		$p_k \leqslant 100$	$100 < p_k \leqslant 200$	$200 < p_k \leqslant 300$
混凝土基础	C15 混凝土	1:1.00	1:1.00	1:1.25
毛石混凝土基础	C15 混凝土	1:1.00	1:1.25	1:1.50
砖基础	砖不低于 MU10、砂浆不低于 M5	1:1.50	1:1.50	1:1.50
毛石基础	砂浆不低于 M5	1:1.25	1:1.50	—
灰土基础	体积比为 3:7 或 2:8 的灰土,其最小干密度: 粉土 1550kg/m³ 粉质黏土 1500kg/m³ 黏土 1450kg/m³	1:1.25	1:1.50	—
三合土基础	体积比 1:2:4 ~ 1:3:6(石灰:砂:骨料),每层约虚铺 220mm,夯至 150mm	1:1.50	1:2.00	—

注:1. p_k 为作用标准组合时的基础底面处的平均压力值(kPa);2. 阶梯形毛石基础的每阶伸出宽度,不宜大于 200mm;3. 当基础由不同材料叠合组成时,应对接触部分作抗压验算;4. 混凝土基础单侧扩展范围内基础底面处的平均压力值超过 300kPa 时,尚应进行抗剪验算;对基底反力集中于立柱附近的岩石地基,应进行局部受压承载力验算。

采用无筋扩展基础的钢筋混凝土柱,其柱脚高度为 h_1(图 6-1)。应满足三个条件:①不得小于 b_1;②不应小于 300mm;③不小于 $20d$。当柱纵向钢筋在柱脚内的竖向锚固长度不满足锚固要求时,可沿水平方向弯折,弯折后的水平锚固长度不应小于 $10d$ 同时也不应大于 $20d$。

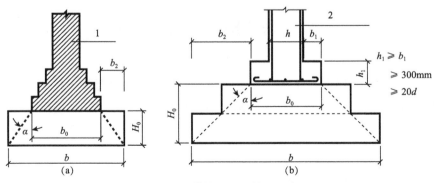

图 6-1　无筋扩展基础构造示意

d. 柱中纵向钢筋直径;1. 承重墙;2. 钢筋混凝土柱

6.2.2 扩展基础

1. 扩展基础构造要求

锥形基础的边缘高度不宜小于200mm,且两个方向的坡度不宜大于1:3;阶梯形基础的每阶高度,宜为300~500mm。

垫层的厚度不宜小于70mm,垫层混凝土强度等级不宜低于C10。

扩展基础受力钢筋最小配筋率不应小于0.15%,底板受力钢筋的最小直径不宜小于10mm,间距不宜大于200mm,也不宜小于100mm。墙下钢筋混凝土条形基础纵向分布钢筋的直径不宜小于8mm;间距不宜大于300mm;每延米分布钢筋的面积应不小于受力钢筋面积的15%。当有垫层时,钢筋保护层的厚度不应小于40mm;无垫层时,不应小于70mm。

混凝土强度等级不应低于C20。

当柱下钢筋混凝土独立基础的边长和墙下钢筋混凝土条形基础的宽度大于或等于2.5m时,底板受力钢筋的长度可取边长或宽度的0.9倍,并宜交错布置(图6-2)。

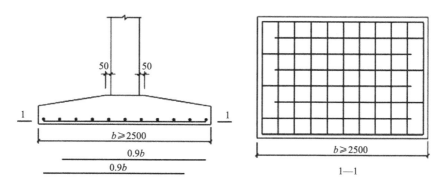

图6-2 柱下独立基础底板受力钢筋布置

钢筋混凝土条形基础底板在T形及十字形交接处,底板横向受力钢筋仅沿一个主要受力方向通长布置,另一方向的横向受力钢筋可布置到主要受力方向底板宽度1/4处(图6-3)。在拐角处底板横向受力钢筋应沿两个方向布置(图6-3)。

2. 钢筋锚固长度要求

钢筋混凝土柱和剪力墙纵向受力钢筋在基础内的锚固长度(l_a)应根据现行国家标准《混凝土结构设计规范》GB 50010 有关规定确定。

抗震设防烈度为6度、7度、8度和9度地区的建筑工程,纵向受力钢筋的抗震锚固长度(l_{aE})应按以下各式计算:

一、二级抗震等级纵向受力钢筋的抗震锚固长度(l_{aE})应按式(6-2)计算;三级抗震等级纵向受力钢筋的抗震锚固长度(l_{aE})应按式(6-3)计算;四级抗震等级纵向受力钢筋的抗震锚固长度(l_{aE})应按式(6-4)计算。

$$l_{aE} = 1.15l_a \tag{6-2}$$

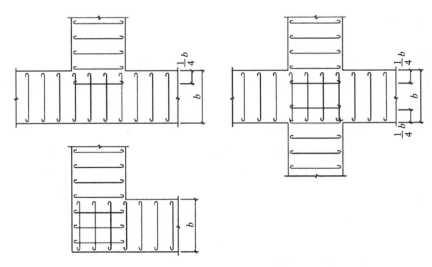

图 6-3 墙下条形基础纵横交叉处底板受力钢筋布置

$$l_{aE} = 1.05l_a \tag{6-3}$$

$$l_{aE} = l_a \tag{6-4}$$

式中, l_a 为纵向受拉钢筋的锚固长度(m)。

当基础高度小于 l_a (l_{aE})时,纵向受力钢筋的锚固总长度除符合上述要求外,其最小直锚段的长度不应小于 $20d$,弯折段的长度不应小于 150mm。

3. 扩展基础设计计算

1)抗冲切验算

对柱下独立基础,当冲切破坏锥体落在基础底面以内时,应验算柱与基础交接处以及基础变阶处的受冲切承载力。柱下独立基础的受冲切承载力应按式(6-5)～式(6-7)验算:

$$F_1 \leqslant 0.7\beta_{hp}f_t a_m h_0 \tag{6-5}$$

$$\alpha_m = (\alpha_t + \alpha_b)/2 \tag{6-6}$$

$$F_1 = p_j A_1 \tag{6-7}$$

式中, β_{hp} 为受冲切承载力截面高度影响系数,当 $h \leqslant 800$mm 时, β_{hp} 取 1.0;当 $h \geqslant 2000$mm 时, β_{hp} 取 0.9,其间按线性内插法取用; f_t 为混凝土轴心抗拉强度设计值(kPa); h_0 为基础冲切破坏锥体的有效高度(m); α_m 为冲切破坏锥体最不利一侧计算长度(m); α_t 为冲切破坏锥体最不利一侧斜截面的上边长(m),当计算柱与基础交接处的受冲切承载力时,取柱宽;当计算基础变阶处的受冲切承载力时,取上阶宽; α_b 为冲切破坏锥体最不利一侧斜截面在基础底面积范围内的下边长(m),当冲切破坏锥体的底面落在基础底面以内(图 6-4),计算柱与基础交接处的受冲切承载力时,取柱宽加 2 倍基础有效高度;当计算基础变阶处的受冲切承载力时,取上阶宽加 2 倍该处的基础有效高度; p_j 为扣除基础自重及其上土重后相应于作用的基本组合时的地基土单位面积净反力(kPa),对偏心受压基础可取基础边缘处最大地基土单位面积净反力; A_1 为冲切验算时取用的部分基底面积(m^2)(图6-4中的阴影面积 $ABCDEF$);F_1为相应于作用的基本组合时作用在 A_1 上的地基土净反力设计值(kPa)。

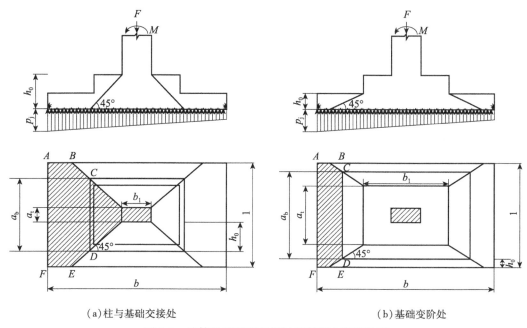

(a)柱与基础交接处　　　　　　　　　　(b)基础变阶处

图6-4　计算阶形基础的受冲切承载力截面位置

1. 冲切破坏锥体最不利一侧的斜截面;2. 冲切破坏锥体的底面线

2)受剪切承载力验算

对基础底面短边尺寸小于或等于柱宽加2倍基础有效高度的柱下独立基础,以及墙下条形基础,应验算柱(墙)与基础交接处的基础受剪切承载力。

对于柱下独立基础,应按式(6-8)、式(6-9)验算柱与基础交接处截面受剪承载力:

$$V_s \leqslant 0.7\beta_{hs}f_tA_0 \tag{6-8}$$

$$\beta_{hs} = (800/h_0)1/4 \tag{6-9}$$

式中,V_s 为柱与基础交接处的剪力设计值(kN),图6-5中的阴影面积乘以基底平均净反力;β_{hs} 为受剪切承载力截面高度影响系数,当 $h_0 < 800\text{mm}$ 时,取 $h_0 = 800\text{mm}$;当 $h_0 > 2000\text{mm}$ 时,取 $h_0 = 2000\text{mm}$;A_0 为验算截面处基础的有效截面面积(m^2)。当验算截面为阶形或锥形时,可将其截面折算成矩形截面,截面的折算宽度和截面的有效高度按规范要求计算。

岩溶地区墙下条形基础底板也应按公式 $V_s \leqslant 0.7\beta_{hs}f_tA_0$ 验算墙与基础底板交接处截面受剪承载力,其中 A_0 为验算截面处基础底板的单位长度垂直截面有效面积,V_s 为墙与基础交接处由基底平均净反力产生的单位长度剪力设计值。

3)基础底板的抗弯及配筋计算

在轴心荷载或单向偏心荷载作用下,当台阶的宽高比小于或等于2.5和偏心距小于或等于1/6基础宽度时,柱下矩形独立基础任意截面的底板弯矩可按简化方法进行

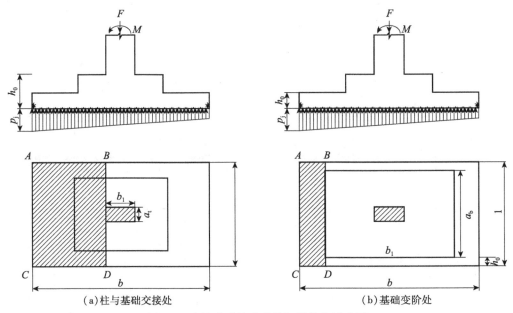

（a）柱与基础交接处　　　　　　　　　　（b）基础变阶处

图 6-5　验算阶形基础受剪切承载力示意图

计算：

$$M_{\text{I}} = \frac{1}{12}a_1^2\left[\left(2l + a'\right)\left(p_{\max} + p - \frac{2G}{A}\right) + \left(p_{\max} - p\right)l\right] \tag{6-10}$$

$$M_{\text{II}} = \frac{1}{48}\left(l - a'\right)^2\left(2b + b'\right)\left(p_{\max} + p_{\min} - \frac{2G}{A}\right) \tag{6-11}$$

式中，M_{I}、M_{II} 为任意截面Ⅰ-Ⅰ、Ⅱ-Ⅱ处相应于作用的基本组合时的弯矩设计值（kN·m）；α_1 为任意截面Ⅰ-Ⅰ至基底边缘最大反力处的距离（m）；l、b 为基础底面的边长（m）；$p_{\max}$，$p_{\min}$ 为相应于作用的基本组合时的基础底面边缘最大和最小地基反力设计值（kPa）；p 为相应于作用的基本组合时在任意截面Ⅰ-Ⅰ处基础底面地基反力设计值（kPa）；G 为考虑作用分项系数的基础自重及其上的土自重（kN）；当组合值由永久作用控制时，作用分项系数可取 1.35。

　　岩溶地区墙下条形基础（图 6-6）任意截面每延米宽度的弯矩，可按下式进行计算：

$$M_{\text{I}} = \frac{1}{6}a_1^2\left(2p_{\max} + p - \frac{3G}{A}\right) \tag{6-12}$$

其最大弯矩截面的位置，当墙体材料为混凝土时，取 $a_1 = b_1$；如为砖墙且放脚不大于 1/4 砖长时，取 $a_1 = b_1 + 1/4$ 砖长。

　　墙下条形基础底板每延米宽度的配筋需满足计算和最小配筋率要求。

　　当基础的混凝土强度等级小于柱的混凝土强度等级时，尚应验算柱下基础顶面的局部受压承载力。

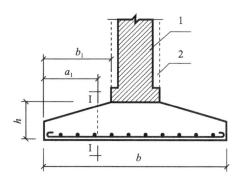

图 6-6　墙下条形基础的计算示意图
1. 砖墙；2. 混凝土墙

6.2.3　柱下条形基础

1. 构造要求

柱下条形基础梁的高度宜为柱距的 1/4～1/8。翼板厚度不应小于 200mm。当翼板厚度大于 250mm 时，宜采用变厚度翼板，其顶面坡度宜小于或等于 1∶3。

条形基础的端部宜向外伸出，其长度宜为第一跨距的 0.25 倍。

现浇柱与条形基础梁的交接处，基础梁的平面尺寸应大于柱的平面尺寸，且柱的边缘至基础梁边缘的距离不得小于 50mm。

条形基础梁顶部和底部的纵向受力钢筋除应满足计算要求外，顶部钢筋应按计算配筋全部贯通，底部通长钢筋不应少于底部受力钢筋截面总面积的 1/3。

柱下条形基础的混凝土强度等级，不应低于 C20。

2. 设计计算

在比较均匀的地基上，上部结构刚度较好，荷载分布较均匀，且条形基础梁的高度不小于 1/6 柱距时，地基反力可按直线分布，条形基础梁的内力可按连续梁计算，此时边跨跨中弯矩及第一内支座的弯矩值宜乘以 1.2 的系数；否则，宜按弹性地基梁计算。

对交叉条形基础，交点上的柱荷载可按静力平衡条件及变形协调条件进行分配。

应验算柱边缘处基础梁的受剪承载力；当存在扭矩时，尚应作抗扭计算；当条形基础的混凝土强度等级小于柱的混凝土强度等级时，应验算柱下条形基础梁顶面的局部受压承载力。

倒梁法简介：

在条形基础的结构设计中，由于计算基础内力涉及上部结构、基础和地基性状及它们之间的相互作用，此外还与荷载的大小与分布有关，因此十分复杂。实际工程设计计算均根据不同的情况与需要作了适当的简化，倒梁法是柱下条形基础设计计算常用的简化计算方法。所谓"倒梁"系指柱与基础梁的结点用梁下铰支座代替，基底反力视为作用于基础梁上的荷载，并初始假设为线性分布，所以计算简图与一般连续梁没有区别。

倒梁法把柱子看成基础梁的不动支座,即认为上部结构是绝对刚性的。由于计算中不涉及变形,不能满足变形协调条件,因此计算结果存在一定误差。经验表明,倒梁法较适用于地基比较均匀,上部结构刚度较好,荷载分布较均匀,且条形基础梁的高度大于1/6柱距的情况。由于实际建筑物多发生盆形沉降,柱荷载和地基反力重新分布,端柱和端地基反力均增大。处理方法是此时边跨跨中弯矩及第一内支座弯矩值乘以系数1.2。

计算内容与基本公式:

① 根据初步选定的柱下条形基础尺寸和作用荷载,确定计算简图。

② 按刚性梁基底反力线性分布进行计算。首先求出作用荷载的合力和重力作用点,然后按式(6-13)或式(6-14)进行计算。

$$P_k = \frac{\sum\limits_{i=1}^{n} F_{ki} + G_k}{bl} \leqslant f_a \tag{6-13}$$

$$\begin{array}{c} P_{kmax} \\ P_{kmin} \end{array} = \frac{\sum\limits_{i=1}^{n} F_{ki} + G_k}{bl}(1 \pm 6e/l) \tag{6-14}$$

式中,P_k 为均布地基反力标准值,kN/m^2;F_{ki} 为上部结构传至基础顶面的竖向力标准值,kN;G_k 为基础和回填土自重标准值,kN;b、l 为基础的宽度和长度,m;f_a 为修正后的地基承载力特征值,kN/m^2。

③ 用弯矩分配法计算弯矩和剪力(计算过程可参考各出版社出版的结构力学教材)。

④ 调整不平衡力:由于上述假定不能满足支座处静力平衡条件,因此应通过逐次调整消除不平衡力。

首先由支座处柱荷载 F_i 和支座处净反力 P_i,求出不平衡力 ΔP_i。

$$\Delta P_i = F_i - P_i \tag{6-15}$$

$$\Delta P_i = V_{i左} - V_{i右} \tag{6-16}$$

其次,将各支座不平衡力均匀分布在相邻两跨的各1/3跨度范围内。

⑤ 继续用弯矩分配法计算内力,重复步骤④,直条不平衡力在计算容许精度范围内,一般不超过荷载的20%,在实际计算中一般调整一次即可满足精度要求。

⑥ 将逐次计算结果叠加,得到最终内力分布。

6.2.4 筏形基础

筏形基础可分为平板式筏基和梁板式筏基,平板式筏基有等厚筏形基础、局部加厚筏形基础及变厚度筏形基础(在核心筒及周边一定范围内加厚)等几种形式,具有基础刚度大、受力较均匀、筏板钢筋布置较简单等特点。梁板式筏基由肋梁(地基梁)和基础筏板组成,和平板式筏基相比,其混凝土用量明显减小。筏形基础也属于扩展基础的一种,一般用于高层框架、框剪、剪力墙结构或当采用条形基础不能满足地基承载力要求及建筑物要求基础有足够刚度以调节不均匀沉降时。

筏形基础的平面尺寸应根据工程地质条件、上部结构的布置、地下结构底层平面以及荷载分布等因素按规范有关规定确定。对单幢建筑物,在地基土比较均匀的条件下,基底平面形心宜与结构竖向永久荷载重心重合,当它们不能重合时,在作用的准永久组合下,偏心距 e 宜满足

$$e \leqslant 0.1W/A \tag{6-17}$$

式中,W 为与偏心距方向一致的基础底面边缘抵抗矩(m^3);A 为基础底面积(m^2)。

对四周与土层紧密接触带地下室外墙的整体式筏基和箱基,当地基持力层为非密实的土和岩石时,场地类别为Ⅲ类和Ⅳ类,抗震设防烈度为 8 度和 9 度,且当结构基本自振周期处于特征周期的 1.2 ~ 5 倍范围时,按刚性地基假定计算的基底水平地震剪力、倾覆力矩可按设防烈度分别乘以 0.90 和 0.85 的折减系数。

1. 构造要求

筏形基础的混凝土强度等级不应低于 C30,当有地下室时应采用防水混凝土。防水混凝土的抗渗等级应按表 6-2 选用。对重要建筑,宜采用自防水并设置架空排水层。

表 6-2　防水混凝土抗渗等级

埋置深度 d/m	设计抗渗等级	埋置深度 d/m	设计抗渗等级
$d < 10$	P6	$20 \leqslant d < 30$	P10
$10 \leqslant d < 20$	P8	$30 \leqslant d$	P12

采用筏形基础的地下室,钢筋混凝土外墙厚度不应小于 250mm,内墙厚度不宜小于 200mm。墙的截面设计除满足承载力要求外,尚应考虑变形、抗裂及外墙防渗等要求。墙体内应设置双面钢筋,钢筋不宜采用光圆钢筋,水平钢筋的直径不应小于 12mm,竖向钢筋的直径不应小于 10mm,间距不应大于 200mm。

地下室底层柱、剪力墙与梁板式筏基的基础梁连接的构造要求如下:柱、墙的边缘至基础梁边缘的距离不应小于 50mm(图 6-7);当交叉基础梁的宽度小于柱截面的边长时,交叉基础梁连接处应设置八字角,柱角与八字角之间的净距不宜小于 50mm(图 6-7(a));单向基础梁与柱的连接,可按图 6-7(b)、(c);基础梁与剪力墙的连接,可按图 6-7(d)。

2. 设计计算

当地基土比较均匀、地基压缩层范围内无软弱土层或可液化土层、上部结构刚度较好,柱网和荷载较均匀、相邻柱荷载及柱间距的变化不超过 20% ,且梁板式筏基梁的高跨比或平板式筏基板的厚跨比不小于 1/6 时,筏形基础可仅考虑局部弯曲作用。筏形基础的内力,可按基底反力直线分布进行计算,计算时基底反力应扣除底板自重及其上填土的自重。当不满足上述要求时,筏基内力可按弹性地基梁板方法进行分析计算。

按基底反力直线分布计算的梁板式筏基,其基础梁的内力可按连续梁分析,边跨跨中弯矩以及第一内支座的弯矩值宜乘以 1.2 的系数。梁板式筏基的底板和基础梁的配

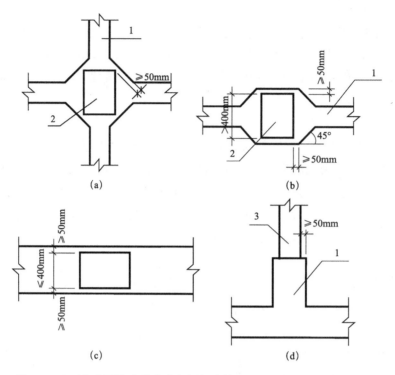

图 6-7　地下室底层柱或剪力墙与梁板式筏基的基础梁连接的构造要求
1. 基础梁；2. 柱；3. 墙

筋除满足计算要求外,纵横方向的底部钢筋尚应有不少于 1/3 贯通全跨,顶部钢筋按计算配筋全部连通,底板上下贯通钢筋的配筋率不应小于 0.15%。

　　按基底反力直线分布计算的平板式筏基,可按柱下板带和跨中板带分别进行内力分析。柱下板带中,在柱宽及其两侧各 0.5 倍板厚且不大于 1/4 板跨的有效宽度范围内,其钢筋配置量不应小于柱下板带钢筋数量的 1/2,且应能承受部分不平衡弯矩 $\alpha_m M_{unb}$。M_{unb} 为作用在冲切临界截面重心上的不平衡弯矩, α_m 应按式(6-18)进行计算。平板式筏基柱下板带和跨中板带的底部支座钢筋应有不少于 1/3 贯通全跨,顶部钢筋应按计算配筋全部连通,上下贯通钢筋的配筋率不应小于 0.15%。

$$\alpha_m = 1 - \alpha_s \tag{6-18}$$

式中, α_m 为不平衡弯矩通过弯曲来传递的分配系数; α_s 为按规范进行计算。

　　对有抗震设防要求的结构,当地下一层结构顶板作为上部结构嵌固端时,嵌固端处的底层框架柱下端截面组合弯矩设计值应按现行国家标准《建筑抗震设计规范》GB 50011 的规定乘以与其抗震等级相对应的增大系数。当平板式筏形基础板作为上部结构的嵌固端、计算柱下板带截面组合弯矩设计值时,底层框架柱下端内力应考虑地震作用组合及相应的增大系数。

　　梁板式筏基基础梁和平板式筏基的顶面应满足底层柱下局部受压承载力的要求。对抗震设防烈度为 9 度的高层建筑,验算柱下基础梁、筏板局部受压承载力时,应计入竖向地震作用对柱轴力的影响。

　　平板式筏基的板厚应满足柱下受冲切承载力的要求。平板式筏基进行抗冲切验算时应考虑作用在冲切临界面重心上的不平衡弯矩产生的附加剪力。对基础的边柱和角柱进行冲切验算时,其冲切力应分别乘以 1.1 和 1.2 的增大系数。距柱边 $h_0/2$ 处冲切临界截面的最大剪应力 $\tau_{\max}$ 应按式(6-19)～式(6-21)进行计算,且板的最小厚度不应小于 500mm。

$$\tau_{\max} = \frac{F_l}{u_m h_0} + a_s \frac{M_{unb} c_{AB}}{I_s} \tag{6-19}$$

$$\alpha_s = 1 - \frac{1}{1 + \frac{2}{3}\sqrt{\left(\dfrac{c_1}{c_2}\right)}} \tag{6-20}$$

$$\tau_{\max} \leqslant 0.7(0.4 + 1.2/\beta_s)\beta_{hp}f_t \tag{6-21}$$

式中, F_l 为相应于作用的基本组合时的冲切力(kN),对内柱取轴力设计值减去筏板冲切破坏锥体内的基底净反力设计值;对边柱和角柱,取轴力设计值减去筏板冲切临界截面(图 6-8)范围内的基底净反力设计值; u_m 为距柱边缘不小于 $h_0/2$ 处冲切临界截面的最小周长(m),按规范进行计算; h_0 为筏板的有效高度(m); M_{unb} 为作用在冲切临界截面重心上的不平衡弯矩设计值(kN·m); c_{AB} 为沿弯矩作用方向,冲切临界截面重心至冲切临界截面最大剪应力点的距离(m),按规范计算; I_s 为冲切临界截面对其重心的极惯性矩(m⁴),按规范计算; β_s 为柱截面长边与短边的比值,当 $\beta_s < 2$ 时, β_s 取 2,当 $\beta_s > 4$ 时, β_s 取 4; β_{hp} 为受冲切承载力截面高度影响系数,当 $h \leqslant 800$mm 时,取 $\beta_{hp} = 1.0$;当 $h \geqslant 2000$mm 时,取 $\beta_{hp} = 0.9$,其间按线性内插法取值; f_t 为混凝土轴心抗拉强度设计值(kPa); c_1 为与弯矩作用方向一致的冲切临界截面的边长(m),按规范进行计算; c_2 为垂直于 c_1 的冲切临界截面的边长(m),按规范计算; α_s 为不平衡弯矩通过冲切临界截面上的偏心剪力来传递的分配系数。

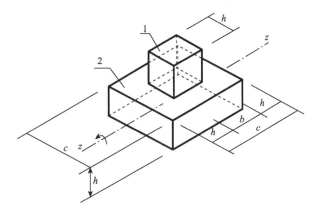

图 6-8　内柱冲切临界截面示意图

1. 筏板;2. 柱

　　当柱荷载较大,等厚度筏板的受冲切承载力不能满足要求时,可在筏板上面增设柱墩或在筏板下局部增加板厚或采用抗冲切钢筋等措施满足受冲切承载能力要求。

　　平板式筏基内筒下的板厚应满足受冲切承载力的要求。

　　其受冲切承载力应按下式计算:

$$F_l / u_m h_0 \leqslant 0.7 \beta_{hp} f_t / \eta \tag{6-22}$$

式中,F_l 为相应于作用的基本组合时,内筒所承受的轴力设计值减去内筒下筏板冲切破坏锥体内的基底净反力设计值(kN);u_m 为距内筒外表面 $h_0/2$ 处冲切临界截面的周长(m)(图6-9);h_0 为距内筒外表面 $h_0/2$ 处筏板的截面有效高度(m);η 为内筒冲切临界截面周长影响系数,取1.25。

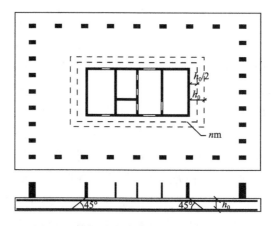

图6-9　筏板受内筒冲切的临界截面位置

　　当需要考虑内筒根部弯矩的影响时,距内筒外表面 $h_0/2$ 处冲切临界截面的最大剪应力可按公式

$$\tau_{max} = \frac{F_l}{u_m h_0} + a_s \frac{M_{unb} c_{AB}}{I_s}$$

计算,此时 $\tau_{max} \leqslant 0.7 \beta_{hp} f_t / \eta$。

　　平板式筏基除满足受冲切承载力外,尚应验算距内筒和柱边缘 h_0 处截面的受剪承载力。当筏板变厚度时,尚应验算变厚度处筏板的受剪承载力。

　　平板式筏基受剪承载力应按式(6-19)验算,当筏板的厚度大于2000mm时,宜在板厚中间部位设置直径不小于12mm、间距不大于300mm的双向钢筋网。

$$V_s \leqslant 0.7 \beta_{hs} f_t b_w h_0 \tag{6-23}$$

式中,V_s 为相应于作用的基本组合时,基底净反力平均值产生的距内筒或柱边缘 h_0 处筏板单位宽度的剪力设计值(kN);b_w 为筏板计算截面单位宽度(m);h_0 为距内筒或柱边缘 h_0 处筏板的截面有效高度(m)。

　　梁板式筏基底板除计算正截面受弯承载力外,其厚度也应满足受冲切承载力、受剪切承载力的要求。

　　梁板式筏基底板受冲切承载力应按下式进行计算:

$$F_1 \leqslant 0.7\beta_{hp}f_t u_m h_0 \tag{6-24}$$

式中，F_1 为作用的基本组合时，图 6-10 中阴影部分面积上的基底平均净反力设计值（kN）；u_m 为距基础梁边 $h_0/2$ 处冲切临界截面的周长（m）（图 6-10）。

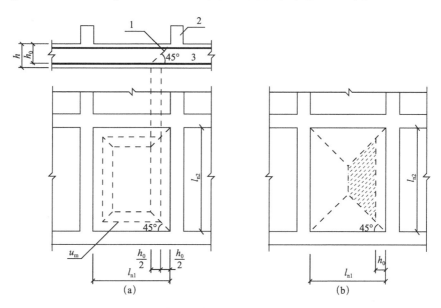

图 6-10　底板的冲切计算示意（a）底板剪切计算示意（b）
1. 冲切破坏锥体的斜截面；2. 梁；3. 底板

当底板区格为矩形双向板时，底板受冲切所需的厚度 h_0 应按式（6-25）进行计算，其底板厚度与最大双向板格的短边净跨之比不应小于 1/14，且板厚不应小于 400mm。

$$h_0 = \cfrac{(l_{n1} + l_{n2}) - \sqrt{(l_{n1} + l_{n2})^2 - \cfrac{4p_n l_{n1} l_{n2}}{p_n + 0.7\beta_{hp}f_t}}}{4} \tag{6-25}$$

式中，l_{n1}、l_{n2} 为计算板格的短边和长边的净长度（m）；p_n 为扣除底板及其上填土自重后，相应于作用的基本组合时的基底平均净反力设计值（kPa）。

梁板式筏基双向底板斜截面受剪承载力应按下式进行计算。

$$V_s \leqslant 0.7\beta_{hs}f_t (l_{n2} - 2h_0) h_0 \tag{6-26}$$

式中，V_s 为距梁边缘 h_0 处，作用在图 6-10 中阴影部分面积上的基底平均净反力产生的剪力设计值（kN）。

当底板板格为单向板时，其斜截面受剪承载力应按规范进行验算，其底板厚度不应小于 400mm。

3. 带裙房的高层建筑筏形基础设计要求

当高层建筑与相连的裙房之间设置沉降缝时，高层建筑的基础埋深应大于裙房基础的埋深至少 2m。地面以下沉降缝的缝隙应用粗砂填实。

当高层建筑与相连的裙房之间不设置沉降缝时，宜在裙房一侧设置用于控制沉降差的后浇带，当沉降实测值和计算确定的后期沉降差满足设计要求后，方可进行后浇带混凝土浇筑。当高层建筑基础面积满足地基承载力和变形要求时,后浇带宜设在与高层建筑相邻裙房的第一跨内。当需要满足高层建筑地基承载力、降低高层建筑沉降量,减小高层建筑与裙房间的沉降差而增大高层建筑基础面积时,后浇带可设在距主楼边柱的第二跨内,此时应满足以下条件:①地基土质较均匀;②裙房结构刚度较好且基础以上的地下室和裙房结构层数不少于两层;③后浇带一侧与主楼连接的裙房基础底板厚度与高层建筑的基础底板厚度相同。

当高层建筑与相连的裙房之间不设沉降缝和后浇带时,高层建筑及与其紧邻一跨裙房的筏板应采用相同厚度,裙房筏板的厚度宜从第二跨裙房开始逐渐变化,应同时满足主、裙楼基础整体性和基础板的变形要求;应进行地基变形和基础内力的验算,验算时应分析地基与结构间变形的相互影响,并采取有效措施防止产生有不利影响的差异沉降。

带裙房的高层建筑下的大面积整体筏形基础,其主楼下筏板的整体挠度值不宜大于0.5‰,主楼与相邻的裙房柱的差异沉降不应大于1‰。

采用大面积整体筏形基础时,与主楼连接的外扩地下室其角隅处的楼板板角,除配置两个垂直方向的上部钢筋外,尚应布置斜向上部构造钢筋,钢筋直径不应小于10mm、间距不应大于200mm,该钢筋伸入板内的长度不宜小于1/4的短边跨度;与基础整体弯曲方向一致的垂直于外墙的楼板上部钢筋以及主裙楼交界处的楼板上部钢筋,钢筋直径不应小于10mm、间距不应大于200mm,且钢筋的面积不应小于受弯构件的最小配筋率,钢筋的锚固长度不应小于30d。

6.3　岩溶地基桩基础设计

岩溶区深基础设计一般以桩基础为主,包括冲灌注桩基础、预应力管桩、夯扩桩、载体桩、旋喷桩、组合基础,部分地区由于地下水位的变化还需要使用抗浮锚杆(抗浮桩)。

岩溶地区的桩基础设计,宜采用钻、冲孔桩;当单桩荷载较大,岩层埋深较浅时,宜采用嵌岩桩;当基岩面起伏很大且埋深较大时,宜采用摩擦型灌注桩。

6.3.1　常用桩基础总体设计要求

1. 灌注桩基础

灌注桩基础分为冲孔灌注桩基础和钻孔灌注桩基础。冲孔桩采用重锤方式成孔;钻孔桩采用钻头旋转方式成孔。冲孔桩的桩端和桩侧土会被挤密,钻孔桩有可能扰动桩端土,总体来说冲孔桩承载力较高。钻孔桩一般适用于土层、砂层中;冲孔桩一般适用于卵石层、风化岩、硬质岩等地层。在存在易液化的土层中,为防止土层因振动液化发生坍孔不宜采用冲击成孔。本节主要介绍在岩溶地区使用较多的冲孔灌注桩。

1)灌注桩设计原则

①灌注桩基础设计前应具备的资料主要包括:工程地质资料、控制性钻孔的土的物

理力学性质指标、控制性钻孔附近静力触探贯入阻力沿深度的变化曲线、附近地区可供参考的试桩资料、地下水位及地下水化学分析结论、有关地基土冻胀性的资料等必备资料。

②灌注桩的基本尺寸和布置应符合《建筑桩基础技术规范》(JG J94—2008)中的相关规定。

③排列基桩时应尽量使桩群形心与外荷载重心重合,并应使桩基在受水平力和弯矩较大方向有较大的抵抗矩。

④同一建筑物应避免同时采用端承桩和摩擦桩(用沉降缝分开者例外)同一基础相邻桩的桩底标高差,对于支承在非岩石类土上的端承桩不宜超过桩的中心距;对于摩擦桩在相同土层中不宜超过桩长的1/10。

⑤桩端进入硬持力层的深度,对于黏性土和砂土不宜小于2~3倍桩径;对于碎石类土不宜小于倍桩径1~2倍。当存在软下卧层时,桩基以下硬持力层厚度一般不宜小于5倍桩径。穿越软弱土层支承于倾斜基岩上的端承桩,当强风化岩层厚度小于2倍桩径时,桩端应嵌入微风化或未风化基岩层(桩径指设计桩径)。

2)灌注桩设计要点

①验算作用于桩基的垂直荷载,使其不超过桩基容许垂直承载力,并验算桩身的强度。

②对于承受水平力的桩基,必须验算桩基的水平承载力,必要时应验算桩基的水平位移和桩身的裂缝宽度。

③对于承受拔力的桩基,必须验算桩的抗拔稳定性和桩身的抗拉强度,并根据具体情况验算桩身的裂缝宽度。

④当建筑物对桩基的沉降有要求时,应作沉降验算。

⑤当桩基下有软下卧层时,应对软下卧层的承载力进行验算(岩溶地区可忽略不计)。

⑥计算桩基承台的内力并验算其强度。

⑦对于抗震设防区的设计,还应进行抗震承载力验算。

2. 预应力管桩基础

预制预应力管桩采用专业化工厂集中生产,质量易于控制。其特点是桩身混凝土强度较高,因此能得到较高的承载力并进入较厚的土层,直径为60cm的管桩设计竖向承载力可达2500kN左右。管桩分为不同的直径(常用40cm、50cm及60cm)、壁厚和强度(分普通混凝土和C80以上的高强混凝土),使用时根据不同的设计承载力要求选用。管桩施工时桩底设置桩尖,常用的桩尖有十字型、圆锥型和开口型,根据不同的地质条件选用。单根管桩的长度通常为7~13 m,可通过焊接接长,也可将外露多余部分截除。

管桩基础的平面布置尽可能对称,桩间的最小间距需满足规范要求。承台的厚度按规范不宜小于1.5m,其断面可根据基础的大小和受力需要采用等厚或锥形。承台以下一定范围内的管桩桩顶,应采用混凝土填充中心的空洞,并预埋连接钢筋伸入承台,管桩伸入承台 15 ~ 20cm。配合采用注浆或旋喷时,注浆孔可布置在管桩四周,也可利用管桩中心的空洞。

1)预应力管桩的设计原则

①管桩桩基采用以概率理论为基础的极限状态设计方法,以可靠指标度量桩基的可靠度,采用以分项系数表达的极限状态设计表达式进行计算。

②管桩桩基承载能力极限状态的计算应采用荷载效应的基本组合和地震作用效应组合。进行桩基的抗震承载能力计算时,荷载设计值和地震作用设计值应符合现行国家标准《建筑抗震设计规范》的有关规定。

③按正常使用极限状态验算桩基的水平变位、抗裂、裂缝宽度时,应根据使用要求和裂缝控制等级分别采用作用效应基本组合或短期效应组合并考虑长期效应组合的影响进行计算。

④根据桩基损坏造成建筑物破坏后果的严重性,选用适当的安全等级。

2)管桩基础设计计算要点

①根据桩基的使用功能和受力特征进行桩基的竖向承载力计算和水平承载力计算。

②管桩桩身承载能力验算,按管桩标准图集选用合适的管桩。

③当桩端平面以下存在软弱下卧层时,尚应作下卧层承载力计算(岩溶地区不加以考虑)。

④当建筑物对桩基的沉降、水平位移控制要求严格或位于坡地、岸边时,尚应作沉降或水平变验算(岩溶地区不加以考虑)。

⑤对于抗震设防区的桩基,还应进行抗震承载力验算。

3. 复合载体桩基础

复合载体桩是由干硬性混凝土及填充料(如石粉、砂、碎石等)经细长锤夯扩而成的复合载体和钢筋混凝土桩身组成。它是采用一定重量的铁锤夯击成孔,将护筒沉到设计标高后,细长锤击出护筒底一定深度、分批向孔内投入填充料(如石粉、砂、碎石等),经过细长锤反复夯实、挤密,强行将投入的填充料挤入强度较低的土层中,形成复合载体,从而提高桩的端部强度,最后浇注钢筋混凝土或预应力管桩而形成的桩。它具有挤密地基及扩大桩端面积的双重作用。从另外一个意义上来讲,载体桩是对利用重锤对桩端土的深层强夯法,即用重锤对桩管中填充料进行强夯置换。载体桩承载力相对来说较高、变形较小。尤其是当浅部土层为软弱土层(软弱土层指不能满足中上部结构对承载力和变形要求的土层),下部有一定厚度较好土层时,这种桩具有更突出的优势,因而,对岩溶地区是较理想的桩型。

复合载体桩运用要综合考虑地质条件和环境条件两个因素。被加固土层应具有良好的挤密性、足够的厚度、稳定的层面和适宜的埋深;在无有效隔震措施时不宜在居民区域对振动敏感的建(构)物附近施工。载体桩的这些特点,正好说明该桩型比较适合岩溶地区。一般来讲,岩溶地区岩层面有一层较软弱的土层。当岩层有一定埋深时,载体正好可对岩溶面层的软弱土体进行加固。若桩端是溶槽,载体将溶槽填满;若桩端是溶洞,载体可将较小的溶洞填满或将较大的溶洞相当大的范围内的土体进行加固,这对建筑物的基础稳定更加有利。

1)复合载体桩特点

与传统锤击或振动夯扩桩相比,复合载体桩特点主要表现在以下几方面:

①施工工艺。复合载体桩通过柱锤或拔管成孔,在桩端填料夯实形成载体后再浇注混凝土。

②构造。复合载体桩由混凝土桩身和复合载体构成,复合载体是多种成分组成的复合体。

③受力计算方法。复合载体桩的承载力主要来源于复合载体,而载体的承载力源于应力扩散,侧摩阻所占的比例相当小,在设计中经常作为安全储备而不考虑,其承载力的计算方法为参照浅基础承载力的计算方法考虑。

④控制指标。复合载体桩的控制指标为三击贯入度,通过控制三击贯入度达到设计要求的土体密实度。

2)复合载体桩的设计内容

A. 选型

复合载体夯扩桩将其上部荷载通过桩身传递到载体(等效扩展基础),再进一步传递到载体下端持力层土体,故设计计算时可将桩等效为传力杆件(柱),将单桩设计简化为桩身传力杆设计和下部扩展基础的设计。设计内容包括桩间距的确定和等效扩展基础的设计。等效扩展基础的设计主要受埋深和三击贯入度等影响,故可以将复合载体的设计用下式表示:

$$D = F(l, A_e, d) \tag{6-27}$$

式中,l 为桩间距(m); A_e 为等效计算面积(m^2); d 为等效基础埋深(m)。

同一工程既可选择大间距、埋置深的载体基础,也可选择间距小、埋深浅的载体基础。对复合载体夯扩桩的设计即为选择最佳间距、埋深和等效计算面积 A_e,使工程造价最低。由于这三者在施工中相互影响和制约,桩型的选择除了要考虑设计方案的经济性外,还要考虑复合载体夯扩桩的施工因素,若桩型选择不当,会造成施工困难,增加施工成本。

一般复合载体夯扩桩间距为 1.5~2.2m。设计中通常先根据底板的基础形式和桩间距初步确定单桩承载力,根据土层地质资料初步确定载体底部持力层,假定一个三击贯入度控制指标估算单桩承载力,并与单桩设计承载力进行对比。当估算承载力大于设计要求时,适当增加三击贯入度,或增大桩间距,提高单桩设计承载力;当估算承载力小于设计单桩承载力时,适当减小三击贯入度控制值,或减小桩间距,降低单桩设计承载力。若以上方法都不能满足设计要求,可以对所选择的持力层深度进行调整。

B. 桩长的确定

复合载体夯扩桩桩长的确定要考虑上部结构的荷载和桩端土层情况两个因素,既要满足上部结构的荷载要求,还要便于施工。复合载体夯扩桩持力层可以为可塑~硬塑状态的黏性土以及粉土、砂土、碎石土,而载体所在的加固土层可以为经过确定认定为稳定的所有土层。当软塑状态的黏性土、素填土、杂填土和湿陷性黄土经过试验确定认定为稳定可靠的土层时,也可作为桩端被加固层。

由于复合载体夯扩桩由桩身与复合载体两部分组成,故复合载体夯扩桩桩长分为有效桩长和实际桩长,实际桩长为有效桩长与载体深度之和,载体下端土体为复合载体持力层,载体所在土层为加固土层。

复合载体夯扩桩桩长的确定主要考虑持力层土性和有效桩长(等效深基础的等效计算深度)。有效桩长最终应通过计算来确定,当计算承载力不满足设计要求时,在不影响施工质量的情况下可以通过调整三击贯入度或持力层深度达到设计承载力的要求。对于砂土,三击贯入度控制取值一般为 10～15cm;对于黏性土,三击贯入度控制取值一般为 15～25cm。由于复合载体夯扩桩承载力的计算采用地基土修正后的承载力,而地基土每一层并不在一个标高,是起伏变化的,故复合载体夯扩桩的设计桩长并非一个常数,是随土层变化的。实际施工时,桩长以达到设计持力层作为控制标准,设计验算单桩承载力应以土层最不利的钻孔处的土层进行计算。

对以下三种建筑物,采用复合载体夯扩桩,还应进行沉降验算:①地基基础设计等级为甲级的建筑物;②对沉降有严格要求的建筑物;③体型复杂或桩端以下存在软弱土层的乙级建筑物(具体计算参考《建筑桩基础技术规范》(JGJ 94—2008))。

4. 高压旋喷桩

高压旋喷桩是利用钻机把带有特殊喷嘴的注浆管钻进至上层的预定位置后,用高压脉冲泵,将水泥浆液通过钻杆下端的喷射装置,向四周以高速水平喷入土体,借助流体的冲击力切削土层,使喷流射程内土体遭受破坏,与此同时钻杆一面以一定的速度旋转,一面低速缓慢提升,使土体与水泥浆充分搅拌混合,胶结硬化后即在地基中形成直径比较均匀,具有一定强度的桩体。

高压旋喷桩分为:单重管旋喷桩、双重管旋喷桩、三重管旋喷桩。

单重管旋喷桩:只喷水泥浆液,桩径最小,桩径一般≤0.6m,一般用在松散、稍密砂层中,水泥用量一般 <200kg/m,正常施工速度一般在 20cm/min。

双重管旋喷桩:只喷水泥浆液和空气,桩径一般 0.6～0.8m,一般用在中密砂层中,水泥用量一般 <300kg/m,正常施工速度一般在 10～20cm/min。

三重管旋喷桩:只喷水泥浆液和空气及高压水,机理是用高压水去切割土体,然后再用水泥浆去充填切割后的土体,桩径一般 1.0～1.2m,可以在圆砾层内施工,水泥用量一般在 400kg/m,正常施工速度一般在 10～20cm/min。

旋喷桩设计原则:

①在制定旋喷桩方案时,应搜集邻近建筑物和周边埋设物等资料。

②旋喷桩方案确定后,应结合工程情况进行现场试验,确定施工参数及工艺。

③旋喷桩加固体强度和直径,应通过现场试验确定。

④旋喷桩复合地基承载力特征值和单桩竖向承载力特征值应通过现场静载荷试验

确定(参考下文及 JGJ 79—2012 建筑地基处理技术规范)。

⑤旋喷桩复合地基的地基变形计算应符合 JGJ 79—2012 建筑地基处理技术规范。

⑥旋喷桩复合地基宜在基础和桩顶之间设置褥垫层。褥垫层厚度宜为 150 ~ 300mm,褥垫层材料可采用中砂、粗砂和级配砂石等,褥垫层最大粒径不宜大于20mm,夯填度不应大于0.9。

5. 抗浮锚杆

抗浮锚杆,也叫抗浮桩,是建筑工程地下结构抗浮措施的一种。抗浮锚杆与一般基础桩的最大区别在于:基础桩通常为抗压桩,桩体承受建筑荷载压力,受力自桩顶向桩底传递,桩体受力大小随着建筑荷载的变化而变化;而抗浮桩则为抗拔桩体承受拉力,普通抗浮桩受力也是自桩顶向桩底传递,桩体受力大小随着地下水位的变化而变化,但两者受力机制恰好相反。

考虑到群锚效应,在进行锚杆的布设时,间距一般应该控制在 1.5m 以上;在设计时锚杆的挂重大小需要超过地下水浮力的大小,所以锚杆的长度不宜过短,其长度应根据场地的土质条件以及受到的荷载等条件确定。

抗浮锚杆设计没有具体规范条文,《建筑地基基础设计规范》以及《建筑边坡工程技术规范》中有关锚杆的内容可以用来参考,但是比较适于用于估算,应通过现场实验来确定锚杆的承载力特征值,其中的有关锚杆的具体构造做法可以作为参考。

6.3.2　桩基础设计内容及步骤

桩基础的设计应力求选型适当、经济合理、安全适用。桩和承台应有足够的强度、刚度和耐久性;桩端持力层地基则应有足够的承载力以及不产生过大的变形。

桩基础设计包括下列基本内容:①桩的类型和几何尺寸选择;②单桩竖向(和水平向)承载力的确定;③确定桩的数量、间距和平面布置;④桩基础承载力和沉降验算;⑤桩身结构设计;⑥承台设计;⑦绘制基础施工图。

具体可按下列步骤进行桩基础的设计计算:

①收集设计资料。进行调查研究、场地勘察,收集相关资料。

②确定持力层。根据收集的资料,综合有关地质勘察情况、建筑物荷载、使用要求、上部结构条件等,确定桩基础持力层。

③选择桩材,确定桩型、桩的断面形状及外形尺寸和构造,初步确定承台埋深。

④确定单桩承载力设计值。

⑤确定桩的数量并布桩,从而初步确定承台类型及尺寸。

⑥验算单桩荷载,包括竖向荷载及水平荷载等。

⑦验算群桩承载力,必要时验算桩基础的变形。桩基础承载力验算包括竖向、水平承载力;桩基础变形包括竖向沉降及水平位移;对有软弱下卧层的桩基,尚需验算软弱下卧层承载力。

⑧桩身内力分析及桩身结构设计等。

⑨承台的抗弯、抗剪、抗冲切及抗裂等强度的计算及结构设计等。

⑩绘制桩基础结构施工图及详图,编写施工设计说明。

6.3.3 桩基竖向承载力计算

1. 单桩竖向承载力的确定

设计等级为甲级的建筑桩基,其单桩竖向极限承载力标准值应通过单桩静载试验确定。设计等级为乙级的建筑桩基,当地质条件简单时,其单桩竖向极限承载力标准值可参照地质条件相同的试桩资料,结合静力触探等原位测试和经验参数综合确定;其余均应通过单桩静载试验确定。设计等级为丙级的建筑桩基,其单桩竖向极限承载力标准值可根据原位测试和经验参数确定。

单桩竖向静载试验应按现行行业标准《建筑基桩检测技术规范》JGJ 106 执行。对于大直径端承型桩,也可通过深层平板(平板直径应与孔径一致)载荷试验确定极限端阻力。对于嵌岩桩,可通过直径为 0.3m 岩基平板载荷试验确定极限端阻力标准值,也可通过直径为 0.3m 嵌岩短墩载荷试验确定极限侧阻力标准值和极限端阻力标准值。桩的极限侧阻力标准值和极限端阻力标准值宜通过埋设桩身轴力测试元件由静载试验确定,并通过测试结果建立极限侧阻力标准值和极限端阻力标准值与土层物理指标、岩石饱和单轴抗压强度以及与静力触探等土的原位测试指标间的经验关系,以经验参数法确定单桩竖向极限承载力。

单桩竖向极限承载力标准值时,如无当地经验,可按下式计算:

$$Q_{uk} = Q_{sk} + Q_{pk} = u\sum q_{sik}l_i + \alpha p_{sk}A_p \tag{6-28}$$

$$当\ p_{sk1} \leqslant p_{sk2}\ 时,\ p_{sk} = \frac{1}{2}(p_{sk1} + \beta p_{sk2})$$

$$当\ p_{sk1} > p_{sk2}\ 时,\ p_{sk} = p_{sk2}$$

式中,$Q_{sk}Q_{pk}$ 分别为总极限侧阻力标准值和总极限端阻力标准值;u 为桩身周长;q_{sik} 为用静力触探比贯入阻力值估算的桩周第 i 层土的极限侧阻力;l_i 为桩周第 i 层土的厚度;α 为桩端阻力修正系数;p_{sk} 为桩端附近的静力触探比贯入阻力标准值(平均值);A_p 为桩端面积;p_{sk1} 为桩端全截面以上 8 倍桩径范围内的比贯入阻力平均值;p_{sk2} 为桩端全截面以下 4 倍桩径范围内的比贯入阻力平均值,如桩端持力层为密实的砂土层,其比贯入阻力平均值 p_s 超过 20MPa 时,则需乘以系数 C 予以折减后,再计算 p_{sk1} 及 p_{sk2} 值;β 为折减系数。

单桩竖向承载力特征值 R_a 应按下式确定:

$$R_a = \frac{1}{K}Q_{uk} \tag{6-29}$$

式中,Q_{uk} 为单桩竖向极限承载力标准值;K 为安全系数,取 $K = 2$。

对于端承型桩基、桩数少于 4 根的摩擦型柱下独立桩基、或由于地层土性、使用条件等因素不宜考虑承台效应时,基桩竖向承载力特征值应取单桩竖向承载力特征值。

　　对于符合以下条件的摩擦型桩基,宜考虑承台效应确定其复合基桩的竖向承载力特征值:上部结构整体刚度较好、体型简单的建(构)筑物;差异沉降适应性较强的排架结构和柔性构筑物;按变刚度调平原则设计的桩基刚度相对弱化区;软土地基的减沉复合疏桩基础。

　　2. 复合基桩竖向承载力特征值

　　考虑承台效应的复合基桩竖向承载力特征值,当不考虑地震作用时,可按式(6-30)确定;当考虑地震作用时,按式(6-31)、式(6-32)确定。

$$R = R_a + \eta_c f_{ak} A_c \tag{6-30}$$

$$R + R_a + \frac{\zeta_a}{1.25} \eta_c f_{ak} A_c \tag{6-31}$$

$$A_c = (A - nA_{ps})/n \tag{6-32}$$

式中, η_c 为承台效应系数; f_{ak} 为承台下 $1/2$ 承台宽度且不超过 5m 深度范围内各层土的地基承载力特征值按厚度加权的平均值; A_c 为计算基桩所对应的承台底净面积; A_{ps} 为桩身截面面积; A 为承台计算域面积。对于柱下独立桩基, A 为承台总面积;对于桩筏基础, A 为柱、墙筏板的 $1/2$ 跨距和悬臂边 2.5 倍筏板厚度所围成的面积;桩集中布置于单片墙下的桩筏基础,取墙两边各 $1/2$ 跨距围成的面积,按条基计算 η_c ;

　　 ζ_a 为地基抗震承载力调整系数,应按现行国家标准《建筑抗震设计规范》GB 50011 采用。当承台底为可液化土、湿陷性土、高灵敏度软土、欠固结土、新填土时,沉桩引起超孔隙水压力和土体隆起时,不考虑承台效应,取 $\eta_c = 0$ 。

6.3.4　桩基水平承载力计算

　　1. 单桩基础

　　单桩的水平承载力特征值的确定应符合下列规定:

　　①对于受水平荷载较大的设计等级为甲级、乙级的建筑桩基,单桩水平承载力特征值应通过单桩水平静载试验确定,试验方法可按现行行业标准《建筑基桩检测技术规范》JGJ 106 执行。

　　②对于钢筋混凝土预制桩、钢桩、桩身正截面配筋率不小于 0.65% 的灌注桩,可根据静载试验结果取地面处水平位移为 10mm(对于水平位移敏感的建筑物取水平位移 6mm)所对应的荷载的 75% 为单桩水平承载力特征值。

　　③对于桩身配筋率小于 0.65% 的灌注桩,可取单桩水平静载试验的临界荷载的 75% 为单桩水平承载力特征值。

　　④当缺少单桩水平静载试验资料时,可按下式估算桩身配筋率小于 0.65% 的灌注桩的单桩水平承载力特征值:

$$R_{ha} = \frac{0.75 \alpha \gamma_m f_t W_0}{v_M} (1.25 + 22\rho_g) \left(1 \pm \frac{\zeta_N \cdot N}{\gamma_m f_t A_n}\right) \tag{6-33}$$

式中, α 为桩的水平变形系数; R_{ha} 为单桩水平承载力特征值, $\pm$ 号根据桩顶竖向力性质确定,压力取"+",拉力取"-";γ_m 为桩截面模量塑性系数,圆形截面 $\gamma_m = 2$,矩形截面 $\gamma_m = 1.75$;f_t 为桩身混凝土抗拉强度设计值;W_0 为桩身换算截面受拉边缘的截面模量;v_M 为桩身大弯矩系数,当单桩基础和单排桩基纵向轴线与水平力方向相垂直时,按桩顶铰接考虑;ρ_g 为桩身配筋率;A_n 为桩身换算截面积;ζ_N 为桩顶竖向力影响系数,竖向压力取 0.5,竖向拉力取 1.0;N 为在荷载效应标准组合下桩顶的竖向力(kN)。

⑤当桩的水平承载力由水平位移控制,且缺少单桩水平静载试验资料时,可按下式估算预制桩、钢桩、桩身配筋率不小于 0.65% 的灌注桩单桩水平承载力特征值:

$$R_{ha} = 0.75 \frac{\alpha^3 EI}{v_x} x_{0a} \tag{6-34}$$

式中,EI 为桩身抗弯刚度;x_{0a} 为桩顶允许水平位移;v_x 为桩顶水平位移系数。

⑥验算永久荷载控制的桩基的水平承载力时,应将上述方法确定的单桩水平承载力特征值乘以调整系数 0.80;验算地震作用桩基的水平承载力时,宜将按上述方法确定的单桩水平承载力特征值乘以调整系数 1.25。

2. 群桩基础

岩溶地区群桩基础(不含水平力垂直于单排桩基纵向轴线和力矩较大的情况)的基桩水平承载力特征值应考虑由承台、桩群、土相互作用产生的群桩效应,可按下式确定:

$$R_h = \eta_h R_{ha} \tag{6-35}$$

考虑地震作用且 $s_a / d \leqslant 6$ 时:

$$\eta_k = \eta_i \eta_r + \eta_l$$

$$\eta_i = \frac{\left(\dfrac{s_a}{d} \right)^{0.015n_2 + 0.45}}{0.15n_1 + 0.10n_2 + 1.9}$$

$$\eta_l = \frac{m \cdot x_{0a} \cdot B'_c \cdot h_c^2}{2 \cdot n_1 \cdot n_2 \cdot R_{ha}} \tag{6-36}$$

$$x_{0a} = \frac{R_{ha} \cdot v_x}{\alpha^3 \cdot EI}$$

其他情况:

$$\eta_k = \eta_i \eta_r + \eta_l + \eta_b \tag{6-37}$$

$$\eta_b = \frac{\mu \cdot P_c}{n_1 \cdot n_2 \cdot R_h}$$

$$B'_c = B_c + 1(m)$$

$$P_c = \eta_c f_{ak}(A - nA_{ps})$$

式中,η_h 为群桩效应综合系数;η_i 为桩的相互影响效应系数;η_r 为桩顶约束效应系数;η_l 为承台侧向土抗力效应系数(承台侧面回填土为松散状态时取 $\eta_l = 0$);η_b 为承台底摩阻效应系数;s_a / d 为沿水平荷载方向的距径比;n_1,n_2 分别为沿水平荷载方向与垂直水平荷载方向每排桩中的桩数;m 为承台侧面土水平抗力系数的比例系数;x_{0a} 为桩顶(承台)的水平位移允许值,当以位移控制时,可取 $x_{0a} = 10\text{mm}$(对水平位移敏感的结构物取 $x_{0a} = $

6mm）；B'_c 为承台受侧向土抗力一边的计算宽度；B_c 为承台宽度；h_c 为承台高度（m）；μ 为承台底与基土间的摩擦系数；P_c 为承台底地基土分担的竖向总荷载标准值；A 为承台总面积；A_{ps} 为桩身截面面积。

6.3.5　桩基承载力验算

1. 桩顶作用效应

在岩溶区对于一般建筑物和受水平力（包括力矩与水平剪力）较小的高层建筑群桩基础，应按下列公式计算柱、墙、核心筒群桩中基桩或复合基桩的桩顶作用效应。

1）竖向力

轴心竖向力作用下：

$$N_k = \frac{F_k + G_k}{n} \tag{6-38}$$

偏心竖向力作用下：

$$N_{ik} = \frac{F_k + G_k}{n} \pm \frac{M_{xk}y_i}{\sum y_j^2} \pm \frac{M_{xk}x_i}{\sum x_j^2} \tag{6-39}$$

2）水平力

$$H_{ik} = \frac{H_k}{n} \tag{6-40}$$

式中，F_k 为荷载效应标准组合下作用于承台顶面的竖向力；G_k 为桩基承台和承台上土自重标准值，对稳定的地下水位以下部分应扣除水的浮力；N_k 为荷载效应标准组合轴心竖向力作用下基桩或复合基桩的平均竖向力；N_{ik} 为荷载效应标准组合偏心竖向力作用下第 i 基桩或复合基桩的竖向力；M_{xk}、M_{yk} 为荷载效应标准组合下作用于承台底面、绕通过桩群形心的 x、y 主轴的力矩；$x_i x_j y_i y_j$ 为第 i、j 基桩或复合基桩至 y、x 轴的距离；H_k 为荷载效应标准组合下作用于桩基承台底面的水平力；H_{ki} 为荷载效应标准组合下作用于第 i 基桩或复合基桩的水平力；n 为桩基中的桩数。

对于主要承受竖向荷载的抗震设防区低承台桩基，在同时满足下列条件时，桩顶作用效应计算可不考虑地震作用：

①按现行国家标准《建筑抗震设计规范》（GB 50011）规定可不进行桩基抗震承载力验算的建筑物；

②建筑场地位于建筑抗震的有利地段。

属于下列情况之一的桩基，计算各基桩的作用效应、桩身内力和位移时，宜考虑承台（包括地下墙体）与基桩协同工作和土的弹性抗力作用，其计算方法参考规范（JGJ 94—2008）附录 C：

①位于8度和8度以上抗震设防区和其他受较大水平力的高层建筑，当其桩基承台刚度较大或由于上部结构与承台协同作用能增强承台的刚度时；

②受较大水平力及8度和8度以上地震作用的高承台桩基。

2. 承载力验算

荷载效应标准组合时,轴心竖向力作用下,应满足式(6-41)要求;偏心竖向力作用下除满足上式外,尚应满足式(6-42)的要求:

$$N_k \leqslant R \tag{6-41}$$

$$N_{kmax} \leqslant 1.2R \tag{6-42}$$

地震作用效应和荷载效应标准组合时,在轴心竖向力作用下,应满足式(6-43)要求;偏心竖向力作用下,除满足式(6-43)要求外,尚应满足式(6-44)的要求:

$$N_{Ek} \leqslant 1.25R \tag{6-43}$$

$$N_{Ekmax} \leqslant 1.5R \tag{6-44}$$

式中,N_k 为荷载效应标准组合轴心竖向力作用下,基桩或复合基桩的平均竖向力;N_{kmax} 为荷载效应标准组合偏心竖向力作用下,桩顶最大竖向力;N_{Ek} 为地震作用效应和荷载效应标准组合下,基桩或复合基桩的平均竖向力;N_{Ekmax} 为地震作用效应和荷载效应标准组合下,基桩或复合基桩的最大竖向力;R 为基桩或复合基桩竖向承载力特征值。

岩溶地基受水平荷载的一般建筑物和水平荷载较小的高大建筑物单桩基础和群桩中基桩应满足下式要求:

$$H_{ik} \leqslant R_h \tag{6-45}$$

式中,H_{ik} 为在荷载效应标准组合下作用于基桩 i 桩顶处的水平力;R_h 为单桩基础或群桩中基桩的水平承载力特征值,对于单桩基础,可取单桩的水平承载力特征值 R_{ha}。

6.3.6 桩基沉降计算

岩溶地基建筑桩基沉降变形计算值不应大于桩基沉降变形允许值,建筑桩基沉降变形允许值参考《建筑桩基技术规范》(JGJ 94—2008)。

1. 桩基沉降变形指标

可用下列指标表示桩基沉降变形:

①沉降量与沉降差;

②整体倾斜:建筑物桩基础倾斜方向两端点的沉降差与其距离之比值;

③局部倾斜:墙下条形承台沿纵向某一长度范围内桩基础两点的沉降差与其距离之比值。

2. 桩基变形指标选用规定

计算桩基沉降变形时,应按下列规定选用桩基变形指标:

①由于土层厚度与性质不均匀、荷载差异、体型复杂、相互影响等因素引起的地基沉降变形,对于砌体承重结构应由局部倾斜控制;

②对于多层或高层建筑和高耸结构应由整体倾斜值控制;

③当其结构为框架、框架-剪力墙、框架-核心筒结构时,尚应控制柱(墙)之间的差异沉降。

3. 沉降计算方法

沉降计算方法包括以下几种情况：

（1）对于桩中心距不大于 6 倍桩径的桩基，其最终沉降量计算可采用等效作用分层总和法。等效作用面位于桩端平面，等效作用面积为桩承台投影面积，等效作用附加压力近似取承台底平均附加压力。桩基任一点最终沉降量可用角点法按下式计算：

$$s = \psi \cdot \psi_e \cdot s' = \psi \cdot \psi_e \sum_{j=1}^{m} p_{0j} \sum_{i=1}^{n} \frac{z_{ij}\,\bar{\alpha}_{ij} - z_{(i-1)j}\,\bar{\alpha}_{(i-1)j}}{E_{si}} \tag{6-46}$$

式中，s 为桩基最终沉降量（mm）；s' 为采用布辛奈斯克解，按实体深基础分层总和法计算出的桩基沉降量（mm）；ψ 为桩基沉降计算经验系数；ψ_e 为桩基等效沉降系数；m 为角点法计算点对应的矩形荷载分块数；p_{0j} 为第 j 块矩形底面在荷载效应准永久组合下的附加压力（kPa）；n 为桩基沉降计算深度范围内所划分的土层数；E_{si} 为等效作用面以下第 i 层土的压缩模量（MPa），采用地基土在自重压力至自重压力加附加压力作用时的压缩模量；z_{ij}，$z_{(i-1)j}$ 分别为桩端平面第 j 块荷载作用面至第 i 层土、第 $i-1$ 层土底面的距离（m）；$\bar{\alpha}_{ij}$、$\bar{\alpha}_{(i-1)j}$ 为桩端平面第 j 块荷载计算点至第 i 层土、第 $i-1$ 层土底面深度范围内平均附加应力系数。

计算矩形桩基中点沉降时，桩基沉降量可按式（6-47）进行简化计算：

$$s = \psi \cdot \psi_e \cdot s' = 4\psi \cdot \psi_e p_0 \sum_{i=1}^{n} \frac{z_i\,\bar{\alpha}_{ij} - z_{(i-1)}\,\bar{\alpha}_{(i-1)}}{E_{si}} \tag{6-47}$$

式中，p_0 为在荷载效应准永久组合下承台底的平均附加压力；$\bar{\alpha}_{ij}$、$\bar{\alpha}_{(i-1)j}$ 为平均附加应力系数。

（2）对于单桩、单排桩、桩中心距大于 6 倍桩径的疏桩基础的沉降计算应符合下列规定：

承台底地基土不分担荷载的桩基。桩端平面以下地基中由基桩引起的附加应力，按考虑桩径影响的明德林解计算确定。将沉降计算点水平面影响范围内各基桩对应力计算点产生的附加应力叠加，采用单向压缩分层总和法计算土层的沉降。桩基的最终沉降量可按式（6-48）~式（6-50）计算：

$$s = \psi \sum_{i=1}^{n} \frac{\sigma_{zi}}{E_{si}} \Delta z_i + s_e \tag{6-48}$$

$$\sigma_{zi} = \sum_{j=1}^{m} \frac{Q_j}{l_j^2} \big[\alpha_j I_{p,ij} + (1 - \alpha_j) I_{s,ij} \big] \tag{6-49}$$

$$s_e = \xi_e \frac{Q_j l_j}{E_c A_{ps}} \tag{6-50}$$

承台底地基土分担荷载的复合桩基。将承台底土压力对地基中某点产生的附加应力按布辛奈斯克解计算，与基桩产生的附加应力叠加。其最终沉降量可按式（6-51）和式（6-52）计算：

$$s = \psi \sum_{i=1}^{n} \frac{\sigma_{zi} + \sigma_{zci}}{E_{si}} \Delta z_i + s_e \tag{6-51}$$

$$\sigma_{zci} = \sum_{k=1}^{u} \alpha_{ki} \cdot p_{ck} \tag{6-52}$$

式中，m 为以沉降计算点为圆心、0.6 倍桩长为半径的水平面影响范围内的基桩数；n 为沉降计算深度范围内土层的计算分层数；分层数应结合土层性质，分层厚度不应超过计算深度的 0.3 倍；σ_{zi} 为水平面影响范围内各基桩对应力计算点桩端平面以下第 i 层土 2/1 厚度处产生的附加竖向应力之和；应力计算点应取与沉降计算点近的桩中心点；σ_{zci} 为承台压力对应力计算点桩端平面以下第 i 计算土层 1/2 厚度处产生的应力；Δ_{zi} 为第 i 计算土层厚度（m）；E_{si} 为第 i 计算土层的压缩模量（MPa），采用土的自重压力至土的自重压力加附加压力作用时的压缩模量；Q_j 为第 j 桩在荷载效应准永久组合作用下桩顶的附加荷载（kN）；当地下室埋深超过 5m 时，取荷载效应准永久组合作用下的总荷载为考虑回弹再压缩的等代附加荷载；l_j 为第 j 桩桩长（m）；A_{ps} 为桩身截面面积；α_j 为第 j 桩总桩端阻力与桩顶荷载之比，近似取极限总端阻力与单桩极限承载力之比；$I_{p,ij}$，I_s 分别为第 j 桩的桩端阻力和桩侧阻力对计算轴线第 i 计算土层 2/1 厚度处的应力影响系数；E_c 为桩身混凝土的弹性模量；p_{ck} 为第 k 块承台底均布压力；α_{ki} 为第 k 块承台底角点处，桩端平面以下第 i 计算土层 1/2 厚度处的附加应力系数；s_e 为计算桩身压缩；ξ_e 为桩身压缩系数。端承型桩，取 $\xi_e = 1.0$；摩擦型桩，当 $l/d \leqslant 30$ 时，取 $\xi_e = 2/3$；当 $l/d \geqslant 50$ 时，取 $\xi_e = 1/2$；介于两者之间可线性插值；ψ 为沉降计算经验系数，无当地经验时，可取 1.0。

第7章　岩溶地区高层建筑地基基础施工

7.1　高层建筑基础施工

岩溶地区高层建筑地基基础设计与施工必须强调因地制宜原则,根据地质条件、工程结构类型和施工条件进行精心设计,结合当地治理岩溶地基经验,制定切实可行施工方案,科学管理,认真实施。

7.1.1　桩基施工技术

桩基础具有承载力高、沉降量小且分布均匀以及沉降速率缓慢的特点,因而在岩溶地区高层建筑中应用广泛。

1. 桩基施工技术分类

1) 灌浆加固技术

该加固技术采用钻机对基础选定位置进行钻孔,并确保钻机能够深入加固土层中,接着借助已经调试好的高压灌浆设备把预先配置好的足量水泥化学浆液缓慢灌入土层中。由于高压灌浆设备对土体有劈裂、挤压作用,土层能很快和浆液胶结在一起,进而满足改良土体结构以及性能的需求,也使得整个桩基所在土层的强度得到增强。

2) 静力压桩技术

所谓静力压桩常指施工人员充分利用建筑承重柱能够承受重力的功能把预制桩体全部压进土层里面的施工技术。静力压桩经常会采用分段预制、压入以及逐段接长的方法进行施工,这种加固技术能够有效地防止噪声污染,而且对于改善建筑物周边的环境具有很好的功效。然而它的应用范围比较窄,通常只能用于软土地基中,对于其他特殊的地质环境,尚需要作进一步的考察和探索。

3) 灌注桩施工技术

A. 钻孔灌注桩

在开展桩基施工作业时,不管是选择哪种桩基施工技术进行施工,都必须先将桩孔位置里面的土排出地面,并且还要把桩孔周围的残渣清除干净,然后才能开展混凝土灌注施工。国内在采用钻孔灌注桩进行施工时主要采用泥浆来保护孔壁,一般将桩径设置成 800~1200mm,而采用的承载力通常控制在 3~9MN。

B. 挖孔桩

施工人员在采用挖孔桩进行桩基施工时有两种施工方式,一种是人工挖孔;另一种则是采用机械设备来挖孔。当人工进行挖土时在孔深达到 1m 左右时就需对混凝土护壁进行浇灌；当孔深达到施工规定的标准时就要进行扩孔；最后施工人员要将钢筋笼安装到护壁里面，并用混凝土对其进行浇灌。一般挖孔桩的直径要控制在 1m 以内，深度在 15m，桩径需控制在 1.2m 或者 1.4m 以上，需注意的是桩身的长度要控制在 30m 以内。

因为建筑工程所在场地的不同，其地理特质、土层特性以及土地成分都不一样。在桩基施工中要根据不同的要求设计和应用不同的桩基施工技术。

2. 建筑工程桩基施工常见问题处理

建筑工程的桩基施工质量会受地质勘察报告是否详细真实、施工设计的取值是否准确合理及施工实际操作是否严格按照施工规范开展等因素影响，如果不处理好这些问题，很容易导致桩基施工质量问题，甚至会导致严重的工程事故。

1）桩基顶部出现缺陷

有些桩基可能要开展水下施工作业，这就导致浇筑混凝土时会出现泥浆沉淀现象，然而由于泥浆的厚度很难有准确的估计，所以一旦桩顶的混凝土浇灌不达标时就会使其里面出现夹泥现象，影响到整个混凝土的施工质量。等到所有的混凝土都浇筑完以后，需要拆拔预埋的钢护筒，这时一定要把握好力度，否则很容易因用力过猛或因左右用力的不均衡性使桩顶的混凝土受到扰动，进而影响到整个混凝土的施工质量。除此之外，施工人员在把桩头的混凝土凿除时，很容易会因为风镐的功率过大扰动到声测管周围的混凝土，进而影响到混凝土的施工质量。

2）桩基中部出现缺陷

建筑工程所处区域的地质条件比较差，因而在对其灌注混凝土时很容易导致局部地区出现塌孔现象，还使得混凝土的翻浆过程受到阻挠，进而造成桩基中部出现缺陷。而且如果施工人员在拆拔导管时用力过大，也会使混凝土的连续性受到扰动，从而使混凝土的质量受到影响。此外，由于导管的气密性很差，因而在水下灌注混凝土时很容易使泥浆进入到导管里面，进而导致导管里外的压强差遭到破坏，轻者会使混凝土自身质量的连续性受到影响，严重时则会阻碍混凝土的下料操作，使得翻浆操作不能正常进行，有时候甚至会出现断桩现象。

3）桩基底部出现缺陷

地基沉降很容易造成桩基底部位置和实际设计的数据之间出现误差，进而引发桩位偏移问题。而孔壁的泥皮也会削弱整个桩基本身的摩擦力，使得桩基的承载力受到极大影响。

总而言之，尽管桩基施工技术的设计以及种类有多种理念以及方案可以进行选择，但是在实际工程施工中，一定要严格按照桩基建造的施工规范进行施工作业。也就是说，在对建筑物修建桩基以前要先考察工程所处区域的地质以及周边环境的实际情况，然后按照不同建筑的施工需要，制定科学合理的桩基施工方案，从而保证建筑工程能够如期进行。

3. 预应力管桩基础

当覆盖土层较厚,有较好的持力层,基岩溶洞发育,连续 5m 以上的微风化岩层埋深较深时,最适宜采用管桩。

1) 预应力管桩的构造

预制预应力管桩采用专业化工厂集中生产,质量易于控制。其特点是桩身混凝土强度较高,因此能得到较高的承载力并进入较厚的土层,直径为 60cm 的管桩设计竖向承载力可达 2500kN 左右。管桩分为不同的直径(常用 40cm、50cm 及 60cm)、壁厚和强度(分普通混凝土和 C80 以上的高强混凝土),使用时根据不同的设计承载力要求选用。管桩施工时桩底设置桩尖,常用的桩尖有十字型、圆锥型和开口型,根据不同的地质条件选用。单根管桩的长度通常为 7~13m,可通过焊接接长,也可将外露多余部分截除。

管桩基础的平面布置尽可能对称,桩间的最小间距需满足规范要求。承台的厚度按规范不宜小于 1.5m,其断面可根据基础的大小和受力需要采用等厚或锥形。承台以下一定范围内的管桩桩顶,应采用混凝土填充中心的空洞,并预埋连接钢筋伸入承台,管桩伸入承台 15~20cm。配合采用注浆或旋喷时,注浆孔可布置在管桩四周,也可利用管桩中心的空洞。

2) 预应力管桩施工工艺

A. 桩位放样

测量人员根据建设单位提供的水准点、坐标点,结合桩位平面布置图进行桩位放样,并用钢筋头对每个桩位进行标记。测量员和施工员初检,填写桩位测量放线记录后先报技术负责人验收,项目技术负责人确认签字,项目经理再次确认签字,以书面形式向项目监理报验,得到项目监理签字后进行下一道工序。

B. 压桩

对准机位,通过液压装置调整机身水平,吊机按正确的起吊点将桩吊起送到桩位,缓慢地放入夹持器内,夹持桩的压力不宜过大,对中调准后开始慢慢加压压桩,同时填写施工原始记录。

保证第一节桩的垂直度,对整根桩的施工质量起着至关重要的作用,因此送桩时应对准机位,使桩机调整到准确的位置,并保持桩机在水平状态,确保桩体垂直压入土层。

压桩过程中,桩机操作工应观察压力表,控制压桩力,调节桩机压力同步平衡,避免偏心,每压 1m 要进行压力记录。压桩速率一般控制在 1~2m/min。在进行同一根桩的压桩过程中,各工序应连续施工。如果桩在始压时发生偏斜,应立即纠正;如果遇到地下障碍物应将桩拔出,清除障碍物后再重新压桩;如果桩压入一定深度后发生位移,不能强行移机校正或强行快速纠偏,应立即停机,找出原因,向监理报告,采取补救措施后再恢复施工。不得隐瞒事实真相,不得强行施工。

一般情况下,以设计桩长和油压表压力值作为压桩终止的双控条件。如果设计桩长达到而油压表压力值未达到,应增加桩长;如果油压表压力值达到而设计桩长未达到,应以书面形式汇报监理,在取得处理意见后方可移机到下一个桩位。

对于一个具体的静压桩施工项目,可能由一台也可能由几台静压机同时施工。所以,压桩的顺序非常重要,压桩顺序应由施工场地的地形、地质情况、桩基布设的密集程度、施工的经验等因素决定。一般情况下,由施工区域内部向外侧施工,先施工长桩后施工短桩,先施工直径大的桩后施工直径小的桩。

C. 接桩

当设计桩长大于 15m 时,通常都要接桩。在满足设计桩长的前提下,配桩时必须以焊接的接头数最少为原则。

接桩就位时,下节桩头须设导向箍以保证上下节桩找正接直,如桩间隙较大,可用铁片填实焊牢,结合面的间隙不大于 2mm。

接桩时,为减小焊接变形,可沿接口四周先对焊 6 个点,以确保焊接质量和上下两节桩同心。普通电焊机焊接时,第一层必须用细电焊条打底,确保内层焊透,第二层用粗焊条焊接。每层焊接厚度应均匀,每层间的焊渣必须清除干净,方能再焊下一层,坡口槽的电焊必须满焊,电焊厚度高出坡口 1mm,焊缝不应有夹渣气孔等缺陷。无论普通电焊机还是 CO_2 保护焊机焊接,其质量都应符合 GB 50250—2001 钢结构工程施工质量验收规范的规定。

及时清除焊渣,及时补焊。接桩后待焊缝冷却降温 8min 后再开压。

D. 送桩

当压入的最后一节桩外露部分压桩机无法加压或者当最后一节桩的桩顶标高没有满足设计桩顶标高时,必须采用送桩器送桩。送桩器底部必须与桩顶密切接触,以免送桩时桩头破坏。送桩器标有刻度,用以明确送桩的深度。不同规格的桩应选用不同规格的送桩器。

E. 截桩或回填桩孔

压桩完成后,桩头高出地面的部分应及时截桩,截桩采用专用的截桩器截除。如有桩头低于地面的现象,则形成桩孔,应及时组织人员用砂或土回填。

3)质量保证措施

把好管桩进场检查验收质量关,当管桩运到现场时,由质检人员对桩的质量保证资料和桩的外观质量进行检查验收,桩的强度必须达到设计强度,对资料不符、不全或桩身有裂缝、损伤的管桩严禁进场。管桩的吊放应轻吊轻放,严禁剧烈碰撞,同时要整齐堆放并用枕木垫好。

对现场浅层孤石和坚硬障碍物,采用开挖清除,对较小孤石障碍物可采用送桩器进行引孔排除。遇到硬夹层,采用预钻孔沉桩法施工。

在正式施工前,根据场地不同地质情况和位置,按规范和设计要求,首先进行试桩和测试,以便确定工程桩的长度与施工工艺方法。

压桩过程中必须保持上、下两节桩轴线一致,第一节桩进入土层的垂直度偏差应控制在 0.5% 以内,沉桩后的桩身垂直度偏差不大于 1% ,桩位偏差不大于 50mm。

焊接桩时应保持上、下两节桩顺直,错位偏差必须控制在 2mm 以内,焊接时应对称分层进行焊接,焊缝要饱满,缩短焊接时间,应采取自然冷却法,严禁用水冷却或焊好后立即施工。

当桩压到设计深度与桩压力达到设计要求时应稳压一段时间,有时需复压稳压 2 ~ 3 次。

合理安排土方开挖顺序,应由四周分层均匀开挖,根据地层具体情况严格控制每次开挖深度,一般情况下分层开挖深度控制在 1.5 ~ 2m,并且应尽可能减小挤土效应,确保开挖后桩的质量。

4. 冲(钻)灌注桩基础

在土层、砂层,一般用钻孔桩;而在卵石层、风化岩、硬质岩等地层中,一般用冲孔桩,在大型旋挖钻机出现后,也可用钻孔桩。在存在易液化的土层中,为防止土层因振动液化发生坍孔不宜采用冲击成孔。

1)冲(钻)孔灌注桩施工工艺

A. 施工准备

B. 护筒埋设

护筒的作用是固定桩孔位置,保护孔口,提高孔内水位,增加孔内静水压力以维护孔壁稳定,并兼作冲孔导向。根据土质和地下水位定护筒埋深,在黏性土中不宜小于 1m,在砂土中不宜小于 1.5m,并应保持孔内泥浆面高出地下水位 1m 以上,对于易受水位影响的工程,应严格控制护筒内外的水位差。护筒顶部应开设 1 ~ 2 个溢浆口,采用压入或挖填方式埋设。埋护筒时一般宜高出地面 30 ~ 40cm,或高出地下水位 1.5m 以上,使孔内泥浆面保持高于孔外水位或地面,并使孔内水头稳定以利护壁。要求护筒中心与桩位中心线偏差不得大于 50mm,对位后应在护筒外侧填土夯实。

C. 成孔

冲击成孔:其原理是通过卷扬机悬吊起冲锤形成一定的势能,以冲锤的自由落体运动产生的冲击力把岩层破碎成孔,一部分渣石挤入孔壁,一部分用泥浆浮起排除或掏渣筒掏出。开始时低锤密击,锤高 0.4 ~ 0.6m,并及时添加片石、石子和黏土泥浆护壁,使孔壁挤压密实,直至孔深超过护筒底以下 3 ~ 4m 后,才可加快速度,随时测定和控制泥浆比重,并保证桩孔的垂直度。

钻机成孔:钻机在钻孔时常会突然发生排污管被堵塞。发生此现象多是在卵石地基中钻孔,这是由于大小不等的石块被吸进排污管而挤压在一起,紧紧堵住管径造成的。遇此情况需轻敲管壁,使小粒径石块受震后先脱落,而后大石块缓慢脱落也可用钢钎捣振,必要时可拆掉导管进行处理。

D. 护壁泥浆与清孔

在冲孔过程中应随时补充泥浆,调整泥浆比重。泥浆的作用:一是用其夹带被冲锤击碎的土石颗粒不断从孔底溢出孔口,达到连续冲进连续排渣的目的;二是加固保护孔壁,防止地下水渗入造成坍孔。在黏土和亚黏土中成孔时,可利用清水和孔中土颗粒在冲击中自造泥浆护壁。

E. 钢筋笼加工及安装

钢筋笼分 1 ~ 2 节加工制作,基本节长 10 ~ 14m,对于长度小于 14m 的钢筋笼在地面上水平焊接,对于长度超过 14m 的钢筋笼在冲钻孔上竖向焊接。利用塔吊或吊机吊装钢筋笼,下放时,检查钢筋笼的垂直度,确保上下节钢筋笼的中心线保持一致,钢筋笼上下节焊接采用单面搭接电弧焊。钢筋笼安装就位后,将钢筋笼中的加长主筋与钢护筒顶部焊接固定,从而防止混凝土灌注过程中钢筋骨架上浮。

2)水下混凝土灌注

灌注水下混凝土应做好充分的准备工作,确保灌注单桩水下混凝土时间不大于 4h,在整个砼灌注时间内,导管埋深应控制在 2.0 ~ 3.0m,混凝土灌注开始后,快速连续进行,不得中断。

3)岩溶地区冲(钻)孔灌注桩施工注意事项

岩溶地区由于溶洞发育形态各异,洼地、溶沟分布范围广、规模大,发育情况复杂,给桩基施工带来很大的难度。主要有以下施工注意事项:

(1)可溶性岩石为石灰岩,具有较高的强度,成孔较困难,如果采用大冲击力作用,不仅容易造成溶层突然击穿,而且容易在桩径外溶洞区形成负压,浇混凝土时,片石、黄泥等填塞物进入混凝土中形成断桩。

(2)成孔过程中漏水漏浆。岩溶地层岩溶和裂隙发育,钻孔遇岩溶或裂隙后护壁泥浆会迅速流走,若补浆不及时,则护壁泥浆面下降导致塌孔、扩孔、埋钻,或破坏整个孔位,引起地面塌陷,危及机械及人员的安全。

(3)钻孔桩桩径范围内基岩纵、横向起伏较大,部分溶蚀导致基岩半边露头,在钻进过程中容易出现斜桩和卡钻。

(4)在岩溶地下水丰富地区,钻孔时涌水量大,孔底沉渣难于控制,给桩基施工和混凝土浇注带来一定难度。

(5)岩溶溶洞或岩溶发育带多处于基岩顶部,以基岩为持力层的桩基,其桩尖下可能存在勘探时未被发现的溶洞,若洞顶厚度不大,则对桩基的安全工作存在潜在的危险。

4)岩溶地区冲(钻)孔灌注桩施工技术措施

A. 施工前准备

第一,岩溶地区冲(钻)孔灌注桩施工前需先收集地质资料。在岩溶发育区应逐桩进行超前钻探,根据地质钻探资料及所取的岩芯,分析确定桩位所在岩层中的溶洞及其大小,明确地下溶洞的走向、填充情况等,对整个场地的地质情况作出综合评价,确定桩基持力层的埋置深度,为施工提供准确依据。

第二,需要选择施工方案。考虑到岩溶地区的特殊性和复杂性及施工队伍的技术能力,采用冲击钻进和回转钻进相结合工艺,且以冲为主、钻为辅,充分发挥冲击钻机移动冲击能力大、穿透力强、能挤土固壁、防止泥浆流失和混凝土扩散等优点,而且遇有漏浆、坍孔等紧急情况时,可迅速提锤,避免发生掉锤、埋锤事故。

第三,需制备造孔泥浆。在桩孔附近应储存足够的泥浆。泥浆制备可选用高塑性黏土或膨润土,并加入适量纯碱防止泥浆沉淀。泥浆稠度应控制适当,过稠影响钻进速度,过稀则不利于护壁、排渣,泥浆比重一般应控制在 $1.2g/cm^3$ 以上,以减少孔壁内外的压力差,有效护壁,防止塌孔。

第四,需在大规模开展桩基施工前进行试桩,依据实际情况选定施工工具和施工工艺。开钻前,有关技术人员和操作手都要熟悉该桩位的地质情况及溶洞的位置、规模、发育状况,对施工中可能出现的问题要掌握操作要领。

第五,需做好施工安全预案。成立施工应急小组,施工过程全天候安排专职技术人员观察泥浆中的浮渣及水头变化等异常情况,并充分准备泥浆、片石、黄土、水泥等应急物资和应急机械,便于在遇到溶洞时能及时组织人员进行抛填黄泥或黏土包和片石,补充泥浆,避免塌孔事故的发生,确保工程质量和施工安全。同时在溶洞区域施工的桩机的枕木和走管均需加长,以确保在塌孔事故时桩机足够安全。

B. 穿越溶洞顶部岩层时防止偏孔的措施

岩溶地区冲孔灌注桩施工过程中,由于溶洞顶部岩层倾斜、岩石强度不一,容易导致卡钻、偏孔等问题发生。因此,在钻至溶洞顶 0.5m 左右时,要调整钻机冲程,改用小冲程钻进,做到轻击、慢打,以防止卡钻、偏孔等问题出现。同时要注意观察孔内水位、泥浆稠度及其他情况,当泥浆稠度、颜色发生变化,或孔内水位变化较大时,说明溶洞顶板已被击穿,此时应检查是否偏孔。如偏孔,则分次回填块径为 10~25cm 的片石至原偏孔位置以上 0.5m 左右(每次投入孔中片石量约为 1/3 补偿量),然后用冲击钻头上下低锤冲击,直到钻头不再偏斜。对于仍无法纠正的偏孔,进行清孔后灌注水下砼到偏孔位置,待水下砼达到 3 天强度后再实施钻孔,效果很好。

C. 穿过溶洞的施工措施

当钻机钻进速度加快,无偏孔现象时,表明已进入溶洞,这时要根据溶洞大小和填充物的情况采取相应的处理措施。

对于洞高小于 1.0m 的小溶洞:若洞内有填充物且裂隙不发育,钻穿溶洞时如水头无太大变化,可加大泥浆比重($1.30g/cm^3$ 以上),按正常成孔方法施工;若为空洞,钻穿后孔内水头突然下降,可采用抛填片石、黏土、袋装水泥混合料等挤密填注溶洞,直至停止漏浆。

对于洞高较大的溶洞:这种溶洞体积较大,具体表现是漏浆大且快,若处理不当,可能引起埋钻、坍孔甚至地面塌崩。

对洞高较大的溶洞,可先钻进至溶洞底板,然后采用片石、砾石混合物回填溶洞,回填高度一次以 1.5~2.0m 为准,每回填一次后利用小冲程挤压,再回填,再挤压,如此反复进行,直至完全填充溶洞后再进行钻进。若回填物大量流失,可向孔内灌注 C20 细石水下砼(可掺适量的早强剂)到溶洞顶 0.5m 左右,待砼达到 3 天强度后,重新钻进至下一层溶洞。在钻进过程中,应适当增加黏土数量,提高泥浆密度(泥浆比重以 $1.30g/cm^3$ 为宜)。

D. 在洞底岩面上钻孔时防止偏孔的措施

当钻进速度明显比溶洞内钻进速度降低,且绳摆动有所加大时,说明已钻进到溶洞底板。由于溶洞底板岩面常呈倾斜、台阶状,且基岩因溶蚀程度不同而倾斜,因此在钻至溶洞底板时,极易造成钻孔偏孔现象。因此,在钻至溶洞底板时,也需调整钻机冲程,改用小冲程钻进,并随时检查孔位。若发生偏孔,要提钻回填片石,回填高度以原偏孔位置为准,再钻进,反复进行,直至完全纠正为止。

E. 防止孔底沉碴超标的措施

钻成孔后,应采用可靠的清孔措施防止沉碴超标。第一次清孔应彻底清干净,其方法是:成孔后用泥浆泵压浆正循环或泵吸反循环方法尽量将孔底沉碴排出,使孔底干净。或采用专门清孔的气举反循环设备清孔十几分钟,然后静置 2~3h,再清孔一次;下完钢筋笼,浇注混凝土前进行第二次清孔,采用该工作程序仔细操作后均能达到要求。

5. 沉管夯扩灌注桩基础

沉管灌注桩属于挤土灌注桩,其施工工艺是,使用打桩锤或振动锤将一定直径的带有活瓣桩尖或锥形封口桩尖的钢管沉入土中,形成桩孔,然后放入钢筋笼,边浇筑桩身混凝土,边拔出钢管形成所需要的灌注桩。根据打桩形式的不同,沉管灌注桩可分为锤击沉管灌注桩和振动沉管灌注桩。

1)锤击沉管灌注桩施工

锤击沉管灌注桩是利用桩锤的锤击作用,将带活瓣桩尖或钢筋混凝土预制桩尖的钢管锤击沉入土中,然后边灌注混凝土边用卷扬机拔出桩管成桩。锤击法沉管的主要设备是一般锤击打桩机,主要由桩架、桩锤、卷扬机、桩管等组成,配套机具有上料斗、机动翻斗车、混凝土搅拌机等。锤击沉管灌注桩的施工过程为:安放桩靴→桩机就位校正垂直度→锤击沉管至要求的贯入度或标高→测量孔深并检查桩靴是否卡住桩管→下钢筋笼→灌注混凝土边锤击边拔出钢管。锤击沉管灌注桩的施工可用小桩管打较大截面桩,可避免拥孔、缩颈、断桩、位移等缺陷,承载力大,可采用普通锤击打桩机施工,设备简单,操作方便,沉桩速度快。

锤击沉管灌注桩的施工要点包括如下 6 个方面:

(1)安放桩尖时,混凝土预制桩尖或钢桩尖的加工质量和埋设位置应与设计相符,桩管与桩尖的接触应有良好的密封性。

(2)桩机就位时,应将桩管对准预先埋设在桩位上的预制桩尖或将桩管对准桩位中心,将桩尖活瓣合拢,再放松卷扬机钢丝绳,利用桩机及桩本身自重把桩尖竖直地压入土中。在钢管与预制桩尖接口处应垫有麻绳等,以作缓冲层。

(3)锤击沉管时,首先应检查桩管与桩锤、桩架等是否在同一垂线上,当桩管垂直度偏差不大于 0.5% 时,即可用桩锤轻击,观察偏移在允许范围内,方可正常施打,直至符合设计深度要求。群桩基础和桩中心距小于 4 倍桩径或小于 2m 的桩基,应提出保证邻桩桩身质量的措施,选择合适的打桩顺序,一般采用跳打法,即中间的桩应在邻桩混凝土强度达到设计强度的 50% 后方可施打,以防桩管挤土而使新浇的邻桩断桩。沉管全过程须有专职记录员作好施工记录。

(4)沉管至设计标高后,应立即灌注混凝土,尽量减少时间间隔;灌注混凝土之前,必须检查桩管内有无吞桩尖或进泥进水,然后再用吊斗将混凝土通过漏斗灌入桩内。

(5)当桩身配钢筋笼时,第一次混凝土应先灌至笼底标高,然后放置钢筋笼,再灌混凝土至桩顶标高。桩身混凝土的充盈系数不得小于1.0;对充盈系数小于1.0的桩,宜全长复打,对可能有断桩和缩颈桩,应采用局部复打。成桩后的桩身混凝土顶面标高应不低于设计标高500mm。

(6)当混凝土灌满桩管后,便可开始拔管,一边拔管,一边锤击,拔管的速度要均匀,对一般土层以1m/min为宜,在软弱土层和软硬土层交接处宜控制在0.3~0.8m/min。采用倒打拔管的打击次数,单动汽锤不得少于50次/min,自由落锤轻击(小落距锤击)不得少于40次/min,在桩管底未拔至桩顶设计标高之前,倒打和轻击不得中断,在拔管过程中应向桩管内继续灌入混凝土,以保证灌注质量。前一次拔管高度应控制在能容纳第二次所需灌入的混凝土量为限,不宜拔得太高。在拔管过程中应有专用测锤或浮标检查混凝土面的下降情况。

2)振动沉管灌注桩施工

振动沉管灌注桩是利用振动桩锤将桩管沉入土中,然后灌注混凝土而成桩。它的适用范围除与锤击沉管灌注桩相同外,更适用于砂土、稍密及中密的碎石类土层。振动冲击沉管灌注桩与振动沉管灌注桩的施工工艺可以说是完全相同的,所不同的仅仅是振动沉管桩采用振动沉管,而振动冲击沉管桩采用振动冲击桩锤。

振动冲击施工法是利用振动冲击锤在振动和冲击的共同作用,桩尖对四周的土体进行挤压,改变土体结构排列,使周围土层挤密,桩管迅速沉入土中,在达到设计标高后,边拔管,边振动,边灌注混凝土,边成桩。施工程序:桩机就位→振动沉管→灌注混凝土→安放钢筋笼→拔管、浇注混凝土→成桩。

3)沉管灌注桩施工要点及注意事项

(1)混凝土强度等级一般不低于C20,水泥宜用R42.5级或R32.5级普通水泥。粗骨料粒径应不大于40mm,含泥量小于3%。

(2)振动、振动冲击沉管施工法一般有单打法、复打法、反插法等,应根据土质情况和荷载要求分别选用。单打法适用于含水量较小的土层,反插法和复打法适用于软弱饱和土层。采用单打法沉管时,宜采用混凝土预制桩尖。

(3)沉管过程中,应经常探测管内有无水或泥浆,如发现水或泥浆较多,应拔出桩管,用砂回填桩孔后重新安放桩尖沉管。如发现地下水或泥浆进入套管,一般应在桩管沉入前先灌入1m高左右的混凝土或砂浆,封住漏水缝隙,然后再继续沉桩。桩管沉到设计标高后,停止振动,用上料斗将混凝土灌入桩管内,混凝土一般应灌满桩管或略高于地面。

(4)当混凝土灌满以后即可开始拔管。开始拔管时,应先启动振动机,振动5~10s,再开始拔管,应边振边拔,每拔0.5~1.0m停拔振动5~10s,如此反复,直至桩管全部拔出。在拔管过程中,桩管内至少应保持2m高的混凝土或不低于地面。不足时及时补灌,以防止混凝土中断形成缩径。

(5)每根桩的混凝土灌注量,应保证成桩后平均截面积与端部截面积比值不小于

1.1。混凝土的浇灌高度应超过桩顶设计标高0.5m,适时修整桩顶,凿去浮浆后,应保证桩顶设计标高及混凝土质量。

（6）对某些密实度大、低压缩性、且土质较硬的土层,一般的振动沉拔桩机难于把桩管沉入设计标高。这时,可适当配合螺旋钻,先钻去部分较硬土层,以减少桩尖阻力,然后再用振动沉管灌注桩施工工艺。这种方法所成的桩,其承载力与全振动沉管灌注桩相近,同时可扩大已有设备的能力,减少挤土和对临近建筑的振动影响。

6. 载体桩（夯扩桩）基础

载体桩是由干硬性混凝土及填充料（如石粉、砂、碎石等）经细长锤夯扩而成的复合载体和钢筋混凝土桩身组成。

一般来讲,岩溶地区岩层面有一层较软弱的土层。当岩层有一定埋深时,载体可对岩溶面层的软弱土体进行加固。若桩端是溶槽,载体将溶槽填满;若桩端是溶洞,载体可将较小的溶洞填满或将较大的溶洞相当大的范围内的土体进行加固,这对建筑物的基础稳定更加有利。

1）载体桩施工工艺

测量放线→移动桩机就位→对准桩位→锤击成孔→沉护筒至设计标高→填料夯击→实测三击贯入度→夯填干硬性混凝土→安放钢筋笼→浇筑混凝土→拔护筒→振捣混凝土→做桩顶。

测量放线:场地平整后,按照测量人员桩位布置图测设载体桩的桩位,并用白石灰做出标记,经监理验线合格后,在施工前,各施工组技术员对所要打的桩位再进行一遍复测,确认无误后方可进行施工。

移动桩机就位:检查桩机设备工作是否正常,移动桩机就位。

锤击成孔:在确定所要打的桩位上,使护筒中心与桩位中心位对齐。先用细长锤低落距夯击地面,在地面土体中形成一个浅孔,用反压系统将护筒沉至孔底,并调整护筒保证其垂直。

沉护筒至设计标高:提高细长锤夯击成孔,将护筒沉至孔底,经反复操作后,将护筒沉至设计标高处。当接近桩底标高时,控制重锤落距,准确将护筒沉至设计标高。

填料夯击:护筒沉至设计标高后,提升重锤高出填料口,进行碎砖或碎石等填料,锤做自由落体运动,夯击填充料,填料量以锤底出护筒底40~60cm为准。

三击贯入度是指:填充料夯实完毕后,以锤径为355mm,质量为3.5吨的柱锤,落距为6m,连续三次锤击的累计下沉量。承载体形成密实状态后,在不填料的情况下,令重锤以6m落距做自由落体运动,实测连续三次的贯入度即为三击贯入度。每次贯入数值应比前一次小或相等,三击贯入度的累计值应不大于20cm实测三击贯入度。

夯填干硬性混凝土:三击贯入度满足设计要求后,分次夯填0.3m³的干硬性混凝土,继续夯击至锤底出护筒2~5cm。

安放钢筋笼:在护筒内放入预制钢筋笼,测量钢筋笼顶标高,使钢筋笼沉没至设计标高。

浇筑混凝土:从护筒填料口灌入混凝土,连续灌至桩顶标高,并适当进行超灌 30~50cm。

做桩顶:采用圆台形扩大桩头,扩大头顶部直径为 1.1m,高 0.75m。施工时将桩头范围挖除,现场浇筑 C20 混凝土。在桩顶用圆台形模板做出桩的扩顶,扩顶标高要控制到设计标高,扩顶混凝土也要振捣密实。

2)质量控制标准

(1)桩孔的垂直度偏差不大于桩长的 1.0%。

(2)桩位允许偏差不大于 50mm。

(3)桩体有效直径不小于设计值。

(4)细长锤锤出护筒深度:填料时 40~60cm;夯填干硬混凝土时 2~5cm。

(5)桩身灌注充盈系数不小于 1.0。

(6)控制三击贯入度不大于 20cm,重锤落距为 6m,锤重 3.5 吨。

3)施工中常见问题的预防与处理

卡锤:由于落距过大,冲力过大,底部土层较软,当主机卷扬机拔不出桩锤时,可用桩机上的副卷扬机系统拔出桩锤。

拔不出护筒:当成桩与拔筒时间间歇过长,拔筒困难时,可采用吊车拔出,也可利用桩机上的主卷扬机,通过副卷扬机滑轮组拔出护筒。

提护筒时,桩跟着走:如果提护筒,发现桩也跟着走,停拔护筒,用桩锤将桩体压回原位,然后再提护筒,如果不见效,可采取复打法处理。

断桩:采取措施防止断桩的发生,如果发现断桩,应将断桩段拔去,并将表面清理干净后充分湿润,增大桩身混凝土截面面积或加钢筋联结后再重灌混凝土补做桩身。

桩位移:应避免人为的操作失误,对于桩位偏移超出允许值的,一般采取加大桩帽或增设钢筋的方法解决,具体由设计人员决定。

7.1.2　基坑支护技术与降水

岩溶地区基坑支护一般多用于深基坑中,其主要类型大致有以下五种:深层搅拌桩支护、地下连续墙、土钉墙、锚杆支护、水泥土墙支护。

1. 深层搅拌桩支护

深层搅拌桩支护是利用水泥作为固化剂,采用机械搅拌,边搅拌边下沉或提升,在设计桩长范围内,就地将水泥浆液与软土进行强制拌和,水泥与土之间产生一系列的物理化学反应而逐步硬化,形成具有整体性、稳定性和一定强度的水泥土桩作为支护结构。搅拌桩一般适用于淤泥、淤泥质土、素填土、粉土、粉质黏土、黏土等土层。在砂土地层中,搅拌桩支护也同样很适用,特别是多排搅拌桩组成的支护挡墙具有很好的止水作用。同时,在砂土中,因砂土与水泥之间拌和后形成较高强度的固结体,从而搅拌桩强度比较高。但是在有机质土、泥炭土中应慎重选用搅拌桩方案,一般应先进行试验确定其适用性。

深层搅拌桩一般采用水泥作为固化剂,水泥掺入比应根据土层不同及设计强度不同而变化,一般取12%~18%。根据工期要求及工程需要,可以在水泥浆中掺入外加剂,不同的外加剂分别具有早强、缓凝、减水、节省水泥等性能,常用的有三乙醇胺、石膏等。

1)施工准备

(1)场地平整:首先应平整场地,整平后地面坡度不得大于2%,便于钻机的对中及保持桩的垂直度,施工场地两侧开挖排水边沟,以防施工期间被雨水浸泡而影响施工,河塘地段可清淤后,按要求填筑素土,整平、压实(压实度不少于85%)。施工场地要将最外侧桩位中心线外3m作为场地平整边界,并且保证施工场地地面标高比设计桩顶标高至少高出50cm,以确保施工质量。

(2)测量放样定桩位:桩位的放样必须按设计要求先绘制桩位平面布置图,据平面布置图再放出现场实际桩位图。桩位布置一般按照梅花形布置,并用小木桩或竹片定位,外加石灰粉作醒目标记。

(3)机械设备要求:深层搅拌法所用的施工机具包括深层搅拌机、水泥浆制备系统及起重机、导向设备和提升速度控制设备等。钻机就位必须校正井架的垂直度并对中,垂直度应小于1%,各类机具的监测装置及电流表、压力表必须经计量部门计量、标定,保证仪器、仪表的准确。

2)施工工艺

深层搅拌桩施工程序为:深层搅拌机定位→预搅下沉→制配水泥浆(或砂浆)→喷浆搅拌、提升→重复搅拌下沉→重复搅拌提升直至孔口→关闭搅拌机、清洗→移至下一根桩,重复以上工序。

(1)搅拌桩基定位:根据设计要求,将搅拌桩基放至相应的点位,准备施工。

预搅下沉:待搅拌机的冷却水循环正常后,启动搅拌机电机,放松起重机钢丝绳,使搅拌机沿导架搅拌切土下沉,下沉的速度可由电机的电流监测表控制,工作电流不应大于40A。搅拌机下沉时开启灰浆泵将水泥浆压入地基中,边喷边旋转。

(2)制备水泥浆:按设计确定的配合比拌制水泥浆,待压浆前将水泥浆倒入集料斗。

(3)喷浆搅拌、提升:提升喷浆搅拌,搅拌机下沉到达设计深度后,开启灰浆泵将水泥浆压入地基中,边喷边旋转,同时严格按照设计确定的提升速度提升搅拌机。

(4)重复搅拌提升直至孔口:重复上、下搅拌,搅拌机提升至设计加固深度的顶面标高时,集料斗中的水泥浆应正好排空,为使软土和水泥浆搅拌均匀,再次将搅拌机边旋转边沉入土中,至设计加固深度后再将搅拌机提升出地面,搅拌过程同时喷水泥浆。

(5)关闭搅拌机、清洗:关闭搅拌机并清洗,向集料斗注入适量热水,开启灰浆泵、清洗全部管线中的残存水泥浆,直到基本干净,并将粘附在搅拌头上的杂物清洗干净。

移至下一根桩,重复以上工序。

2. 地下连续墙

地下连续墙是在地面上用特殊的挖槽设备,沿着深开挖工程的周边(如地下结构物的边墙),在泥浆护壁的情况下,开挖一条狭长的深槽,在槽内放置钢筋笼并浇灌水下混凝土,筑成一段钢筋混凝土墙段。然后将若干墙段连接成整体,形成一条连续的墙体。地下连续墙可供截水防渗或挡土承重之用,特别在岩溶区存在丰富地下水时,可考虑采用地下连续墙。

由于通常情况下,地下连续墙的造价高于钻孔灌注桩和深层搅拌桩,因此,对其选用须经过认真的技术经济比较后才可决定采用。

1)施工准备

①场地准备:确定和安排机械所需作业面积:主要包括泥浆搅拌设备(泥浆搅拌设备以水池为主,水池总量为挖掘一个单元槽段土方量的 2~3 倍,即 300~450m³);钢筋笼加工及临时堆放场地(其地基做加固);接头管和混凝土浇筑导管的临时堆放场地以及其他用地。

②场地地基加固:在地下连续墙施工中,挖槽、吊放钢筋笼和浇筑混凝土等都要使用机械,安装挖槽机的场地地基对地下墙沟槽的精度有很大影响,所以安装机械用的场地地基必须能够经受住机械的振动和压力,应采取地基加固措施(换填表面软弱土层,整平和碾压地基,用沥青混凝土做简易路面为临时便道等)。

③给排水和供电设备:根据施工规模及设备配置情况,计算和确定工地所需的供电量,并考虑生活照明等,设置变压器及配电系统,地下连续墙施工的工程用水是十分庞大的工程,全面设计施工供水的水源及给水管系统。

④护壁泥浆的稳定:泥浆的主要作用是护壁,其次是携沙、冷却和润滑,泥浆具有一定的密度,在槽内对槽壁产生一定的静水压力,相当于一种液体支撑,槽内泥浆面如高出地下水位 0.6~1.2m,能防止槽壁坍塌,关于地下连续墙的槽壁稳定性问题,可以通过计算公式确定如梅耶霍夫的沟槽稳定临界高度公式。

2)地下连续墙施工工艺

地下连续墙的施工过程较为复杂,施工工序颇多,施工时采用逐段施工法,周而复始进行。每段地下连续墙的施工程序可分为以下几个主要工序:施工准备→造孔(成槽)→泥浆护壁→槽孔孔型检查及清孔验收→下设钢筋笼→混凝土浇筑或墙体填筑→墙段连接→墙体质量检查。

(1)施工准备:除三通一平外,还包括泥浆系统(搅拌、储存)、混凝土系统、开挖导向沟并埋设导向槽板、施工导浆平台的构筑、开槽机械的轨道铺设和安装及其他临时设施的布置。

(2)造孔(成槽):在始终充满泥浆的沟槽中,利用专用挖槽机械进行挖槽。一般用冲击钻较多,钻具提升后利用自重冲击孔底破碎岩石,整个钻进过程用泥浆固壁。成槽工艺有钻劈法、抓斗成槽法(单抓、多抓)、钻抓法、铣削法。

(3)泥浆护壁

泥浆制作:泥浆是地下连续墙施工中深槽槽壁稳定的关键,它的作用是保证槽壁稳定,有悬浮作用,使钻渣不沉淀,冷却钻头。施工时可根据当地地质条件、水文资料,采用膨润土、纯碱等原料,按一定比例配制而成。在地下连续墙成槽中,依靠槽壁内充满泥浆,并使泥浆液面保持高出地下水位 0.5～1.0m。泥浆液柱压力作用在开挖槽段土壁上,除平衡土压力、水压力外,由于泥浆在槽壁内的压差作用,部分水渗入土层,从而在槽壁表面形成一层固体颗粒状的胶结物——泥皮。性能良好的泥浆失水量少,泥皮薄而密,具有较高的黏接力,这对于维护槽壁稳定,防止塌方起到很大的作用。

泥浆液面控制:成槽的施工工序中,泥浆液面控制是非常重要的一环。只有保证泥浆液面的高度高于地下水位的高度,并且不低于导墙下 50cm 时才能够保证槽壁不塌方。

刷壁次数的问题:地下连续墙一般都是按顺序施工,在已施工的地下连续墙的侧面往往有许多泥土粘在上面,所以刷壁就成了必不可少的工作。刷壁要求在铁刷上没有泥才可停止,一般需要刷 20 次,确保接头面的新老混凝土接合紧密。

(4)槽孔孔型检查及清孔验收:造孔工作结束后,应对造孔质量进行全面检查验收(包括孔位、孔斜、孔深、孔宽、孔型等)。合格标准为淤积厚度不大于 10cm;孔内泥浆密度不大于 1.3g/cm³;黏度不大于 30s;含沙量不大于 10%。二期槽孔端头孔刷洗标准为刷子钻头上基本不带泥屑及孔淤积不再增加,清孔验收合格,应于 4h 内浇筑混凝土,因下设墙体内埋件不能按时浇筑,一般应重新进行清孔验收。

(5)下设钢筋笼、下设混凝土导管:将已制备的钢筋笼下沉到设计高度(就钢筋混凝土防渗而言)。混凝土浇筑或墙体填筑待插入水下灌注混凝土导管后进行。

导管拼装问题:导管在混凝土浇筑前先在地面上每 4～5 节拼装好,用吊机直接吊入槽中混凝土导管口,再将导管连接起来,这样有利于提高施工速度。

钢筋笼安置完毕后,应马上下导管,减少空槽的时间,防止塌方的产生。

导管间距:不同间距导管浇注的墙段,墙间夹泥面积占垂直端面积也是不同的。统计数据表明,导管间距在 3m 时,断面夹泥很少,间距在 3～3.5m 时略有增加,大于 3.5m 夹泥面积大大增加,因此导管间距不宜太大。

导管埋深:导管埋深影响混凝土的流动状态。埋深太小,混凝土呈覆盖式流动,容易将混凝土表面的浮泥卷入混凝土内;导管埋深太深时,导管内外压力差小,混凝土流动不畅,当内外压力差平衡时,则混凝土无法进入槽内。

导管高差:不同时拔管造成导管底口高差较大,当埋深较浅的进料时,混凝土影响的范围小,只将本导管附近的混凝土挤压上升。与相邻导管浇注的混凝土面高差大,混凝土表面的浮泥流到低洼处聚集,很容易被卷入混凝土内。

(6)混凝土浇筑或墙体填筑:泥浆下浇筑混凝土一般都采用直升导管法。由于不能振捣,要利用混凝土自重,所以对混凝土级配有特殊要求,混凝土应有良好的和易性,规范规定入孔时的坍落度为 18～22cm,扩散度为 34～40cm,最大骨料粒径不大于 4cm。在泥浆下采用直升导管,导管底口距槽底 15～25cm,将木球(或可浮起的隔离球)放入导管(球直径略小于导管内径),开浇后挤出塞球,埋住导管底端(即先用砂浆,再用多于导管容积的混凝土,一下子把木球压至管底),灌满后,提升 20～30cm,使木球跑出,混凝土流入孔内,连续上料,但要保证导管提升后底部埋入混凝土内(深度 1～6cm),随着混凝土面的均匀上升(上升速度大于 2m/h,高差小于 0.5m),导管也随之提升,连续浇筑,直至结束。

(7)拔接头管:混凝土的凝固情况一定要注意,并根据混凝土的实际情况决定接头管的松动和拔出时间。

接头管提拔一般在混凝土浇灌 4h 后开始松动,并确定混凝土试块已初凝,开始松动时向上提升 15～30cm,以后每 20min 松动一次,每次提升 15～30cm,如松动时顶升压力超过 100 吨,则可相应增加提升高度,缩小松动时间。实际操作中应该保证松动的时间,防止混凝土把接头管固结。由于接头管比较新,一般情况下用 100 吨吊车就可以把接头管拔起来。

接头管拔出前,先计算剩在槽中的接头管底部位置,并结合混凝土浇灌记录和现场试块情况,在确定底部混凝土已达到终凝后才能拔出。最后一节接头管拔出前先用钢筋插试墙体顶部混凝土有硬感后才能拔出。

地下连续墙较其他基础处理措施具有工程量小、施工简便、受地层条件制约较少、运行可靠等优点。只有做好各个工序环节的控制,才能使墙体连续、不间断、厚薄均匀,防渗、抗压效果好。

3. 土钉墙

土钉墙是一种保持在开挖过程中基坑和岩土(质)边坡稳定、限制变形及发展、用于临时性或者永久性的支护结构技术。

1)施工准备

(1)场地平整:进行场地平整,拆迁施工区域内的报废建(构)筑物和挖除地面以下 3m 内的障碍物,保证水源、电源畅通。在施工区域内已设置临时设施,修建施工便道及排水沟,各种施工机具已运到现场,并安装维修试运转正常。

(2)机械准备:成孔机具设备:冲击钻机、洛阳铲等;在易塌孔的土体钻孔时宜采用套管成孔或挤压成孔设备;注浆机具设备:注浆泵、灰浆搅拌机等;混凝土喷射机具:混凝土喷射机、空压机等。

(3)材料要求:土钉钢筋宜采用 Ⅱ、Ⅲ 级,直径宜为 16～32mm,并有出厂合格证和现场复试的试验报告。喷射混凝土强度等级不宜低于 C20,面层厚度不宜小于 80mm。注浆材料宜采用水泥浆或水泥砂浆,强度等级不宜低于 M10。

2)土钉墙支护施工工艺

土钉墙的施工流程为:挖土→整理坡面→初喷→打孔眼→插杆→灌注→挂网→复喷。

开挖整理坡面:土钉支护是分层进行的,因此挖土深度不能超过设计深度,同时要保证坡角达到设计要求的 78°～80°,坡面平整光滑,坡角未达到设计要求的则要进行专门修整。

初喷:为使挖好的坡面不产生垮塌,凡挖好的坡面需立即进行混凝土喷射,以使表层固结。其混凝土材料的配合比为水泥:石子 = 1.5:1.5,水灰比 = 0.5～0.6。

钻孔:采用人工机械一起作用的方法,钻孔下倾角度为 15°~25°,采用风钻的方法进行。

插杆与灌浆:成孔后按设计要求插入直径中 22mm 加筋杆,加筋杆每 1.5m 焊接直径 110mm 的扶正环,起导正作用。在插筋的同时,用加筋杆将注浆管带进离孔底 0.3m 的地方,然后进行灌注,注浆材料的配合比为水泥:砂子 = 1:2,水灰比 = 0.4~0.5。孔内一定要灌满,不能形成空洞和孔隙。

挂网:上一道工序完工后,按设计要求,将直径中 6mm 的钢筋,按 30cm×30cm 的网距焊接,固定于坡面之上;同时,在危险坡上的土钉之间用金属件(如槽钢等)连接在一起,以进一步加强支护强度。

4. 锚杆支护

锚杆支护技术就是在土层中斜向成孔,埋入锚杆后灌注水泥(或水泥砂浆)依赖锚固体与土之间的摩擦力,拉杆与锚固体的握裹力以及拉杆强度共同作用来承受作用于支护结构上的荷载。

1)施工准备

(1)场地平整:锚杆支护施工前应熟悉地质资料、设计图纸及周围环境、地下线管等,降水系统应确保正常工作,必需的施工设备如挖掘机、钻机、压浆渠、搅拌机等应能正常运转。

(2)材料准备:原材料要有出厂合格证,并经抽样检验合格才能使用;锚杆材料使用前应平直、去污、除油和除锈;水泥采用 ≥32.5 级普通硅酸盐水泥,必要时可采用抗硅酸盐水泥,但不得使用高铝水泥,采用干净的中细砂,沙粒直径小于 2.5mm,砂含泥量 ≤ 3%;采用干净的角砾,粒径不宜大于 10mm,外加剂应符合规范要求。塑料套管材料要有足够的强度、抗水性和化学稳定性,与水泥砂浆和防腐剂接触无不良反应,隔离架应由钢、塑料或其他对杆体无害的材料组成,不得使用木质隔离架,防腐材料在锚杆服务年限内应保持其耐久性,在规定的工作温度内或张拉过程中不开裂、变脆或成为流体,不得与相邻材料发生不良反应,应保持其化学稳定性和防水性,不得对锚杆的自由端的变形有任何限制。

(3)机械准备:钻孔机具应根据地质勘查资料、现场环境及锚杆参数来选取,如坚硬黏性土和不易塌孔的土层宜选用地质钻机、螺旋机和土钻机;饱和黏性土与易塌孔的土层宜选用带护壁套管的土锚专用钻机。

2)锚杆支护施工工艺

锚杆支护施工工艺大致分为:成孔→安放锚杆→灌浆→张拉锁定→腰梁安装。

(1)成孔:锚杆的成孔工艺,直接影响土层锚杆的承载力,施工效率和整个支护工程的造价。按成孔方法的不同,可分为干作业法和湿作业法,湿作业法即为压水钻进法,可把成孔过程中的钻进、出渣、清孔等工序一次完成。可防止塌孔:不留残土,能适用于各种软硬土层,水压力控制在 0.15~0.30MPa。注水应保持连续,始终保持孔口水位,到达设计深度后,应彻底清孔,直到流出清水为止。

（2）锚杆的类型和防腐

钢筋拉杆：用变形钢筋制作锚拉杆时，首先要除锈，为了使锚杆钢筋能放置在钻孔的中心以便于插入，以及为了保证拉杆有足够厚度的水泥浆保护层，在锚杆下部焊船形支架，或在拉杆表面上设定位器，同时为了插入钻孔时不至于从孔壁带入大量土体到孔底，可在锚杆尾端放置圆形锚靴。

钢绞线和钢丝束锚杆：锚杆也可用钢绞线和钢丝束构成，是在工地工棚里现场装配，因此，首先要决定锚索的总长，并将各钢束切断至该长度，由于锚索通常以涂油脂和包装物保护的形式送到现场，为此，钢束切断后应清除有效锚固段的防护层，并用溶剂或蒸气清除防护油脂，如果锚索是由若干根钢丝束构成的，则必须沿锚索长度使用和安装可靠的间隔块，以使各钢丝束保持平行，间隔块间距 2～4m，这些间隔块必须是坚固耐用的，使用的材料能经受住装卸和安装就位时的强度，并能保证对锚索钢材无有害的影响。

锚杆的防腐：钻孔内的锚固段锚杆用水泥砂浆保护，自由段及钻孔外的锚杆要另做防腐和隔离处理。锚杆的防腐方法很多，国内常用的是在钢筋表面涂防锈底漆（可采用富锌漆或船底漆）并用两层沥青玻璃布或三层塑料布包扎并扎紧，或在外套上塑料管，在与锚固端接触部位将塑料管密封，一般均能起到良好的防锈效果。

（3）安放拉杆：一般情况下，拉杆钢筋与灌浆管应同时插入钻孔底部，尤其对于土层锚杆要求在钻孔到达孔底，退出钻杆后，立即将拉杆插入孔内，以免塌孔。插入时要将拉杆有支架的一面向下，若钻孔使用套管，则在插入拉杆灌浆后，再将套管拔出。对长锚杆或锚索负载量较大时，要用起重设备，起吊的高度与锚杆钻孔的倾斜角度有关，目的是能顺着钻孔的斜度将拉杆送入孔内，避免由于人工搬运、插入等引起锚索的弯曲。

（4）灌浆：灌浆方法有一次灌浆和重复灌浆方法。为了增大锚固于土中锚杆承载力，可分两个阶段向根部灌注砂浆，二次灌浆的方法是在灌浆的锚固体内留有一根灌浆管，在初凝 24 小时后，再一次灌浆，使原生的锚固体在压力灌浆下产生裂缝并用浆液充填，这样在土中形成径向应力，由于裂缝内充填了砂浆，使锚固体获得粗糙表面，在很大程度上提高了锚杆根部与土之间的黏结力。

（5）张拉锁定：灌浆后的锚杆养护 7～8 天后，砂浆的强度能够达到 70%～80% 的最终强度，用液压千斤顶张拉固定。对于作为开挖支护的锚杆，一般施加设计承载力的 50%～100% 的初期张拉力，初期张拉力并非越大越好，因为当实际荷载较小时，张拉力作为反向荷载可能过大而对结构不利。初期张拉力取决于所需的有效张拉力和张拉力的可能松弛程度，而张拉力的松弛原因来自：钢材的松弛；结构物的变形（混凝土的蠕变及干缩）；地基变形。

（6）腰梁安装：腰梁的加工安装要保证承压面在一条直线上，才能使梁受力均匀，桩施工过程中，各桩偏差大，不可能在同一平面上，必须在腰梁安装中予以调整，方法是：在现场测量桩的偏差，在现场加工异形台座进行调整，使腰梁承压在同一平面上，对锚杆点也同样进行标高实测，用腰梁的两根工字钢间距进行调整。腰梁安装采用直接安装法，把工字钢按设计要求放置在挡土桩上，用枕木垫平，然后焊缀板组成箱梁，其特点是安装方便。

5. 水泥土墙支护

水泥土墙是利用水泥材料作为固化剂,采用特殊机械(如深层搅拌机和高压旋喷机)将其与原状土强制拌和,形成具有一定强度、整体性和水稳定性的圆柱体(柔性桩),将其相互搭接,形成具有一定强度和整体结构的水泥土墙。水泥土墙具有挡土、止水的双重作用。

1)施工准备

(1)技术准备:熟悉、审查施工图纸。

(2)施工现场准备工作:地上、地下各种管线及障碍物的勘测定位;地上、地下障碍物的拆除;施工现场的平整;测量放线;临时道路、临时供水、供电等管线的敷设;临时设施的搭设;现场照明设备的安装。

(3)劳动组织准备:建立各施工部的管理组织,集结施工力量、组织劳动力进场,做好施工人员入场教育等工作。

(4)施工场外协调:由基础施工项目经理部与土方施工部共同对外协调交通、环卫、市容的关系以及扰民、民扰处理的前期准备工作。

(5)机械准备:水泥土墙实际上采用的钻孔技术是深层搅拌桩或是旋喷桩的钻孔技术,机械准备应根据实际施工情况确定。例如,若采用深层搅拌桩的施工技术则需用到深层搅拌机;若采用旋喷桩则需用到高压旋喷钻机。

2)水泥土墙的施工工艺

水泥土墙的施工一般分为深层搅拌法施工和高压旋喷法施工。

A. 深层搅拌法施工

深层搅拌法施工步骤为:钻机就位→钻机下沉,边搅拌边喷射水泥浆→提升,边搅拌边喷射水泥浆→重复上下搅拌→成桩。

定位:用起重机(或用塔架)悬吊搅拌机到达指定桩位,对中。

预搅下沉:待深层搅拌机的冷却水循环正常后,启动搅拌机,放松起重机钢丝绳,使搅拌机沿导向架搅拌切土下沉。

制备水泥浆:待深层搅拌机下沉到一定深度时,即开始按设计确定的配合比拌制水泥浆(水灰比宜 0.45~0.50),压浆前将水泥浆倒入集料斗中。

提升、喷浆、搅拌:待深层搅拌机下沉到设计深度后,开启灰浆泵将水泥浆压入地基,且边喷浆、边搅拌,同时按设计确定的提升速度提升深层搅拌机。提升速度不宜大于0.5m/min。

重复上、下搅拌:为使土和水泥浆搅拌均匀,可再次将搅拌机边旋转边沉入土中,至设计深度后再提升出地面。桩体要互相搭接 200mm,以形成整体。相邻桩的施工间歇时间宜小于 10 小时。

清洗、移位:向集料斗中注入适量清水,开启灰浆泵,清洗全部管路中残存的水泥浆,并将粘附在搅拌头的软土清洗干净;移位后进行下一根桩的施工。桩位偏差应小于

50mm,垂直度误差应不超过 1% 。桩机移位,特别在转向时要注意桩机的稳定。

B. 高压旋喷法施工

高压旋喷法是利用专用旋喷设备将注入剂(通常是水泥浆)形成高压喷射流,借助高压喷射流的切削,使土体和硬化剂混合,形成加固体。

根据喷射方法的不同,喷射注浆可分为单管法、二重管法和三重管法。

单管法:单层喷射管,仅喷射水泥浆。二重管法:又称浆液气体喷射法,是用二重注浆管同时将高压水泥浆和空气两种介质喷射流横向喷射出,冲击破坏土体。在高压浆液及其外圈环绕气流的共同作用下,破坏土体的能量显著增大,最后在土中形成较大的固结体。三重管法:是一种浆液、水、气喷射法,使用分别输送水、气、浆液三种介质的三重注浆管,在以高压泵等高压发生装置产生高压水流的周围环绕一股圆筒状气流,进行高压水流喷射流和气流同轴喷射冲切土体,形成较大的空隙,再由泥浆泵将水泥浆以较低压力注入被切割、破碎的地基中,喷嘴作旋转和提升运动,使水泥浆与土混合,在土中凝固,形成较大的固结体,其加固体直径可达 2m。

施工步骤如下:钻机定位→制备水泥浆→钻孔→插管→提升喷浆管→搅拌→桩头部分处理→清洗→移位→补浆。

钻机定位:移动旋喷桩机到指定桩位,将钻头对准孔位中心,同时整平钻机,放置平稳、水平,钻杆的垂直度偏差不大于 1% ~ 1.5% 。就位后,首先进行低压(0.5MPa)射水试验,用以检查喷嘴是否畅通,压力是否正常。

制备水泥浆:桩机移位时,即开始按设计确定的配合比拌制水泥浆。首先将水加入桶中,再将水泥和外掺剂倒入,开动搅拌机搅拌 10 ~ 20min,而后拧开搅拌桶底部阀门,放入第一道筛网(孔径为 0.8mm),过滤后流入浆液池,然后通过泥浆泵抽进第二道过滤网(孔径为 0.8mm),第二次过滤后流入浆液桶中,待压浆时备用。

钻孔(三重管法):当采用地质钻机钻孔时,钻头在预定桩位钻孔至设计标高(预钻孔孔径为 15cm)。

插管(单重管法、二重管法):当采用旋喷注浆管进行钻孔作业时,钻孔和插管二道工序可合而为一。当第一阶段贯入土中时,可借助喷射管本身的喷射或振动贯入。其过程为:启动钻机,同时开启高压泥浆泵低压输送水泥浆液,使钻杆沿导向架振动、射流成孔下沉;直到桩底设计标高,观察工作电流不应大于额定值。三重管法钻机钻孔后,拔出钻杆,再插入旋喷管。在插管过程中,为防止泥砂堵塞喷嘴,可用较小压力(0.5 ~ 1.0MPa)边下管边射水。

提升喷浆管、搅拌:喷浆管下沉到达设计深度后,停止钻进,旋转不停,高压泥浆泵压力增到施工设计值(20 ~ 40MPa),坐底喷浆 30s 后,边喷浆,边旋转,同时严格按照设计和试桩确定的提升速度提升钻杆。若为二重管法或三重管法施工,在达到设计深度后,接通高压水管、空压管,开动高压清水泵、泥浆泵、空压机和钻机进行旋转,并用仪表控制压力、流量和风量,分别达到预定数值时开始提升,继续旋喷和提升,直至达到预期的加固高度后停止。

桩头部分处理:当旋喷管提升接近桩顶时,应从桩顶以下 1.0m 开始,慢速提升旋喷,旋喷数秒,再向上慢速提升 0.5m,直至桩顶停浆面。

若遇砾石地层,为保证桩径,可重复喷浆、搅拌,直至喷浆管提升至停浆面,关闭高压泥浆泵(清水泵、空压机),停止水泥浆(水、风)的输送,将旋喷浆管旋转提升出地面,关闭钻机。

清洗:向浆液罐中注入适量清水,开启高压泵,清洗全部管路中残存的水泥浆,直至基本干净,并将粘附在喷浆管头上的土清洗干净。

移位:移动桩机进行下一根桩的施工。

补浆:喷射注浆作业完成后,由于浆液的析水作用,一般均有不同程度的收缩,使固结体顶部出现凹穴,要及时用水灰比为 1.0 的水泥浆补灌。

6. 基坑降水

工程中,常见的基坑降水的主要方法有明沟排水、轻型井点降水、电渗井点降水、管井降水、辐射井点降水、自渗井点降水等。

明沟排水是指在基坑内设置排水明沟或渗渠和集水井,然后用水泵将水抽出基坑外的降水方法。明沟排水(简称明排)一般适用于土层比较密实,坑壁较稳定,基坑较浅,降水深度不大,坑底不会产生流砂和管涌等的降水工程。

轻型井点降水,其井点间距小,能有效地拦截地下水流入基坑内,尽可能地减少残留滞水层厚度,对保持边坡和桩间土的稳定较有利,因此降水效果较好。

电渗井点降水的原理是黏土颗粒表面一般带负电荷,吸附着各种正离子。水分子是极性分子,颗粒周围的部分水分子又为正离子所吸附,当土体中通以直流电荷时,这些正离子将携同周围被吸附的水分子一起移向阴极,吸附力消失,水分子被释放出来成为自由水。这种在土中插入金属电极并通以直流电,在电场作用下,土中水源源不断地流向阴极的现象称为电渗。电渗井点降水是利用轻型井点和喷射井点的井点管作阴极,另埋设金属棒(钢筋或钢管)为阳极,在电动势作用下构成电渗井点抽水系统。当接通直流电流、在电势的作用下,使带正电荷的孔隙水向阴极方向流动,带负电荷的黏土微粒向阳极方向移动,通过电渗和真空抽吸的双重作用,强制黏性土中的水向井点管汇集,由井点管吸取排出,使地下水水位逐渐下降,达到疏于含水层的目的。

管井降水方法即利用钻孔成井,多采用单井单泵(潜水泵或深井泵)抽取地下水的降水方法。当管井深度大于 15m 时,也称为深井井点降水。管井井点直径较大,出水量大,适用于中、强透水含水层,如砂砾、砂卵石、基岩裂隙等含水层,可满足大降深、大面积降水要求。

辐射井降水是在降水场地设置集水竖井,于竖井中的不同深度和方向上打水平井点,使地下水通过水平井点流入集水竖井中,再用水泵将水抽出,以达到降低地下水位的目的。该降水方法一般适用于渗透性能较好的含水层(如粉土、砂土、卵石土等)中的降水,可以满足不同深度,特别是大面积的降水要求。

自渗降水是指在降水场地的一定深度内存在有两层以上的含水层,且下层的渗透能力大于上层,在下层水位(或水头)低于降水深度的条件下,人为地沟通上下含水层,在水位差的作用下,上层地下水就会通过井孔自然地流到下部含水层中,从而无需抽水即可达到降低地下水位的目的。自渗井点降水法适用于下列条件:①在降水范围内的地层结构为三层以上,含水层有两层以上,各含水层之间为相对隔水层(以粉质黏土为主)或隔水层(以黏土为主)。下层含水层的埋深以距离基坑底 5～20m 为宜。②下层含水层的水位(或水头)低于上部含水层水位,并低于基坑施工要求的降低水位。③下层渗透系数大于上层含水层的渗透系数,且具有一定厚度(一般大于 2m),能消纳的水量大于或等于降水深度内的基坑涌水量。④上层地下水的水质未受污染,符合引入下层地下水的要求。这种降水方法是近年来发展起来的一类新型井点降水方法,具有施工简单、快速,不用抽水设备,不排水,不耗能,不占用场地,便于管理,成本低等优点。

在岩溶地区,由于岩体中有许多裂隙、管道和溶洞,在进行基坑工程活动时,如存在承压水并有富水优势断裂作为通道,则可能会遇到地下突水而导致基坑工程的排水困难甚至基坑淹没,所以,岩溶地区的基坑排水问题不能忽视。

对岩溶突水的处理,原则上以疏导为主。深圳市龙岗区创投大厦采用的是明沟与集水坑相结合排水法,即基础结构施工期间,先在基坑四周开挖明沟,汇集坑底积水至集水池,再用水泵抽出基坑,通过二级沉淀池排至市政雨水管。现场降排水系统主要由集水井、排水沟、潜水泵等组成。排水沟及集水坑为 M7.5 水泥砂浆砌筑 120 厚砖墙,内侧采用 1:2 水泥砂浆粉刷厚 30。

地表水的处理:现场坑坡顶修砌截流沟,阻断地表径流,进入现场后必须加强排水沟的修整与清理工作,以阻挡地面水流入基坑内。

基坑内水的处理:在基坑边坡顶上沿、基坑周边设置 300mm×300mm 排水明沟,基坑底部各拐角点设置集水井、较深基础部位加设集水井,利用潜水泵把基坑内抽出的水通过排水沟到集水井中,再用水泵抽到坡顶,最后排入市政道路雨水口。每个井内设一台潜水泵,扬程 24m,用软管直接接入现场排水沟内,排水市政雨水管网内,排降水泵应有专人值班,做到有水则排,无水即停。

7.2　高层建筑地基基础质量检测与验收

7.2.1　常用建筑地基基础及其质量检测

基础工程是建筑工程的重要组成部分,万丈高楼从地起,地基基础的工程质量直接关系到整个建筑物的结构安全与人民生命财产安全。大量事实表明,建筑工程质量问题和重大质量事故多与地基基础工程质量有关,地基基础工程质量一直备受建设、设计、施工、勘察、监理各方及建设行政主管部门的关注。

1. 常用地基基础质量的检测方法

常用的地基基础质量检测方法见表 7-1。

表 7-1 常用地基基础质量的检测方法

检测方法	方法概述	检验目的
标准贯入试验	用质量为 63.5kg 的穿心锤,以 75cm 的落距,将标准规格的贯入器自钻孔底部预打 15cm,记录再打入 30cm 的锤击数,判断土的力学特性的一种原位试验方法	检验处理地基、地基土承载力
圆锥动力触探试验	用一定质量的重锤,以一定高度的自由落距,将标准规格的圆锥形探头贯入土中,根据打入土中一定距离所需的锤击数,判定土的力学特性的一种原位试验方法	检验处理地基、地基土承载力
静力触探试验	将标准圆锥形探头采用静力匀速压入土中,根据测定触探头的贯入阻力,判定土的力学性能的原位试验方法	检验处理地基、地基土承载力
十字板剪切试验	用插入土中的标准十字板探头,以一定速率扭转,测量土破坏时的抵抗力矩,测定土的不排水抗剪强度的一种原位试验方法	检验处理地基、地基土承载力
平板载荷试验	在地基土或复合地基表面逐级施加竖向压力,观测地基土或复合地基表面随时间产生的沉降,以确定地基土或复合地基竖向抗压承载力的试验方法	确定地基土、处理地基复合地基承载力和变形参数;判定地基土、处理地基、复合地基承载力是否满足设计要求
低应变法	采用低能量瞬间激振方式在桩顶激振,实测桩顶部的速度时程曲线,通过波动理论分析或频域分析,对桩身完整性进行判定的检测方法	检测桩身缺陷及其位置,判定桩身完整性类别
高应变法	用重锤冲击桩顶,实测桩顶部的速度和力时程曲线,通过波动理论分析,对单桩竖向抗压承载力和桩身完整性进行判定的检测方法	判定单桩竖向抗压承载力是否满足设计要求;检测桩身缺陷及其位置,判定桩身完整性类别;分析桩侧和桩端土阻力
声波透射法	在预埋声测管之间发射并接收声波,通过实测声波在混凝土介质中传播的声时、频率和波幅衰减等声学参数的相对变化,对桩身完整性进行检测的方法	检测混凝土灌注桩桩身缺陷及其位置,评价桩身混凝土的均匀性、判断桩身完整性类别
单桩竖向抗压静载试验	在桩顶部逐级施加竖向压力,观测桩顶部随时间产生的沉降,以确定相应的单桩竖向抗压承载力的试验方法	确定单桩竖向抗压极限承载力;判定竖向抗压承载力是否满足设计要求;验证高应变法的单桩竖向抗压承载力检测结果
单桩竖向抗拔静载试验	在桩顶部逐级施加竖向上拔力,观测桩顶部随时间产生的上拔位移,以确定相应的单桩竖向抗拔承载力的试验方法	确定单桩竖向抗拔极限承载力;判定竖向抗拔承载力是否满足设计要求
单桩水平静载试验	在桩顶部逐级施加水平推力,观测桩顶部随时间产生的水平位移,以确定相应的单桩水平承载力的试验方法	确定单桩水平临界和极限承载力,推定土抗力参数;判定水平承载力是否满足设计要求
钻芯法	用钻机钻取芯样,以检测桩长、桩身缺陷、桩底沉渣厚度以及桩身混凝土的强度、密实性和连续性,判定桩端土性状的检测方法	检测桩长、桩身缺陷、桩底沉渣厚度以及桩身混凝土的强度、密实性和连续性,判定桩端岩土性状

2. 各类地基基础的质量检验

1) 地基检测的一般规定

地基基础一般应选择两种或两种以上的方法,并应符合先简后繁、先粗后细、先面后点的原则。检测工作应在合理的间歇时间后进行,检测部位一般选择:施工出现异常的部位;设计方面认为重要的部位;局部岩土特性复杂可能影响施工质量或结构安全的部位;不同施工单位及不同施工工艺的部位;同时兼顾整个受检位置均匀分布。对天然地基、处理地基及复合地基应进行平板荷载试验单位工程不少于 3 点,且每 500m² 不少于 1 个点,复杂场地或重要建筑地基还应增加检验点数。平板载荷试验前,应根据地基类型选择标准贯入试验、动力触探试验、静力触探试验、十字板剪切试验等一种或一种以上的方法进行地基施工质量普查;对水泥粉煤灰碎石桩可采用低应变法进行桩身完整性检测。

2) 桩基础检验的一般规定

工程桩应进行桩身完整性和单桩承载力检测,一般情况下,先进行桩身完整性检测,后进行承载力检测,桩身完整性检测宜在基坑开挖至基底标高后进行。当采用反射波法和声波透射进行检测时,受检桩桩身混凝土强度至少达到 70% 或预留同条件试块混凝土强度,且不少于 15MPa;当采用钻芯法检测时,受检桩的混凝土强度龄期应达到 28 天或预留立方体试块强度达到设计强度,承载力的检测一般在 28 天后进行。

单桩承载力与桩身完整性抽样验收检测应选择:施工质量有疑问的桩;设计方认为重要的桩;局部地质条件出现异常的桩;施工工艺不同的桩;同类型桩还应兼顾随机均匀分布。桩身完整性采用低应变法检测时,一般不少于 20% ;当出现下列条件之一时:设计等级为甲级的桩基;地质条件复杂;施工质量可靠性低;有争议的桩基工程;本地区采用新桩型或新工艺,抽检数量不得少于 30% 。对每根柱下承台的灌注桩,抽检数量不得少于 1 根。承载力检验选择静载试验时,抽检数量不应少于 1% ,且不少于 3 根;当总桩数在 50 根以内时,不得少于 2 根。采用高应变法时,抽检数量不应少于同条件总桩数的5% ,且不得少于 5 根。当采用声波透射或钻芯法进行检测时,检测数量不少于总桩数的10% ,且不得少于 10 根(总桩数在 10 根以下的桩,应全部检测)。同一工程选用两种或两种以上方法检测,相互核验时,被检桩应选择相同桩号的工程桩。

3) 地基检测的方法选择

建筑地基现场检测时,应根据每种地基的具体情况,选择合理的方法,充分考虑设计要求及验收要求,同时还应根据工程现场状况和机械设备条件,因地制宜合理选择检测方法。例如,对水泥粉煤灰碎石桩的复合地基的质量检验,可采用低应变桩身完整性检测与平板载荷试验方法进行;而对砂石桩的复合地基质量检验,则可以选择动力触探与平板载荷试验方法进行。

4) 桩基检测得方法选择

建筑工程基桩检测方法选择一般应根据各种检测方法的特点和使用范围,考虑地质条件、桩型及施工质量的可靠性、使用要求等因素进行合理选择搭配,一般考虑以下两种搭配组合:静荷载试验与低应变检测组合;高应变检测和低应变检测组合。对大直径人工挖孔扩底灌注桩,根据《建筑基桩检测管理规定》,单桩竖向承载力不大于1500吨的工程桩,选择静载试验、低应变检测和钻芯法(或声波透射法)组合方式,对承载力大于1500吨的工程桩其桩身完整性检测可选择低应变法与钻芯法(或声波透射法)组合,承载力检验可采取核验方式,钻芯测定桩端沉渣与桩端基岩,试验桩端持力层单轴饱和抗压强度等,在有条件的情况下,可在桩端预埋荷载箱进行桩端荷载试验等。

现阶段,建筑物地基基础所要解决的问题主要有四个方面:强度及稳定性不足;高压缩性与不均匀压缩;渗漏;液化。以上问题的解决也是地基基础处理目的。针对不同的地基特点,采取合适的地基基础处理方法,辅以可靠的检测手段,在保障建筑工程地基基础安全使用方面,我国已取得了很大的发展,当然,随着建筑业的蓬勃发展,建筑地基基础还将不断面临新的课题,新型地基基础处理中新的方法也会相应而生,要求我们在工程实践中要不断学习、不断对比、不断总结、不断提高,以适应新时期建筑业发展的需要。

7.2.2　地基验收的一般规定

1. 建筑物地基的施工验收应具备下述资料或规定

(1)岩土工程勘察资料。

(2)临近建筑物和地下设施类型、分布及结构质量情况。

(3)工程设计图纸、设计要求及需达到的标准,检验手段。

(4)砂、石子、水泥、钢材、石灰、粉煤灰等原材料的质量、检验项目、批量和检验方法,应符合国家现行标准的规定。

(5)地基施工结束,宜在一个间歇期后进行质量验收,间歇期由设计确定。

(6)地基加固工程,应在正式施工前进行试验段施工,论证设定的施工参数及加固效果。为验证加固效果所进行的载荷试验,其施加载荷应不低于设计载荷的2倍。

(7)对灰土地基、砂和砂石地基、土工合成材料地基、粉煤灰地基、强夯地基、注浆地基、预压地基,其竣工后的结果(地基强度或承载力)必须达到设计要求的标准。检验数量,每单位工程不应少于3点,1000m² 以上工程,每 100m² 至少应有 1 点,3000m² 以上工程,每 300m² 至少应有 1 点。每一独立基础下至少应有 1 点,基槽每 20 延米应有 1 点。

(8)对水泥土搅拌桩复合地基、高压喷射注浆桩复合地基、砂桩地基、振冲桩复合地基、土和灰土挤密桩复合地基、水泥粉煤灰碎石桩复合地基及夯实水泥土桩复合地基,其承载力检验,数量为总数的 0.5% ~1% ,但不应少于 3 处。有单桩强度检验要求时,数量为总数的 0.5% ~1% ,但不应少于 3 根。

(9)除(7)、(8)条指定的主控项目外,其他主控项目及一般项目可随意抽查,但复合地基中的水泥土搅拌桩、高压喷射注浆桩、振冲桩、土和灰土挤密桩、水泥粉煤灰碎石桩及夯实水泥土桩至少应抽查20% 。

2. 灰土地基验收标准

(1)灰土土料、石灰或水泥(当水泥替代灰土中的石灰时)等材料及配合比应符合设计要求,灰土应搅拌均匀。

(2)施工过程中应检查分层铺设的厚度、分段施工时上下两层的搭接长度、夯实时加水量、夯压遍数、压实系数。

(3)施工结束后,应检验灰土地基的承载力。

(4)灰土地基的质量验收标准应符合表7-2所示规定。

表 7-2　灰土地基质量检验标准

项	序	检查项目	允许偏差或允许值		检查方法
			单位	数值	
主控项目	1	地基承载力	设计要求		按规定方法
	2	配合比	设计要求		按拌和时的体积比
	3	压实系数	设计要求		现场实测
一般项目	1	石灰粒径	mm	≤5	筛分法
	2	土料有机质含量	%	≤5	试验室焙烧法
	3	土颗粒粒径	mm	≤15	筛分法
	4	含水量(与要求的最优含水量比较)	%	±2	烘干法
	5	分层厚度偏差(与设计要求比较)	mm	±50	水准仪

3. 砂和砂石地基验收标准

(1)砂、石等原材料质量、配合比应符合设计要求,砂、石应搅拌均匀。

(2)施工过程中必须检查分层厚度、分段施工时搭接部分的压实情况、加水量、压实遍数、压实系数。

(3)施工结束后,应检验砂石地基的承载力。

(4)砂和砂石地基的质量验收标准应符合表7-3所示的规定。

表 7-3　砂及砂石地基质量检验标准

项	序	检查项目	允许偏差或允许值		检查方法
			单位	数值	
主控项目	1	地基承载力	设计要求		按规定方法
	2	配合比	设计要求		检查拌和时的体积比或重量比
	3	压实系数	设计要求		现场实测
一般项目	1	砂石料有机质含量	mm	≤5	焙烧法
	2	砂石料含泥量	%	≤5	水洗法
	3	石料粒径	mm	≤100	筛分法
	4	含水量(与最优含水量比较)	%	±2	烘干法
	5	分层厚度(与设计要求比较)	mm	±50	水准仪

4. 土工合成材料地基验收标准

（1）施工前应对土工合成材料的物理性能（单位面积的质量、厚度、比重）、强度、延伸率以及土、砂石料等做检验。土工合成材料以 $100m^2$ 为一批，每批应抽查 5%。

（2）施工过程中应检查清基、回填料铺设厚度及平整度、土工合成材料的铺设方向、接缝搭接长度或缝接状况、土工合成材料与结构的连接状况等。

（3）施工结束后，应进行承载力检验。

（4）土工合成材料地基质量检验标准应符合表7-4所示的规定。

表7-4 土工合成材料地基质量检验标准

项	序	检查项目	允许偏差或允许值		检查方法
			单位	数值	
主控项目	1	土工合成材料强度	%	≤5	置于夹具上做拉伸试验（结果与设计标准相比）
	2	土工合成材料延伸率	%	≤3	置于夹具上做拉伸试验（结果与设计标准相比）
	3	地基承载力	设计要求		现场实测
一般项目	1	土工合成材料搭接长度	mm	≥300	用钢尺量
	2	土石料有机质含量	%	≤5	焙烧法
	3	层面平整度	mm	≤20	用2m靠尺
	4	每层铺设厚度	mm	±25	烘干法

5. 粉煤灰地基验收标准

（1）施工前应检查粉煤灰材料，并对基槽清底状况、地质条件予以检验。

（2）施工过程中应检查铺筑厚度、碾压遍数、施工含水量控制、搭接区碾压程度、压实系数等。

（3）施工结束后，应检验地基的承载力。

（4）粉煤灰地基质量检验标准应符合表7-5所示的规定。

表7-5 粉煤灰地基质量检验标准

项	序	检查项目	允许偏差或允许值		检查方法
			单位	数值	
主控项目	1	地基承载力	设计要求		按规定方法
	2	压实系数	设计要求		现场实测
一般项目	1	粉煤灰粒径	mm	0.001~2.000	过筛
	2	氧化铝及二氧化硅含量	%	≥70	试验室化学分析
	3	烧失量	%	≤12	试验室烧结法
	4	每层铺筑厚度	mm	±50	水准仪
	5	含水量（与最优含水量比较）	%	±2	取样后试验室确定

6. 强夯地基验收标准

(1)施工前应检查夯锤重量、尺寸,落距控制手段,排水设施及被夯地基的土质。

(2)施工中应检查落距、夯击遍数、夯点位置、夯击范围。

(3)施工结束后,检查被夯地基的强度并进行承载力检验。

(4)强夯地基质量检验标准应符合表 7-6 所示的规定。

表 7-6　强夯地基质量检验标准

项	序	检查项目	允许偏差或允许值		检查方法
			单位	数值	
主控项目	1	地基强度	设计要求		按规定方法
	2	地基承载力	设计要求		按规定方法
一般项目	1	夯锤落距	mm	±300	钢索设标志
	2	锤重	kg	±100	称重
	3	夯击遍数及顺序	设计要求		计数法
	4	夯点间距	mm	±500	用钢尺量
	5	夯击范围(超出基础范围距离)	设计要求		用钢尺量
	6	前后两遍间歇时间	设计要求		

7. 注浆地基验收标准

(1)施工前应掌握有关技术文件(注浆点位置、浆液配比、注浆施工技术参数、检测要求等)。浆液组成材料的性能应符合设计要求,注浆设备应确保正常运转。

(2)施工中应经常抽查浆液的配比及主要性能指标,注浆的顺序、注浆过程中的压力控制等。

(3)施工结束后,应检查注浆体强度、承载力等。检查孔数为总量的 2% ~5% ,不合格率大于或等于 20% 时应进行二次注浆。检验应在注浆后 15 天(砂土、黄土)或 60 天(黏性土)进行。

(4)注浆地基的质量检验标准应符合表 7-7 所示的规定。

8. 预压地基验收标准

(1)施工前应检查施工监测措施,沉降、孔隙水压力等原始数据,排水设施,砂井(包括袋装砂井)、塑料排水带等位置。塑料排水带的质量标准应符合本规范的规定。

(2)堆载施工应检查堆载高度、沉降速率。真空预压施工应检查密封膜的密封性能、真空表读数等。

(3)施工结束后,应检查地基土的强度及要求达到的其他物理力学指标,重要建筑物地基应做承载力检验。

(4)预压地基和塑料排水带质量检验标准应符合表 7-8 所示的规定。

9. 振冲地基验收标准

(1)施工前应检查振冲器的性能,电流表、电压表的准确度及填料的性能。

(2)施工中应检查密实电流、供水压力、供水量、填料量、孔底留振时间、振冲点位置、振冲器施工参数等(施工参数由振冲试验或设计确定)。

表 7-7　注浆地基质量检验标准

项	序	检查项目		允许偏差或允许值		检查方法
				单位	数值	
主控项目	1	原材料检验	水泥	设计要求		查产品合格证书或抽样送检
			注浆用砂:粒径细度模数 含泥量及有机物含量	mm % 	<2.5 <2.0 <3	试验室试验
			注浆用黏土:塑性指数 黏粒含量 含砂量 有机物含量	 % % %	>14 >25 <5 <3	试验室试验
			粉煤灰:细度 烧失量	不粗于同时使用的水泥 %	 <3	试验室试验
			水玻璃:模数	设计要求		抽样送检
			其他化学浆液	设计要求		查产品合格证书或抽样送检
	2	注浆体强度		设计要求		取样检验
	3	地基承载力		设计要求		按规定方法
一般项目	1	各种注浆材料称量误差		%	<3	抽查
	2	注浆孔位		mm	±20	用钢尺量
	3	注浆孔深		mm	±100	量测注浆管长度
	4	注浆压力(与设计参数比)		%	±10	检查压力表读数

表 7-8　预压地基和塑料排水带质量检验标准

项	序	检查项目	允许偏差或允许值		检查方法
			单位	数值	
主控项目	1	预压载荷	%	≤2	水准仪
	2	固结度(与设计要求比)	%	≤2	根据设计要求 采用不同的方法
	3	承载力或其他性能指标	设计要求		按规定方法
一般项目	1	沉降速率(与控制值比)	%	±10	水准仪
	2	砂井或塑料排水带位置	mm	±100	用钢尺量
	3	砂井或塑料排水带插入深度	mm	±200	插入时用经纬仪检查
	4	插入塑料排水带时的回带长度	mm	≤500	用钢尺量
	5	塑料排水带或砂井高出砂垫层距离	mm	≥200	用钢尺量
	6	插入塑料排水带的回带根数	%	<5	目测

注:如真空预压,主控项目中预压载荷的检查为真空度降低值<2%。

（3）施工结束后，应在有代表性的地段做地基强度或地基承载力检验。

（4）振冲地基质量检验标准应符合表 7-9 所示的规定。

表 7-9　振冲地基质量检验标准

项	序	检查项目	允许偏差或允许值		检查方法
			单位	数值	
主控项目	1	填料粒径	设计要求		按规定方法
	2	密实电流（黏性土） 密实电流（砂性土或粉土） （以上为功率 30kW 振冲器） 密实电流（其他类型振冲器）	A A 	$50 \sim 55$ $40 \sim 50$ $1.5 \sim 2.0$	电流表读数 电流表读数，A_0 为空振电流
	3	地基承载力	设计要求		按规定方法
一般项目	1	填料含泥量	%	<5	按规定方法
	2	振冲器喷水中心与孔径中心偏差	mm	$\leqslant 50$	用钢尺量
	3	成孔中心与设计孔位中心偏差	mm	$\leqslant 100$	用钢尺量
	4	桩体直径	mm	<50	用钢尺量
	5	孔深	mm	± 200	测量钻杆或重锤

10. 高压喷射注浆地基验收标准

（1）施工前应检查水泥、外掺剂等的质量，桩位，压力表、流量表的精度和灵敏度，高压喷射设备的性能等。

（2）施工中应检查施工参数（压力、水泥浆量、提升速度、旋转速度等）及施工程序。

（3）施工结束后，应检验桩体强度、平均直径、桩身中心位置、桩体质量及承载力等。桩体质量及承载力检验应在施工结束后 28 天进行。

（4）高压喷射注浆地基质量检验标准应符合表 7-10 所示的规定。

11. 水泥土搅拌桩地基验收标准

（1）施工前应检查水泥及外掺剂的质量、桩位、搅拌机工作性能及各种计量设备完好程度（主要是水泥浆流量计及其他计量装置）。

（2）施工中应检查机头提升速度、水泥浆或水泥注入量、搅拌桩的长度及标高。

（3）施工结束后，应检查桩体强度、桩体直径及地基承载力。

（4）进行强度检验时，对承重水泥土搅拌桩应取 90 天后的试件；对支护水泥土搅拌桩应取 28d 后的试件。

（5）水泥土搅拌桩地基质量检验标准应符合表 7-11 所示的规定。

12. 土和灰土挤密桩复合地基验收标准

（1）施工前应对土及灰土的质量、桩孔放样位置等做检查。

（2）施工中应对桩孔直径、桩孔深度、夯击次数、填料的含水量等做检查。

（3）施工结束后，应检验成桩的质量及地基承载力。

（4）土和灰土挤密桩地基质量检验标准应符合表 7-12 所示的规定。

表 7-10　高压喷射注浆地基质量检验标准

项	序	检查项目	允许偏差或允许值		检查方法
			单位	数值	
主控项目	1	水泥及外掺剂质量	符合出厂要求		查产品合格证书或抽样送检
	2	水泥用量	设计要求		查看流量表及水泥浆水灰比
主控项目	3	桩体强度或完整性检验	设计要求		按规定方法
	4	地基承载力	设计要求		按规定方法
一般项目	1	钻孔位置	mm	≤50	用钢尺量
	2	钻孔垂直度	%	≤1.5	经纬仪测钻杆或实测
	3	孔深	mm	±200	用钢尺量
	4	注浆压力	按设定参数指标		查看压力表
	5	桩体搭接	mm	>200	用钢尺量
	6	桩体直径	mm	≤50	开挖后用钢尺量
	7	桩身中心允许偏差	mm	≤0.2D	开挖后桩顶下 500mm 处用钢尺量,D 为桩径

表 7-11　水泥土搅拌桩地基质量检验标准

项	序	检查项目	允许偏差或允许值		检查方法
			单位	数值	
主控项目	1	水泥及外掺剂质量	设计要求		查产品合格证书或抽样送检
	2	水泥用量	参数指标		查看流量计
	3	桩体强度	设计要求		按规定方法
	4	地基承载力	设计要求		按规定方法
一般项目	1	机头提升速度	m/min	≤0.5	测量机头上升距离及时间
	2	桩底标高	mm	±200	测机头深度
	3	桩顶标高	mm	+100 −50	水准仪(最上部 500mm 不计入)
	4	桩位偏差	mm	<50	用钢尺量
一般项目	5	桩径	mm	<0.04D	用钢尺量,D 为桩径
	6	垂直度	%	≤1.5	经纬仪
	7	搭接	mm	>200	用钢尺量

13. 水泥粉煤灰碎石桩复合地基验收标准

(1)水泥、粉煤灰、砂及碎石等原材料应符合设计要求。

(2)施工中应检查桩身混合料的配合比、坍落度和提拔钻杆速度(或提拔套管速度)、成孔深度、混合料灌入量等。

表 7-12 土和灰土挤密桩地基质量检验标准

项	序	检查项目	允许偏差或允许值		检查方法
			单位	数值	
主控项目	1	桩体及桩间土干密度	设计要求		现场取样检查
	2	桩长	mm	+500	测桩管长度或垂球测孔深
	3	地基承载力	设计要求		按规定的方法
	4	桩径	mm	−20	用钢尺量
一般项目	1	土料有机质含量	%	≤5	试验室焙烧法
	2	石灰粒径	mm	≤5	筛分法
	3	桩位偏差	mm	满堂布桩 ≤0.40D 条基布桩 ≤0.25D	用钢尺量,D 为桩径
	4	垂直度	%	≤1.5	用经纬仪测桩管
	5	桩径	mm	−20	定用钢尺量

注:桩径允许偏差负值是指个别断面

（3）施工结束后,应对桩顶标高、桩位、桩体质量、地基承载力以及褥垫层的质量做检查。

（4）水泥粉煤灰碎石桩复合地基的质量检验标准应符合表 7-13 所示的规定。

表 7-13 水泥粉煤灰碎石桩复合地基质量检验标准

项	序	检查项目	允许偏差或允许值		检查方法
			单位	数值	
主控项目	1	原材料	设计要求		查产品合格证书或抽样送检
	2	桩径	mm	−20	用钢尺量或计算填料量
	3	桩身强度	设计要求		查 28d 试块强度
	4	地基承载力	设计要求		按规定的办法
一般项目	1	桩身完整性	按桩基检测技术规范		按桩基检测技术规范
	2	桩位偏差	mm	满堂布桩 ≤0.40D 条基布桩 ≤0.25D	用钢尺量,D 为桩径
	3	桩垂直度	%	≤1.5	用经纬仪测桩管
	4	桩长	mm	+100	测桩管长度或垂球测孔深
	5	褥垫层夯填度	≤0.9		用钢尺量

注:1. 夯填度指夯实后的褥垫层厚度与虚体厚度的比值。
2. 桩径允许偏差负值是指个别断面。

14. 夯实水泥土桩复合地基验收标准

（1）水泥及夯实用土料的质量应符合设计要求。

（2）施工中应检查孔位、孔深、孔径、水泥和土的配比、混合料含水量等。

（3）施工结束后，应对桩体质量及复合地基承载力做检验，褥垫层应检查其夯填度。

（4）夯实水泥土桩复合地基的质量检验标准应符合表 7-14 所示的规定。

（5）夯扩桩的质量检验标准可按本节执行。

表 7-14　夯实水泥土桩复合地基质量检验标准

项	序	检查项目	允许偏差或允许值		检查方法
			单位	数值	
主控项目	1	桩径	mm	−20	用钢尺量
	2	桩长	mm	+500	测桩孔深度
	3	桩体干密度	设计要求		现场取样检查
	4	地基承载力	设计要求		按规定方法
一般项目	1	土料有机质含量	%	≤5	焙烧法
	2	含水量（与最优含水量比）	%	±2	烘干法
	3	土料粒径	mm	≤20	筛分法
	4	水泥质量	设计要求		查产品质量合格证书或抽样送检
	5	桩位偏差	mm	满堂布桩 ≤0.40D 条基布桩 ≤0.25D	用钢尺量,D 为桩径
	6	桩孔垂直度	%	≤1.5	用经纬仪测桩管
	7	褥垫层夯填度	≤0.9		用钢尺量

注：1. 夯填度指夯实后的褥垫层厚度与虚体厚度的比值。

2. 桩径允许偏差负值是指个别断面。

15. 砂桩地基验收标准

（1）施工前应检查砂料的含泥量及有机质含量、样桩的位置等。

（2）施工中检查每根砂桩的桩位、灌砂量、标高、垂直度等。

（3）施工结束后，应检验被加固地基的强度或承载力。

（4）砂桩地基的质量检验标准应符合表 7-15 所示的规定。

表 7-15　砂桩地基的质量检验标准

项	序	检查项目	允许偏差或允许值		检查方法
			单位	数值	
主控项目	1	灌砂量	%	≥95	实际用砂量与计算体积比
	2	地基强度	设计要求		按规定方法
	3	地基承载力	设计要求		按规定方法

续表

项	序	检查项目	允许偏差或允许值		检查方法
			单位	数值	
一般项目	1	砂料的含泥量	%	≤3	试验室测定
	2	砂料的有机质含量	%	≤5	焙烧法
	3	桩位	mm	≤50	用钢尺量
	4	砂桩标高	mm	±150	水准仪
	5	垂直度	%	≤1.5	经纬仪检查桩管垂直度

7.2.3　桩基础验收的一般规定

1. 一般规定

（1）桩位的放样允许偏差如下：群桩 20mm；单排桩 10mm。

（2）桩基工程的桩位验收，除设计有规定外，应按下述要求进行：

①当桩顶设计标高与施工场地标高相同时，或桩基施工结束后，有可能对桩位进行检查时，桩基工程的验收应在施工结束后进行。

②当桩顶设计标高低于施工场地标高，送桩后无法对桩位进行检查时，对打入桩可在每根桩桩顶沉至场地标高时，进行中间验收，待全部桩施工结束，承台或底板开挖到设计标高后，再做最终验收。对灌注桩可对护筒位置做中间验收。

（3）打（压）入桩（预制混凝土方桩、先张法预应力管桩、钢桩）的桩位偏差，必须符合表 7-16 所示的规定。斜桩倾斜度的偏差不得大于倾斜角正切值的 15%（倾斜角系桩的纵向中心线与铅垂线间夹角）。

表 7-16　预制桩（钢桩）桩位的允许偏差　　　　　　（单位：mm）

序	项目	允许偏差
1	盖有基础梁的桩： （1）垂直基础梁的中心线； （2）沿基础梁的中心线	$100 + 0.01H$ $150 + 0.01H$
2	桩数为 1~3 根桩基中的桩	100
3	桩数为 4~16 根桩基中的桩	1/2 桩径或边长
4	桩数大于 16 根桩基中的桩： （1）最外边的桩； （2）中间桩	1/3 桩径或边长 1/2 桩径或边长

注：H 为施工现场地面标高与桩顶设计标高的距离。

（4）灌注桩的桩位偏差必须符合表 7-17 所示的规定，桩顶标高至少要比设计标高高出 0.5m，桩底清孔质量按不同的成桩工艺有不同的要求，应按本章的各节要求执行。每浇注 50m³ 必须有 1 组试件，小于 50m³ 的桩，每根桩必须有 1 组试件。

表 7-17　灌注桩的平面位置和垂直度的允许偏差

序号	成孔方法		桩径允许偏差/mm	垂直度允许偏差/%	桩位允许偏差/mm	
					1～3 根、单排桩基垂直于中心线方向和群桩基础的边桩	条形桩基沿中心线方向和群桩基础的中间桩
1	泥浆护壁钻孔桩	$D \leqslant 1000mm$	±50	<1	$D/6$，且不大于 100	$D/4$，且不大于 150
		$D > 1000mm$	±50		$100 + 0.01H$	$150 + 0.01H$
2	套管成孔灌注桩	$D \leqslant 500mm$	−20	<1	70	150
		$D > 500mm$	−20		100	150
3	干成孔灌注桩			<1	70	150
4	人工挖孔桩	混凝土护壁	±50	<0.5	50	150
		钢套管护壁	±50	<1	100	200

注:1. 桩径允许偏差的负值是指个别断面。

2. 采用复打、反插法施工的桩,其桩径允许偏差不受上表限制。

3. H 为施工现场地面标高与桩顶设计标高的距离,D 为设计桩径。

（5）工程桩应进行承载力检验。对于地基基础设计等级为甲级或地质条件复杂,成桩质量可靠性低的灌注桩,应采用静载荷试验的方法进行检验,检验桩数不应少于总数的 1% ,且不应少于 3 根,当总桩数少于 50 根时,不应少于 2 根。

（6）桩身质量应进行检验。对设计等级为甲级或地质条件复杂,成检质量可靠性低的灌注桩,抽检数量不应少于总数的 30% ,且不应少于 20 根;其他桩基工程的抽检数量不应少于总数的 20% ,且不应少于 10 根;对混凝土预制桩及地下水位以上且终孔后经过核验的灌注桩,检验数量不应少于总桩数的 10% ,且不得少于 10 根。每个柱子承台下不得少于 1 根。

（7）对砂、石子、钢材、水泥等原材料的质量、检验项目、批量和检验方法,应符合国家现行标准的规定。

（8）除（5）、（6）条规定的主控项目外,其他主控项目应全部检查,对一般项目,除已明确规定外,其他可按 20% 抽查,但混凝土灌注桩应全部检查。

2. 静力压桩

（1）静力压桩包括锚杆静压桩及其他各种非冲击力沉桩。

（2）施工前应对成品桩（锚杆静压成品桩一般均由工厂制造,运至现场堆放）做外观及强度检验,接桩用焊条或半成品硫黄胶泥应有产品合格证书,或送有关部门检验,压桩用压力表、锚杆规格及质量也应进行检查。硫黄胶泥半成品应每 100kg 做一组试件（3件）。

（3）压桩过程中应检查压力、桩垂直度、接桩间歇时间、桩的连接质量及压入深度。重要工程应对电焊接桩的接头做 10% 的探伤检查。对承受反力的结构应加强观测。

（4）施工结束后,应做桩的承载力及桩体质量检验。

（5）锚杆静压桩质量检验标准应符合表 7-18 所示的规定。

3. 先张法预应力管桩

（1）施工前应检查进入现场的成品桩,接桩用电焊条等产品质量。

（2）施工过程中应检查桩的贯入情况、桩顶完整状况、电焊接桩质量、桩体垂直度、电焊后的停歇时间。重要工程应对电焊接头做 10% 的焊缝探伤检查。

（3）施工结束后,应做承载力检验及桩体质量检验。

（4）先张法预应力管桩的质量检验应符合表 7-19 所示的规定。

表 7-18　静力压桩质量检验标准

项	序	检查项目		允许偏差或允许值		检查方法
				单位	数值	
主控项目	1	桩体质量检验		按基桩检测技术规范		按基桩检测技术规范
	2	桩位偏差		见表 7-15		用钢尺量
	3	承载力		按基桩检测技术规范		按基桩检测技术规范
一般项目	1	成品桩质量:外观 外形尺寸 强度		表面平整,颜色均匀,掉角深度 < 10mm,蜂窝面积小于总面积 0.5%,满足设计要求		直观观察,查产品合格证书或钻芯试压
	2	硫黄胶泥质量(半成品)		设计要求		查产品合格证书或抽样送检
	3	接桩	电焊接桩: 焊缝质量 电焊结束后停歇时间	见规范		见规范
				min	> 1.0	秒表测定
			硫黄胶泥接桩:胶泥 浇注时间 浇注后停歇时间	min	< 2	秒表测定
				min	> 7	秒表测定
	4	电焊条质量		设计要求		查产品合格证书
	5	压桩压力(设计有要求时)		%	±5	查压力表读数
	6	按桩时上下节平面偏差接桩时节点 弯曲矢高		mm	< 10 < 1/1000L	用钢尺量用钢尺量, L 为两节桩长
	7	桩顶标高		mm	±50	水准仪

表 7-19　先张法预应力管桩质量检验标准

项	序	检查项目		允许偏差或允许值		检查方法
				单位	数值	
主控项目	1	桩体质量检验		按基桩检测技术规范		按基桩检测技术规范
	2	桩位偏差		见表 7-15		用钢尺量
	3	承载力		按基桩检测技术规范		按基桩检测技术规范

项	序	检查项目		允许偏差或允许值		检查方法
				单位	数值	
一般项目	1	成品桩质量	外观	无蜂窝、露筋、裂缝、色感均匀、桩顶处无孔隙		直观
			桩径	mm	±5	用钢尺量
			管壁厚度	mm	±5	用钢尺量
			桩尖中心线	mm	<2	用钢尺量
			顶面平整度	mm	10	用水平尺量
			桩体弯曲		<1/1000L	用钢尺量，L为两节桩长
	2	接桩:焊缝质量		见规范		见规范
		电焊结束后停歇时间		min	>1.0	秒表测定
		上下节平面偏差			<10	用钢尺量
		节点弯曲矢高		mm	<1/1000L	用钢尺量，L为两节桩长
	3	停锤标准		设计要求		现场实测或查沉桩记录
	4	桩顶标高		mm	±50	水准仪

4. 混凝土预制桩

(1)桩在现场预制时,应对原材料、钢筋骨架(表7-20)、混凝土强度进行检查;采用工厂生产的成品桩时,桩进场后应进行外观及尺寸检查。

(2)施工中应对桩体垂直度、沉桩情况、桩顶完整状况、接桩质量等进行检查,对电焊接桩,重要工程应做10%的焊缝探伤检查。

(3)施工结束后,应对承载力及桩体质量做检验。

(4)对长桩或总锤击数超过500击的锤击桩,应符合桩体强度及28天龄期的两项条件才能锤击。

(5)钢筋混凝土预制桩的质量检验标准应符合表7-21所示的规定。

表7-20　预制桩钢筋骨架质量检验标准　　　　　　（单位:mm）

项	序	检查项目	允许偏差或允许值	检查方法
主控项目	1	主筋距桩顶距离	±5	用钢尺量
	2	多节桩锚固钢筋位置	5	用钢尺量
	3	多节桩预埋铁件	±3	按规定方法
	4	主筋保护层厚度	±5	用钢尺量
一般项目	1	主筋间距	±5	用钢尺量
	2	桩尖中心线	10	用钢尺量
	3	箍筋间距	±20	用钢尺量
	4	桩顶钢筋网片	±10	用钢尺量
	5	多节桩锚固钢筋长度	±10	用钢尺量

表 7-21　钢筋混凝土预制桩的质量检验标准

项	序	检查项目	允许偏差或允许值		检查方法
			单位	数值	
主控项目	1	桩体质量检验	按基桩检测技术规范		按基桩检测技术规范
	2	桩位偏差	见表 7-13		用钢尺量
	3	承载力	符合设计要求		查出厂质保文件或抽样送检
一般项目	1	砂、石、水泥、钢材等原材料（现场预制时）	符合设计要求		检查称量及查试块记录
	2	混凝土配合比及强度（现场预制时）	符合设计要求		检查称量及查试块记录
	3	成品桩外形	表面平整,颜色均匀,掉角深度<10mm,蜂窝面积小于总面积 0.5%		直观
	4	成品桩裂缝（收缩裂缝或起吊、装运、堆放引起的裂缝）	深度<20mm,宽度<0.25mm,横向裂缝不超过边长的 1/2		裂缝测定仪,该项在地下水有侵蚀地区及锤击数超过 500 击的长桩不适用
	5	成品桩尺寸:横截面边长 桩顶对角线差 桩尖中心线 桩身弯曲矢高 桩顶平整度	mm mm mm mm	±5 <10 <10 <1/1000L <2	用钢尺量 用钢尺量 用钢尺量 用钢尺量,L 为桩长 用水平尺量
	6	电焊接桩:焊缝质量 电焊结束后停歇时间 上下节平面偏差 节点弯曲矢高	见规范 min mm	 >1.0 <10 <1/1000L	见规范 秒表测定 用钢尺量 用钢尺量,L 为两节桩长
	7	硫黄胶泥接桩: 胶泥浇注时间 浇注后停歇时间	min min	<2 >7	秒表测定 秒表测定
	8	桩顶标高	mm	±50	水准仪
	9	停锤标准	设计要求		现场实测或查沉桩记录

5. 钢桩

（1）施工前应检查进入现场的成品钢桩,成品桩的质量标准应符合本规范表 7-22 所示的规定。

（2）施工中应检查钢桩的垂直度、沉入过程、电焊连接质量、电焊后的停歇时间、桩顶锤击后的完整状况。电焊质量除常规检查外,应做 10% 的焊缝探伤检查。

（3）施工结束后应做承载力检验。

（4）成品钢桩施工质量检验标准应符合表 7-22 的规定。

表 7-22　成品钢桩施工质量检验标准

项	序	检查项目	允许偏差或允许值		检查方法
			单位	数值	
主控项目	1	钢桩外径或断面尺寸:桩端 桩身	mm	$\pm0.5\%D$ $\pm1D$	用钢尺量,D 为外径 或边长
	2	矢高		$<1/1000L$	用钢尺量,L 为桩长
一般项目	1	长度	mm	±10	用钢尺量
	2	端部平整度	mm	$\leqslant2$	用水平尺量
	3	H 钢桩的方正度 $h>300$ $h<300$	mm mm	$T+T'\leqslant8$ $T+T'\leqslant6$	用钢尺量
	4	端部平面与桩中心线的倾斜值	mm	$\leqslant2$	用水平尺量
主控项目	1	桩位偏差	见表 7-13		用钢尺量
	2	承载力	按基桩检测技术规范		按基桩检测技术规范
一般项目	1	电焊接桩焊缝: (1)上下节端部错口 （外径≥700mm） （外径＜700mm） (2)焊缝咬边深度 (3)焊缝加强层高度 (4)焊缝加强层宽度	mm mm mm mm mm	$\leqslant3$ $\leqslant2$ $\leqslant0.5$ 2 2	用钢尺量 用钢尺量 焊缝检查仪 焊缝检查仪 焊缝检查仪
		(5)焊缝电焊质量外观	无气孔,无焊瘤, 无裂缝		直观
		(6)焊缝探伤检验	满足设计要求		按设计要求
	2	电焊结束后停歇时间	min	>1.0	秒表测定
	3	节点弯曲矢高		$<1/1000L$	用钢尺量,L 为两节桩长
	4	桩顶标高	mm	±50	水准仪
	5	停锤标准	设计要求		用钢尺量或沉桩记录

6. 混凝土灌注桩

（1）施工前应对水泥、砂、石子（如现场搅拌）、钢材等原材料进行检查,对施工组织设计中制定的施工顺序、监测手段（包括仪器、方法）也应进行检查。

（2）施工中应对成孔、清渣、放置钢筋笼、灌注混凝土等进行全过程检查,人工挖孔桩尚应复验孔底持力层土（岩）性。嵌岩桩必须有桩端持力层的岩性报告。

（3）施工结束后,应检查混凝土强度,并应做桩体质量及承载力的检验。

（4）混凝土灌注桩的质量检验标准应符合表 7-23、表 7-24 的规定。

（5）人工挖孔桩、嵌岩桩的质量检验应按本节执行。

表 7-23　混凝土灌注桩钢筋笼质量检验标准　　　　　　　（单位:mm）

项	序	检查项目	允许偏差或允许值	检查方法
主控项目	1	主筋间距	±10	用钢尺量
	2	长度	±100	用钢尺量

续表

项	序	检查项目	允许偏差或允许值	检查方法
一般项目	1	钢筋材质检验	设计要求	抽样送检
	2	箍筋间距	±20	用钢尺量
	3	直径	±10	用钢尺量

表 7-24 混凝土灌注桩质量检验标准

项	序	检查项目	允许偏差或允许值		检查方法
			单位	数值	
主控项目	1	桩位	见表 7-16		基坑开挖前量护筒，开挖后量桩中心
	2	孔深	mm	+300	只深不浅，用重锤测，或测钻杆、套管长度，嵌岩桩应确保进入设计要求的嵌岩深度
	3	桩体质量检验	按基桩检测技术规范。如钻芯取样，大直径嵌岩桩应钻至桩尖下 50cm		按基桩检测技术规范
	4	混凝土强度	设计要求		试件报告或钻芯取样送检
	5	承载力	按基桩检测技术规范		按基桩检测技术规范
一般项目	1	垂直度	见表 7-16		测套管或钻杆，或用超声波探测，干施工时吊垂球
	2	桩径	见表 7-16		井径仪或超声波检测，干施工时用钢尺量，人工挖孔桩不包括内衬厚度
	3	泥浆比重(黏土或砂性土中)	1.15 ~ 1.20		用比重计测，清孔后在距孔底 50cm 处取样
	4	泥浆面标高(高于地下水位)	m	0.5 ~ 1.0	目测
	5	沉渣厚度:端承桩 摩擦桩	mm mm	≤50 ≤150	用沉渣仪或重锤测量
	6	混凝土坍落度:水下灌注 干施工	mm mm	160 ~ 220 70 ~ 100	坍落度仪
	7	钢筋笼安装深度	mm	±100	用钢尺量
	8	混凝土充盈系数	>1		检查每根桩的实际灌注量
	9	桩顶标高	mm	+30 -50	水准仪，需扣除桩顶浮浆层及劣质桩体

第8章　龙岗区创投大厦设计与施工

8.1　工程概况

创投大厦位于深圳市龙岗区龙城工业园内,场地北、东、南向邻市政道路,西侧临近龙城工业园科研中心,地理位置如图8-1所示。建设场地南北长132m,东西长80m,建筑占地面积约10000m²。建筑物为连体楼,分别为裙楼和塔楼:裙楼6层,高29m;塔楼44层,高191m。全断面设3层地下室,地下开挖深度15m。

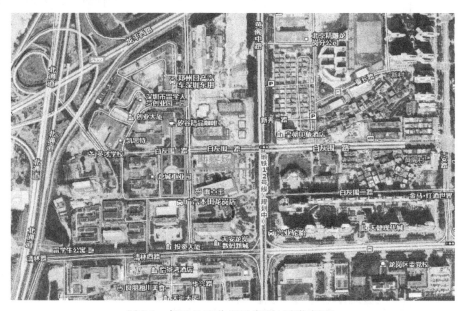

图8-1　场地地理位置示意图(后附彩图)

场地原始地貌属剥蚀残丘地貌单元,沟谷和残丘并存。根据钻探和现场调查,裙楼大部分位于原沟谷地段,塔楼基本位于原残丘地段。

场地设有龙城工业园绿化带,地势基本较平缓,中部为圆形人工水池,相对地势较低,最低处44.77m,场地绝对标高在44.77~46.91m,高差变幅2.14m。场地东侧较开阔,基坑边线东约9m为市政道路;南侧为园区内道路,该侧基坑边线以南约30m为3层的广本4S店;西侧基坑边线外为工业园区内的4~5层科研中心,该栋建筑南北长约101m,距离建设场地西侧基坑边线5~8m;北侧基坑边线外为园区内道路。

8.2　工程地质条件

8.2.1　地层岩性与地质构造

根据钻孔揭露,场地第四系松散层主要有:人工填土层(Q^{ml})、第四系冲洪积层(Q^{al+pl})、第四系残积层(Q^{el})、岩溶堆积物(Q)。场地下伏基岩为下石炭统(C)测水组粉砂岩、石磴子组石灰岩。现将各地层主要特征自上而下分述如下。

(1)人工填土层(Q^{ml})。

素填土层:褐黄色、褐红色、浅灰色等杂色,稍湿,松散~稍密,由粉质黏土、粉土、粗砂、角砾和碎石组成,直径一般为 2~20cm,次棱角状,角砾和碎石含量一般在 25%~30%,局部夹块石,直径大于 20cm。为近年人工填土。

(2)第四系冲洪积层(Q^{al+pl})。

淤泥质粉质黏土层:灰色、灰黑色,饱和,流塑~软塑状,无光泽,有腥臭味,含少量细砂及有机质,偶含腐木,局部相变为软塑黏土。该层主要分布于场地东北、北和西北,层厚不均匀,厚度 0.50~6.00m,平均 2.48m;层顶埋深 2.50~11.00m;层顶标高35.19~43.34m。

粉质黏土一层:灰绿色、浅灰色,湿,软塑状,不均匀含少量细砂。主要分布于场地北侧和东北侧基坑边线一带,层厚不均匀,层厚 1.50~10.40m,平均 4.80m;层顶埋深2.50~13.50m;层顶标高 32.11~43.17m。

粉质黏土二层:褐红、褐黄色,间灰白色,湿,可塑状,局部偏硬,常含角砾、碎石。主要分布于场地中部与北部,厚度(包括揭露层厚)0.60~28.30m,平均 8.19m;层顶埋深1.50~11.00m;层顶标高 34.60~43.76m。

(3)第四系残积层(Q^{el})。

黏性土层:褐黄色、浅黄色、灰白色、暗黄色、杂色,可塑~硬塑,硬塑为主。原岩残余结构尚可辨认,主要由粉砂岩风化残积而成,层厚不均匀,局部以夹层的形态出现。层厚1.10~14.80m,平均 6.30m;层顶埋深 0.70~13.80m;层顶标高 32.80~46.07m。

(4)石炭系地层(C_1)。

场地内下伏基岩为石炭系下石炭统地层。基岩由测水组粉砂岩(C_{1dc})、石磴子组石灰岩(C_{1ds})构成。粉砂岩局部地段间夹碳质泥岩,石灰岩常大理岩化。为方便地层统一划分,同时充分考虑到各岩石的物理特性、力学强度特性及裂隙发育程度特点,本工程勘察按岩石的风化程度统一划分。粉砂岩划分为全风化粉砂岩、强风化粉砂岩、强风化粉砂岩与碳质泥岩互层(以后简称强风化碳质泥岩,在剖面图上划入强风化粉砂岩)、溶槽堆积物、中风化粉砂岩;石灰岩、大理岩统一定名为微风化石灰岩。

全风化粉砂岩层:灰黄色,褐黄色,灰褐色,岩石结构已基本破坏,多呈坚硬土状,含风化岩碎块,部分以"夹层"的形式出现于强风化粉砂岩内。岩体结构类型为散体状结构,坚硬程度等级为极软岩,岩体完整程度为极破碎,岩体基本质量等级为Ⅴ级。整个场地层厚不均匀,厚度1.00～19.60m,平均6.14m;层顶埋深2.00～43.20m;层顶标高3.41～44.50m。

强风化粉砂岩一层:灰黄色、灰褐色,岩石结构大部分破坏,风化裂隙发育,岩石较破碎,多呈岩块状,部分呈半岩半土状,常含较多中风化岩碎块,且中风化岩局部硅化。岩体结构类型为散体状～碎裂状结构,坚硬程度等级为软岩,岩体完整程度为极破碎～破碎,岩体基本质量等级为Ⅴ级。整个场地厚度(包括揭露)1.60～50.80m,平均19.61m;层顶埋深1.80～50.80m;层顶标高－4.86～43.62m。

强风化碳质泥岩二层:常以强风化粉砂岩与强风化碳质泥岩出现。灰黑色,岩石结构大部分破坏,风化裂隙发育,岩石较破碎,多呈岩块状,部分呈半岩半土状,常含较多强～中风化岩碎块。岩体结构类型为散体状～碎裂状结构,坚硬程度等级为软岩,岩体完整程度为极破碎～破碎,岩体基本质量等级为Ⅴ级。整个场地厚度(包括揭露)4.90～27.50m,平均13.04m;层顶埋深17.50～59.10m;层顶标高－13.16～43.70m。

中风化粉砂岩层:浅灰～灰色、深灰色,厚层状构造,裂隙发育,岩石大部分硅化,较新鲜,岩芯多呈块状,短柱状,局部较完整,呈柱状,其RQD一般10%～20%,岩石质量等级差。部分以硬夹层的形式出现在强风化粉砂岩中。岩体结构类型为碎裂状结构,坚硬程度等级为较硬岩,岩体完整程度为较破碎,岩体基本质量等级为Ⅳ级。该层岩面起伏大,揭露层厚1.10～25.00m,平均8.37m;层顶埋深5.00～58.90m;层顶标高－13.39～41.39m。

微风化石灰岩层:部分大理岩化,灰白色,浅灰～灰色,岩石结构清晰,隐晶～微晶结构,厚层状构造,顶部溶蚀现象明显,岩溶较发育,岩石较新鲜、完整,岩芯多呈柱状、长柱状,其RQD一般为85%,岩石质量等级较好。岩体结构类型为层状～块状结构,坚硬程度等级为较硬岩,岩体完整程度为较完整,岩体基本质量等级为Ⅲ级。岩面起伏大,揭露层厚1.20～12.80m;层顶埋深5.70～66.00m;层顶标高－19.49～39.56m。

溶槽堆积物层:黄色、褐黄色,成分为含角砾粉质黏土,含石灰岩角砾10%～30%,软塑－硬塑状态,分布于石灰岩的溶洞中。

本场地岩溶现象主要表现为溶蚀裂隙、溶槽、溶洞。岩面起伏大,在石灰岩表面因地下水较活跃,岩石溶蚀显著,形成溶沟、溶槽。

场地南部属龙岗复式向斜的次一级褶皱发育区,场地北～东北等裙楼地段的钻孔揭露的石灰岩顶板埋深在8.80～19.00m,该段钻孔钻穿石灰岩后又揭露出粉砂岩,与场地南部地层顺序相反。石灰岩由西自东逐渐加厚,"鹰嘴状"的石灰岩的地段岩溶发育程度较强,洞大小多在0.50～3.00m,溶洞内有角砾、碎石和黏土等充填物,多呈半～全充填状。该地段溶洞中等发育,属隐伏型溶洞。

场地中南部的塔楼地段,石灰岩埋藏较深,岩层顶板埋深26.00～66.00m,平均35.49m,大部分在30～45m,岩面顶部发现大型的空洞,其余钻孔遇见的溶洞多有充填物,多呈全充填状。本段岩溶发育的特点集中体现为岩溶发育较强烈,溶洞、溶槽多分布于稳定的石灰岩上部,且发现有较大型的空洞,稳定的石灰岩内往往溶洞较少发育。该地段溶洞中等发育,属埋藏型溶洞。

根据区域地质资料,场地附近发育的皱褶构造主要为龙岗向斜(嶂背向斜)和草塘背斜,其地质构造介绍详见 1.4.3 节。

8.2.2　岩溶特性

根据地勘资料各钻孔溶洞发育情况,随机选取 24 个孔来反映本场地岩溶发育情况,见表 8-1。

表 8-1　溶洞分布和发育情况一览表

孔号	洞体埋深/m	标高/m	高度/m	溶洞类型	备注
1	17.30~17.90	27.84~28.44	0.60	溶洞	未见充填物
2	17.15~20.00	25.61~28.46	2.85	半边岩	其附近可能发育有溶洞
3	17.00~18.20	27.31~28.51	1.20	溶洞	半充填软塑黏土、松散粗砂
	21.80~23.60	21.91~23.71	1.80	溶洞	全充填可塑黏土
	26.00~28.50	17.01~19.51	2.50	溶洞	全充填可塑黏土
4	22.20~36.50	9.44~23.74	14.30	溶槽	22.20~25.00 无充填物,下部软塑与可塑状粉质黏土充填
5	26.70~29.90	16.18~19.38	3.20	溶洞	全充填软塑黏土、松散中粗砂
	32.50~40.10	5.98~13.58	7.60	溶洞	全充填松散中粗砂,底部稍密状
6	20.20~21.85	24.20~25.85	1.65	溶洞	半充填软塑黏土、松散中粗砂
	23.70~29.50	16.55~22.35	5.80	溶洞	全充填可塑状粉质黏土
7	18.25~18.55	27.42~27.72	0.30	半边岩	其附近可能发育有溶洞
8	8.20~17.50	27.76~37.06	9.30	溶洞	全充填可塑状粉质黏土
9	24.80~26.85	19.53~21.58	2.05	溶洞	半充填软塑黏土、松散中粗砂
	32.40~34.90	11.48~13.98	2.50	溶洞	半充填可塑黏土
10	18.90~33.00	13.36~27.46	14.10	溶槽	可硬塑状粉质黏土,局部夹块状中风化岩
11	16.10~38.10	8.16~30.16	22.00	溶槽	可硬塑状粉质黏土,局部夹块状中风化岩
12	18.40~34.80	11.57~27.97	16.40	溶槽	可硬塑状粉质黏土,局部夹块状中风化岩
13	16.10~16.55	29.29~29.74	0.45	溶洞	未见充填物
14	11.80~15.20	30.34~33.64	3.30	半边岩	其附近可能发育有溶洞
15	43.20~49.20	-2.59~3.41	6.00	溶槽	可硬塑状粉质黏土,局部夹块状中风化岩
16	30.50~34.20	12.21~15.91	3.70	空洞	洞底少量粗砂、碎石

续表

孔号	洞体埋深/m	标高/m	高度/m	溶洞类型	备注
17	57.50~60.50	−14.08~−11.08	3.00	空洞	洞底少量粗砂、碎石
18	40.10~42.80	3.61~6.31	2.70	空洞	洞底少量粗砂、碎石
19	57.30~62.20	−15.76~−10.86	4.90	空洞	洞底少量粗砂、碎石
20	40.60~48.20	−2.94~4.66	7.60	空洞	洞底少量粗砂、碎石
21	38.50~43.70	2.84~8.04	5.20	溶洞	全充填中密粗砂、角砾、碎石
22	37.30~37.90	8.43~9.03	0.60	半边岩	其附近可能发育有溶洞
23	55.70~66.00	−19.49~−9.19	10.30	空洞	半充填软塑状粉质黏土
24	35.60~41.80	4.52~10.72	6.20	溶洞	全充填中密粗砂、角砾、碎石,下部为可硬塑粉质黏土

表 8-1 的结果表明场地溶洞发育情况复杂,存在各式各样的溶洞与土洞,施工难度颇大。

8.2.3　场地适宜性评价

建设场地地势较平缓,场地内及其周边无滑坡、泥石流等不良地质现象;经地质调查,场地及其周边未见全新活动的断裂构造及其他不良地质作用;场地属龙岗隐伏岩溶区,且分布有溶洞、土洞等不良地质现象,场地整体稳定性一般,选用合适的桩基可以建筑。

1. 地震效应评价

根据《建筑抗震设计规范》(GB 50011—2010)相关规定和地震安评报告,场地抗震设防烈度 6 度,场地内未见可液化土层,设计地震分组为第一组,设计基本地震加速度为 0.05g,特征周期 0.25s。场地存在较厚的人工填土层,局部分布软土,各地层在空间结构上不均匀,建筑物抗震按不利地段考虑。

根据本场地地震安全性评价报告,建筑场地类别为Ⅱ类,裙楼所处地段场地土类型为中软土,塔楼所处地段场地土类型为中硬土。其波速测试数据详见表 8-2。

表 8-2　波速测试试验简表

项目 测试孔	土层等效剪切波速 $V/(\text{m/s})$	覆盖层厚度 d_{ov}/m	卓越周期/s	场地类别 (建筑规范)
DZ1(ZK31)	232.2	35.0		
DZ2(ZK54)	376.3	32.0	0.25	Ⅱ类
DZ3(ZK65)	323.4	48.2		
DZ4(ZK12)	178.8	40.0		

2. 岩溶地基适宜性评价

本场地岩溶发育情况随石灰岩面的起伏而有不同,浅部的溶洞(埋深 15~20m)基本以全充填、半充填存在,局部发育有空洞(ZK10 号孔)。经地质调查,场地周围未见地面塌陷痕迹。

溶洞、土(空)洞是潜在的不稳定因素,在地下水位下降或上覆压力过大时,易引起塌陷、不均匀沉降等地质灾害,因此在场地及其周边严禁开采地下水,以防止水位下降导致溶洞沉陷,防止不均匀沉降。

由于溶洞、土(空)洞的存在,当溶洞顶板较薄而采用嵌岩桩时,顶板受力破坏易导致桩基失稳。另外,在桩基施工时也易导致桩基质量事故的发生。

若桩基以石灰岩作持力层,需采用物探并结合地质超前钻探查明桩端下石灰岩的岩溶发育情况,确保桩基落于稳定、完整的石灰岩上。

3. 地基均匀性评价

场地岩土层工程地质性质差异性较大,属不均匀地基。

(1)素填土层:整个场地均有分布,松散~稍密,土质不均匀,具高压缩性,未经处理不能直接作为建筑物的浅基础持力层。

(2)淤泥质粉质黏土层:流塑~软塑状,具高压缩性,未经处理不能直接作为建筑物的浅基础持力层。

(3)粉质黏土层:软塑,具高压缩性,未经处理不能直接作为建筑物的浅基础持力层。

(4)粉质黏土层:可塑,为中等~低压缩性土,可作为低层建筑物的浅基础持力层或下卧层。

(5)黏性土层:可塑~硬塑,为中等~低压缩性土,可作为低层~多层建筑物的浅基础持力层或下卧层。

(6)全风化岩~强风化岩可作为桩基持力层。

(7)中风化岩~微风化岩为良好的桩端持力层。石灰岩中岩溶中等发育,以石灰岩作桩端持力层时需查明桩底受力范围溶洞发育情况,且保证桩基有一定的入岩深度,以确保桩底基岩抗压与桩基抗滑稳定性。

根据勘察结果、土工试验及现场标准贯入试验结果,并结合地区经验,各岩土层天然地基设计参数采用表 8-3 所示数值。

表 8-3　天然地基设计参数建议值

地层岩性			承载力特征值 f_{ak}/kPa	压缩模量 E_s/MPa	变形模量 E_0/MPa	直接快剪		三轴剪切		渗透系数 K/(m/d)
成因	层序	岩土层名称				凝聚力 C/kPa	内摩擦角 ϕ/(°)	凝聚力 C_{uu}/kPa	内摩擦角 φ_{uu}/(°)	
Q^{ml}	①	素填土	不均匀	—	10	—				1.0
Q^{al+pl}	②$_1$	淤泥质粉质黏土	70	3	3.5	8	4			<0.1
	②$_2$	粉质黏土	100	5	10	10	8			<0.1
	②$_3$	粉质黏土	160	6.0	15	23	20			<0.1

续表

地层岩性			承载力特征值 f_{ak}/kPa	压缩模量 E_s/MPa	变形模量 E_0/MPa	直接快剪		三轴剪切		渗透系数 K/(m/d)
成因	层序	岩土层名称				凝聚力 C/kPa	内摩擦角 ϕ/(°)	凝聚力 C_{uu}/kPa	内摩擦角 φ_{uu}/(°)	
Q^{el}	③	黏性土	220	7.5	20	25	25	25	25	<0.1
C	④₁	全风化粉砂岩	350	10	65	30	28			0.2
	④₂₋₁	强风化粉砂岩	550	18	150			35	32	0.7
	④₂₋₂	强风化碳质泥岩	450	16	120			30	25	0.7
	④₃	中风化粉砂岩	3000							0.5
	⑤	微风化石灰岩	4500							

执行规范:1.《建筑地基基础设计规范》(GB 50007—2011);2. 各层的其余物理指标详见统计表取平均值。

8.3 上部结构—桩筏基础—岩溶地基共同作用分析及溶洞稳定性分析

8.3.1 共同作用概述

高层建筑的上部结构复杂、刚度大,计算十分困难,因此,在最初阶段做整体计算分析时,往往将上部结构的刚度视为无穷大,将基础与上部结构之间的连接节点视为不动铰支点,将基础与地基接触面的压力视为线性分布,从而计算基础的内力。这种方法是采用平衡体系分割成三个独立的部分单独求解,其中接触点满足静力平衡,其最有代表性的内力计算是倒梁法。这种方法未考虑接触点位移连续性的条件,造成计算值与实际情况不一致,甚至出现很大的偏离。在整体计算分析发展的第二阶段中,先将基础的刚度视为无限大,求出上部结构在基础顶面处的固端反力;再把该反力作用于基础,在考虑基础与地基变形协调的条件下分析基础内力,分析时忽略上部结构的存在。这是一种不完全的共同作用分析方法。其代表性计算方法有弹性地基梁法、弹性板法等。随着计算机技术快速发展,共同作用机理、地基模型及其参数、上部结构整体刚度矩阵方程等方面的研究取得了明显进展,这些为解决高层建筑与地基、基础共同作用分析提供了可能。

简单地把上部结构的刚度视为无穷大是不合理的。它忽略了上部结构刚度在基础与地基相互作用中的贡献,所得结果将与整个系统的实际共同作用过程不相符合。对于高层建筑而言,其差异更为明显。如果考虑上部结构—地基—基础的共同作用,则实际的地基基础安全系数远大于按照常规设计方法计算所得值。共同作用方法是将上部结构、基础和地基三者视为一个完整的工作体系,分析上部结构时考虑地基、基础刚度的作用,分析基础内力和变形时考虑上部结构刚度的贡献和地基刚度的影响,在各部分的接触点不仅需满足静力平衡,而且要考虑变形协调,这样才能正确反映整个系统的实际工作状况。

根据大量共同作用分析结果及工程实测数据,发现:共同作用原理可通过上部结构、地基、基础三者刚度比例变化时的影响来表示,不论上部结构是剪力墙、还是框架结构,都可将上部结构换算为一个整体刚度矩阵,再结合位移与荷载的平衡方程,求解考虑共同作用时荷载作用上部结构、地基和基础的响应。

1. 上部结构刚度的影响

上部结构刚度是由水平刚度、竖向刚度和抗弯刚度组成的。一般说来,水平刚度和抗弯刚度在最初几层随着层数的增加而增加较快,继而迅速减缓,趋于某一稳定值。竖向刚度则随层数的增加而有一定规律的增加,同样达到某一层时,亦趋稳定,所不同的是竖向刚度达到稳定值时比前两者多几层。

研究表明,在地基与基础的总体刚度不变的情况下,建筑物的差异沉降随上部结构的层数增加而减少,这说明上部结构的刚度有助于减少基础的不均沉降,但当楼层增加到一定程度时,沉降差异的减少变得不十分明显,这说明上部结构刚度对基础差异沉降的贡献是有限的。建筑物的平均沉降随着上部结构层数的增加而增加,但单位沉降不发生明显变化,这说明上部结构刚度对基础的平均沉降影响不大。同时上部结构的刚度会减小筏板基础的相对挠曲,但会导致上部结构自身内力的增加。对于桩基础,上部结构刚度的变化使得角桩、边桩、内部桩受力比例增加不一致,角桩与内部桩增加较快,边桩增加较慢。

2. 基础刚度的影响

在上部结构刚度与地基条件不变的情况下,基础内力随其刚度增大而增大,相对挠曲则随之减少,上部结构的次应力也减少。相反,当基础刚度减少时,上部结构的次应力随之增加。因为基础沉降差(亦即相对挠曲)增加,必然在上部结构中引起更大的次应力。可见,从减少基础内力出发,宜减少基础刚度;就减少上部结构次应力而言,宜增加基础刚度。因此基础方案应该考虑结构类型作综合考虑。

另外,基础刚度对上部结构的内力分布亦有一定影响。有文献将不考虑基础刚度的计算结果与共同作用分析的结果进行比较,研究发现,在竖向荷载作用下,由于基础发生了盆形沉降,中柱因沉降大而卸载,边柱因沉降小而加载,即在基础刚度影响下,上部结构柱中内力出现了明显的重分布。

3. 地基刚度和地基模型的影响

当地基采用线弹性模型时,随着结构刚度的增加,基底反力不断向边、端部集中,造成基底边缘发生过大的反力。按此地基反力算得基础中点弯矩将比按实测基底反力计算的中点弯矩大几倍。当地基采用非线性弹性模型时,基底反力的集中现象就有所改善,即使对于刚性基础,其基底边缘反力也比较缓和,与实测结果比较接近。这说明在共同作用分析中地基模型选择是有重要意义的。

当地基为层状土时,水平方向的弹性模量往往要比竖向的弹性模量大。在共同作用计算中,若把地基作为横向各向同性体来分析,并与各向同性地基相比,其纵向弯曲差别不大,但前者对基底边缘的反力有所缓和。

在上部结构、基础和荷载相同的条件下,随着地基土变软,基础内力和纵向弯曲相应增大,上部结构中内力随之发生变化;反之,地基土变硬,上部结构刚度对基础内力的影响不甚明显,因为此时基础自身的相对挠曲比较小。可见,当地基土较软弱时,考虑上部结构与地基基础的共同作用更具有意义。

8.3.2 上部结构—桩筏基础—岩溶地基共同作用分析

1. 计算参数

创投大厦上部结构塔楼部分为框架核心筒结构、裙楼为框剪结构;基础在塔楼下为冲孔灌注桩、裙房及地下室采用独立基础和筏板基础。建筑场地Ⅱ类,场地土类型为中软土～中硬土;基本风压为 0.75kN/m^2,地面粗糙度为 C;区域设防烈度为 6 度。溶洞位置位于建筑的中部下方约 33m 处。根据勘测报告数据,将溶洞简化为一个长轴为 20m,短轴为 10m 的三维椭圆球体,溶洞顶板厚度约为 0.2m,溶洞平面位置如图 8-2 所示。

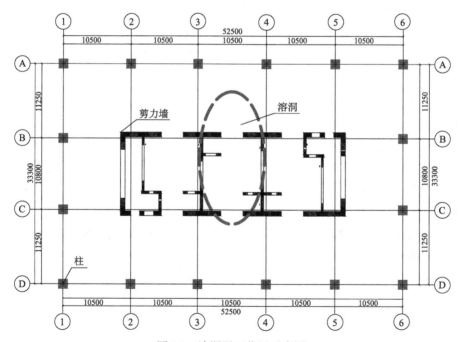

图 8-2　溶洞平面位置示意图

2. 有限元模型的建立

1)基本假定

大多数实际工程中,土体的几何尺寸很大,基于均匀化理论,将土体理想化为连续体。但由于溶洞的形状千变万化,在进行模拟计算时,不可能逐一进行讨论,所以研究的

岩溶受力系统必须对分析模型进行合理的简化,并提出以下假定:

(1)土体按连续体考虑,也就是假定整个物体的体积都被组成这个物体的介质所填满,不留下任何空隙,不考虑土体排水固结,溶洞在天然状态下是稳定的。

(2)溶洞围岩是均质、各向同性的土体。虽然岩体中存在一些节理和裂隙,但是在考虑溶洞薄顶板时,认为节理和裂隙相对顶板的尺寸要小得多,考虑到如果将溶洞薄顶板作为各向异性来计算是相当复杂的,因此首先可将其视为各向同性的物体进行分析和讨论。

(3)虽然溶洞内部有一定的填充物质,但它的力学性能很差,一般不受力,在计算溶洞的稳定性时,不考虑填充物质的影响。

(4)在整体模型的受力体系中,只考虑上覆岩土体的自重应力和上部结构的恒荷载、活荷载及风荷载,不考虑地震作用及其他动荷载的影响。

(5)桩基础的施工存在不影响土体的压缩模量和泊松比等材料特性,桩体和承台及微风化石灰岩土层假定为线弹性材料,符合广义胡克定律,桩、土、褥垫层都为各向同性均质体;上部结构的钢筋混凝土结构均用单一的线弹性材料代替钢筋混凝土材料。

2)地质条件

根据龙岗区的地质勘探资料,总结出龙岗区地层分布资料。土层基本可以简化为以下几层:素填土、粉质黏土、黏土、强风化粉砂岩、中风化粉砂岩、微风化灰岩,取各层厚度的平均值,各层岩土的力学性质如表 8-4 所示。

表 8-4　各层岩土力学参数

土的类型	平均厚度/m	天然重度 $\gamma/(kN/m^3)$	泊松比 ν	变形模量 E/MPa	内摩擦角 $\phi/(°)$	黏聚力 C/kPa
素填土	3.5	18	0.35	13	20	18
粉质黏土	17.2	18.2	0.28	16	22	25
黏土	9.3	18.5	0.26	35	25	28
强风化粉砂岩	19.4	22	0.29	100	27	20
中风化粉砂岩	4.2	23	0.27	4126	43	200
微风化灰岩		30	0.25	20000	60	550

3)几何模型的范围、边界条件及接触形式

采用 ABAQUS 软件建立上部结构—地基—基础整体模型,上部结构中的梁柱采用梁单元,板采用壳单元;桩基础和土体采用三维实体单元;每一土层由相对独立的部分组成,根据圣维南原理,土体的范围取上部结构长宽的 3 倍,土体的实际模拟体积为 155m × 270m × 113.96m。然后整体结构中每个部分分别赋予不同的材料本构、单元类型,并进行整体组装。

土体的底部为固定约束,土体的四周采用 x、y 方向上的约束,地面为自由边界。模型的上部结构中梁、板、柱之间,上部结构与基础承台之间,回填土与地下室墙体之间,桩的底部与土体之间均采用 tie 接触;考虑冲孔灌注桩中土体与桩侧壁的摩擦力,桩侧面与土层采用摩擦接触,允许弹性滑移变形。对整体模型加载、划分网格,整体模型如图 8-3 所示。

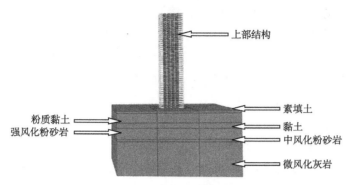

图 8-3　高层建筑整体模型

4)材料本构参数、力学模型及溶洞失稳的判定标准

在建立的整体模型中,上部结构与桩基础采用线弹性模型,下部各个土层均采用莫尔-库仑模型。线弹性本构参数主要包括密度、变形模量、泊松比;莫尔-库仑模型参数除以上三个外,还包括摩擦角、剪胀角、黏聚力及对应的塑性应变。钢筋混凝土结构的线弹性模型材料参数来源于《型钢结构技能规范》(GB 50018—2010)中混凝土材料参数,土层的莫尔-库仑模型来源于龙岗区地质勘探资料。整体有限元结构中各部分的参数选定值如表 8-5 所示。

在分析溶洞的受力模型中,主要是考虑溶洞上部的土体自重、上部结构的自重、板受到的恒载、活载,将风荷载简化为静力荷载进行计算,不考虑因地下水位变化而产生的渗透力、负压力以及其他动荷载等。

表 8-5　有限元模型计算参数表

结构位置	弹性模量 E/MPa	泊松比 ν	密度/ (kg/m³)	黏聚力 C/kPa	内摩擦角 ϕ/(°)
(−3)~6 层	42000	0.2	2500	—	—
7~34 层	33600	0.2	2500	—	—
35~44 层	26600	0.2	2500	—	—
桩、承台	42000	0.2	2500	—	—
素填土	13	0.35	1800	18	20
粉质黏土	16	0.25	1820	25	22
黏土	35	0.26	1850	28	25
强风化粉砂岩	100	0.29	2200	20	27
中风化粉砂岩	4126	0.27	2300	200	43
微风化灰岩	20000	0.25	3000	550	60

采用有限元分析岩土工程中土体的稳定时,需要给定判断土体失稳的标准,常见的有:将土体内的最大拉应力达到土体抗拉极限承载力作为土体失稳的判断标准,或者将

土体内广义剪应变最大值在边坡上体内贯通作为判别失稳标准;也有将计算不收敛作为失稳破坏标准,即在特定的计算条件下,不能完成所设定的计算时间,就出现了计算迭代不收敛,这种方法也有其自身的局限性。因为计算结果的不收敛与许多因素有关,将不收敛性作为破坏标准,其物理含义并不明确,需要保证在其他条件都不影响收敛性的情况下使用。郑宏、李春光提出:当边坡内的塑性区形成了潜在的滑移通道时,可作为土体失稳的判断标准。这种方法在分析溶洞稳定性时,根据溶洞周围产生的塑性区大小判断溶洞是否破坏,在一般情况下,如果只有少量的塑性区或者无塑性区,则认为溶洞是安全的,当溶洞的塑性区贯通时,可将溶洞视为破坏,这样的判别方法偏于安全,同时可以避免因为其他原因而产生的不收敛的影响。

　　3. 共同作用与传统方法的分析比较

　　1)共同作用计算模型与传统计算模型的建立

　　如图 8-4 所示,传统设计方法将上部结构与地基基础切割分离成两部分进行计算,将上部结构在基础顶面处视为固定约束,求出固端反力,再把该反力作用在基础上。这种方法极大地减少了结构超静定次数,简化了计算,在工程设计的实践中得到了广泛的应用。传统设计方法在计算时将基础刚体视作无穷大,因此在地质条件优良的情况下,传统计算方法与实际情况较为接近;岩溶地基作为一种特殊的弱地基形式,地基的不均匀性异常明显,如果在岩溶地质条件下用传统方法计算,地基不均匀沉降会给上部结构产生的结构次应力,导致上部结构的内力值与实际值出现较大差异。而共同作用方法不仅考虑了上部结构与基础的位移协调,同时还考虑了上部结构刚度贡献,满足整体结构的

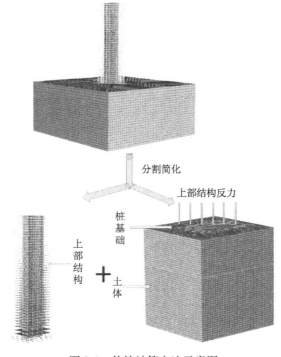

图 8-4　传统计算方法示意图

变形协调,这不仅可以计算出上部结构实际的内力,同时能准确地计算出桩基础受力及地基的沉降。考虑上部结构—地基—基础共同作用的有限元计算模型,见8.3.1节中2。

本节分别采用传统方法与共同作用方法对创投大厦进行了数值模拟,通过分析上部结构轴力与弯矩值、桩基础受力、地基沉降,比较两种计算方法的差异性。

2)上部结构轴力与弯矩值分析

在上部结构的底层、中间层、顶层的角柱、边柱分别提取8个单元点轴力和6个单元点的弯矩,以此比较,在两种不同计算方法下,柱轴力和梁端弯矩差异,如表8-6和表8-7所示。

表 8-6　不同设计方法下上部结构单元点的轴力

位置	单元编号	传统设计法 轴力/kN	共同作用法 轴力/kN	相差百分比/%
地下负3层	153	34189	50531	32.34
	108	23368	30966	24.54
	112	24912	25786	3.39
	114	24890	41468	39.98
	120	23857	39099	38.98
	150	30759	66640	53.84
	142	39132	41537	5.79
	133	39053	43302	9.81
中间第20层	118	18396	23119	20.43
	86	12382	15063	17.80
	90	12956	15406	15.90
	116	12944	17764	27.13
	135	12685	16741	24.23
	127	16755	24227	30.84
	123	20233	22762	11.11
	122	20213	22846	11.52
顶部第44层	118	550	667	17.54
	86	407	485	16.08
	90	513	566	9.36
	116	512	612	16.34
	135	432	536	19.40
	127	514	716	28.21
	123	633	676	6.36
	122	632	677	6.65

从表8-6轴力分析可知,当楼层越低时,两者的计算差别越大,随着楼层的增大,两者之间的差别变小;与传统计算方法相比,在共同作用的计算方法中,边柱与角柱的受力更

大。从表 8-7 弯矩分析可知,在三个楼层的计算结果中,两种计算方法的结果差别很大,甚至出现弯矩值符号相反的情况,共同作用方法的弯矩计算值一般更大。由于地基缺陷问题带来的上部结构应力变化,是工程设计不可忽略的问题,传统设计方法会导致抗弯计算配筋量与实际情况不一致,甚至出现实际为受拉区,而计算钢筋却放在了受压区。

表 8-7 不同设计方法计算的上部结构单元点弯矩

位置	单元编号	传统设计法弯矩/(kN·m)	共同作用法弯矩/(kN·m)	相差百分比/%
地下负 3 层	134	193	−198	197.47
	118	317	288	−10.07
	442	84	108	22.22
	370	−91	−102	10.78
	126	185	−616	130.03
	116	154	−507	130.37
中间第 20 层	96	−53	−373	85.79
	88	−199	−244	18.44
	104	22	16	−37.50
	89	70	45	−55.56
	113	65	377	82.76
	130	−51	185	127.57
顶部第 44 层	96	289	343	15.74
	88	67	−182	136.81
	104	29	22	−31.82
	89	48	38	−26.32
	113	113	−578	119.55
	130	−2	259	100.77

3)桩基础受力分析

塔楼共布置 82 根冲孔灌注桩,每根桩布置 2~3 个超前钻孔,其余裙楼地段布置钻孔 61 个。由于场地西南角消防水池尚未拆除,位于该区域的 4 个桩孔均无法施工,因此,本工程勘察工作实际施工 78 个桩位,共 211 个钻孔,钻孔编号以 Z 开头,如 Z58-1 则表示 58 号桩的第一个钻孔。裙楼段共施工钻孔 60 个,钻孔编号 B1~B56、B58~B61。

创投大厦共有 76 根桩基础,它们的位置及编号如图 8-5 所示,分析两种计算方法下每根桩基础的受力大小及在溶洞区域桩基础的受力。桩基础受力如图 8-6 所示,横坐标为桩基础编号,纵坐标为桩基础受力大小。从图 8-6 中可知,相对于传统计算方法,共同作用计算方法下桩基的受力更为均匀,两种计算方法下 76 根桩基础的总的竖向力之和有一定差异,它们相差 2.7%,传统计算方法的桩基础总竖向力值为 1257731kN,共同作用计算方法的桩基础总受力值为 1224189kN,但总体来说与上部结构反力 1269243kN 基本接近,满足竖直方向上的平衡条件。从图8-5可知,溶洞区域上部有10根桩基础,位于图8-5中虚线区域位置,溶洞区域桩的受力明显下降,共同作用方法下降更为明显,这是由于在共同作用分析方法中,不仅有桩与土间的共同作用效应,而且还有上部结构刚度对基础内力的重分布效应。

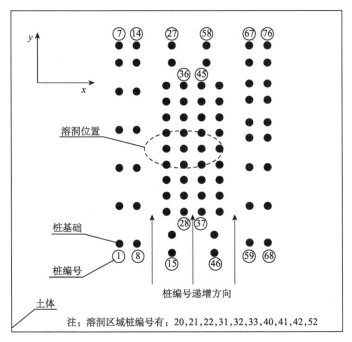

图8-5　桩基础位置及编号

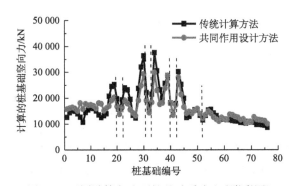

图8-6　不同计算方法下桩基础受力(后附彩图)

4)地基的沉降分析

分析土体沉降量时,先提取土层表面所有单元点的竖向变形值,分析地基的平均沉降,传统计算方法的平均沉降为0.1026m,共同作用计算方法的平均沉降为0.103m,由此可知,上部结构刚度对地基的平均沉降基本没有影响。然后分别提取溶洞区域正上方,沿X方向及Y方向的沉降值。如图8-7和图8-8所示,横坐标为XY方向的坐标,纵坐标为沉降量。从图中可知,相对于传统计算方法,共同作用计算方法得到的沉降值变化更小,即沉降差异更小,特别是在X方向上,溶洞区域的沉降值明显大于其他区域,在Y方向上,溶洞区域沉降也迅速增大。比较两种计算方法的结果可知,上部结构刚度在一定程度上可以调整地基的不均匀沉降。

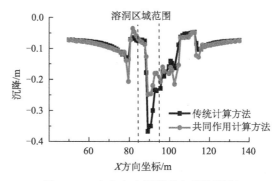

图 8-7　X 方向各点沉降值(后附彩图)

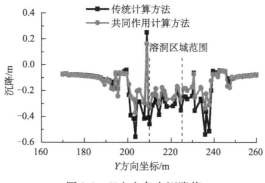

图 8-8　Y 方向各点沉降值

5)刚度对共同作用的影响分析

相对于常规分析方法而言,共同作用理论是将上部结构、地基、基础看成一个整体进行研究,这三者需要同时满足静力平衡方程与变形几何方程,根据这两个方程建立基本方程[61],如下式:

$$([K_b] + [K] + [K_s])\{U\} = \{Q\} + \{S_b\}\tag{8-1}$$

式中,$[K_b]$ 为等效边界刚度矩阵;$\{K\}$ 为基础的刚度矩阵;$[K_s]$ 为地基土的弹塑性刚度矩阵;$[U]$ 为位移向量;$[Q]$ 为荷载向量;$[S_b]$ 为等效边界荷载向量。

从式(8-1)可知,共同作用方法可以从上部结构刚度、地基刚度、基础刚度三者之间的比例关系进行分析。本书将通过改变上部结构、地基、桩基础的弹性模量来分析这三者间刚度的影响。

A. 上部结构刚度的影响

从共同作用基本方程中可知,在地基与基础的总体刚度不变的情况下,上部结构的刚度对桩基础内力及建筑物的沉降都有影响,本节通过改变上部结构的弹性模量,分析上部结构刚度对上部结构内力、桩基础受力及建筑物沉降的影响,上部结构的弹性模量

为 E，改变弹性模量，分别取 $1.0E,0.9E,0.8E,0.7E,0.6E,0.5E,0.4E,0.3E$。

  a. 上部结构轴力弯矩值

分析上部结构内力，分别在底层、中间层、顶层取 8 个单元点的轴力和 6 个单元点的弯矩，如表 8-8 和表 8-9 所示。

表 8-8　不同弹性模量下上部结构单元点的轴力　　　（单位：kN）

位置	单元点号	0.3E	0.4E	0.5E	0.6E	0.7E	0.8E	0.9E	1.0E
地下负3层	153	45441	46784	47779	48557	49736	49708	50151	50531
	108	28332	29017	29529	29932	30546	30532	30765	30966
	112	24686	25030	25265	25432	25665	25651	25726	25786
	114	37996	38973	39679	40210	41003	40964	41240	41468
	120	34931	36025	36841	37481	38457	38428	38789	39099
	150	57313	59637	61408	62826	65047	65005	65874	66640
	142	38949	39746	40298	40695	41253	41220	41397	41537
	133	40565	41393	41971	42392	42989	42954	43148	43302
总和		308213	316605	322770	327525	334696	334462	337089	339330
中间第20层	118	20844	21319	21722	22071	22540	22651	22897	23119
	86	13871	14118	14326	14508	14772	14813	14943	15063
	90	15123	15258	15336	15379	15420	15411	15411	15406
	116	16111	16517	16834	17090	17465	17479	17632	17764
	135	14918	15308	15634	15915	16326	16375	16567	16741
	127	19982	20773	21481	22124	23087	23255	23758	24227
	123	22642	22768	22827	22848	22814	22825	22797	22762
	122	22579	22721	22800	22842	22852	22864	22858	22846
总和		146071	148780	150961	152776	155276	155672	156863	157928
顶部第44层	118	613	624	634	642	646	656	662	667
	86	452	459	465	470	475	479	482	485
	90	559	562	564	565	568	566	566	566
	116	577	585	592	598	606	606	609	612
	135	491	501	509	516	522	527	532	536
	127	604	625	644	661	675	691	704	716
	123	678	679	680	680	677	678	677	676
	122	676	678	679	679	677	678	678	677
总和		4649	4714	4766	4810	4846	4881	4910	4936

从表 8-8 可知，上部结构刚度越大，边角柱受到的轴力越大，当楼层在底部时，因弹性模量不同而产生柱的轴力差异为 9.2%，楼层在中部时为 7.4%，楼层在顶部时为 5.8%，这是由于楼层不同结构的竖向刚度不同。从弯矩表 8-9 可知，上部结构的刚度越大，各单

元点弯矩差异值越大,这种规律并不随着楼层的变化而变化。

表 8-9　不同弹性模量下上部结构单元点的弯矩　　　　（单位:kN·m）

位置	单元点号	0.3E	0.4E	0.5E	0.6E	0.7E	0.8E	0.9E	1.0E
地下负3层	134	198	134	71	11	−115	−99	−150	−198
	118	309	309	308	305	296	297	293	288
	442	96	99	101	103	107	106	107	108
	370	−96	−97	−98	−99	−101	−101	−101	−102
	126	10	−91	−188	−282	−477	−456	−538	−616
	116	38	−55	−143	−225	−391	−375	−443	−507
中间第20层	96	−261	−288	−309	−326	−352	−353	−364	−373
	88	−207	−214	−221	−227	−235	−236	−241	−244
	104	19	18	17	17	16	16	16	16
	89	50	49	47	47	46	46	45	45
	113	270	295	316	332	357	358	368	377
	130	123	140	152	162	174	175	180	185
顶部第44层	96	320	325	329	333	333	339	341	343
	88	−93	−114	−130	−144	−160	−166	−174	−182
	104	23	22	22	22	21	22	22	22
	89	40	39	39	38	37	38	38	38
	113	−328	−375	−418	−456	−479	−522	−551	−578
	130	178	198	214	226	240	245	253	259

b. 桩基础受力分析

如图 8-9 所示,在不同上部结构刚度条件下,群桩基础的受力规律一致。根据图 8-10,上部结构的刚度越大,群桩中最大受力与最小受力之间的差值就越少,当上部结构的弹性模量为 0.3E 时,群桩基础间的差异值为 22626kN,当上部结构的弹性模量为 1.0E 时,群桩基础间的差异值为 19785kN,减幅达到 14.4%。如图 8-11 所示,群桩总受力随着上部结构的刚度增大而逐渐减少,但减小幅度并不明显,当上部结构的弹性模量为 0(传统设计方法)时,群桩总受力 1257731kN,当上部结构的弹性模量为 1.0E 时,群桩总受力 1224189kN,降幅为 2.7%,由此可见,计算中考虑上部刚度的土体分担了部分荷载,从而减少了桩基础的受力;如图 8-12 所示,从 1 号到 76 号桩中,提取其中 7 根桩进行细化分析,图中横坐标为上部结构弹性模量值,随着弹性模量的增加,桩基础受力变化幅度逐渐变小,直至趋于平稳,这说明上部结构刚度对桩基础作用有一定限度。

c. 地基的沉降分析

对土体进行沉降分析时,首先分析整个结构的平均沉降,然后分析地基上各点的差异沉降。在不同刚度的模型中,所有模型平均沉降的计算结果均为 0.103m 左右,表明上部结构刚度对地基的平均沉降影响不大。在不同上部结构刚度条件下,分别提取溶洞区

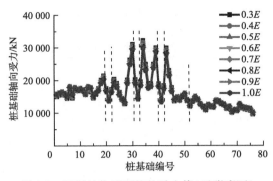

图 8-9　不同桩位置下桩的受力值（后附彩图）

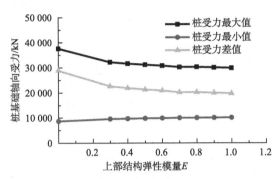

图 8-10　不同弹性模量下桩的受力差异

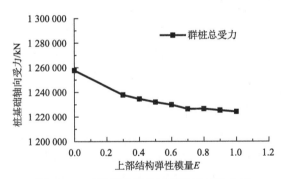

图 8-11　不同弹性模量下群桩的总受力值

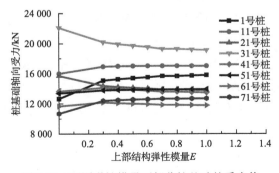

图 8-12　不同弹性模量下部分桩基础的受力值

域正上方,沿 X 方向及 Y 方向的沉降值。从图 8-13 和图 8-14 可知,荷载作用下,溶洞区域及其附近沉降较大,周边区域沉降相对较小,在 X、Y 方向分别提取 9 和 10 个点,分析这几个点的沉降随刚度的变化规律。从图 8-15 和图 8-16 可知,随着刚度增加,各点沉降先下降后趋于稳定,上部结构刚度对建筑周边的沉降差异影响较小,而对建筑内部及溶洞区域差异影响较大。

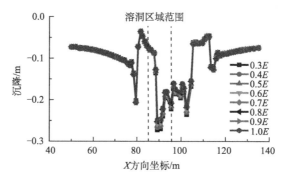

图 8-13　不同 X 方向坐标的各点沉降值(后附彩图)

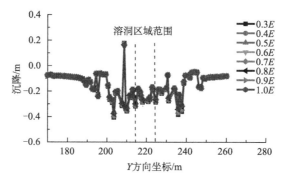

图 8-14　不同 Y 方向坐标的各点沉降值(后附彩图)

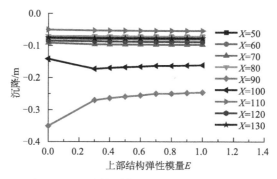

图 8-15　不同弹性模量下 X 方向坐标沉降值

B. 桩基础刚度的影响

保持上部结构刚度与地基条件不变,通过改变桩基础的弹性模量,分析基础刚度对上部结构内受力、桩基础受力及建筑物沉降影响,桩基础的弹性模量为 E,改变弹性模量分别取 $1.0E$、$0.9E$、$0.8E$、$0.7E$、$0.6E$、$0.5E$、$0.4E$、$0.3E$。

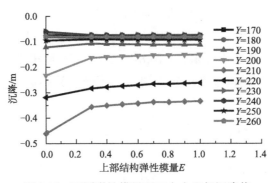

图 8-16   不同弹性模量下 Y 方向坐标沉降值

a. 上部结构轴力与弯矩值

分析上部结构内力,在不同层,分别取 6 个单元点的弯矩、8 个单元点的轴力值,如表 8-10 和表 8-11 所示。从表中数据可得,当桩基础刚度发生变化时,上部结构的轴力及弯矩值变化较小。这表明桩基础刚度对上部结构影响较小。

表 8-10   不同弹性模量下上部结构单元点的弯矩   (单位:kN・m)

位置	单元点号	0.3E	0.4E	0.5E	0.6E	0.7E	0.8E	0.9E	1.0E
地下负3层	134	−145	−163	−147	−182	−187	−192	−195	−198
	118	277	280	277	283	285	286	287	288
	442	106	107	106	108	108	108	108	108
	370	−102	−102	−102	−102	−102	−102	−102	−102
	126	−487	−527	−491	−573	−587	−599	−608	−616
	116	−456	−470	−457	−488	−494	−499	−503	−507
中间第20层	96	−353	−360	−354	−367	−369	−371	−372	−373
	88	−240	−241	−240	−243	−244	−244	−244	−244
	104	18	17	18	16	16	16	16	16
	89	47	46	47	46	45	45	45	45
	113	358	364	358	372	374	375	376	377
	130	168	174	169	180	181	183	184	185
顶部第44层	96	338	340	339	342	342	343	343	343
	88	−167	−172	−167	−177	−179	−180	−181	−182
	104	22	22	22	22	22	22	22	22
	89	38	38	38	38	38	38	38	38
	113	−535	−549	−536	−565	−570	−573	−576	−578
	130	240	247	241	253	255	257	258	259

表 8-11　不同弹性模量下上部结构单元点的轴力　　　　　（单位：kN）

位置	单元点号	0.3E	0.4E	0.5E	0.6E	0.7E	0.8E	0.9E	1.0E
地下负3层	153	47823	48742	47928	49715	50003	50222	50393	50531
	108	29894	30289	29940	30675	30782	30860	30920	30966
	112	25681	25729	25687	25767	25774	25780	25784	25786
	114	38078	39220	38207	40441	40804	41079	41295	41468
	120	36157	37140	36269	38198	38514	38755	38946	39099
	150	59698	61942	59949	64436	65200	65789	66258	66640
	142	40546	40908	40589	41265	41364	41437	41493	41537
	133	42083	42516	42133	42955	43080	43174	43245	43302
总和		319959	326485	320701	333451	335521	337096	338333	339330
中间第20层	118	22758	22882	22772	23012	23050	23078	23101	23119
	86	14905	14962	14912	15019	15035	15047	15056	15063
	90	15291	15333	15296	15375	15386	15394	15401	15406
	116	17266	17436	17285	17616	17668	17708	17739	17764
	135	16391	16512	16405	16638	16674	16702	16724	16741
	127	23502	23744	23529	24005	24083	24143	24190	24227
	123	22693	22723	22697	22748	22754	22758	22760	22762
	122	22735	22778	22740	22818	22828	22836	22842	23685
总和		155540	156370	155636	157229	157478	157666	157812	157928
顶部第44层	118	658	661	659	665	665	666	667	667
	86	481	483	481	484	485	485	485	485
	90	564	564	564	565	565	566	566	566
	116	602	605	602	609	610	611	611	612
	135	527	530	528	533	534	535	536	536
	127	697	704	698	711	713	714	715	716
	123	675	675	675	676	676	676	676	676
	122	675	676	676	677	677	677	677	677
总和		4880	4899	4882	4920	4925	4930	4933	4936

b. 桩基础受力分析

如图 8-17 所示，在不同桩基础刚度条件下，群桩基础的轴力均表现为：岩洞区域轴力较大，周边区域轴力较小。根据图 8-18，桩基础刚度的增大会增加群桩基础中各桩的轴力差异。当桩基础的弹性模量为 0.3E 和 1.0E 时，群桩基础间的差异值分别为 16745.58kN 和 19785.58kN，增幅达到 18.2%。相对于上部结构刚度的影响，桩基础的刚度对桩受力大小影响更大，特别是对于边桩及角桩，角桩的最大增幅达到 21.4%。如图 8-19 和图 8-20 所示，桩基础刚度越大，桩基础承受上部结构的力也越多，当桩基础的弹

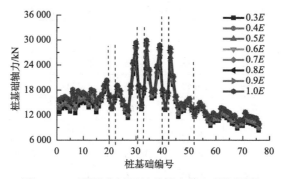

图 8-17 不同桩位置下桩的轴力值(后附彩图)

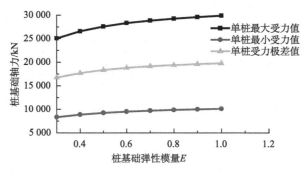

图 8-18 不同弹性模量下桩的轴力差异

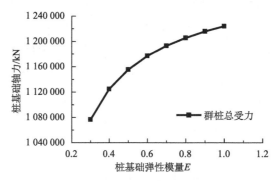

图 8-19 同弹性模量下群桩的总轴力值

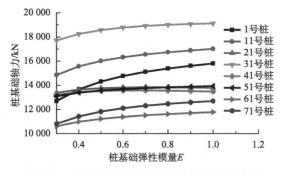

图 8-20 不同弹性模量下部分桩基础的轴力值

性模量为 0.3E 时,群桩总共受到了 1076513kN 的力,当桩基础的弹性模量为 1.0E 时,群桩总共受到了 1224169kN 的力,增幅为 13.7%。

　　c. 地基沉降分析

　　如图 8-21 和图 8-22 所示,在不同桩基础刚度条件下,地基各点差异沉降均表现为:溶洞区域及其附近区域沉降量较大,周边区域沉降量较小。相比于上部结构刚度对地基差异沉降的影响,桩基础的刚度对地基的沉降差异作用并不明显。

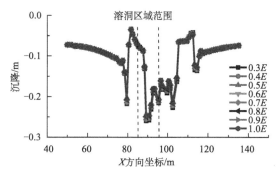

图 8-21　不同 X 方向坐标的各点沉降值(后附彩图)

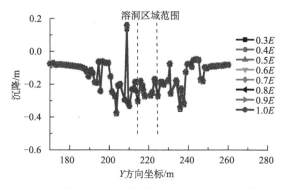

图 8-22　不同 Y 方向坐标的各点沉降值(后附彩图)

　　根据图 8-23 和图 8-24,随着桩基础刚度增大,结构整体平均沉降略有下降。当桩基的弹性模量为 0.3E 时,地基平均沉降为 0.108m,当桩基的弹性模量为 1.0E 时,地基平均沉降为 0.103m,减幅为 4.9%,这是由于随着桩基础刚度增大,桩基础承担荷载越大,土体承受的荷载将会相应减少,地基的整体沉降值下降。

　　C. 地基刚度的影响

　　保持上部结构刚度与基础刚度条件不变,通过改变基岩的弹性模量,分析地基刚度对上部结构受力、桩基础受力及建筑物沉降影响,基岩的弹性模量为 E,改变弹性模量分别取 1.0E,0.9E,0.8E,0.7E,0.6E,0.5E,0.4E,0.3E。

　　a. 上部结构轴力和弯矩值

　　分析上部结构内力,在不同的结构层,分别取 8 个单元点的轴力和 6 个单元点的弯矩,弯矩、轴力值如表 8-12 和表 8-13 所示。从表可知,地基刚度的改变对上部结构受力基本无影响。

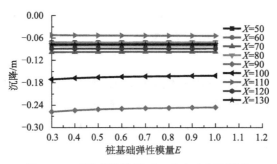

图 8-23　不同弹性模量下 X 方向坐标沉降值

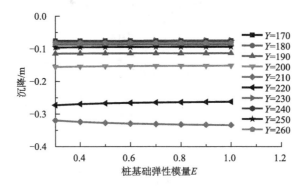

图 8-24　不同弹性模量下 Y 方向坐标沉降值

表 8-12　不同弹性模量下上部结构单元点的弯矩　　　　（单位：kN·m）

位置	单元点号	0.3E	0.4E	0.5E	0.6E	0.7E	0.8E	0.9E	1.0E
地下负3层	134	−203	−201	−200	−200	−199	−199	−199	−198
	118	286	287	287	287	288	288	288	288
	442	108	108	108	108	108	108	108	108
	370	−102	−102	−102	−102	−102	−102	−102	−102
	126	−620	−618	−618	−617	−617	−617	−616	−616
	116	−505	−505	−506	−506	−506	−507	−507	−507
中间第20层	96	−376	−375	−374	−374	−374	−373	−373	−373
	88	−243	−244	−244	−244	−244	−244	−244	−244
	104	15	15	15	15	16	16	16	16
	89	45	45	45	45	45	45	45	45
	113	381	380	379	378	378	378	378	377
	130	188	187	186	186	185	185	185	185

续表

位置	单元点号	0.3E	0.4E	0.5E	0.6E	0.7E	0.8E	0.9E	1.0E
顶部第44层	96	343	343	343	343	343	343	343	343
	88	−185	−184	−183	−183	−182	−182	−182	−182
	104	22	22	22	22	22	22	22	22
	89	38	38	38	38	38	38	38	38
	113	−581	−580	−579	−579	−579	−579	−579	−578
	130	262	261	260	260	260	259	259	259

表 8-13　基岩不同弹性模量下上部结构单元点的轴力　　　　（单位：kN）

位置	单元点号	0.3E	0.4E	0.5E	0.6E	0.7E	0.8E	0.9E	1.0E
地下负3层	153	50663	50663	50570	50570	50556	50547	50538	50531
	108	31094	31049	31003	31003	30990	30981	30972	30966
	112	25827	25814	25799	25799	25795	25790	25789	25786
	114	41483	41480	41474	41474	41472	41469	41469	41468
	120	39268	39209	39149	39149	39131	39119	39108	39099
	150	66797	66742	66686	66686	66670	66659	66648	66640
	142	41578	41565	41550	41550	41545	41541	41539	41537
	133	43344	43331	43316	43316	43311	43307	43305	43302
总和		340053	339851	339547	339547	339470	339413	339367	339330
中间第20层	118	23154	23142	23129	23129	23126	23123	23121	23119
	86	15098	15086	15074	15074	15070	15067	15065	15063
	90	15433	15424	15414	15414	15411	15408	15407	15406
	116	17789	17781	17772	17772	17769	17766	17766	17764
	135	16785	16770	16754	16754	16750	16746	16743	16741
	127	24265	24252	24238	24238	24234	24231	24229	24227
	123	22790	22781	22771	22771	22768	22765	22764	22762
	122	22873	22864	22854	22854	22851	22848	22847	22846
总和		158186	158100	158007	158007	157979	157955	157942	157928
顶部第44层	118	668	668	668	668	667	667	667	667
	86	486	486	486	486	486	486	486	485
	90	566	566	566	566	566	566	566	566
	116	612	612	612	612	612	612	612	612
	135	537	537	536	536	536	536	536	536
	127	718	717	717	717	717	717	717	716
	123	676	676	676	676	676	676	676	676
	122	678	678	677	677	677	677	677	677
总和		4942	4940	4938	4938	4937	4937	4936	4936

b. 基础受力分析

如图 8-25 所示,在不同地基刚度条件下,群桩基础的轴力均表现为:在溶洞区域较大,周边区域较小。根据图 8-26,随着基岩刚度的增大,群桩基础间受力差异变小。例如,当基岩的弹性模量为 $0.3E$ 时,群桩基础间的差异值为 20037.76kN,当基岩的弹性模量为 $1.0E$ 时,群桩基础间的差异值为 19785.58kN,减幅为 12.7%;根据图 8-27,随着基岩刚度的增大,群桩总受力减小,例如当基岩的弹性模量为 $0.3E$ 时,群桩总轴力为 1258317kN,当桩基础的弹性模量为 $1.0E$ 时,群桩总轴力为 1224169kN,降幅为 2.8%。如图 8-28 所示,随着地基刚度的增加,桩基础的轴力值先减小,然后趋于稳定,且地基刚度的增加对桩基础轴力的减小作用有限,这也说明在地基条件较差的情况下(即刚度小),桩基础具有较好的适应性。

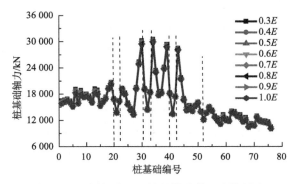

图 8-25 不同桩位置下桩的轴力值(后附彩图)

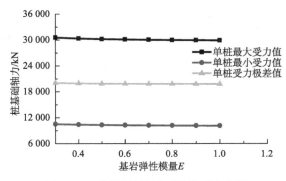

图 8-26 不同弹性模量下桩的受力差异

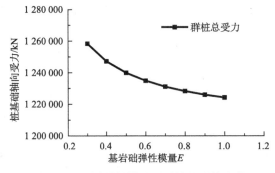

图 8-27 不同弹性模量下群桩的总轴力值

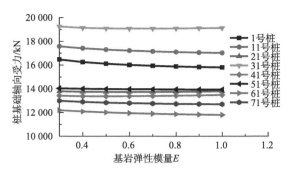

图 8-28　不同弹性模量下部分桩基础的轴力值

c. 地基沉降分析

根据图 8-29 和图 8-30,在不同桩基础刚度条件下地基各点差异沉降分布均表现为:溶洞及其附近区域差异沉降较大,周边区域差异沉降较小,随着地基刚度的增大,差异沉降减小。根据图 8-31 和图 8-32,随着基岩刚度增大,地基整体沉降增加。例如当基岩的弹性模量为 0.3E 时,地基的整体沉降为 0.111m,当桩基的弹性模量为 1.0E 时,地基的整体沉降为 0.103m,减幅为 7.8%。

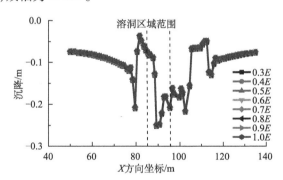

图 8-29　不同 X 方向坐标的各点沉降值(后附彩图)

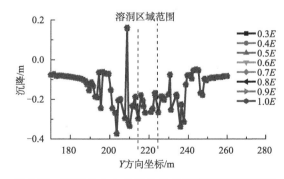

图 8-30　不同 Y 方向坐标的各点沉降值(后附彩图)

4. 结论

对比分析了传统计算方法与共同作用方法下上部结构受力、桩基础受力、地基沉降的差异,主要结论如下:

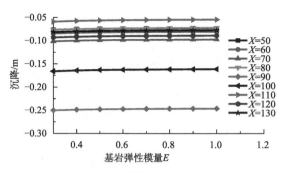

图 8-31　不同弹性模量下 X 方向坐标沉降值

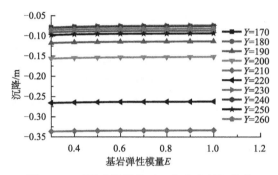

图 8-32　不同弹性模量下 Y 方向坐标沉降值

（1）与传统计算方法相比，在共同作用的计算方法中，边柱与角柱的受力更大。对于梁端弯矩，两种计算方法的结果差别很大，甚至出现弯矩值符号相反的情况，且共同作用方法的弯矩计算值一般更大。

（2）在两种计算方法下，溶洞区域桩的受力均明显下降，共同作用计算方法桩基的受力更为均匀，表明：考虑上部结构刚度的影响时，可以更好地增加桩土间的共同作用，并可促进基础内力重分布。

（3）在两种计算方法下，地基的平均觉降量相当，相对于传统计算方法，共同作用计算方法下得到的地基各点差异觉降更小，这说明上部结构刚度在一定程度上可以调整地基的不均匀沉降。

分析了共同作用方法中，上部结构刚度、地基刚度、基础刚度变化对整体结构受力及沉降的影响，主要结构如下：

（1）当上部结构的刚度发生变化，基础和地基刚度不变时，随着上部结构的刚度的增加，群桩中最大受力与最小受力之间的差值减少，桩受力也有所减小。上部结构刚度对地基的平均沉降几乎没有影响，但对地基的沉降差作用明显，特别是刚度较小时，对建筑内部及溶洞区域差异影响更大，但上部构刚度对地基的沉降差异作用有限，当上部结构刚度达到一定之后，这种影响趋于稳定。

（2）当桩基础刚度的刚度发生变化，上部结构和地基刚度不变时，随着桩基础刚度的增加，群桩总体受力增加；桩基础刚度对地基的平均觉降有一定影响，随着桩基础刚度增大，地基的平均沉降减少 4.9%，但对地基的沉降差作用不明显，没有起到减小地基不均匀沉降的作用。

（3）当基岩的刚度发生变化，上部结构和基础刚度不变时，基岩度越大，各桩基础间轴力差异越小，但基岩刚度对群桩总体受力影响不大；与桩基础的影响相似，基岩的刚度对平均沉降有一定影响，随着基础刚度增大，地基的平均沉降减少 4.9% ，但对地基的沉降差作用不明显。

8.3.3　溶洞稳定性分析

1. 概述

本节考虑在整体结构刚度不变情况下，分析土层及溶洞自身的一些因素的改变对溶洞性稳定影响。

通过相关文献查阅可知，可通过改变上覆土层的变形模量、筏板的尺寸、上覆土层的厚度、溶洞顶板的厚度等相关参数，分析溶洞顶板的安全厚度值；通过考虑不同地质强度参数、岩溶空洞大小、溶洞围岩的弹性模量、多溶洞等因素，分析溶洞稳定性。在总结了已有研究成果的基础上，结合在溶洞地基条件下，桩基础施工中遇到的实际问题，本节在已经建立的创投大厦整体模型的基础上，改变溶洞的大小、溶洞与桩基础的相对位置，即桩基础未穿越溶洞与桩穿越溶洞的情况，分析这些因素对溶洞稳定性的影响。

在上部结构荷载作用下，溶洞周围的应力应变的分布情况大致如下：拉应力区和塑性应变区主要集中在溶洞顶部、溶洞的侧壁出现了压应力集中区域，溶洞区域基岩的竖向受力明显小于非溶洞区域，如图 8-33 和图 8-34 所示，为了研究溶洞的稳定性，现分别提取溶洞顶部、侧壁及溶洞上部的微风化岩层顶面上各三个点进行分析，讨论溶洞正上方第 32 号桩基础受力变化规律。

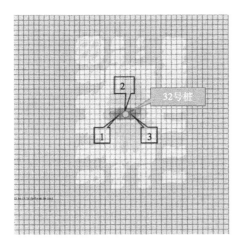

图 8-33　微风化岩层顶面各点的位置（后附彩图）

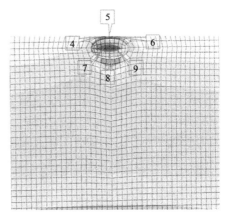

图 8-34　溶洞竖向剖面处各点的位置

2. 溶洞大小对其稳定性影响

岩溶溶洞都是由完整的岩石在地下水侵蚀冲刷形成的，溶洞是从无到有，形状从单一到复杂。岩溶地质条件下，岩溶发育的程度不尽相同，溶洞的大小对溶洞的稳定性有极大的影响,本节通过改变溶洞的大小,分析溶洞周围的应力应变、变形以及桩的应力变化情况。在数值分析时,保持溶洞中心位置不变及顶板厚度为 0.2m,假定溶洞为椭圆球体,溶洞长短轴比值为 2,分别建立溶洞短轴为 10m、8m、6m、4m、2m 的 5 个模型;同时与无溶洞时的情况进行对比,溶洞从无到有变化如图 8-35 所示。

图 8-35　溶洞形状的大小变化

1)溶洞周围的应力、应变及变形分析

A. 应力分析

溶洞在不同跨度下,各点应力及应变如表 8-14,溶洞周围的应力云图如图 8-36 ~ 图 8-39所示,从图中可以看出,当地基无溶洞时,溶洞顶部没有出现拉应力,溶洞侧壁的压应力均匀分布。随着溶洞的形成并扩大,溶洞顶部开始出现拉应力区,当溶洞的短轴长度小于 4m 时,溶洞的拉应力迅速增加,达到 0.41MPa,当溶洞的短轴长度大于 4m 后,溶洞的拉应力趋于稳定;在溶洞侧壁出现了压应力集中现象,随着溶洞由小变大,侧壁压应力从 1.48MPa 增加到 4.19MPa,增幅为 183%(表 8-14)。

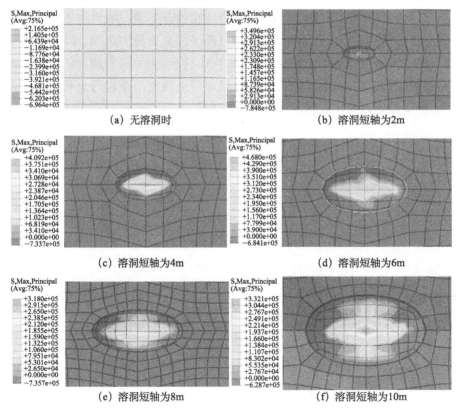

图 8-36　不同短轴溶洞顶部的第一主应力(后附彩图)

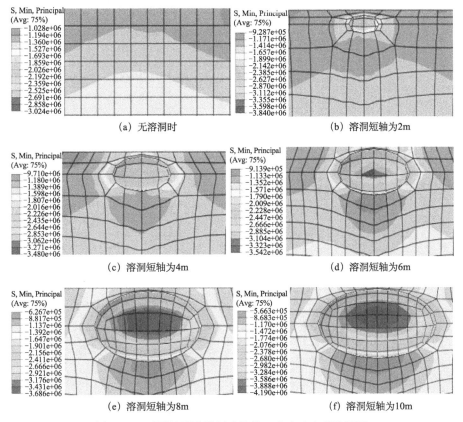

图 8-37　不同短轴溶洞侧壁的第三主应力(后附彩图)

表 8-14　不同跨度溶洞各点应力及应变

各位置点		溶洞短轴的长度/m					
		0	2	4	6	8	10
溶洞顶部竖向位移/mm	4	− 2. 11	− 2. 20	− 2. 29	− 2. 54	− 2. 85	− 3. 26
	5	− 2. 14	− 2. 29	− 2. 45	− 2. 71	− 3. 03	− 3. 42
	6	− 2. 15	− 2. 22	− 2. 32	− 2. 58	− 2. 89	− 3. 30
溶洞顶部第一主应力/MPa	4	− 0. 49	− 0. 28	0. 36	0. 26	0. 26	0. 27
	5	− 0. 46	0. 08	0. 41	0. 22	0. 25	0. 33
	6	− 0. 48	− 0. 28	0. 35	0. 27	0. 26	0. 27
溶洞顶部第一主应变/ × 10^{-6}	4	− 1. 01	9. 91	45. 80	82. 30	91. 90	118. 00
	5	1. 69	30. 60	73. 40	125. 00	125. 00	126. 00
	6	1. 17	9. 62	45. 70	81. 80	90. 10	117. 00
溶洞侧壁第三主应力/MPa	7	− 1. 48	− 1. 94	− 2. 23	− 2. 57	− 3. 58	− 4. 12
	8	− 1. 49	− 2. 23	− 2. 48	− 2. 80	− 3. 68	− 4. 19
	9	− 1. 49	− 1. 95	− 2. 24	− 2. 59	− 3. 59	− 4. 14

续表

各位置点		溶洞短轴的长度/m					
		0	2	4	6	8	10
溶洞侧壁第三主应变/×10⁻⁶	7	−52.90	−79.10	−73.60	−104.00	−148.00	−171.00
	8	−53.60	−98.20	−93.80	−116.00	−153.00	−176.00
	9	−53.70	−79.10	−74.10	−104.00	−148.00	−173.00
溶洞周围塑性应变/×10⁻⁶	4	0	0	3.40	62.40	73.40	98.90
	5	0	0	40.50	131.00	120.00	117.00
	6	0	0	3.07	60.90	71.10	98.00
	7	0	0	0	0	0	0
	8	0	0	0	0	0	0
	9	0	0	0	0	0	0

注:溶洞短轴的长度为 0 代表无溶洞。

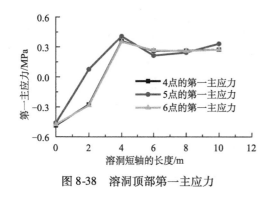

图 8-38　溶洞顶部第一主应力

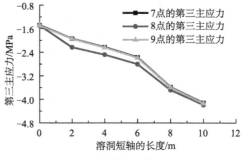

图 8-39　溶洞侧壁第三主应力

B. 变形及应变

图 8-40 和图 8-41 是溶洞的竖向变形及塑性应变云图,图 8-42 ~ 图 8-44 是提取点的变形和应变,由图 8-42 可知,溶洞跨度越大,溶洞顶部的竖向变形越大,从 2.14mm 达到 3.42mm。

由图 8-43 和图 8-44 可知,拉应变同拉应力一样,总体趋势为先增大然后缓和,压应变则随着溶洞的扩大而变大。如图 8-41 所示,当溶洞较小或者没有溶洞时,岩溶溶洞周围没有塑性应变,当溶洞短轴长度为 4m 时,溶洞顶部出现塑性应变区,此时的最大塑性应变值达到 4.05×10^{-5};当溶洞短轴跨度达到 10m 时,溶洞顶部岩土体的最大塑性应变值达到 11.7×10^{-5},提取各点塑性应变,具体数值如图 8-45 所示,溶洞越大,其塑性应变值也越大。从图 8-41 的后三幅图可以看出,当溶洞的短轴长度大于 6m 时,塑性应变区开始贯通了溶洞顶部,根据溶洞的破坏准则,溶洞岩土体已经发生了破坏,不能承载。

2)桩基轴力分析

表 8-15 是不同跨度下桩基础的应力及溶洞顶部岩层顶面竖向应力和应变值。如图 8-46 所示,从岩层顶面竖向应力云图可以看出,在溶洞区域上部,岩体的轴力明显小于其他区域。如图 8-47 所示,当地基没有溶洞时,岩体竖直方向上的压应力为 1.36MPa,

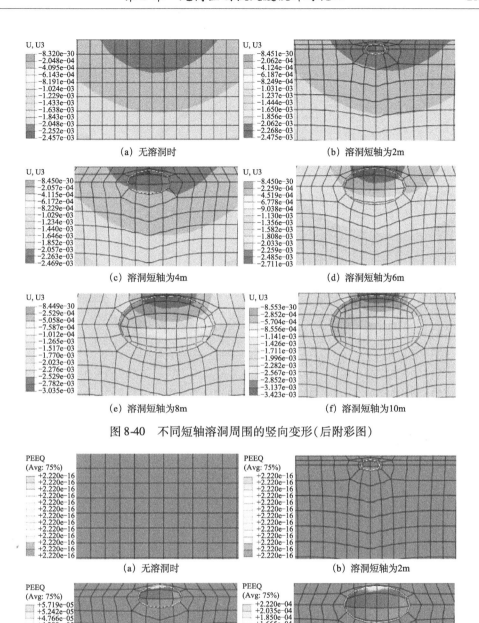

图 8-40 不同短轴溶洞周围的竖向变形(后附彩图)

图 8-41 不同短轴溶洞周围的塑性应变(后附彩图)

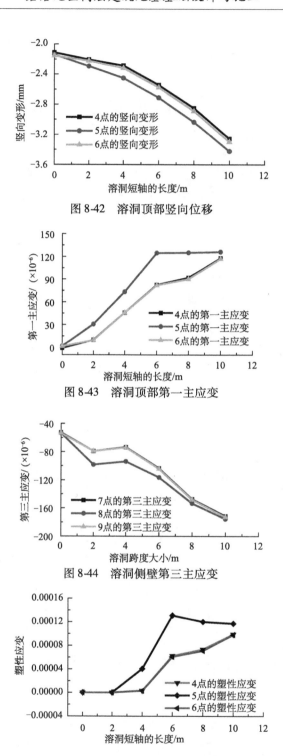

图 8-42　溶洞顶部竖向位移

图 8-43　溶洞顶部第一主应变

图 8-44　溶洞侧壁第三主应变

图 8-45　溶洞顶部的塑性应变

当溶洞短轴跨度达到 10m 时,岩体受到的竖直方向上的压应力为 0.24MPa,降幅达到了 82%,由此可知,因为溶洞缺陷的存在,溶洞区域的地基受到的力也会减少。如图 8-48 所示,当地基无溶洞时,溶洞正上方第 32 号桩的轴力为 15851kN;当溶洞短轴跨度为 10m

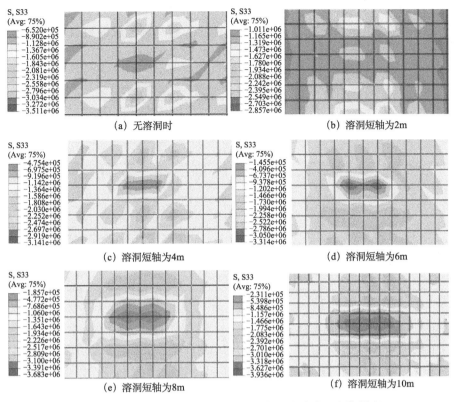

图 8-46　不同短轴溶洞上部岩层顶面的竖向应力(后附彩图)

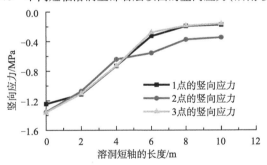

图 8-47　溶洞上部岩层顶面竖向应力

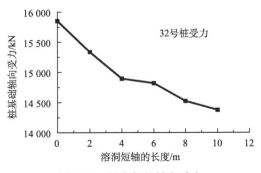

图 8-48　桩底部的轴向受力

时,桩轴力为14377kN,受力降幅为9.3%,溶洞上部的桩基础轴力也随溶洞跨度增大而减小,随后减幅变缓。群桩基础必须保持变形协调,非溶洞区域的桩基础会分担溶洞区域桩基础所减少的力,在溶洞地区,桩基础具有很好的适用性。

表 8-15　不同短轴溶洞岩层顶面及桩基础应力应变

	各位置点	溶洞短轴的长度/m					
		0	2	4	6	8	10
溶洞上部岩层顶面竖向应力/MPa	1	−1.25	−1.11	−0.73	−0.15	−0.19	−0.24
	2	−1.35	−1.07	−0.64	−0.51	−0.38	−0.42
	3	−1.36	−1.10	−0.73	−0.15	−0.19	−0.24
溶洞周围塑性应变/×10⁻⁶	1	0	0	0.00	2.84	51.40	82.10
	2	0	0	0.00	42.90	97.80	129.00
	3	0	0	0.00	2.49	48.90	80.10
桩基础受力/kN	32 号桩	15851	15335	14893	14819	14524	14377

注:溶洞短轴的长度为 0 代表无溶洞。

3. 溶洞顶板厚度对其稳定性影响

对于岩溶地基区域的高层建筑,分析溶洞的稳定性至关重要。在地质勘探过程中没有发现隐藏的溶洞,出现了典型的溶洞漏判,这将给工程安全带来巨大的安全隐患。本节通过保持桩位于溶洞上部,改变溶洞顶板厚度,分析桩及地基的应力、应变分布规律,得出溶洞顶板厚度的安全范围。在数值分析时,保持桩的位置及溶洞大小不变,溶洞为椭圆球体,溶洞长短轴比值为2,溶洞短轴长为10m,建立溶洞顶板厚度分别为0.2～17m变化的17个模型。

1)溶洞周围的应力、应变及变形分析

A. 应力分析

表 8-16 是溶洞在不同顶板厚度下各点应力及应变。从图 8-49 和图 8-50 中可以看出,当溶洞顶板厚度较小时,溶洞顶部出现拉应力区,溶洞侧壁的压应力集中区。如图 8-51 和图 8-52 所示,随着溶洞顶板厚度增加,溶洞顶部拉应力区逐渐变少,当溶洞顶板厚度达到17m时,拉应力区域消失;当顶板厚度为0.2m时,压应力为4.19MPa;当顶板厚度大于4m以后,压应力值趋于稳定,大多集中在3.3～3.0MPa,减幅为25%左右,这与无溶洞状态下的压应力值1.48MPa是有所差距的。顶板的厚度对溶洞应力变化有巨大影响,特别在顶板的厚度小于4m时,应力的变化迅速,顶板厚度在0～4m是一个应力不稳的区间,顶板厚度在4～10m是一个应力变化缓和的区间,当顶板厚度大于10m后,拉应力几乎趋近于0,压应力趋于稳定,此时溶洞对地基的影响可以忽略。

表 8-16　不同顶板厚度下溶洞各点应力及应变

各点位置 顶板厚度	溶洞顶部竖向位移/mm			溶洞顶部第一主应力/MPa			溶洞顶部第一主应变/(×10⁻⁶)		
	4	5	6	4	5	6	4	5	6
0.2	−3.26	−3.42	−3.3	0.27	0.33	0.27	118	126	117

续表

各点位置	溶洞顶部竖向位移动/mm			溶洞顶部第一主应力/MPa			溶洞顶部第一主应变/(×10⁻⁶)		
顶板厚度	4	5	6	4	5	6	4	5	6
0.4	−3.17	−3.32	−3.21	0.29	0.27	0.29	87	107	86.6
0.6	−3.08	−3.21	−3.12	0.33	0.31	0.33	66.7	81.3	65.9
0.8	−3.01	−3.12	−3.05	0.36	0.34	0.37	52.9	62.1	51.3
1	−2.95	−3.04	−2.99	0.41	0.38	0.42	42.2	49.3	40.7
1.5	−2.82	−2.89	−2.86	0.3	0.38	0.28	27.7	30.5	26.9
2	−2.73	−2.79	−2.76	0.1	0.15	0.09	17.3	19.7	16.9
2.5	−2.66	−2.71	−2.69	0.1	0.14	0.09	16.5	18.5	16.3
3	−2.59	−2.64	−2.62	0.13	0.19	0.14	14.6	17.3	15.4
3.5	−2.54	−2.58	−2.57	0.1	0.14	0.11	13.4	15.3	14.1
5	−2.42	−2.45	−2.45	0.07	0.11	0.09	11.2	13.3	12.5
7	−2.29	−2.32	−2.32	0.04	0.08	0.06	9.76	11.4	11.1
9	−2.19	−2.22	−2.22	0.03	0.05	0.04	8.96	10.1	9.96
11	−2.11	−2.12	−2.12	0.01	0.03	0.02	7.78	8.88	8.92
13	−2.02	−2.03	−2.03	0	0.01	0.01	7.39	8.14	8.41
15	−1.93	−1.95	−1.94	0	0.01	0.01	8.18	8.1	8.38
17	−1.85	−1.87	−1.86	0	0	0	8.12	7.82	8.21

各点位置	溶洞侧壁第三主应力/MPa			溶洞侧壁第三主应变/(×10⁻⁶)			溶洞周围的塑性应变/(×10⁻⁶)		
顶板厚度	7	8	9	7	8	9	4	5	6
0.2	−4.12	−4.19	−4.14	−171	−176	−173	98.9	117	98
0.4	−4.02	−4.09	−4.04	−167	−171	−169	65.6	86	63.9
0.6	−3.94	−3.99	−3.96	−163	−166	−165	39.4	55.3	37.5
0.8	−3.85	−3.9	−3.87	−159	−162	−161	21.5	32.6	19.2
1	−3.77	−3.81	−3.79	−156	−158	−157	6.97	17	6.01
1.5	−3.59	−3.62	−3.61	−148	−150	−149	0	0	0
2	−3.55	−3.6	−3.58	−146	−148	−147	0	0	0
2.5	−3.33	−3.31	−3.34	−137	−136	−137	0	0	0
3	−3.32	−3.33	−3.36	−136	−137	−138	0	0	0
3.5	−3.22	−3.2	−3.23	−132	−131	−132	0	0	0
5	−3.09	−3.08	−3.11	−125	−125	−126	0	0	0
7	−3.01	−3.02	−3.03	−120	−121	−122	0	0	0

续表

各点位置	溶洞侧壁第三主应力/MPa			溶洞侧壁第三主应变/($\times 10^{-6}$)			溶洞周围的塑性应变/($\times 10^{-6}$)		
顶板厚度	4	5	6	4	5	6	4	5	6
9	-3.01	-2.99	-3.02	-119	-119	-120	0	0	0
11	-3.09	-3.11	-3.15	-121	-122	-124	0	0	0
13	-3.13	-3.15	-3.19	-122	-123	-124	0	0	0
15	-3.12	-3.13	-3.13	-120	-121	-121	0	0	0
17	-3.18	-3.19	-3.19	-122	0	0	0	0	0

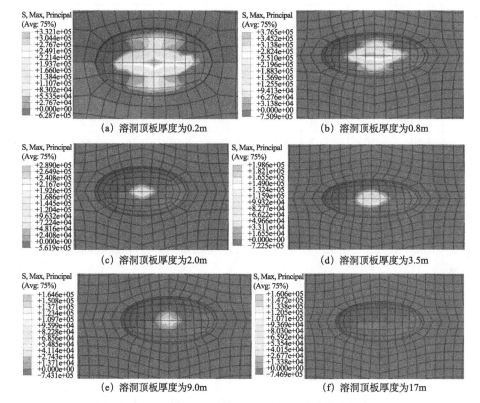

图 8-49　不同顶板厚度下溶洞顶部的第一主应力(后附彩图)

B. 变形及应变

图 8-53 和图 8-54 是溶洞的竖向变形及塑性应变云图,从图中可以看出,溶洞顶板厚度越大,变形和塑性应变越小。如图 8-55 ~ 图 8-58 所示,溶洞顶部的竖向变形越小,从 3.42mm 减少到 1.87mm,降幅为 45%;当顶板厚度为 0.2m 时,拉应变为 1.26×10^{-4},当顶板厚度大于 10m 时,拉应变趋于稳定,其值为 8×10^{-6} 左右;压应变同拉应变的变化趋势一致,都随着顶板厚度先增大后减少,并达到稳定值;当顶板厚度大于 2m 时,溶洞顶板未出现塑性区,当顶板厚度小于 0.8m 时,溶洞顶部出现了塑性应变区贯通区,溶洞顶板破坏,溶洞顶板在 0.8 ~ 2m 时,溶洞顶板出现了塑性区,但并未贯通,此时的溶洞可以认

(a) 溶洞顶板厚度为0.2m

(b) 溶洞顶板厚度为0.8m

(c) 溶洞顶板厚度为2.0m

(d) 溶洞顶板厚度为3.5m

(e) 溶洞顶板厚度为9.0m

(f) 溶洞顶板厚度为17m

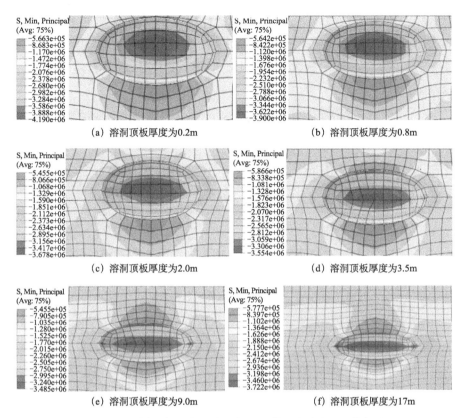

图 8-50　不同顶板厚度下溶洞侧壁的第三主应力(后附彩图)

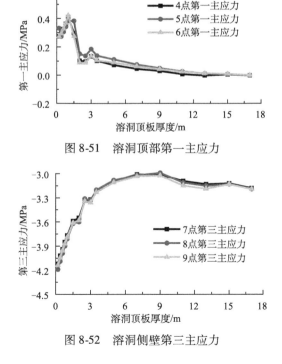

图 8-51　溶洞顶部第一主应力

图 8-52　溶洞侧壁第三主应力

为能继续承载。顶板厚度在 0~2m,拉应力与塑性应变化迅速,之后趋于稳定,顶板厚度在 0~4m,竖向变形与压应变变化迅速,之后也趋于稳定,因此,在溶洞顶板厚度较小时,顶板厚度对溶洞的稳定性影响很大,在溶洞埋入深度较大时,溶洞的存在对地基稳定性影响可以忽略。

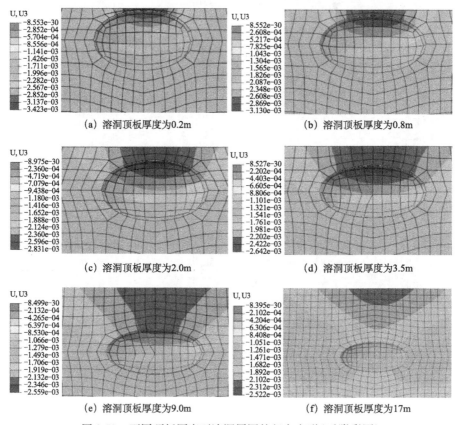

(a) 溶洞顶板厚度为0.2m　　　　　　(b) 溶洞顶板厚度为0.8m

(c) 溶洞顶板厚度为2.0m　　　　　　(d) 溶洞顶板厚度为3.5m

(e) 溶洞顶板厚度为9.0m　　　　　　(f) 溶洞顶板厚度为17m

图 8-53　不同顶板厚度下溶洞周围的竖向变形(后附彩图)

2) 桩基内力分析

表 8-17 为不同顶板厚度下桩基础的应力及溶洞顶部岩层顶面竖向应力及应变。图 8-59 是岩层顶面竖向应力云图,当溶洞顶板厚度较小时,在溶洞区域上部,岩石体的轴力明显小于其他区域。如图 8-60 所示,当顶板厚度为 0.2m 时,岩体竖直方向上的压应力为 0.24MPa,顶板厚度在 0.2~11m 时,岩体受到的竖直方向上的压应力在波动中急剧增加,竖向应力并非线性增加,特别是在顶板厚度较小时,竖向应力波动更为明显,顶板厚度大于 11m 时,岩土的竖向压应力为 1.35MPa 左右,增幅为 462.5%,这与地基没有溶洞情况下溶洞上部岩层顶面竖向应力基本一致。这表明当溶洞顶板厚度大于 11m 后,溶洞的存在对地基的承载力没有影响。如图 8-61 所示,溶洞上部的桩基础轴力随着溶洞顶板厚度的增加而增加,当溶洞顶板厚度为 0.2m 时,该桩受力为 14377kN,当溶洞顶板厚度为 17m 时,该桩受力为 15483kN,增幅为 7.7%,且此时该桩的轴力与地基没有溶洞时的轴向轴力非常接近,由此可见,此时溶洞对桩基础的轴力没有影响。

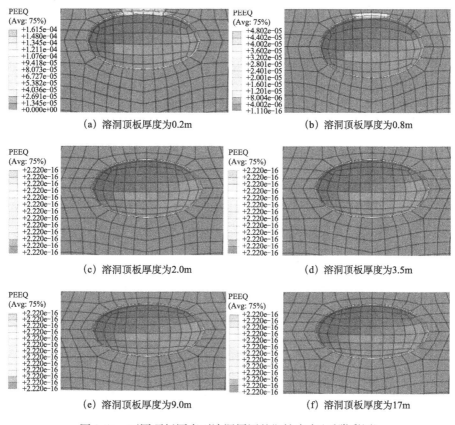

（a）溶洞顶板厚度为0.2m　　　　　　　（b）溶洞顶板厚度为0.8m

（c）溶洞顶板厚度为2.0m　　　　　　　（d）溶洞顶板厚度为3.5m

（e）溶洞顶板厚度为9.0m　　　　　　　（f）溶洞顶板厚度为17m

图 8-54　不同顶板厚度下溶洞周围的塑性应变（后附彩图）

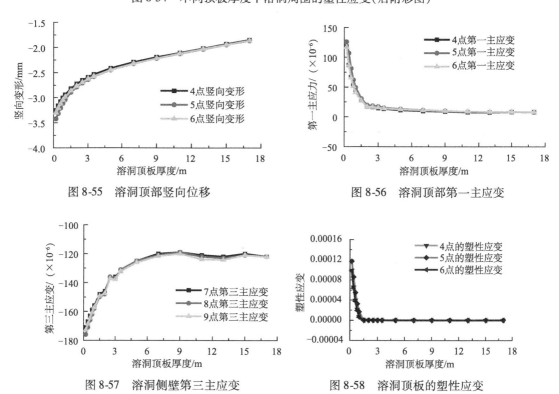

图 8-55　溶洞顶部竖向位移　　　　　　　　图 8-56　溶洞顶部第一主应变

图 8-57　溶洞侧壁第三主应变　　　　　　　图 8-58　溶洞顶板的塑性应变

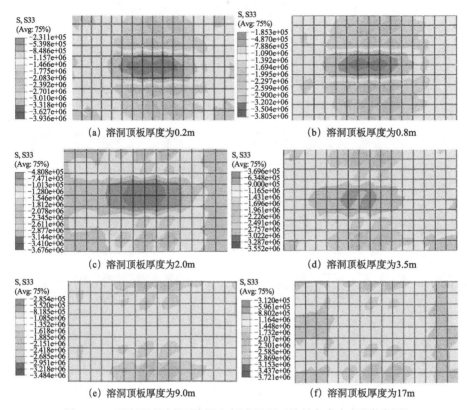

图 8-59　不同顶板厚度下溶洞上部岩层顶面的竖向应力（后附彩图）

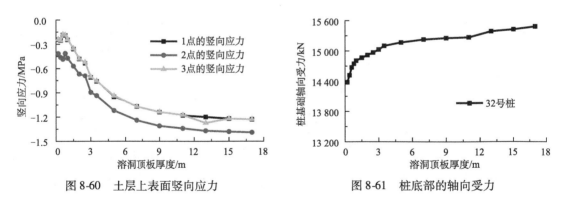

图 8-60　土层上表面竖向应力　　　　图 8-61　桩底部的轴向受力

表 8-17　不同顶板厚度下岩层顶面及桩基础应力及应变

各点位置 顶板厚度	溶洞上部岩层顶面竖向应力/MPa			溶洞周围的塑性应变/（×10⁻⁶）			桩基础受力/kN
	1	2	3	1	2	3	32 号桩
0.2	−0.24	−0.42	−0.24	82.1	129	80.1	14377
0.4	−0.25	−0.46	−0.25	48.3	86.7	46.6	14517
0.6	−0.18	−0.49	−0.18	10.5	37.1	8.98	14672
0.8	−0.19	−0.41	−0.19	0	0	0	14745

各点位置 顶板厚度	溶洞上部岩层顶面竖向 应力/MPa			溶洞周围的塑性 应变/(×10⁻⁶)			桩基础 受力/kN
	1	2	3	1	2	3	32 号桩
1	-0.25	-0.47	-0.24	0	0	0	14804
1.5	-0.36	-0.57	-0.35	0	0	0	14863
2	-0.48	-0.67	-0.48	0	0	0	14915
2.5	-0.54	-0.69	-0.52	0	0	0	14967
3	-0.71	-0.9	-0.7	0	0	0	15026
3.5	-0.76	-0.94	-0.76	0	0	0	15099
5	-0.95	-1.12	-0.94	0	0	0	15166
7	-1.07	-1.24	-1.07	0	0	0	15225
9	-1.14	-1.31	-1.14	0	0	0	15254
11	-1.18	-1.34	-1.17	0	0	0	15269
13	-1.2	-1.37	-1.27	0	0	0	15387
15	-1.22	-1.38	-1.22	0	0	0	15424
17	-1.23	-1.39	-1.23	0	0	0	15483

4. 桩基入岩深度对溶洞稳定性影响

在岩溶地区高层建筑的桩基础施工过程中,如果及时发现有溶洞存在,则会对溶洞进行相应的处理,用来避免因溶洞而产生的工程安全隐患。一般会在原桩基础的设计长度上加长,以避免桩基础直接施加在溶洞的上部而产生的溶洞塌陷。在工程实际中将桩加到溶洞以下多长才有足够的安全保障是本节要考虑的问题。本小节保持溶洞大小、位置及溶洞顶板厚度不变,溶洞大小为长轴为20m、短轴为10m的椭圆,顶板厚度为0.2m,在桩穿越溶洞时,通过改变桩基础嵌入基岩的深度,嵌入基岩深度分别为2m、3m、4m、5m、6m,分析桩入岩深度对溶洞及桩基础稳定性影响。

1) 溶洞周围的应力和应变及变形分析

表8-18是桩基础在不同插入岩石深度下溶洞周围各点应力及应变。如图8-62所示,当桩基础穿越溶洞后,溶洞附近的拉应力明显减少,此时产生的少量拉应力区是由于其他未穿越的桩基础作用于溶洞上部形成。如图8-63所示,桩基础穿越溶洞后,桩基础受到的力可以直接传入了基岩,溶洞顶板受到了力迅速变小,这将有利于溶洞的稳定,溶洞周围的塑性应为零,即溶洞周围没有出现塑性应也证实了这一结论。在溶洞侧壁压应力集中现象依然存在,从表8-18可知,压应力应变非常稳定,桩基础插入基岩的深度对其影响很小。在岩溶地基问题中,相对于其他类型的基础形式,桩基础可以跨越溶洞传力,将上部结构的荷载传导进更深的岩层中,桩基础作为一种常用的地基形式来解决溶洞地基的稳定性问题。桩基础的入岩深度大小对溶洞稳定没有太大影响,因此在桩基出施工中,只要保证桩基础桩端底部稳定、轴向传力即可。

表 8-18　不同入岩深度下溶洞周围各点应力及应变变形及塑性应变

各位置点		桩端嵌入基岩的深度/m				
		2	3	4	5	6
溶洞上部岩层顶面竖向应力/MPa	1	−0.26	−0.18	−0.12	−0.02	−0.18
	2	−0.21	−0.25	−0.24	0.02	−0.25
	3	−0.26	−0.16	−0.11	−0.01	−0.16
溶洞顶部竖向位移/mm	4	−2.71	−2.71	−2.69	−2.70	−2.71
	5	−2.71	−2.71	−2.69	−2.70	−2.71
	6	−2.73	−2.73	−2.71	−2.69	−2.73
溶洞顶部第一主应力/MPa	4	0.07	0.07	0.04	0.09	0.09
	5	0.04	0.04	0.09	0.05	0.04
	6	0.08	0.08	0.03	0.13	0.07
溶洞顶部第一主应变($\times 10^{-6}$)	4	22.00	22.00	27.20	14.00	22.60
	5	18.00	17.90	27.60	9.00	18.00
	6	22.90	22.90	27.20	15.80	21.80
溶洞侧壁第三主应力/MPa	7	−2.96	−2.96	−3.04	−3.01	−2.96
	8	0.00	−3.45	−3.56	−3.48	−3.45
	9	0.00	−3.06	−3.15	−3.10	−3.06
溶洞侧壁第三主应变/($\times 10^{-6}$)	7	−116.00	−116.00	−119.00	−117.52	−116.00
	8	−141.00	−141.00	−145.00	−124.01	−141.00
	9	−122.00	−122.00	−126.00	−68.50	−122.00
桩基础受力/kN	32 号桩	15409	15556	15630	15645	15652

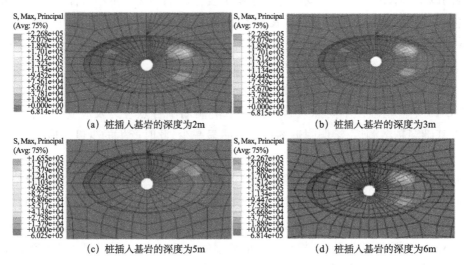

(a) 桩插入基岩的深度为2m　　　　　(b) 桩插入基岩的深度为3m

(c) 桩插入基岩的深度为5m　　　　　(d) 桩插入基岩的深度为6m

图 8-62　不同桩端入岩深度下溶洞顶部的第一主应力

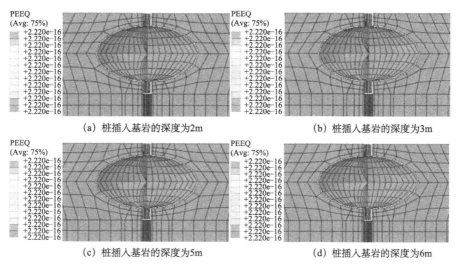

（a）桩插入基岩的深度为2m　　　　　　　　（b）桩插入基岩的深度为3m

（c）桩插入基岩的深度为5m　　　　　　　　（d）桩插入基岩的深度为6m

图 8-63　不同桩端入岩深度下溶洞周围的塑性应变（后附彩图）

2）桩穿越溶洞时桩基础的稳定性分析

如图 8-64 ~ 图 8-67 所示，桩穿越溶洞时，桩基础的周围没有土层约束，出现空心状态，需要考虑桩基础自身的稳定问题。空心桩段没有与土体产生接触，可以将这段桩视为一段自由、一段固定的压杆，提取这段桩的轴向压力，分析这段桩的承载力稳定性。将穿越溶洞的桩作为分析对象，提取空心桩段进行承载力稳定分析。不同入岩深度情况下，如 32 号桩基础的轴向应力如图 8-68 所示，当入岩深度为 2m 时，桩基础轴向受力为 15409kN，当入岩深度为 6m 时，桩基础轴向受力为 15652kN，不同入岩深度对桩基础轴力影响很小；桩穿越溶洞后，桩基础都可以直接传力到基岩层，此时桩基础可以承受更大的荷载，相对于桩基础未穿越溶洞，此时的桩受到了更大的力，对比于地基无溶洞的情况下，桩基础的轴向受力为 15851kN，两者非常接近。

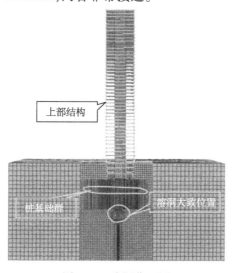

图 8-64　溶洞位置图

由于桩与周围土体存在一定的相互作用,因此桩的两端的合力不完全相等,桩两端的各点合力并不是在桩的中心,为偏心受压,但是偏心值不是很大,而且桩的简化模型为短桩,故不考虑偏心作用。

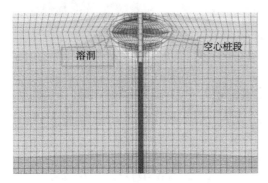

图 8-65　空心桩段局部示意图

图 8-66　桩的有限元模型

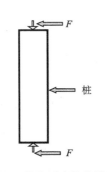

图 8-67　桩的受力简化模型

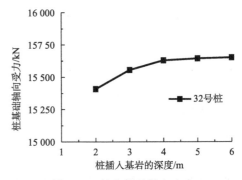

图 8-68　桩底部的轴向应力

计算桩是否达到临界值,根据混凝土结构设计规范,将桩基础保守假定为混凝土材料进行稳定性承载力计算。桩的长度 $l = 10\text{m}$,则桩的计算长度 $l_0 = 2l = 2 \times 10\text{m} = 20\text{m}$;桩的截面的回转半径为

$$i = \sqrt{\frac{I}{A}} = \sqrt{\frac{\dfrac{\pi d^4}{64}}{\dfrac{\pi d^2}{4}}} = \frac{d}{4} = \frac{2000}{4} = 0.5, \quad l_0/i = 20/0.5 = 40$$

则通过查表可知桩的稳定系数 $\varphi = 0.832$;最后可得桩的承载力值为

$$F = \varphi f_c A = 0.832 \times 27.5 \times 10^6 \times \frac{\pi}{4} 2^2 = 7.18 \times 10^4 \text{kN} > 15652\text{kN}$$

因此桩的承载力稳定性满足要求。此时桩的稳定性与溶洞的高度有密切关系,当溶洞发育特别成熟,溶洞的高度较大时,应注意发生桩失稳破坏的可能性。

从以上数据分析结果可以看出,相对于桩基础插入基岩深度的影响,溶洞的大小、溶洞顶板厚度对溶洞稳定性影响更大,但是这些影响对溶洞拉应力塑性应变并非简单的线性关系,这是由上部结构、地基、基础三者共同作用的结果。在分析高层建筑溶洞地基稳定性分析中,共同作用方法更接近实际结果,同时桩基础在该类地基中也体现了良好的适应性特点。

5. 小结

分析了桩基础未穿越溶洞时溶洞的大小、溶洞顶板厚度对溶洞稳定性影响以及溶洞区域桩基础轴力的变化规律;桩基础穿越溶洞后,桩插入基岩的深度对溶洞稳定性影响,并对溶洞区域的空心桩段做稳定性计算,主要结论如下:

(1)当地基中没有溶洞时,地基的应力、变形变化均匀,随着溶洞的形状扩大,溶洞侧壁出现了压应力集中现象,溶洞底部的变形明显增大,当溶洞短轴长度达到一定值之后,溶洞顶部出现了受拉应力区和塑性应变,拉应力和压应力的大小也趋于稳定变化阶段,当溶洞短轴的长度达到 6m 时,溶洞顶板塑性区贯通,溶洞岩土体已经发生了破坏不能继续承载;在溶洞变大的过程中,溶洞上部的桩基础的受力及基岩的竖向应力也发生了巨大变化,基岩的竖向应力减幅达到了 82%,这意味着溶洞区域岩体的受力只有非溶洞区域的 1/5 左右。随着溶洞变大,溶洞区域的桩基础受力也逐渐减少,相比于地基无溶洞的情况,当溶洞短轴跨度为 10 时,桩基础受力减少了 9.3%。

(2)当溶洞的顶板厚度为 0 ~ 0.8m 时,溶洞顶板塑性区域贯通,溶洞岩土体已经发生了破坏,随着顶板厚度的增加,塑性区逐渐减少,当顶板厚度为 1.5m 时,塑性区完全消失,顶板的厚度对塑性应变最为敏感。而对于拉压应力和应变,顶板厚度的敏感区域主要在 0 ~ 4m,当溶洞大于 4m 以后,拉压应力和应变变化放缓并达到平稳,桩基础受力与非溶洞区域的桩基础接近。

(3)当桩基础穿越溶洞后,溶洞的受拉应力区急剧减少,溶洞周围也没有出现塑性应变区,虽然溶洞侧壁压应力集中现象依然存在,但压应力应变非常稳定,这说明,当桩穿越溶洞后,可以很好地避免溶洞失稳的出现。由于穿越溶洞的桩基础的周围没有土层约束,出现空心状态,且当溶洞高度较大时,需要对该桩基础进行失稳破坏方面的验算。

8.4　上部结构施工

岩溶地区,高层建筑上部结构施工与普通地质条件下高层建筑上部结构施工基本相同,其中比较重要的几个步骤分别为:钢筋的施工、模板的施工、混凝土的施工、钢结构的施工、脚手架的施工、砌体结构的施工,下述为创投大厦上部结构部分施工情况。

8.4.1　钢筋施工

1. 钢筋情况概述

本工程钢筋除结构图中有注明外,直径 6、8 钢筋采用 HPB300,直径 10 ~ 14 采用 HRB335 及 HRB335E,直径 16 以上的钢筋采用 HRB400 及 HRB400E。

2. 钢筋工程施工工艺流程

钢筋工程施工工艺流程如图 8-69 所示。

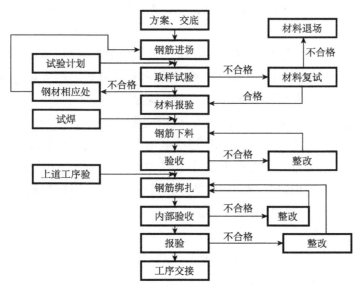

图 8-69　钢筋工程施工工艺流程图

3. 钢筋加工

钢筋加工流水作业系统图如图 8-70 所示。

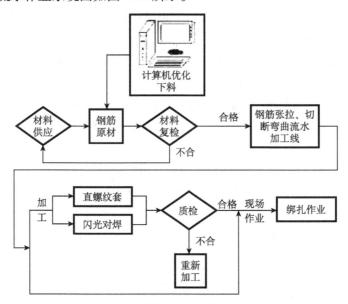

图 8-70　钢筋加工流水作业系统图

4. 钢筋连接施工

考虑钢筋连接施工质量及加快施工进度,采取如下所述的钢筋连接方式:

直径≤14mm 的钢筋,采用绑扎搭接;对 16mm≤直径<22mm 的剪力墙及柱竖向钢筋,采用电渣压力焊接;直径≥22mm 的钢筋,采用直螺纹机械连接,接头采用Ⅱ级接头。

因搭接、焊接工艺是常规施工工艺,所以本工程钢筋工程重点控制钢筋机械连接接头的连接。

1）螺纹连接施工工艺

直螺纹加工:钢筋等强度剥肋滚压直螺纹连接技术是,先将钢筋的横肋和纵肋进行剥切处理后,使钢筋滚丝前的柱体直径达到同一尺寸,然后再进行螺纹滚压成型。直螺纹连接示意见图 8-71,直螺纹连接操作要点见表 8-19 所示。

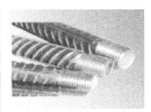

图 8-71 直螺纹连接

表 8-19 直螺纹连接

工艺流程	钢筋就位→拧下钢筋保护帽和套筒保护盖→接头拧紧→作标记→施工检验
操作要点	钢筋就位:将丝头检验合格的钢筋搬运至待连接处
	接头拧紧:使用扳手或管钳等工具将连接接头拧紧
	作标记:对已经拧紧的接头作标记,与未拧紧的接头区分开
	施工检验:对施工完的接头进行的质量检验

2）质量控制要点

钢筋下料时,采用砂轮切割机切割,其端头截面应与钢筋轴线垂直,并不得翘曲,将钢筋两端卡于套丝机上套丝。

套丝时要用水溶性切削冷却润滑液进行冷却润滑。对大直径钢筋,要分次车削到规定的尺寸,以保证丝扣精度。加工完的丝头应加以保护,在其端头加带保护帽或用套筒拧紧,按规格分类堆放整齐。

模具、套筒与钢筋应相互配套使用,不得串用,连接前钢筋与套筒应先试套,套筒和钢筋的丝扣应干净,完好无损。

连接时要确保丝头和连接套的丝扣干净、无损。被连接的两钢筋断面应处于连接套的中间位置,偏差不大于 1 个螺距。钢筋接头处两根钢筋的丝头应在套筒中间位置相互顶紧,单边外露丝扣不得超过一个完整丝扣或三个半扣。

现场截取抽样试件后,原接头位置的钢筋允许采用同等规格的钢筋进行搭接连接,或采用焊接及机械连接方法补接。

受力钢筋的接头位置应相互错开,在任一接头中心至长度为钢筋直径 35 倍,且≥500mm 的区段范围内,有接头的受力钢筋截面面积占受力钢筋总截面面积的百分率不宜超过 50% 。接头宜避开有抗震要求的框架结构梁、柱端的箍筋加密区;如无法避开,采用Ⅰ级接头,同一截面接头百分率不应超过 50% 。

8.4.2　模板施工

1. 模板体系

1)基础模板

筏板及承台侧模:砖模;内外墙板:涂塑九夹板;柱梁:涂塑七夹板,对于截面≥1000mm 的柱采用型钢抱箍;平台板:涂塑七夹板。

2)上部结构

裙楼内外墙板:涂塑九夹板;裙楼柱梁:涂塑七夹板,对于截面≥1000mm 的柱采用型钢抱箍;裙楼平台板:涂塑七夹板;

3)梯井集水井内模板

电梯井底坑内模板采用 18mm 七夹板,利用 50mm × 100mm 木枋及 ϕ48 钢管进行支撑,如图 8-72 和图 8-73 所示。

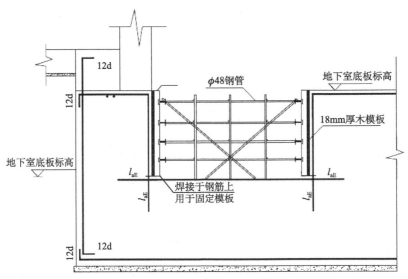

图 8-72　集水井模板示意图

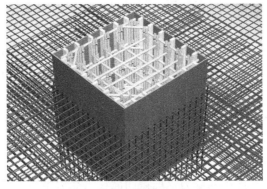

图 8-73　内模安装加固示意图

2. 地下室外墙模板施工

地下室外墙最厚为 500mm,采用 18mm 厚多层木胶合板,配以 50×100 木枋龙骨,48×3.5 钢管,φ16 止水螺杆穿墙间距 450mm 予以加固。墙模板必须支撑牢固,防止变形,侧模斜撑的底部应加设垫木。

支设方法:墙模采用纵向排列方式组合,对拉螺栓采用 φ16 套筒螺栓,第一道从墙底部 150mm 起,两道间距 300mm,以上两道间距为 450mm,最上面一道螺杆至墙顶间距为 600mm,水平间距 450mm,横竖整齐排列。墙中需加内撑 12@400。支设大样见图 8-74。

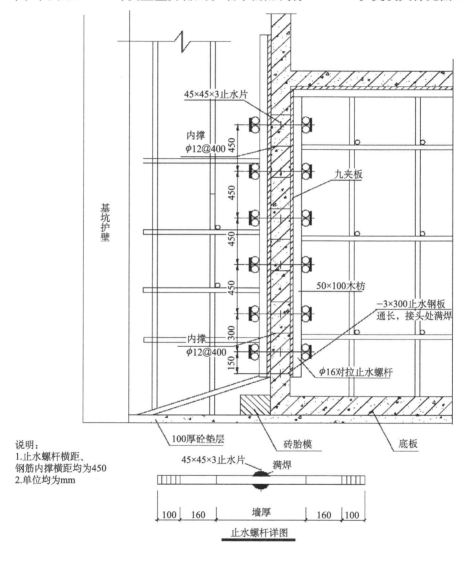

图 8-74 地下室外墙支模图

3. 柱的模板施工方案

主塔楼的外围有一圈的型钢混凝土框架柱,截面大,是模板加固的重点之一,见

图 8-75 和图 8-76。

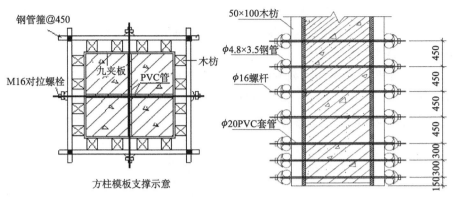

图 8-75　截面小于 1000mm 时加固图

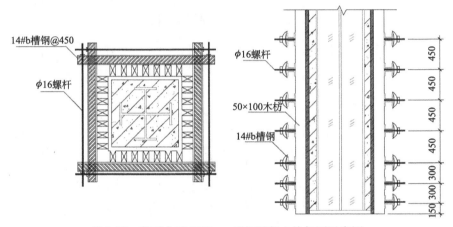

图 8-76　截面大于 1000mm 型钢混凝土柱加固示意图

对于截面小于 1000mm × 1000mm 的混凝土柱,采用 18mm 厚多层木胶合板,沿模板短边设置 50 × 100 方木,木枋与九夹板之间用钉子钉牢,模板就位后用短钢管临时固定,柱子模板用柱箍加固。

柱模安装工艺流程:弹柱位线→焊定位筋→安装柱模板→安柱箍→安斜撑;竖向模板采用 50mm × 100mm 木枋加固,距离为 250mm,高度方向采用钢管箍加穿墙螺杆。

本工程主塔楼地下室外框柱截面有 1500 × 1500,其柱中还有十字型型钢,施工中设计了用 14#b 型槽钢,间距 @ 450 来加固型钢混凝土柱,有效地保证了柱子的质量和垂直度。

8.4.3　混凝土施工

1. 泵送混凝土施工

创投大厦混凝土泵送高度最高约为 191m。混凝土强度等级为 C30 ～ C60。根据工程情况,选用中联重科生产的 BT105.21.286RSD 柴油机泵,其液压系统最大压力 34MPa,理论泵送高度为 387m,满足工程的泵送要求。

1)泵管选择方案

超高压泵送中,混凝土输送泵管是一个非常重要的因素。本工程核心筒内剪力墙及外框劲性钢骨巨柱为 C50、C60 的高强度及高性能混凝土,黏度非常大,泵送压力很大。因此对泵管的性能要求非常高,管道选择方案见表 8-20。

表 8-20　管道选择方案

序号	项目	选用方案
1	管径	管径越小则输送阻力越大,阻力过大则抗爆能力差且混凝土在管内流速慢,影响混凝土的性能,综合考虑选用内径为 125mm 的输送管
2	管厚	从泵出料口到高度 150m 楼层之间建议采用 126A 型混凝土输送管,该输送管为臂厚达 7mm 的耐磨管。高度 150m 以上及布料机连接管道采用 4mm 壁厚的输送管,重量较轻,便于安装。预计需要 126A 输送管 260m/台、125B 混凝土输送管 100m/台。使用过程中应经常检查管道的磨损情况,及时更换已经磨损的管道
3	接头形式	采用外箍式连接,拆装方便
4	密封圈	采用密封性能可靠的 O 形圈端面密封形式,可耐 40MPa 以上的高压

2)设备摆放及管道布置

长臂架泵车浇筑:采用多台长臂架泵车布置于核心筒周围,完成整个地下部分浇筑。

车载泵或拖泵布管向下泵送浇筑:车载泵管道的地面水平管长度需大于 10m,穿过基坑混凝土支护向下垂直管道需要固定,可采用楼层板锲紧面固定形式。地下室共 3 层,高 15m,垂直向下落差较大,为减少混凝土高落差离析,浇筑负三层时,在负二层处各一个 90°弯头,以形成 S 形弯进行缓冲,在末端加管道截止阀。负三层浇筑完成后,泵管往上移。

2. 大体积混凝土的浇筑

大体积混凝土设计基本概况:设计中其地下室基础梁、底板的混凝土强度等级及抗渗等级分别为 C30、P8,地下室负三层外墙为 C30、P8,地下室负二层、负一层外墙为 C30、P8,底板厚度为 600～800mm,塔楼核心筒底板厚 3500～9900mm,本工程的地下室核心筒较厚,属于大体积混凝土。

大体积混凝土的重点和难点分析:本工程大体积部位较多,大体积混凝土与普通钢筋混凝土相比,具有结构厚、体积大、钢筋密、混凝土数量多、工程条件复杂和施工技术要求高的特点。在混凝土硬化期间,水泥水化过程中所释放的水化热所产生的温度变化和混凝土收缩以及外界约束条件的共同作用而产生的温度应力和收缩应力,是导致大体积混凝土结构出现裂缝的主要因素。因此,除了必须满足普通混凝土的强度、刚度、整体性和耐久性等要求外,大体积混凝土施工的关键问题是如何控制温度变形产生的裂缝及其开展。由于大体积混凝土工程条件比较复杂,施工情况各异,混凝土原材料品质的差异较大,因此控制温度变形裂缝涉及诸多因素,包括构造要求、混凝土配合材料组成及其物理力学指标,施工工艺、养护方法等。

为了防止混凝土有害裂缝的发生,同时有效控制表面裂缝开展,本工程的大体积混凝土施工采取了以下几种措施:整体水平分层浇筑、分层捣实的方法(但必须保证上下层混凝土在初凝之前结合好,不致形成施工冷缝);在混凝土内掺加优质高效抗裂膨胀剂方法,优化混凝土配合比;采用低热化的水泥、掺加优质粉煤灰和减水剂,减少水泥用量,延缓混凝土初凝时间,增长混凝土的散热时间;降低混凝土出管温度,加强混凝土养护,以达到控制混凝土内外温差、减少混凝土变形。

为满足混凝土浇筑的连续性,避免出现施工冷缝,本工程大体积混凝土全部采用商品混凝土,使混凝土供应量满足施工需求,浇筑时间内不间断供应混凝土;同时在浇筑混凝土前组织至少一台高速的泵机进行配合施工,以确保混凝土连续输送施工,以保证混凝土施工质量。

混凝土的输送主要采用泵送,塔吊运输为辅,如承台、基础梁、梁混凝土采用泵送浇筑,对结构柱、剪力墙混凝土采用泵送与塔吊运输浇筑,本工程底板分6区施工,一个区用三台高强油压泵同时浇筑作业,确保混凝土的连续作业。

针对本工程大体积混凝土的特殊部位,主要是在底板、承台、外侧墙及剪力墙等重要部位,质量的好坏直接影响结构性能及使用性能,故混凝土浇筑时,承台、基础梁、底板等构件一起浇筑,不留施工缝(设计要求的除外),这样可减少人为接缝,提高混凝土的自身密实性,降低外墙、底板的渗水几率,确保大体积混凝土的施工质量。

大体积混凝土采用分层浇筑的方法,每层厚度约500mm,并任其斜向流动,层层推移,必须保证第一层混凝土初凝前进行第二层混凝土浇筑。浇筑方法采用"斜向分层,薄层浇筑,循序退浇,一次到底"连续施工的方法。为了保证每一处的混凝土在初凝前就被上一层新的混凝土覆盖,采用斜面分段分层踏步式浇捣方法,按1:6坡度自然流淌,分层厚度不大于500mm,分层浇捣使新混凝土沿斜坡流一次到顶,使混凝土充分散热,从而减少混凝土的热量,且混凝土振捣后产生的泌水沿浇灌混凝土斜坡排走,以保证混凝土的质量。

大体积混凝土的养护时,为减少混凝土表面曝晒时间,防止混凝土表面水分蒸发,表面搓毛能上人后用两层塑料薄膜覆盖,两层薄膜搭接不小于300mm,薄膜上铺两层湿麻袋盖严,不露边露角;混凝土的养护采用人工洒水养护,保证薄膜内侧有凝结水即可;养护洒水间隔时间要短,保证麻袋或草袋内外自始至终要保持水分,防止干湿循环;养护期间,要密切注意大气与混凝土表面的温度变化,当气温低于 +5℃时,应覆盖保温,不可洒水养护;养护时间不少于14天;混凝土养护派专人负责,在养护期限内,要及时巡视检查,发现问题,及时解决。

3. 后浇带的施工

后浇带施工内容如表8-21所示。

表 8-21　后浇带工作内容

序号	工作内容
1	后浇带的施工在主楼封顶和其两边混凝土浇捣完成 48~60 天以后
2	使用 C35 微膨胀混凝土浇筑
3	后浇带模板修复、调直钢筋
4	在凿除松动和不规则的混凝土前,在其两边弹墨线,然后按墨线凿除,使后浇两边整齐成一条直线
5	松动和不规则的混凝土凿除完毕后,再次整理钢筋、定型模板,然后进行安装模板
6	模板安装前,沿所弹墨线贴单面胶,以封闭模板与旧混凝土之间的间隙,避免混凝土浆从模板底流出,模板的支撑按原施工方法操作
7	后浇带浇混凝土前,润湿模板,使旧混凝土充分吸水
8	混凝土的浇捣按楼层混凝土的浇捣方法和质量要求操作

4. 主楼混凝土浇筑

1）水平管道布置

混凝土泵出口应铺设 50~60m 水平管道,然后再垂直铺设。高压泵送时管道震动较大,为保证输送管使用寿命及施工的连续进行,水平管道采用水泥墩加管夹固定;混凝土泵出口 20~30m 处增加一混凝土两位截止阀,可选用手动或液压动力截止阀,用于泵送完成后管道清洗的废水残渣回收处理以及堵管事故发生时截断垂直管道混凝土,便于排查泵机及水平管道故障。

A. 直管道布置

垂直管道穿过楼板布置。每层楼板加装固定,固定形式如图 8-77 所示。

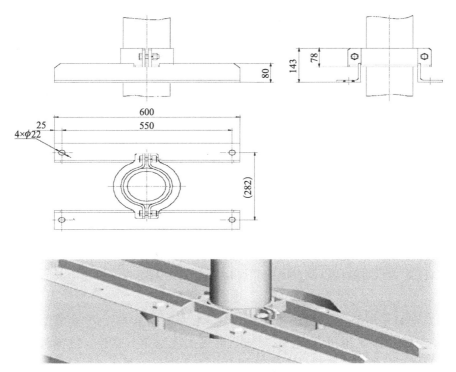

图 8-77　楼内垂直管道固定

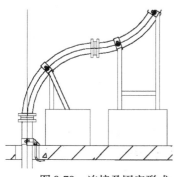

图 8-78　连接及固定形式

在 30F、32F 分别设置由两个 90o 弯头组成的 S 弯,防止停泵时混凝土因自重对管道造成的冲击。其连接及固定形式见图 8-78。

B. 布料机的布置

布料机采用北京建研机械科技有限公司生产的内爬式 HGY33 布料机安装于核心筒内,随着主体施工往上爬升。

C. 主塔楼及核心筒剪力墙混凝土浇筑

根据主塔楼以及核心筒所需的布料范围,选择 1 台臂长 33m 布料机 HGY33 即可满足施工要求。

D. 楼板凝土浇筑

压型钢板楼面混凝土施工,不使用布料机,而采用从楼层的垂直管路分接管道,人工接管至浇筑点施工。

2) 混凝土现场控制

为保证 C30 及 C50、C60 高强高性能混凝土的配合比满足结构设计所要求的强度和耐久性能,施工工艺所要求的拌合物性能,商品混凝土通过试验,经现场试配确认合格后才能使用:商品混凝土运送到现场后,必须在业主、监理、搅拌站相关人员见证下测定其工作性能,包括测定其坍落度(200mm 左右)、扩展度(600mm 以上)、倒筒时间(10 ~ 20s)、拌合物温度(不超过 28℃),观察有无分层、离析。拌合物坍落度和温度超出指标应退车。为满足本工程混凝土超高泵送的要求,混凝土工作性的检测还应包括泵后混凝土工作性的检测,如果泵后混凝土工作性不能满足施工要求,搅拌站应及时查找原因并改善其混凝土的工作性能,以利于现场施工,防止堵泵等现象的发生。

混凝土的初凝时间应控制在 7 ~ 9h,终凝时间应控制在 10 ~ 12h。为考察 C50、C60 混凝土的高性能,施工现场尚应阶段性检测混凝土的自收缩、压力泌水率、凝结时间、坍落度损失、耐久性相关指标,将检验结果作为施工现场混凝土拌合物质量评定的依据。

8.4.4　钢结构施工

1. 钢结构工程概况

创投大厦,钢结构用钢量约 2400 吨,钢结构主要由混凝土柱内双 H 型钢交叉焊接而成的十字柱组成。钢结构主要材质为:Q345B 和 Q345GJ-B。承重结构采用的钢材应具有抗拉强度、伸长率、屈服强度及各硫、磷含量的合格保证。对焊接结构尚应具有碳含量的合格保证,焊接承重结构以及重要的非焊接承重结构采用的钢材还应具有冷弯试验的合格保证。

螺栓及焊钉采用高强度螺栓:本工程中凡未注明的螺栓均为 10.9 级摩擦型高强度螺栓,其中 M16 ~ 24 采用扭剪型,M27、M30 可采用大六角头螺栓。抗滑移系数为 u = 0.45。高强度螺栓的质量标准应符合《钢结构用高强度大六角头螺栓、大六角螺母、垫圈与技术条件》(GB/T1228～1229-2006)及《钢结构用扭剪型高强度螺栓连接副》(GB/T3632～3633-1995);焊钉采用圆柱头焊钉、栓钉,连接件的材料应符合国家标准电弧螺栓焊用圆柱头焊钉 GB/T10433 的规定。

2. 钢结构施工工艺及流程

1)构件制作工艺流程

(准备)原材料验收、分类堆放、矫正→(放样)放样、制作样板、样杆→(零件加工)号料、切割、制孔、边缘加工、弯制、零件矫正→(半成品库)分类堆放→(焊接装配)组装、调整、焊接、构件矫正、端部铣平、构件制孔、编号((铆接装配)组装调整、扩孔、铆接、构件矫正、端部铣平、连接板制孔、构件编号)→(成品库)构件分类堆放。

2)十字柱的制作方案和工艺

钢板拼接→主材切割→开坡口→H 型钢组立→H 型钢焊接→H 型钢校正→十字组立→十字焊接→十字校正→大组立焊接→校正→成品。

A. 接坡口

十字柱四条主焊缝的坡口形式的确定应按图纸和工艺要求加工制作;无要求时,按照图 8-79 进行加工。

图 8-79　焊接形式

技术要求:下料完成后按照要求检验尺寸和外形,通过对偏差的严格控制来保证十字柱整体组装时的精度。应对焊接面仔细检查,清除干净焊缝边缘每边 30～50mm 范围内的铁锈、毛刺、氧化皮等异物;施工人员必须将下料后的零件加以标记并归类。

切板的标识:下料完成检查合格后,在切板中央用白色油漆笔标明切板的编号和规格尺寸。

B. H 型钢组立

H 型钢组立在 H 型钢自动组立机上进行;定位焊采用气保焊,定位焊点长度 40～60mm,间距为 250～300mm。具体工序参见《H 型钢制作通用工艺》。

C. T 型钢的组立

为减少 T 型钢焊接变形,首先在自动组立机上组立成 H 型钢,定位焊接采用气保焊。组立后的 H 型钢及 T 型钢(组成 H 型钢)的锁口均在由锯床、三维钻、锁口机组成的流水线上自动完成;由三维钻完成穿筋孔制作。

D. 十字型柱组立定位焊

十字型柱组立前应对焊接面进行仔细检查,消除氧化皮等杂物,对于 T 型钢的安装应按图纸要求进行装配,划线使用划针,进而保证装配的准确度;定位焊采用 CO_2 气体保护焊,定位焊脚高度不得大于设计焊缝焊脚高度的 2/3;定位焊缝长度为 50mm,焊道间距为 250mm。定位焊不得有裂纹、夹渣、焊瘤等缺陷;注意定位焊长度,以保证足够强度。核对穿筋孔的相对位置,在保证穿筋孔位置的同时,将柱顶、底部各留 3~5mm 的端铣量。十字型柱组立时可制作简易胎架,胎架示意图如图 8-80 所示。

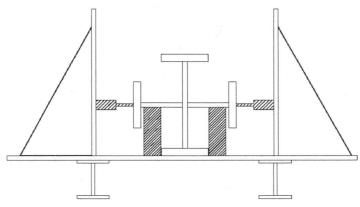

图 8-80 十字型柱组对简易胎架

构件组立完成后,用白色油漆笔在构件腹板端头 300~500mm 处标明构件号,有分区要求的注明区号,相同构件编号的多个构件应注明流水号,用"⌒"隔开注明。应按图纸和工艺相关要求严格检查组对尺寸是否正确,十字型柱组立后偏差也应符合规范要求。

E. H 型钢焊接

H 型钢焊接方法和焊接顺序:H 型钢焊接和 T 型钢焊接(已组立成 H 型)采用门型埋弧自动焊,船形焊位置施焊,在焊接时可制作简易工装,夹住翼板,借以减少变形。

焊前准备:检查 H 型钢长度方向变形程度,根据变形情况来决定焊接顺序。通常先焊的焊道,其所引起的变形量是最大的。焊剂选用焊剂 HJ431,并且应在 250℃ 温度下烘干 2h;焊丝选用 H08A,$\phi 4mm$。修补缺陷时,补焊可采用气保焊或用酸性焊条(可选用 J422)。用钢丝刷清除焊缝附近至少 20mm 范围内的铁锈、油污等杂物。为保证引弧端及收弧断焊接质量,在工件两断焊接引弧板及引出板,引弧板及引出板要与母材材质、厚度及坡口形式相同,引弧板和引出板的长度应大于或等于 150mm,宽度应大于或等于 100mm,焊缝引出长度应大于或等于 80mm,保证引弧及收弧处质量,防止产生弧坑裂纹。

矫正工序为:H 型钢矫正在矫正机上进行,不能在矫正机上矫正的 H 型钢(截面或板厚超出机器矫正范围)采用火焰矫正,矫正温度 800~900℃,不得有过烧现象;矫正后的钢材表面不应有明显的凹陷或损伤,划痕深度不得大于 0.5mm,矫正后 H 型钢的允许偏差处于规范允许范围内。

F. 钻孔工序

钻孔采用 AMADA 生产线上数控三维钻床,平面钻床,摇臂钻等设备;数控批量钻孔时,首件应进行仔细检查,合格后才能继续进行;普通螺栓孔的允许偏差为 C 级;精制螺栓孔(A、B级)的允许偏差应符合规范要求;钻孔完成后应将毛刺清理干净;T型钢剖分矫正、制孔后的H型钢剖分成T型钢。此部分操作难点在于:剖分后的T型钢变形较大,不容易矫正。

G. 十字型柱焊接

十字型柱的十字形焊缝的焊接采用门型埋弧自动焊,加长导电嘴,船形焊位置焊接,焊接参数见《焊接工艺卡》。根据十字柱焊缝的结构形式,为了控制焊接过程中的变形,要严格遵守焊接顺序。清理焊缝后,焊接整条连续的埋弧焊缝,对焊缝进行二层焊接,每层焊完后,应严格清理层与层之间的焊渣以及焊接缺陷,缺陷处应及时用砂轮打磨或气刨铲除之后进行补焊。层间温度控制在150～200℃范围内,超过200℃应停止焊接,冷却10～20min后再进行焊接,以减少变形。焊接过程中应随时检查十字柱的变形情况,可根据情况,利用后续焊接来调整十字型柱的变形。清理,冷却,割去引出板及引弧板,并打磨。若发现十字型柱存在变形应进行矫正,采用火焰矫正,其温度值应控制在750～900℃,同一部位加热矫正不得超过2次,矫正后,应缓慢冷却。对于检出的超差缺陷,用碳弧气刨进行铲除,打磨;然后用气保焊或手工电弧焊焊后进行清理、打磨;焊接修补详细工艺要求详见《箱型柱通用工艺》中焊缝返修工艺要求。

H. 大组立工序

根据构件编号,和图纸核对无误后,在距端头500mm处相邻两翼缘板打上钢印号,钢印应清晰,明确。钢印号周围用白色油漆笔划线圈住。以端铣后的顶面为基准,划线、组装牛腿、筋板等附件,检查合格后方能允许焊接。按照图纸要求完成焊接。焊接完成后,将焊渣、飞溅、气孔、焊瘤等焊接缺陷去除干净。

3)钢结构安装方案

本工程钢结构安装总流程:预埋件安装→吊装钢柱→拉设缆风绳→错边调整→整体校正→焊接→检测→复测数据→柱顶标高返回加工厂→下节钢柱进场吊装→形成滚动程序。

A. 预埋件的安装

预埋件的安装按照以下步骤进行:根据预埋件尺寸制作定位板,以保证预埋件锚栓的相对位置,定位板样式同柱底板1∶1制作;安装预埋件时制作固定支撑,支撑采用∠50×3角钢制作,支撑的作用是为了固定锚栓的平面和标高位置,以及防止在浇筑混凝土时对锚栓冲击而使其移位。地脚螺栓角钢固定大样如图8-81所示;为了保证地脚螺栓的埋设精度,首先应测设好位置控制线(基轴线或中心线等)及底平面的标高线。

B. 型钢柱的安装

型钢柱安装为:每钢柱端头焊接临时连接耳板,安装时用连接板连接,翼缘和腹板均采用全熔透的坡口对接焊缝连接。

C. 十字型钢柱的吊装

根据本工程型钢柱所处位置、数量以及单件重量,选用现场160F塔吊吊装施工。

构件运至现场后,如停车点可以在现场塔吊的有效旋转半径之内,可以用塔吊进行

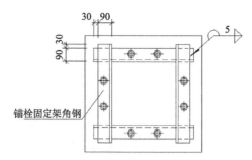

图 8-81　地脚螺栓角钢固定大样图

垂直卸车,如停车点不在塔吊旋转半径之内,就要考虑调用汽车吊机把构件卸到塔吊旋转半径范围之内。

吊装前,从立柱顶端向下量出理论标高为1m的截面,并作一明显标记,型钢柱的四侧用数字及字母分别做好标志,便于校正立柱标高及轴线时使用。在立柱下底脚板上表面,做通过立柱的纵横十字交叉轴线。经抄平放线,严格控制与支承面的行列轴线和标高,经验收合格并出具合格资料后方可吊装。

单机起吊采用一点立吊,吊点设置在柱顶处,即在柱顶临时焊接吊耳,上开孔作为吊装孔,吊钩通过柱中心线,易于起吊、对中和校正;也可利用柱端的耳板螺栓孔,穿入专用吊装索具或销轴,进行吊装。严禁直接穿入普通索具吊装,以防在起吊过程中磨损栓孔和索具,索具要求捆扎稳固可靠。单机吊装时需在柱子根部垫以垫木,以回转法起吊,严禁柱根拖地。绑扎结束并检查无误后,进行起吊试机,要求缓慢起吊,当钢柱离开地面时暂停,再进行全面检查吊索具、卡具等,确保各方面安全可靠后,才能正式起吊。

正式起吊时应由专人统一指挥,统一口令,指挥塔吊司机,将钢柱缓慢吊装到位,然后逐步调整钢柱的位置,使其底部的螺栓孔全部对准底脚螺栓,渐渐下落安装就位,临时固定地脚螺栓,校正垂直度。将型钢柱立柱上十字交叉轴线与楼板上预弹的十字交叉轴线重合,确定立柱位置,拧上地脚螺栓。先用水平仪校正立柱的标高,以立柱上"1m"标高处的标记为准。标高校正后,用垫块垫实。拧紧地脚螺栓,用两台经纬仪从两轴线方向校正立柱的垂直度,达到要求后,使用双螺帽将螺栓拧紧,并按设计要求将螺帽与垫板间焊牢。

钢柱两节对接时,钢柱两侧装有临时固定用的连接耳板,上节钢柱对准下节钢柱柱顶中心线后,即用螺栓将连接板与连接耳板临时固定,通过校正螺杆进行上节型钢柱的垂直度校正,校正完成后进行对接焊接,焊接完成后将连接板卸下,耳板割除。

起吊时钢柱必须垂直,尽量做到回转扶直,起吊回转过程中应避免同其他已安装好的构件相碰撞,吊索应预留有效高度。型钢柱校正后,采用四周斜拉法控制型钢柱的稳定性。四面用钢丝绳将型钢柱上端耳板与楼板预埋的钢筋环斜拉,钢丝绳下部用花篮螺栓拉紧,斜拉钢丝绳与楼板夹角控制在45°~60°。型钢柱外边搭设独立脚手架操作平台,以便上下节型钢柱连接部位焊接操作,独立脚手架操作平台的搭设应考虑支模的加固方法和支模绑扎钢筋的需要。对于不稳定的单元,须加临时防护措施,方可拆卸吊具。

应注意事项:必须在钢柱起吊前,将临时钢爬梯绑扎在钢柱上,解除吊索吊环用的钢梯,吊环解除后,直接把钢梯和钢丝绳扣在一起,向上提起,继续吊装下一件钢柱。

钢柱的矫正工法之一:柱子的垂直校正,测量用两台经纬仪安置在纵横轴线上,先对准柱底垂直翼缘板或中线,再渐渐仰视到柱顶,如中线偏离视线,表示柱子不垂直,可指挥调节拉绳或支撑,可用敲打等方法使柱子垂直。在实际工作中,常把成排的柱子都竖起来,然后进行校正。这时可把两台经纬仪分别安置在纵横轴线一侧,偏离中线一般不得大于 3mm。在钢柱焊接结束后,还须对钢柱进行复核校正。

钢柱的矫正工法之二:钢柱就位后,先调整标高,后调整位移,最后调整垂直度,直到柱的标高、位移、垂直度符合要求;钢柱校正采用"无缆风绳校正法"。上下钢柱临时对接应采用大六角高强螺栓,连接板进行摩擦面处理。连接板上螺孔直径应比螺栓直径大 4 ~5mm。标高调整方法为:上柱与下柱对正后,用连接板与高强螺栓将下柱柱头与上柱柱根连起来,螺栓暂不拧紧;量取下柱柱头标高线与上柱柱根标高线之间的距离,量取四面;通过吊钩升降以及撬棍的拨动,使标高线间距离符合要求,初步拧紧高强螺栓,并在节点板间隙中打入铁楔。扭转调整:在上柱和下柱耳板的不同侧面加垫板,再夹紧连接板,即可以达到校正扭转偏差的目的。垂直度通过千斤顶与铁楔进行调整,在钢柱偏斜的同侧锤击铁楔或微微顶升千斤顶,便可将垂直度校正至零。钢柱校正完毕后拧紧接头上的大六角头高强度螺栓。

8.4.5　脚手架施工

1. 脚手架工程概况

本工程脚手架主要搭设在地下室、裙楼、主塔楼 L01 层~L05 层外围幕墙周边、主塔楼 L05 层以上以及其他特殊部位,除主塔楼 L05 层以上采用导轨式爬升架外,其余全部采用落地式脚手架。

2. 导轨式爬升架

A. 导轨式爬升架介绍

主体塔楼总高度 191.15m,共 44 层,自主塔楼 6 层开始采用导轨式爬升架,9 层、20 层和 33 层为避难层,除 33 层高 4.2m,其余为标准层,层高 4m。塔楼截面无变化,采用 32 榀爬升架组成五个提升片区。

导轨式爬升架是目前我国唯一项列入国家重大新产品推广项目的爬架类建筑产品,由于其结构独特、适应性强、安全性能好,可满足高层建筑施工需要,经济效益较好,特别是防坠装置的使用,为导轨式爬升架提供了安全保障。

导轨式爬升架主要包括支架、爬升机构、动力机构和安全防坠装置四大部分。其中防坠装置是导轨式爬升架的最关键部件。它的作用是在动力失效发生意外时传感装置带动制动装置进入自锁状态,迅速锁住支架,防止支架坠落。它是导轨式爬升架正常运行的安全保障。

B. 导轨式爬升架施工流程

施工流程：提升防倾支座并固定→提升防坠支座并固定→调整防坠装置→提升承重支座并固定→调整升降装置→拆除障碍物→提升架体→固定升降承重支座锁销→固定防坠支座→重复下一次升降程序。导轨式爬升架施工流程图见图 8-82。

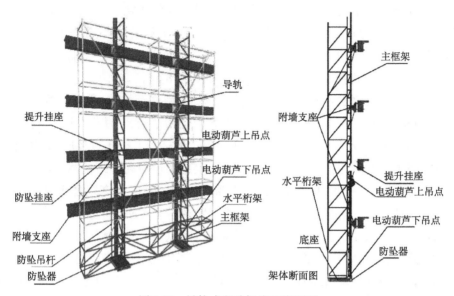

图 8-82　导轨式爬升架施工流程图

3. 落地式脚手架

A. 落地式脚手架概述

地下室结构施工搭设落地式脚手架，搭设高度为 14.1m，地下室结构完成后随即拆除。裙楼和主塔楼 1~6 层搭设落地式脚手架，竖向采用抱柱，外挂安全网，随结构施工进度搭设，并根据装饰工程进度进行搭设和拆除。

B. 落地式脚手架布置

落地式脚手架采用 Φ48mm×3.5mm 钢管进行搭设，外侧相邻水平杆之间加设一道防护栏杆，脚手架外挂密目安全网，每步设置 18 厚九夹板踢脚板，基础放置木枋垫块，立杆纵距 1.5m，水平杆竖向步距 1.8m，第一根立杆离墙 0.3m，连墙件设置时将钢管与植在支护结构上的钢筋焊接，采用三步三跨。

8.4.6　砌体结构施工

1. 砌体结构工程概况

创投大厦砌体结构工程如表 8-22 所示。

表 8-22　砌体结构工程概况

位置		砌块材料	砌块强度等级	砂浆材料	砂浆强度等级
地上	外墙	190 厚加气混凝土砌块	不低于 MU7.5	配套砌筑砂浆	M5.0
	内隔墙	190、90 厚加气混凝土砌块	不低于 MU3.5	配套砌筑砂浆	M5.0
地下	内墙	190、90 厚加气混凝土砌块	MU10	水泥砂浆	M5.0

2. 施工工艺及方法

砌体结构工程施工工艺见表 8-23。

表 8-23　砌体结构工程施工工艺

序号	工作及工序名称		具体施工方法
1	砂浆拌制		采用预拌砂浆
2		放线	砌筑前,在楼面上定出墙体轴线位置,放出墙体边线和门窗洞口位置,在柱上标出标高线(建筑 50 线)
3		立皮数杆	在各转角处设立皮数杆,皮数杆间距不得超过 15m。皮数杆上应注明门窗洞口、木砖、拉结筋、圈梁、过梁的尺寸标高。皮数杆应垂直、牢固、标高一致
4		排砖	第一皮砌筑时应试摆,按墙段实量尺寸和砌块规格尺寸进行排列摆块,不足整块的可锯截成需要尺寸,但不得小于砌块长度的 1/3
5		拉线	在皮数杆上相对空心砖上边线之间拉准线,砌块以准线砌筑
6	墙体砌筑	砌筑	1. 加气混凝土砌块的砌筑面上应适量洒水。 2. 加气混凝土砌块上下皮的竖向灰缝应相互错开,相互错开长度宜为 300mm,并不小于 $L/3$ (L 为砌块长度)。如不能满足要求,应在水平灰缝设置 2Φ6 的拉结钢筋或 Φ4 钢筋网片,拉结钢筋或钢筋网片的长度应不小于 700mm。 3. 加气混凝土砌块墙的转角处,纵横墙相互搭砌,隔皮砌块露端面。墙的 T 字交接处,应使横墙砌块隔皮露端面,并坐中于纵墙砌块。 4. 每一楼层内的砌块墙应连续砌完,不留接槎。如必须留槎,应留成斜槎(斜槎长度应不小于高度的 2/3),或在门窗洞口侧边间断。 5. 墙的转角处、与结构柱交接处,均应沿墙高或柱高 1m 左右,在水平灰缝中放置拉结钢筋,拉结钢筋为 2Φ6,钢筋应预先埋置在结构柱内,伸入墙内时不少于 700mm。 6. 外墙的窗口下一皮砌块下的水平灰缝应设置拉结钢筋,拉结钢筋为 3Φ6,钢筋伸过窗口侧边应不小于 500mm。 7. 墙的转角处、与结构柱交接处,均应沿墙高或柱高 1m 左右,在水平灰缝中放置拉结钢筋,拉结钢筋为 2Φ6,钢筋应预先埋置在结构柱内,伸入墙内时不少于 700mm。 8. 外墙的窗口下一皮砌块下的水平灰缝应设置拉结钢筋,拉结钢筋为 3Φ6,钢筋伸过窗口侧边应不小于 500mm。墙上不得留设脚手眼。 9. 到顶墙砌至接近梁、板底时,预留一定空隙,待墙体砌筑完间隔至少 7d 后补砌挤紧;在顶部用实心砖进行压顶
7		勾缝	在砌筑过程中,采用“原浆随砌随收缝法”,先勾水平缝,后勾竖向缝。灰缝与砌块面要平整密实,不得出现丢缝、瞎缝、开裂和粘结不牢等现象,以避免墙面渗水和开裂,以利于墙面粉刷和装饰

序号	工作及工序名称		具体施工方法
8	墙体砌筑	构造柱施工	填充墙转角处或填充墙长度大于 4m 时,应设竖向构造柱,根据设计要求绑扎钢筋。构造柱先预留插筋,待砌完墙后再用混凝土灌注,当墙高超过 4m 时,设一道混凝土带,填充墙端部及阴阳角处加构造柱,构造柱支模如图所示

8.5　地基与基础施工

8.5.1　岩溶地基处理与施工

本工程基坑西北角采用单管高压旋喷桩法复合地基加固,在基坑开挖完毕后施工,节约空桩成本。共 772 根单管高压旋喷桩,桩长平均约 6.0m,总长度 4632m。岩溶地基处理与施工的要求如下:

(1)复合地基承载力特征值 180kPa,单桩承载力特征值 200kN,旋喷桩桩身强度 3.5MPa。

(2)单管高压旋喷桩进行加固处理,桩径 500mm,采用 42.5R 普通硅酸盐水泥,设计旋喷桩水泥用量不少于 200kg/m。

(3)桩加固深度不少于 5m,桩端土为粉质黏土(2~3)层,并进入粉质黏土(2~3)层不少于 3m,如粉质黏土(2~3)层少于 3m,则应穿过粉质黏土(2~3)层至基岩面,施工时停浆面应高于桩顶设计标高 300~500mm。

(4)承台底部设置 300mm 厚的砂夹石褥垫层,砂、石的最大粒径不宜大于 20mm,褥垫层压实系数不小于 0.95;另外,褥垫层下旋喷桩头应外露 50~100mm。

1. 溶洞处理原则

1)岩溶裂隙及小型溶洞

对于岩溶裂隙及尺寸小于 0.5m 的小型溶洞,其危害相对较轻,冲击钻孔通过裂隙时,工艺上要求通常钻到一定深度时必须回填一定量的黏土,在冲击作用下挤入裂隙堵塞桩孔周围裂隙,同时可以保持泥浆浓度。裂隙的主要危害是漏浆,可以采取加大护筒入土深度的措施加以防止。如果施工中发生漏浆,应尽快补水,然后将黏土和片石按大约 1:1 投放 2~3m,再重新开钻。当再次漏浆,仍按上述方法处理。

2）一般溶洞

一般溶洞指高度小于 4m，连通性较差的溶洞。这类溶洞以预防为主。冲孔前应在孔口附近储备大量黏土、片石及一定数量的袋装水泥；钻孔过程中，要求配备水泵和充足的水源，保证一旦漏浆可以立即补水补浆。

对于没有填充物或半填充的溶洞，在击穿洞顶之前，采用小冲程，防止卡钻。安排专人密切注意桩机地盘水平、岩样和护筒内泥浆面的变化，如果泥浆面下降、孔内水位变化较大、泥浆稠度、颜色发生变化或钻进速度明显加快又无偏孔，表明进入溶洞。首先应寻思用大功率泥浆泵补浆补水，同时及时提钻，防止埋钻，然后用铲车将片石、黏土按适当的比例投入，必要时投入袋装水泥，采用小冲程轻砸，使黏土和片石充分挤入溶洞内壁，发挥护壁作用。反复上述步骤使钻孔穿越溶洞。

每遇到一层溶洞，无论是否漏浆，是否为填充溶洞，均应向孔内投入一定数量 1:1 得片石和黏土，然后用小冲程冲击混合物，使其挤入裂隙、溶洞内。

3）大型溶洞

一般高度为 4～8m 的溶洞为大型溶洞。遇到较大溶洞漏浆后，应通过回填封堵漏浆。集中水泵向孔中补水以保持水头，同时立即向孔中抛袋装水泥 5～10t，然后向孔中投入 3～5m 厚黏土、片石混合物，待漏浆停止后重新冲孔，冲孔到漏浆部位的时间宜控制在水泥终凝时间之前，然后停止 6～10h。反复操作，直到凝固后的水泥黏土浆将漏浆源堵住为止。

4）特大溶洞

一般高度大于 8m 的溶洞为特大溶洞。当遇到特大型空溶洞或半填充溶洞时，为防止漏浆造成孔壁坍塌，一般采取钢护筒跟进法。先采用较大直径的钻头冲击溶洞顶，达到 1.0m 以后，下打入比孔口护筒稍小的钢护筒，用导向锤将钢护筒振至溶洞底岩面，再换小钻头继续冲砸，直至击穿溶洞，然后回填 1:1 的黏土片石混合物。采用反复冲击的方法冲砸密实，再正常钻进。

在穿越填充物为流塑状的大尺寸溶洞时，可以采用灌注混凝土护壁二次成孔钻进法，即钻孔至溶洞底板后，不用清孔，而向孔内灌注水下混凝土至溶洞顶 0.5m 左右，带混凝土达到 7 天强度后，重新钻进。灌注的混凝土会在桩孔周围形成一个圆形或半圆形围护，可有效地防止因溶洞内流塑状填充物涌入或混凝土流失而引起的断桩。

5）多层溶洞

当通过由小型和一般溶洞组成的多层溶洞时，多出现漏浆、斜孔等病害，因此可采用处理多个一般溶洞的方法解决。

由大型溶洞组成的多层溶洞的处理可综合采用灌浆法和内护筒法。采用全套护筒法时，钢护筒穿过溶洞使其底部支撑在溶洞底板或顶板上，接着重新在护筒内钻孔，如仍然漏浆，采用内护筒等方法处理。

2. 溶洞处理施工

1）施工方法

根据溶洞洞高和洞内填充物情况，对溶洞采用不同处理方法，主要的处理方法有：抛填法、静压化学灌浆法、灌注混凝土填充法、套放大小钢护筒法等。

A. 抛填法

当溶洞范围小,溶洞高度小于1m时,可采用抛填法。

对照地质图,当冲至溶洞顶板1m左右时,减小冲击冲程,控制在 1～1.5m,通过短冲程快频率冲击的方法逐渐击穿溶洞,溶洞一旦被击穿,孔内水头迅速下降,这时立即向孔内补充泥浆,同时提锤头至孔口,并向孔内投入片石、黏土块和水泥,填充溶洞。当孔内水头稳定时,用测线测出回填厚度,当回填厚度大于1m时,使溶洞范围形成护壁后,再继续施工。

发现异常情况及时采用以上方法,反复冲砸,填塞溶洞,挤密护壁,直至顺利穿过溶洞。洞上下各1m范围在钢筋笼的定位筋上焊接厚4mm的钢板圆筒,在圆筒外再增加四根定位钢筋(图8-83)。

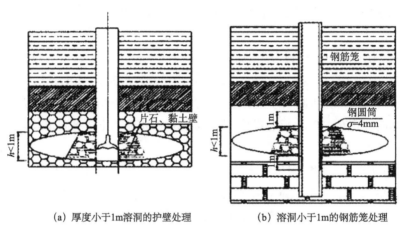

(a) 厚度小于1m溶洞的护壁处理　　　　　(b) 溶洞小于1m的钢筋笼处理

图 8-83　溶洞护壁处理示意图

B. 静压化学灌浆法

当溶洞内有填充物填满或有流砂时,或当溶洞为空洞或填充物不满(水洞)且深度在 1～3m 时,在冲孔桩施工前先进行预处理,采用静压化学灌浆法固结填充物和流砂,或用此法填满溶洞,在固结体达到一定强度以后再钻孔施工。

桩基精确放样后,在桩基施工平台上用地质钻于桩中心进行超前钻,必要时增加钻位。根据超前钻的结果,确定护筒打入深度。有溶洞的桩位,护筒沉至风化岩层,置于强风化岩面上,这样可穿过土洞。护筒底部即为岩层或溶洞的顶部。没有溶洞的桩,护筒沉放要穿过淤泥质亚黏土、砂砾层,置于砂砾质亚黏土层至少2m深。

a. 技术要求

溶洞预处理是为了加固溶洞填充物和填满溶洞空间并达到一定的强度(20mPa 以上),防止冲孔桩施工时泥浆流失、流砂及坍孔等情况的发生,保障成孔及水下混凝土浇注等一系列施工工序的顺利完成。溶洞预处理施工,在冲孔桩施工之前进行,相当于在桩基础施工过程中,于冲孔桩施工工序之前加入一道预处理工序,与桩施工的各工序一起形成流水作业。

b. 施工方案

（1）处理方法选择。由于溶洞埋藏较深，不能用爆破或填充混凝土等一般方法处理，因此有效的处理方法是灌浆法。而在众多的灌浆法中，因溶洞的不规则性，决定了其处理的最有效和比较经济的方法是静压化学灌浆法。因此，采用静压化学灌浆法，同时也可兼用喷射灌浆法，促进填充物强度的加强。

（2）静压化学灌浆加固特点。静压化学灌浆法中，浆材可在几秒或在几十秒内瞬间凝固，可控制浆液灌注在一定范围内且不流失，材料的利用率高，比较经济。浆材的结石率为 100%，即 $1m^3$ 体积浆材可得 $1m^3$ 结石体。

对溶洞中的砂、砾等土体，浆液是通过渗透作用板结砂和砾的；对于溶洞中的稀土、亚黏土等土体，浆液是通过劈裂、挤密作用加固土体的；对于无填充物和半填充溶洞的空间，浆液是通过充填作用填满溶洞的。浆液在土体中的渗透扩散方向是往小主应力面方向，浆液固化后，小主应力面得到加固，而原次小主应力面变成小主应力面。这样，通过对小主应力面反复不断的加固，一方面渗透、挤密溶洞中的土体的空隙，充填溶洞的空间，在桩体周围形成防水帷幕，防止流砂和保证护壁泥浆不流失；另一方面，提高溶洞中土体的承载力和抗剪力形成挡土墙，防止坍孔，见图 8-84。

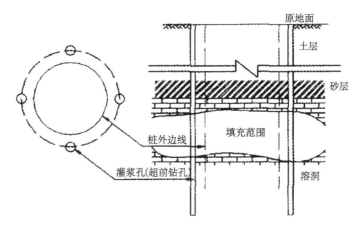

图 8-84　灌浆孔平面布置及剖面图

（3）工艺设计。

布孔：在超前钻有溶洞的桩位四周均布 4 个灌浆孔。

钻孔：孔径 80mm，孔深要求达到最深溶洞的底部。

材料：普硅 425# 水泥（新标准为普硅 32.5MPa 水泥）与化学浆。

工艺：采用双液灌浆系统进行全孔灌浆，要求少量多次、反复灌浆，如溶洞空间容积大、倒水性强，则在混凝土干料中添加一定量水玻璃。

c. 主要施工机械设备

主要机械设备有：bw250 泥浆泵、bw150 泥浆泵、100 型钻机、泥浆搅拌机和贮浆槽、高压灌浆管及其配件。

C. 灌注混凝土填充法

溶洞的高度在 1.0~3.0m,且溶洞为填充或半填充时可采用灌注混凝土填充法。

该方法是先向溶洞内抛填片(碎)石、砂混合物和注水泥浆,然后用小冲程冲击片石挤压到溶洞边形成泥浆碎石外护壁(图 8-85),水泥砂浆将片石空隙初步堵塞后,停止冲击,24h 后,待水泥的强度达到 2.5MPa 后,再继续冲击,穿过溶洞。

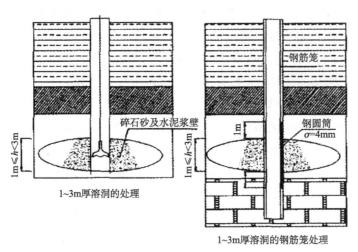

图 8-85 内护筒底部及顶部灌浆封缝示意图

D. 护筒跟进法

当溶洞高为 $3.0 < h < 5.0$m 时,对于多层溶洞间距较小的采用钢护筒穿越处理(图 8-86)。处理时,先用冲击锤进行冲孔、扩孔,然后采用振动锤将钢护筒振动下沉至溶洞底部,为保证钢护筒的强度和刚度,每隔 2m 设置加强钢板箍。

图 8-86 溶洞间距较小的处理

当溶洞高大于 5m(多层),且溶洞间距较大时,采用套内护筒法施工,即用内护筒穿过溶洞的方法进行施工。内护筒长度 $L = h + 2$m(h 为地质超前钻确定的多层溶洞高),内护筒内径应比设计桩径大 20cm 左右,外径应小于外护筒内径 5cm 左右,若遇第二层溶洞,第二层溶洞的内护筒外径比上层内护筒内径小 3~5cm,具体见图 8-87。

内护筒长度的确定:护筒长度 $L = h + 2$(m)(h 为多层溶洞高度)。

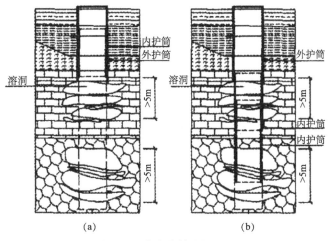

图 8-87　套内护筒法施工法

内护筒内径的确定：内护筒内径应大于 $\phi 220 cm$，同时外径应小于外护筒内径 5cm 左右，如果只下一次内护筒（一层溶洞），内护筒内径选用 233cm，壁厚为 1cm，则外径为 235cm（主桥外护筒内径为 240cm）。当遇到第二层溶洞时，第二层溶洞的内护筒（即第三次护筒）选用 220cm 内径。

2）施工工艺

A. 溶洞顶部冲孔

根据超前钻的资料，当冲孔施工接近溶洞顶部时，提起锤头采用冲击冲孔。用冲击冲孔时，要求轻锤慢打，使孔壁圆滑坚固，提升高度一般不超过 50cm，一般进程控制在 $60 \sim 80 cm/h$。所有卡扣及钢丝绳必须先经测试检查，其他施工工艺及注意事项与常规相同。

B. 外护筒制作及内护筒沉放

a. 外护筒制作

外钢护筒制作时，先勘察地质质料，根据溶洞的层数确定外钢护筒的直径。钢护筒分节制造，工地拼接。先采用桩锤进行扩孔，钢护筒采用振动下沉。振动下沉采用振动打拔锤，其振动动力为 1600kN 以上。钢护筒下沉时，用两台经纬仪在两个垂直的平面内监测倾斜度，以便随时调正。护筒下沉至硬土层或岩面后，其倾斜度小于 1%。

b. 内护筒沉放

（1）当冲击穿过溶洞顶部时要反复提升冲锤，在顶部厚度范围上下慢放轻提，冲锤不明显受阻碍，说明顶部已成孔并且是圆滑垂直的，此时用钢丝绳活扣绑住内护管，用吊机（或冲机自吊）把内护筒放入外护筒内至孔底。到孔底后，内护筒不会靠自重沉到溶洞底部（因溶洞底有沉渣、沉淀物等）。此时，冲机重新就位。

（2）护筒沉设利用冲机进行，在冲机的冲锤上附加压架，利用冲机的冲进压力和冲锤的重量，使内护筒随冲锤的冲进而下沉，直到溶洞的底部。

（3）内、外护筒间空隙及内护筒与溶洞底部间空隙的处理方法为：在内护筒底部及顶部 100cm 范围内回填砂、碎石,中部回填中砂;用高压喷射灌浆法(施喷法)对回填体进行灌浆处理。灌浆后,内护筒上下两端空隙被砂、碎石及浆液冲填固结,固结强度要求达到 30mPa,其抗渗系数可达 10~7m/s。灌浆处理后,即可重新冲孔;在内护筒顶部及底部 100cm 范围内回填小碎石素水泥混凝土,内护筒中部回填砂,同样能起到堵塞空隙的目的;对于需要处理多层溶洞的桩基,一般仍采用上述灌浆法填充固结空隙进行施工。其目的是,为了增加溶洞底部(同时有可能是下层溶洞的顶部)附近填充物的密度和强度,并且增加内、外护筒间的胶合力;重新冲进,直至嵌入完整基岩。当符合设计及规范要求时,经监理工程师同意即可终孔,此桩即成孔。成孔后的工序工艺与常规相同,并不赘述。

3. 岩溶地基常见工程事故及处理

1)冲孔过程中塌孔

当冲孔穿透溶洞顶板时,泥浆就会大量流失,从而丧失泥浆的护壁和平衡作用,从而引起塌孔,若处理不及时,还可能引起大面积塌方。大面积塌陷会造成机械损坏,同时也会造成人员伤亡。一旦出现大面积塌陷,首先应疏散施工作业人员于安全地带,如有人员伤亡要即时组织救护,并保护好现场。

2)混凝土扩散量大

混凝土扩散量大是石灰岩地区桩施工的显著特点。其扩散分 3 种情况:

(1)溶洞无填充、半填充,成孔时泥浆代替,成桩时混凝土就去填补空间;

(2)填充物为淤泥质土,淤泥被混凝土所置换,使得桩在溶洞段扩孔系数大大超出 1.2,有的甚至高达 5~6。

(3)溶洞无填充物且与地下其他溶洞连通,冲孔时多次填充片石与黏土,形成了护壁,但混凝土浇灌时出现在溶洞地方护壁被水下混凝土侧压力所破坏,使混凝土扩散量无限大,这时就要减小水下混凝土塌落度或加早凝剂,以控制混凝土扩散量无限度的增大。

3)卡锤、掉锤、埋锤

卡锤的原因和形式多种多样,由于石灰岩硬度高,故在某断面上不能很快开成圆形,而是类似于梅花形,锤体在升降过程中是自转的,当锤体断面与桩孔梅花形断面不吻合时就被卡住了。当锤底一角正好碰到断面中的突起处,锤体猛然倾斜,就会出现横卡现象。又由于石灰岩基岩表面起伏凹凸不平,如果锤体在类似">"形岩沟中冲击,就有可能出现卡锤(图 8-88)。

卡锤时,可采用以下方法:一是水下割护筒底口挡住锤头部分,二是将钢护筒上拔或顶起一定高度,腾出空间,将锤头拉出。

如果是因为护筒底变形而引起的卡锤,可抛填片石反复冲砸,将变形部位挤出,或水下切割变形部位,将锤头斜拉上来。

掉锤、埋锤是由于桩锤突然冲穿溶洞顶板,锤体悬空,瞬时拉力过大,钢线绳被拉断,造成掉锤。如随即产生塌方就造成埋锤。另一种掉锤情况是由于卡锤时提锤用力过大,拉断钢丝绳而掉锤。

4）斜孔、弯孔

产生斜孔的原因有 3 个：其一是斜面开孔，通过溶洞时，未按正确的施工方法，如抛填黏土不及时，溶洞的位置测量不准确，以致锤头沿着软的部位下滑，造成斜孔；其二是出现没有预见的溶洞；其三是隔层相向的探头石，在冲进时相互扩孔。

纠正斜孔、弯孔的方法：回填片石、黏土重冲，反复数次；灌注水下素混凝土至弯曲部分以上的一定高度，待强度合格后重新施冲。

5）清孔漏浆

由于覆盖层和溶洞之间相互串通，在地下水的作用

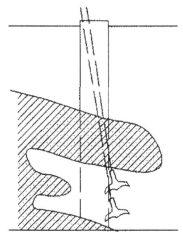

图 8-88　卡锤示意图

下产生动压力，溶洞内冲孔所形成的人工造壁坍塌，清孔时泥浆流失。

清孔漏浆时，先探明泥浆流失的孔洞高程，在初步清基的基础上，在钢筋笼上焊接钢护筒，钢护筒上下口扩成喇叭形，在其上设止水带。当钢筋笼带着堵漏护筒初步就位后，进行正循环泥浆清孔。如孔弯斜严重，钢筋骨架插不下去，此时可接高钢护筒，尽力振下，然后灌注水下素混凝土至洞底，待达到规定的强度后，再装上锤头重新拉冲锤清孔。

8.5.2　基坑及支护工程设计与施工

1. 基坑支护设计

1）基坑周边建筑概况

A. 基坑西侧（ABCD 段）

基坑西侧为现有 4～5 层厂房，距基坑边最近处仅有 2m 多，为天然地基浅基础，基础埋深 2.80m。该侧采用 Φ1200 冲孔灌注桩，桩距 1.8m，嵌固深度 6m，桩长 20.85～21.1m。

冲孔灌注桩施工对周边环境的影响主要归结为两方面：其一是抽降地下水引起地基土的附加沉降；其二是冲孔灌注桩施工中流泥、流沙造成地基土下陷。冲孔灌注桩施工对周边环境的影响可能为上述其中一个方面原因，也可能为两个方面原因共同作用。因此，应重点加强对现有厂房的保护、监测，以此为重点建立安全施工应急预案，确保施工安全。

B. 基坑西北角（CDE 段）

基坑西北角土质较软，且距离现有厂房较近，设置预应力锚索无法提供较大的预应力，因此基坑西北角采用采用三道内支撑加强，施工复杂。

施工中应重点加强对现有厂房的保护、监测，并对管线设置位移沉降监测点，配合基坑周边水位观测井，监测基坑开挖期间管线位移沉降。支护桩与土方开挖时应特别注意

对管线的保护与监测。若管线位移沉降达到或超出预警值,应立刻停止施工并采取措施进行管线保护,确保施工安全。

C. 基坑北侧(DEF 段)

该侧基坑北侧为园区内道路,均铺设有电力、给水、雨水地下管线,此部分管线暂停使用,迁移改线。

D. 基坑东侧(FHIJ 段)

该侧基坑南侧紧邻市政道路,周边各类管线众多、人员密集,如果基坑失稳,所造成的危害性及影响非常严重,因此,沿基坑每隔 30～40m 布置道路监测点。重点加强对周边道路的保护、监测,配合基坑周边水位观测井,监测基坑开挖期间管线位移沉降。支护桩与土方开挖时应特别注意对管线的保护与监测。若管线位移沉降达到或超出预警值,应立刻停止施工并采取措施进行管线保护。

E. 基坑南侧(JA 段)

该侧基坑北侧为园区内道路,均铺设有电力、燃气、雨水地下管线,此部分管线暂停使用,迁移改线。

2)基坑支护设计

1－1 剖面(AB 段)(图 8-89):该侧基坑坡顶标高 +0.500m,基坑挖深 15.1m。除上

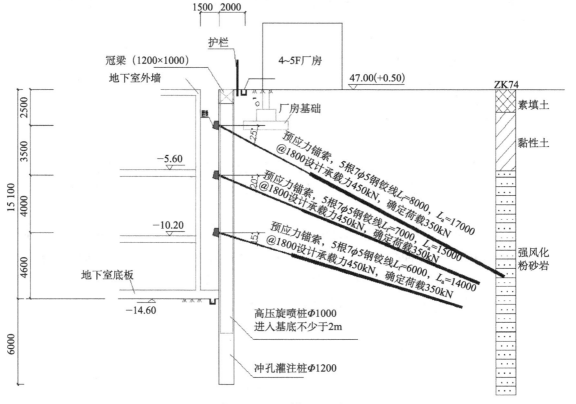

图 8-89　1－1 剖面(AB 段)

部为素填土、黏性土,基坑侧壁主要土层为强风化粉砂岩。采用冲孔灌注桩 $\Phi1200@$1800,嵌固深度 6m,桩长 21.1m + $\Phi1000$ 高压旋喷桩止水,进入基坑底不少于 2m。桩间设置三排 $5\times7\phi5$ 预应力锚索,长 14~17m,水平间距 1.8m,水平倾角 15°~25°。

2-2 剖面(BC 段)(图 8-90):该侧基坑坡顶标高 +0.250m,基坑挖深 14.85m。基坑侧壁主要土层为素填土、粉质黏土和强风化粉砂岩。采用冲孔灌注桩 $\Phi1200@$ 1800,嵌固深度 6m,桩长 21.1m + $\Phi1000$ 高压旋喷桩止水,进入基坑底不少于 2m。桩间设置一排 $2\times7\phi5$ 预应力锚索,长 7m,水平间距 1.8m,水平倾角 20°,三排 $5\times7\phi5$ 预应力锚索,长 18~20m,水平间距 1.8m,水平倾角 15°~20°。

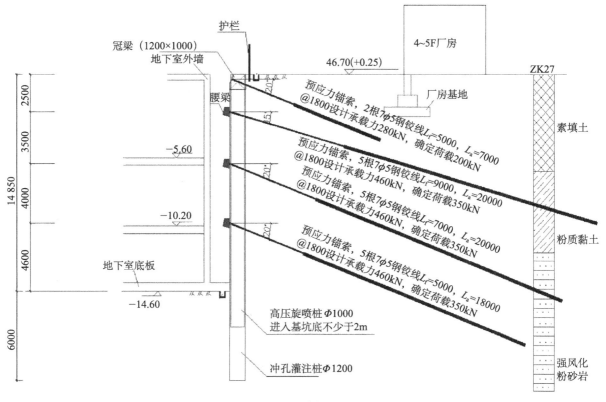

图 8-90 2-2 剖面(BC 段)

3-3 剖面(CDE 段)(图 8-91):该侧基坑位于西北角,坡顶标高 +0.500m,基坑挖深 15.1m。基坑侧壁地质条件最差,填土厚约 10m,其下 10~20.9m 为软塑状粉质黏土,20.9~22.2 为石灰岩,22.2~48m 为可塑状粉质黏土。采用冲孔灌注桩 $\Phi1400@$ 1800,嵌固深度进入可塑粉质黏土不少于 10m,桩长约 25.1m + $\Phi1000$ 高压旋喷桩止水,进入基坑底不少于 2m。因基坑西北角土质较软,且距离现有厂房较近,设置预应力锚索无法提供较大的预应力,因此基坑西北角采用内支撑结构,内支撑共设三层钢筋混凝土支撑梁,梁下设钢结构立柱。

坑内基底软塑状粉质黏土采用深层搅拌桩进行加固处理,加固深度至基岩顶部。搅拌桩桩径口 $\Phi550mm$,桩间距 400mm,42.5R 普通硅酸盐水泥,设计搅拌水泥用量不少于

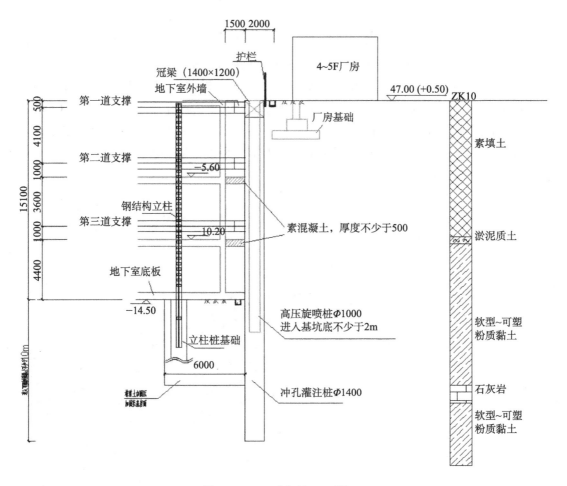

图 8-91 3-3 剖面(CDE 段)

65kg/m,采用四喷四搅工艺,水泥浆水灰比为 0.50,CDE 段立面见图 8-92。

4-4 剖面(EF 段)(图 8-93):该侧基坑坡顶标高 -0.95m,基坑挖深 13.45m。基坑侧壁主要土层为素填土、淤泥质土、粉质黏土和石灰岩。采用冲孔灌注桩 Φ1200@1800,嵌固深度入石灰岩不少于 3mm 或入可塑状粉质黏土不少于 10m + Φ1000 高压旋喷桩止水,进入基坑底不少于 2m。桩间设置三排 5×7φ5 预应力锚索,长 18~21m,水平间距 1.8m,水平倾角 20°~25°。

5-5 剖面(FG 段)(图 8-94):该侧基坑坡顶标高 -1.95m,基坑挖深 13.45m。基坑侧壁主要土层为素填土、粉质黏土和石灰岩。采用冲孔灌注桩 φ1200@1800,嵌固深度入基坑底不少于 3m + Φ1000 高压旋喷桩至基岩面。桩间设置两排 5×7φ5 预应力锚索,长 12~15m,水平间距 1.8m,水平倾角 20°。

6-6 剖面(GH 段)(图 8-95):该侧基坑坡顶标高 -0.75m,基坑挖深 13.85m。基坑侧壁主要土层为素填土、淤泥质土、粉质黏土和石灰岩。采用冲孔灌注桩 Φ1200@1800,嵌固深度进入基坑底 5m 且入石灰岩不少于 3m。桩间设置三排 5×7φ5 预应力锚索,长 14~20m,水平间距 1.8m,水平倾角 10°~25°。

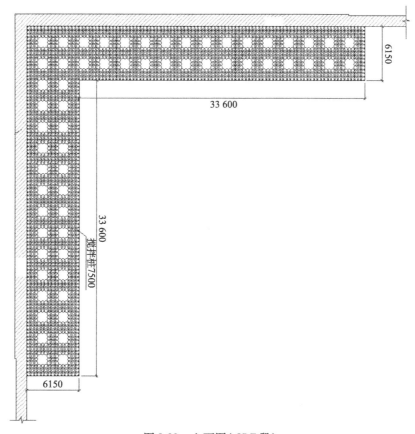

图 8-92　立面图(*CDE* 段)

7 – 7 剖面(*HIJA* 段)(图 8-96):该侧基坑坡顶标高 ±0.00m,基坑挖深 14.60m。基坑侧壁主要土层为素填土、黏性土、全风化粉砂岩。采用冲孔灌注桩 Φ1200@1800,嵌固深度进入基坑底 6m,桩长 20.6m 进入基坑底不少于 2m。桩间设置三排 5×7ϕ5 预应力锚索,长 14～16m,水平间距 1.8m,水平倾角 15°。

8 – 8 剖面(*KLMNK* 段)(图 8-97):该侧基坑坡顶标高 – 14.6m,基坑挖深 6.5～8.0m。主要土层为强风化粉砂岩。采用 1:0.2 放坡支护,坡面挂网喷混凝土,土钉墙法支护,土钉间距 1.5m×1.5m。

根据行业标准《建筑基坑支护技术规程》JGJ 120-2012,基坑设计所需的参数建议参照表 8-24 所示数值。

2. 基坑止水及抗浮设计水位

根据场地工程地质条件,场地大部分地段揭露强风化粉砂岩,强风化粉砂岩最浅埋深仅 3.00m。根据 ZK38 号钻孔抽水试验,破碎岩带的渗透系数 K = 0.47m/d 和影响半径 R = 66m。根据《建筑基坑支护技术规程》(JGJl20-2012)附录 F 有关规定计算破砂岩的基坑涌水量:

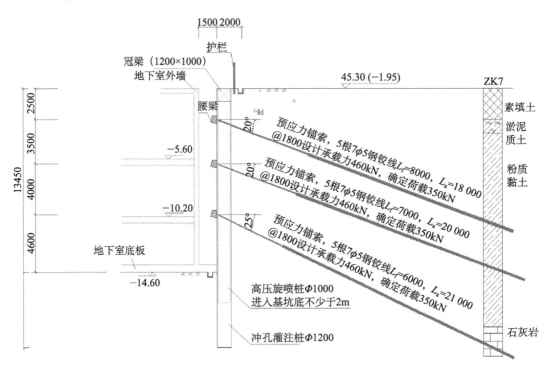

图 8-93 4 – 4 剖面（EF 段）

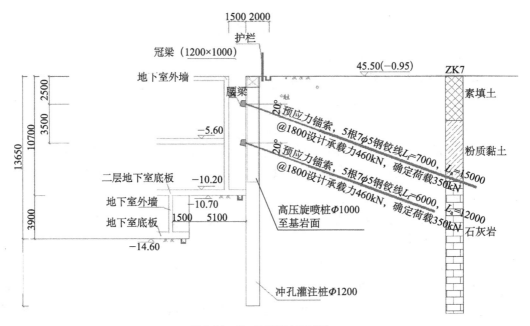

图 8-94 5 – 5 剖面（FG 段）

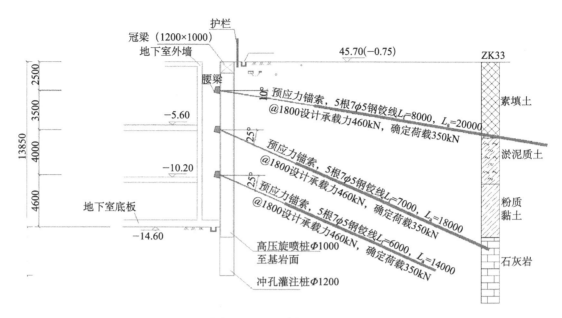

图 8-95　6-6 剖面（GH 段）

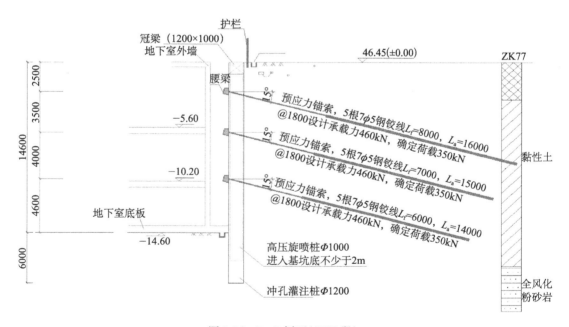

图 8-96　7-7 剖面（HIJA 段）

$$Q = 1.366k \frac{(2H - S)S}{\lg\left(1 + \dfrac{R}{r_0}\right)} \tag{8-2}$$

式中，Q 为基坑涌水量；k 为渗透系数；H 为潜水含水层厚度；S 为基坑水位降深；R 为降水影响半径；r_0 为基坑等效半径，$r_0 = 0.29(a + b)$；a、b 为基坑的长、短边。

经计算，求得场地基坑破碎粉砂岩的总涌水量 $Q = 537\text{m}^3/\text{d}$。

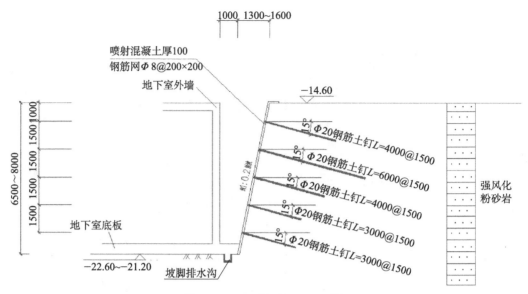

图 8-97 8-8 剖面(*KLMNK* 段)

表 8-24 基坑设计参数建议值

层序	岩土层名称	土的状态	极限摩阻力标准值 q_{sik}/kPa	凝聚力 C_{uu}/kPa	内摩擦角 ϕ_{uu}/(°)	抗拔桩折减系数 λ_i
①	素填土	不均匀	45	15	10	
②₁	淤泥质粉质黏土	流塑~软塑	20	8	4	0.50
②₂	粉质黏土	软塑	25	10	8	
②₃	粉质黏土	可塑	55	20	18	0.60
③	黏性土	可塑~硬塑	65	25	23	0.60
④₁	全风化粉砂岩	坚硬	90	30	26	0.65
④₂₋₁	强风化粉砂岩		140	35	30	0.70
④₂₋₂	强风化碳质泥岩		120	28	28	
④₃	中风化粉砂岩		200			0.85
⑤	微风化石灰岩		300			

注:经调查,场地周边人工填土层均经过了强夯处理。

依据勘察结果及抽水试验结果,并结合场地区域水文地质条件,判定场地内浅部岩溶水较贫乏。因此,基坑须采取全封闭止水措施,采用高压旋喷桩进行桩间止水。

由于本工程勘察在浅层岩溶区布置的钻探孔较少,钻孔所揭露的浅部岩溶较少,因此需进行补充勘察,查明浅部岩溶的发育情况及岩溶水的水文地质情况。

场地地下水水位标高在 39.36~44.99m,在缺乏场地长期动态地下水位观测资料的情况下,地下室抗浮水位设计标高按 44.0m 考虑。

3. 基坑支护工程施工

1)施工测量

为保证轴线精确,先复核控制点,再根据复核后的控制点准确测量,建立东西向和南北向相互联系的平面控制网。

施工测量施工工艺：

（1）开工前，检测经纬仪和钢尺，尽可能减少测量误差。控制测量按中国现行标准（GB50026-93）执行。本工程所用仪器均通过检测中心标定（检校）。

（2）以甲方提供的坐标系统建立平面控制网，通过精确测量，保证平面控制网的尺寸和角度符合规范要求，测距精度不低于20s。

（3）坐标系统采用深圳独立坐标系，高程控制测量采用直接水准测量，高程系统采用黄海高程，其中三个控制点必须设置在远离现场的地方，以后所有高程测量必须以此为基准点。设立平面控制点的标桩见图8-98。标桩周围设栏保护，并设醒目标志，标桩保存存到工程竣工以后。

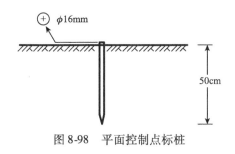

图 8-98　平面控制点标桩

（4）根据平面控制网测放轴线。

根据现场条件，结合其他放线方法，准确快捷地测放整个工程的轴线，保证工程的施工进度。

（5）验线。

首先测放线定位控制点。先放线定出范围，然后再根据这些控制点依次引出轴线位置，并在两边用铁桩固定。

轴线位全部根据图纸确定后，进行复查，然后会同监理工程师及有关单位代表，按设计尺寸复核、验收、签证，做好资料记录。轴线经自检合格后，提请主管领导及有关部门通知甲方验线，在收到验线合格通知后，方可正式使用。

2）拆除施工

红线范围内需拆除的广场、道路、园林绿化等按设计要求在桩位处做出标记，对妨碍孔桩施工部分采用炮机进行拆除处理。水泵房及附属需在完成新建泵房、设备调试完毕后正常运行的情况下，才能进行拆除。拆除产生的建筑废料由跟随车辆随时装运外弃。表面剩余碎渣由人工清扫，装运到跟随装载机上。

3）基坑支护冲孔灌注桩施工

基坑支护为 Φ1200（西北角 Φ1400mm）冲孔灌注桩约 250 根，桩中心间距 1800mm，混凝土强度等级为 C30。基坑四周冲孔灌注桩（分两个施工区域跳桩法施工，一个由东北角往西南方向（5－5～1－1）剖面施工，支撑桩一并施工，另一个由西南往东北方向（1－1～5－5）剖面施工）、冲孔灌注桩施工 7 天后，施工桩间旋喷桩。

A. 施工工序

清理场地→桩位放线→埋设护筒→钻机就位→冲孔、捞碴、冲孔→成孔、成孔检查→清孔→安装钢筋笼、导管→清孔→灌注水下混凝土→拔护筒→清理桩头。

施工效果图如图 8-99 所示。

(a)　　　　　　　　　　　　　(b)

图 8-99　施工效果图

B. 准备工作

施工前需确保冲孔桩位置外扩 2.0m 范围的所有地下管线已迁移完毕或已得到可靠保护。

a. 装卷扬机

卷扬机距离桩孔控制在 15m 左右,不宜太远。如距离过大,冲击时钢丝绳摆动太厉害,冲击能损失大,而且不安全;同时影响视线,看不准,不易控制提锤高度,特别是夜间工作,容易打空锤发生事故。卷扬机的转筒要对准地滑轮槽口,以防止钢丝绳出槽绞断,造成危险。在卷扬机后面须设置地锚与卷扬机连接,拉住卷扬机,以阻止其向前走动。

b. 冲击系统的连接

转向环和锤头连接:将准备好的连接环(直径 50mm 圆钢,长 110~120cm 制成的)穿套于转向环的下端,然后将连接环的两脚与锤头焊接牢固。其焊缝长度不少于 30cm。

卷扬机和冲锤的连接:主拉钢丝绳的一端固定在卷扬机上,另一端通过地滑轮、顶滑轮,而与转向环的上端连接,为了加大钢丝绳在弯曲部分的受力半径,延长钢丝绳的使用寿命,在钢丝绳的弯曲部位安装特制的槽形护铁。固结钢丝绳的第一个卡扣不可拧得太紧,以避免钢丝绳受力后在这里受伤而断脱。一般用 3 个卡扣,卡扣之间的间距应不少于 6 倍钢丝绳的直径。

c. 埋设护桶

挖坑:挖深 0.5~1m。护桶口必须高出地面至少 50cm 以上,以保持孔内水位高于孔外水位或地面,使孔内水压力增加,利于保护孔壁不坍。基坑挖好后,安放护桶。

回填:先在护桶外围底部垫厚约 20cm 的胶泥(耙耙泥)用脚踩紧,然后叠砌黄土草袋,草袋交错叠放,砌好一层草袋,又铺上一层胶泥,踩紧之后,叠砌第二层草袋,又铺一层胶泥,踩紧,如此更续填筑,使之略低于护桶口 20cm 左右为止。黄土草袋和胶泥必须做到层层密实,这样既可防止河水渗透,同时使护桶固定不动。

准备护壁料:如地表为软土质,则在护桶里加片石、砂砾和黄土,其比例大致为 3:1:1;如地表为砂砾卵石,在护桶里只加小石子(小颗粒的砂砾石)和黄土,比例大致为 1:1。这些工作都要在开始冲孔之前作好。

C. 循环系统布置

在整个施工过程中冲孔采用自流式正循环系统。

自流式正循环系统:在施工现场内配设沉淀池和循环池(即泥浆池)。利用场地中部相对地势较低的圆形人工水池为沉淀池,循环池体积不少于 3m³,见图 8-100。

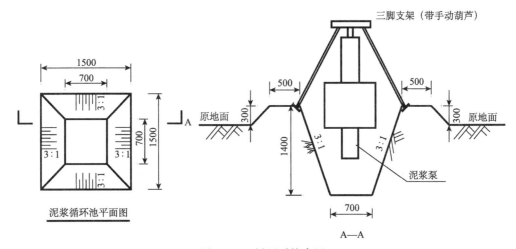

泥浆循环池平面图

A—A

图 8-100　循环系统布置

D. 冲孔

(1)开孔:在开孔阶段冲孔进度不宜太快,一般控制台班进尺在 1m 以内,相应地提锤高度要小,冲击次数要多(表 8-25),这样产生的冲击力小,使孔壁逐渐受水平力的挤压而密实。

表 8-25　开孔冲击次数

土壤	提锤高度/cm	冲击次数/(次/分)	泥浆浓度
土	40~60	20~25	1.4~1.5
砂砾	40~60	20~25	1.5~1.7

此时如果冲击过猛,进度太快,孔壁不能较好形成,反而会引起坍孔。所以在开孔阶段要严格控制冲孔进度,以利于加强孔壁。在开孔深度,护桶底以下 3~4m 范围之内,要求尽可能把孔壁护得牢实一些,此后进入正常冲孔,就不容易产生坍孔。

(2)正常冲孔:经过轻冲击的开孔阶段之后,即开始正常冲孔,以加快速度。提锤高度可增至 1.5~2m 以上,泥浆浓度相应降低。在正常情况下,冲孔进尺每台班为 1~1.5m。

（3）冲打岩层：岩层表面大多是高低不平，或为倾斜面，因此在冲孔刚进到岩层时，最容易产生偏孔，所以在冲孔接触岩层时，要特别谨慎。通常是向孔底抛掷直径 20～30cm 的片石，将岩层斜面和高低不平之处嵌补填平。然后进行绷紧绳子低锤快打，造成一个较紧密的平台，承托冲锤，均匀受力，防止偏孔。但要注意：岩层倾斜突出部分没有冲平以前，仍不能提高锤，待岩层基本上打平后方可高锤猛打，加快冲孔进度。冲进岩层后，泥浆浓度降到1.2 左右，以减少阻力和黏锤的毛病，但不能太小，否则石渣浮不上来，掏渣困难。

（4）掏渣：在冲孔过程中被冲碎的石渣，一部分和泥浆挤入孔壁空隙之中，大部分靠掏渣筒清除出外。在开孔阶段，为了使石渣、泥浆夹石子尽量挤入孔壁周围孔隙，以固孔壁，因此在冲击过程中不掏石渣，待冲进达到 4～5m 之后，作一次掏渣，以降低泥浆浓度。在正常冲孔阶段，掏渣要及时，否则阻力太大，不利于冲击。一般每台班掏渣一次，每次掏出石渣泥浆 4～5 桶，但在掏渣的同时要注意两点：一是及时向孔内加水，保持孔内水位必须的高度，以免水压降低而坍孔；二是掏完石渣之后，应立即向孔内加添护壁料，恢复泥浆正常浓度。如此循环更换，可以保证冲孔顺利进行。至于冲进岩层以后，一般也是每台班掏渣一次，每次掏出的渣浆 5～6 桶。

E. 下钢筋笼

a. 制作

按照钢筋骨架的外径尺寸制作一块样板，将箍筋围绕样板弯制成箍筋圈。在箍筋圈上标出主筋位置，同时在主筋上标出箍筋位置。然后于水平工作台上，在主筋长度范围内，放好全部箍筋圈，将两根主筋伸入箍筋圈，按钢筋上所标位置的记号互相对准，依次扶正箍筋并一一焊好，再将其余的主筋穿进箍筋圈内焊成骨架。

钢筋骨架的保护层厚度设计值为 70mm，焊接钢筋"耳朵"作保护层，钢筋"耳朵"用断头钢筋（直径不小于 10mm）弯制成，长度不小于 15cm，高度不小于 8cm，焊在骨架主筋外。为了便于运输和吊装，每节钢筋骨架长度尽量控制在 6m 左右。

b. 钢筋笼的起吊和就位

钢筋骨架采用汽车吊吊装。为了保证骨架起吊时不变形，宜用两点吊。第一吊点设在骨架的下部，第二吊点设在骨架长度的中点到上三分点之间。对于长骨架，起吊前应在骨架内部临时绑扎两根杉木杆以加强其刚度。

起吊时，先提第一吊点，使骨架稍提起，再与第二吊点同时起吊。待骨架离开地面后，第一吊点停止起吊，继续提升第二吊点。随着第二吊点不断上升，缓慢放松第一吊点，直到骨架同地面垂直，停止起吊。

解除第一吊点，检查骨架是否顺直，如有弯曲应整直。当骨架进入孔口后，应将其扶正缓慢下降，严禁摆动碰撞孔壁。骨架进入钻孔后，由下而上地逐个解去绑扎杉木的绑扎点。解去后，杉木杆受水的浮力自行浮出水面后即可取去。

当骨架下降到第二吊点附近的加劲箍接近孔口时，可用木棍或钢钎（视骨架轻重而定）等穿过加劲箍的下方，将骨架临时支承于孔口，将吊钩移至骨架上端，取出临时支承，继续下降到骨架最后一个加劲箍处，按上述办法暂时支承。此时可吊来第二节骨架，使上下两节骨架位于同一竖直线上,进行焊接。最后一个接头焊好后,稍提骨架,抽去临时支托,将骨架缓慢下降,如此循环,使全部骨架降至设计标高为上。

最后用四根铅丝将骨架绑牢在钻架的底盘或临时设于孔口的井字架上,即可松开骨架的吊点。此时应测量钢筋骨架的标高是否与设计标高相符,偏差不得大于 ±5cm。当灌完的混凝土开始初凝时即割断挂环,使钢筋骨架不影响混凝土的收缩,避免钢筋与混凝土的黏结力受损失。

F. 清孔

钢筋笼下好之后,即进行清孔工作。

a. 安装清孔器

在孔口附近将清孔导管两节一拼,拼成几大节,下节接好进气管,上节安好喷嘴弯头,然后利用吊架的顶滑轮顺序吊放。

首先将下端一大节吊入孔内,下至适当位置挂住,随即将第二大节吊上去与之连接,如此更续吊装下放,直至全导管安装完毕。

导管要高出地面 3~4m,喷嘴要对准出水口,为了防止导管转动出事故,用两根圆木将导管夹住,既控制喷水方向,还起压住导管的作用。同时接通水源。清孔开始之后,即向孔内灌水,以保持孔内水位,避免造成坍孔。

b. 清孔

空压机和抽水机同时开动。空压机的气压不小于 6~7kg。按照吹砂器的一般原理,空压机不断向导管内输送高压气,导管内形成一般强大的高压气流向上跑,被搅动泥渣随着高压气流向上涌,从喷嘴喷出来,直至孔口喷出清水为止。这样一般小于清孔管直径的卵石都可以被清除出来,留在孔底的只是个别的大于清孔管直径的卵石,这对于混凝土的质量没有损害。

G. 灌注水下混凝土

a. 安装导管

在清孔的同时,即进行灌注混凝土的准备工作,并且要求在清孔完毕之前准备就绪。清孔完毕,撤除清孔设备,吊出清孔器,随即吊装混凝土导管。混凝土导管必须事前试拼,并分成几段,依次摆好,以便吊装。对导管的要求:必须顺直,不要有弯曲不平,以免阻碍隔水球下落;导管连接法兰盘的螺栓要拧紧,不要漏水漏浆。

混凝土导管利用三脚吊架起吊安放。导管应安放在桩孔的中心,加以固定。下端出口距离孔底 30~40cm,不能太大。导管直径以 20 或 25cm 为宜,隔水球的尺寸也要减小,这样导管口距离孔底可控制在 30~35cm 以内,混凝土水洗现象可减轻。

b. 灌注混凝土

混凝土流动性不宜太大,其坍落度一般控制在 18~20cm。

在剪球之前必须储备足够的混凝土,计算须使混凝土埋没导管 50~60cm 深。剪球之后,混凝土须不断下入漏斗,毋使导管内混凝土发生中断。

控制导管埋置在混凝土内的深度,一般当导管下部埋入混凝土 2~2.5m 时,就要提管。提管时必须谨慎,防止提出混凝土以外,务必使导管下端仍埋没在混凝土内 100cm 左右,以免翻浆出事故。如果埋设太深,提管将发生困难。

混凝土打完即将护桶撤掉,保持施工场地的清洁,灌注水下混凝土孔内排出多余的泥浆应及时清运。

H. 控制要点

a. 成孔技术要求

在钻头锥顶和提升钢丝绳之间应设置保证钻头自由转向的装置,以防产生梅花孔。

冲孔桩的孔口应设置护筒,其内径应大于钻头直径 200mm。开孔时,应低锤密击,孔内泥浆面应保持稳定。

进入基岩后,应低锤冲击或间断冲击,如发现偏孔应回填微风化片石至偏孔上方 300 ~ 500mm 处,然后重新冲孔。必须采取有效的技术措施,以防扰动孔壁造成塌孔、扩孔、卡钻和掉钻。

每钻进 4 ~ 5m 深度验孔一次,在更换钻头前或容易缩孔处,均应验孔。进入基岩后,每钻进 100 ~ 500mm 应清孔取样一次,以备终孔验收。

冲孔中遇到斜孔、弯孔、梅花孔、塌孔、护筒周围冒浆等情况时,应停止施工,采取措施后再行施工。

当桩中心距小于 3 倍桩径时,采用跳冲施工,先施工大直径桩,等桩身混凝土强度达到 60% 后,再施工小直径桩。

成孔施工应一次不间断完成,不得无故停钻,成孔过程中孔内泥浆液面不得低于自然地面。

b. 水下混凝土浇注

水下混凝土必须具备良好的和易性,配合比应通过试验确定;坍落度宜为 180 ~ 220mm;水泥用量不少于 360kg/m²;且含砂率宜为 40% ~ 45%,并宜选用中粗砂;粗骨料的最大粒径应 <40mm,有条件时可采用二次级配。

导管壁厚不宜小于 3mm,直径宜为 200 ~ 250mm;直径制作偏差不应超过 2mm,导管的分节长度视工艺要求确定,底管长度不宜小于 4m,接头宜用法兰或双螺纹方扣快速接头。导管提升时不得挂住钢筋笼,为此可设置防护三角形加劲钣或设置锥形法兰护罩;使用前应试拼装、试压,试水压力为 0.6 ~ 1.0MP。隔水栓应有良好的隔水性能,保证混凝土顺利排出。

开始灌注水下混凝土时,为使隔水栓能顺利排出,导管底部至孔底的距离宜为 300 ~ 500mm;应有足够的混凝土储备量,使导管一次埋入混凝土面以下 0.8m 以上;导管埋深宜为 2 ~ 6m,严禁导管提出混凝土面,应有专人测量导管埋深及管内外混凝土面的高差,填写水下混凝土浇注记录;水下混凝土必须连续施工,每根桩的浇注时间按初盘混凝土的初凝时间控制,对浇注过程中的一切故障均应记录备案;控制最后一次灌注量,桩顶不得偏低,超灌高度宜为 0.8m 以上,应凿除的泛浆高度必须保证暴露的桩顶混凝土达到强度设计值。

I. 质量验收标准

a. 一般规定

泥浆护壁钻孔灌注桩宜用于地下水位的黏性土、粉质土、砂土、填土、碎石土及风化岩层;冲孔灌注桩除用于上述地面情况外,还能穿透旧基础、建筑垃圾填土或大孤石障碍物;成孔设备就位后,必须平稳、牢固,确保在成孔过程中不发生倾斜和偏移。应在成孔钻具上设置控制深度的标尺,并应在施工中进行观测记录;成孔的控制深度应满足:对于端承型桩,当采用钻、冲、挖掘成孔时,必须保证桩端持力层的设计深度;对于灌注桩成孔施工的允许偏差应满足规范要求。

b. 冲击成孔灌注桩的施工

在钻头锥顶和提升钢丝绳之间应设置保证钻头自动转向的装置。冲孔桩孔口护筒,其内径应大于钻头直径 200mm。

护筒应按下列规定设置:护筒埋设应准确、稳定,护筒中心与桩中心的偏差不大于50mm;护筒可用 4 ~ 8mm 厚钢板制作,其内径应大于钻头直径 100mm,上部宜开设 1 ~ 2个溢浆孔。

护筒的埋设深度:在黏性土中不宜小于 1.0m,砂土层中不宜小于 1.5mm,护筒下端外侧应采用黏土填实,其高度尚应满足孔内泥浆高度的要求。受水位涨落影响或水下施工的钻孔灌注桩,护筒加高加深,必要时应打入不透水层。

冲击成孔质量控制应符合下规定:

开孔时,应低锤密击,当表土为淤泥、细砂等软弱土层时,可加黏土夹小片石反复冲击造壁,孔内泥浆面应保持稳定;在各种不同的土层、岩层中成孔时,应按操作要点进行;进入岩层后,应采用大冲程、低频率冲击,当发现成孔偏移时,应回填片石至偏孔上方300 ~ 500mm 处,然后重新冲孔。当遇到孤石时,可预爆或采用高低冲程高替冲击,将大孤石击碎或挤入孔壁。应采取有效的技术措施防止扰动孔壁、塌孔、扩孔、卡钻和掉钻及泥浆流失等事故。

排渣可采用泥浆循环或抽渣筒方法,当采用抽渣筒排渣时,应及时补给泥浆;冲孔中遇到斜孔、弯孔、梅花孔、塌孔及护筒周围冒浆、失稳等情况时,应停止施工,采取有效措施后方可继续施工;大直径桩孔可分级成孔,第一级成孔直径应为设计桩径的 0.5 ~0.8 倍。

清孔宜按下列规定进行:不易塌孔的桩孔,可采用空气吸泥清孔;稳定性差的孔壁应采用泥浆循环或抽渣筒排查,清孔后灌注混凝土之前的泥浆指标应符合要求,孔底沉渣允许厚度应符合规范规定。

J. 桩基施工常遇问题的预防、处理方法

桩基施工常遇问题的预防、处理方法见表 8-26。

表 8-26 桩基施工常遇问题的预防、处理方法

常遇问题	产生原因	预防措施和处理方法
孔壁坍塌(孔壁在成孔、下钢筋笼和浇灌混凝土时出现局部塌方现象)	①泥浆质量不合格或已经变质;②孔壁漏浆或施工不慎造成孔内泥浆面下降;③降雨使地下水位急剧上升;④存在极软弱易坍方土层或松砂层;⑤地面附加荷载过大	①加强泥浆管理,调整配合比;②加大泥浆比重、黏度,及时补浆,提高泥浆水头,并使泥浆排出与补给量平衡;③对地基采取降低水位和加固。塌孔较严重的,用优质黏土回填坍塌处,重新开孔,浇灌混凝土时局部塌孔,可将沉积在混凝土上的泥土用吸泥机吸出,继续浇筑,同时加大水头压力
卡锤、掉锤或提锤困难	①孔内遇凸出孤石;②入岩后锤头磨损锤径变小;③黏土层泥浆比重太大	①遇孤石采取低锤快击;②入岩后每连续施工 4h 应将锤提出检查锤径、锤牙及钢丝绳磨损情况;③出现机械故障修机时应将锤提起防止埋锤;④黏土层应调稀泥浆,黏(吸)锤严重时应投入石头;⑤掉锤用打捞钩打捞,埋锤难以取出时可用高压水或空气吸泥排除周围泥渣;⑥卡锤难以取出,必要时可使炸药爆破使锤松动取出
偏孔	冲孔时遇软硬土层、孤石、岩面倾斜度大	采用低锤密击修孔,必要时回填石块重新冲孔
钢筋笼放不下	①孔底沉渣过后;②孔壁面倾斜不平整;③钢筋笼刚度不够,吊放时产生变形、定位块过于突出	①下钢筋笼前对孔底沉渣进行测定;②用钢筋笼导架对槽壁垂直度进行检查,壁面倾斜不平应及时修正
钢筋笼上浮	①钢筋笼重量太轻;②孔底沉渣过多;③混凝土导管插入深度过大,混凝土浇灌速度太快	①在导墙上设锚固点固定钢筋笼;②清除孔底沉渣;③导管插入混凝土深度控制不大于 6m,适当控制混凝土浇筑速度
混凝土导管内进入泥浆	①首批混凝土数量不足;②导管底口距孔底间距过大;③导管插入混凝土内深度不足,提导管过度	①首批混凝土量应经计算,保持足够数量;②导管口离孔底距离保持不小于 $1.5D$(D 为导管直径);③导管插入混凝土深度保持不小于 1.5m;④测定混凝土上升面,确定高度后再据此提拔导管
导管堵管	①导管距孔底距离过小或插入孔底泥沙中;②隔水塞卡在导管内;③混凝土坍落度过小,石子粒径过大,砂率过小;④浇灌间歇时间过长	①导管口离孔底距离保持不小于 $1.5D$(D 为导管直径);②隔水塞保持比导管内径有 5mm 空隙;③混凝土配合比要符合要求,浇灌要连续进行,浇灌间歇要上下小幅度提动导管,已堵管可敲击、振动导管或用长钢筋捣导管内混凝土进行疏通;如无效,在顶层混凝土尚未初凝时拔出导管,重新插入混凝土内,并用空气吸泥机将导管内泥浆排出,再恢复灌注混凝土

4)三重管旋喷桩施工

基坑灌注桩间采用三重管旋喷桩,旋喷直径 1000mm,桩中心距 1800mm,搭接不小于 200mm。旋喷桩入坑底不少于 2.0m。三重管旋喷桩采用预钻孔方法施工,桩位偏差不得超过 30mm,垂直度偏差不得超过 0.5%,每米水泥用量不少于 400 公斤。

A. 施工原理

旋喷法施工是利用钻机把带有特殊喷嘴的注浆管钻进至上层的预定位置后,用高压脉冲泵,将水泥浆液通过钻杆下端的喷射装置,向四周以高速水平喷入土体,借助流体的冲击力切削土层,使喷流射程内土体遭受破坏,与此同时钻杆一边以一定的速度(10r/min)旋转,一边低速(8cm/min)缓慢提升,使土体与水泥浆充分搅拌混合,胶结硬化后即在地基中形成直径比较均匀,具有一定强度(0.5~8.0MPa)的桩体,从而使地层得到加固。

三重管是以三根互不相通的管子,按直径大小在同一轴线上重合套在一起,用于向土体内分别压入气、水、浆液。内管由泥浆泵压送 2MPa 左右的浆液;中管由高压泵压送 20MPa 左右的高压水;外管由高压机压送 0.5MPa 以上的压缩空气。空气喷嘴套在高压水嘴外,在同一圆心上,三重管由回转器、连接管和喷头三部分组成。

B. 机械设备

旋喷法施工主要机具设备包括高压泵、钻机、浆液搅拌器、空压机、旋喷管和高压胶管等;辅助设备包括操纵控制系统、高压管路系统、材料储存系统以及各种管材、阀门、接头安全设施等。浆液搅拌采用污水泵自循环式的搅拌罐,钻机采用三管旋喷钻机,空压机采用红五环 13 空压机。

C. 旋喷参数

旋喷使用的水泥应采用新鲜无结块 425#普通硅酸盐水泥,水泥掺入量 400kg/m。浆液宜在旋喷前 1h 以内配制,使用时滤去硬块、砂石等,以免堵塞管路和喷嘴,高压旋喷桩施工主要技术参数见表 8-27。

表 8-27 高压旋喷桩施工主要技术参数

序号	项目名称	参数	备注
1	水射流压力	35MPa	
2	水泥浆液流压力	1.5MPa	
3	气流压力	0.8MPa	
4	钻杆旋转速度	20r/min	
5	钻杆提升速度	15cm/min	
6	浆液材料及配比	1:0	42.5R 普硅
7	每米水泥用量	400kg/m	
8	旋喷桩直径	1.0m	400kg/m
9	旋喷桩间距	1.8m	

依据本工程具体情况,开工前,应选取 1~3 条桩就表中参数进行试喷,适当调整后作为最终施工参数。

D. 施工工艺

(1)旋喷法施工工艺流程如图 8-101 所示。

(2)施工前先进行场地平整,挖好排浆沟,做好钻机定位。要求钻机安放保持水平,钻杆保持垂直,其倾斜度不得大于 1.5%。

振动沉桩机就位,放桩靴,立套管,安振动锤;套管沉入设计深度;拔起一段套管,卸上段套管,使下段露出地面(使 h>要求的旋喷长度);套管中插入三重管,边旋、边喷、边提升;自动提升旋喷管;拔出旋喷管与套管,下部形成圆柱喷射桩加固体。

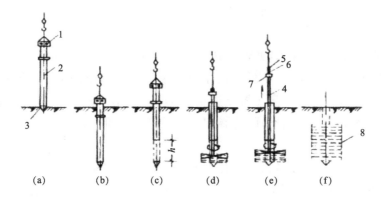

图 8-101 三重管旋喷法施工工艺流程

1. 振动锤;2. 钢套管;3. 桩靴;4. 三重管;5. 浆液胶管;6. 高压水胶管;7. 压缩空气胶管;8. 旋喷桩加固体

（3）旋喷法施工程序见图 8-102。

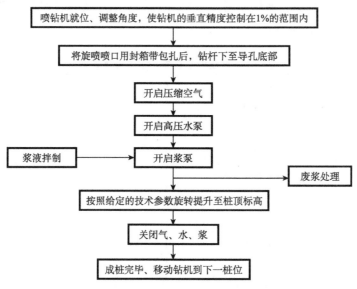

图 8-102 旋喷法施工程序框图

（4）三重管法施工预先用钻机或振动打桩机钻成直径为 150～200mm 的孔,然后将三重注浆管插入孔内,按旋喷、定喷或摆喷的工艺要求,由下而上喷射注浆,注浆管分段提升的搭接长度不得小于 100mm。

（5）在插入旋喷管前先检查高压水与空气喷射情况,各部位密封圈是否封闭,插入后先作高压水射水试验,合格后方可喷射浆液。如因塌孔插入困难,可用低压（0.1～2MPa）水冲孔喷下,但须把高压水喷嘴用塑料布包裹,以免泥土堵塞。

（6）开始时,先送高压水,再送水泥浆和压缩空气,在一般情况下压缩空气可晚送 30s,再进行边旋转、边提升、边喷射。

（7）喷射时,先应达到预定的喷射压力、喷浆量后再逐渐提升注浆管。中间发生故障时,应停止提升和旋喷,以防柱体中断,同时立即进行检查,排除故障;若发现有浆液喷射不足,影响桩体的直径,应进行复核。

（8）旋喷过程中,冒浆量应控制在10%～25%。

（9）喷到桩高后应迅速拔出注浆管,用清水冲洗管路,防止凝固堵塞。相邻两桩施工间隔时间应不小于48h,间距应不大于4～6m。

E. 质量标准

水泥的品种、标号、水泥浆的水灰比和外加剂的品种、掺量,必须符合设计要求;旋喷深度、直径、抗压强度和透水性应符合设计要求;旋喷法注浆可采用开挖检查、钻孔取芯、标准贯入、载荷试验或压水试验等方法进行检验。施工时由现场实际情况,根据地铁和广州市规定进行选用方法检验,但需报监理工程师审批;检验点的数量为施工注浆孔数的2%～5%,不合格者应进行补喷;质量检验应在旋喷注浆结束4周后进行,一般项目和检验方法见表8-28。旋喷桩施工完毕后,不能随意堆放重物,防止桩变形。

表8-28　项目和检验方法

项次	项目	允许偏差/mm	检验方法
1	桩中心位移	50	拉线和尺量检查
2	旋喷管垂直度	1.5H/100	测斜仪检查或吊线和尺量

说明:1. H 为旋喷管长度;2. 检查数量:按桩数抽查5%。

F. 安全和环境

施工时,对高压泥浆泵要全面检查和清洗干净,防止泵体的残渣和铁屑存在;各密封圈应完整无泄漏,安全阀中的安全销要进行试压检验,确保能在额定最高压力时段销卸压;压力表应定期检查,保证正常使用,一旦发生故障,要停泵停机排除故障。

高压胶管不能超过压力范围使用,使用时弯曲应不小于规定的弯曲半径,防止高压管爆裂伤人。

高压喷射旋喷注浆是在高压下进行,高压射流的破坏力较强,浆液应过滤,使颗粒不大于喷嘴直径;高压泵必须有安全装置,当超过允许泵压后,应能自动停止工作;因故需较长时间中断旋喷时,应及时地用清水冲洗输送浆液系统,以防硬化剂沉淀管路内。

G. 施工注意事项

钻机就位后,应进行水平和垂直校正,钻杆应与桩位一致,偏差应在10mm以内,以保证桩垂直度正确。

在旋喷过程中往往有一定数量的土粒随着一部分浆液沿注浆管壁冒出地面,如冒浆量小于注浆量20%,可视为正常现象,超过者或出现不冒浆时,应查明原因,采取相应的措施。通常冒浆量过大是有效喷射范围与注浆量不适应所致,可采取提高喷射压力,适当缩小喷嘴孔径,加快提升和旋喷速度等措施,来减少冒浆量;不冒浆大多是地层中有较大空隙所致,可采取在浆液中掺加适量的速凝剂,缩短固结时间或增大注浆量,填满空隙,再继续正常旋喷。

在插管旋喷过程中,要防止喷嘴被泥砂堵塞,水、气、浆、压力和流量必须符合设计值,一旦堵塞,就要拔管清洗干净,再重新插管和旋喷。插管时应采取边射水边插,水压力控制在1MPa,高压水喷嘴要用塑料布包裹,以防泥土进入管内。

钻杆的旋转和提升应连续进行,不得中断;拆卸钻杆要保持钻杆伸入下节有100mm以上的搭接长度,以免桩体脱节。钻机发生故障,应停止提升钻杆和旋喷,以防断桩,并应立即检修排除故障。为了提高桩的承载力,在桩底部1m范围内应适当增加旋喷时间。作为端承桩应深入持力层2m为宜。

相邻桩施工间距应小于4~6m,相邻两桩施工间隔时间应不小于48h。

当处理既有建筑地基时,应采取速凝浆液或大间距隔孔旋喷和冒浆回灌等措施,以防旋喷过程中地基产生附加变形和地基与基础间出现脱空现象,影响被加固建筑及邻近建筑;同时应对建筑物进行沉降观测。

桩的质量检验应在旋喷施工结束4周后进行。

H. 质量记录

本工艺标准应具备以下质量记录:旋喷桩工程检验批质量验收记录表、水泥出厂合格证试验报告、旋喷桩检测报告、旋喷桩施工记录。

5)冠梁施工

冠梁施工前,必须先对施工位置进行处理,将其清理干净,特别是将桩基础预留出来的钢筋处理干净。

A. 模板的制作、安装

制模时,要考虑模板拼装结合的需要。板边要找平刨直,接缝严密,不漏浆。钉子的长度一般为木板的2~2.5倍。每块板在横档处至少要钉2处钉子。第二块板的钉子要朝向第一块板方向斜钉,使拼缝严密。配制完后,对不同部位的模板进行编号,写明用途,分别堆放。

模板安装时,先在基础面上弹出纵横轴线和四周边线,然后调整标高。

及时拆除模板,有利于模板的周转及加快工程进度,但应使混凝土达到70%以上的强度。拆模时注意不要用力过猛,其程序为:后支先拆,先支后拆;先拆除非承重部分,后拆除承重部分。

B. 钢筋制作、安装

钢筋在进场之前,应有供方提供的出厂材质报告,我方依据设计提供的参数进行必要的抽样,并送质检部门进行检测,合格后现场才能组织相应的钢筋进场。

进场的钢筋表面应洁净。无油渍、漆污,用锤敲击时能剥落的浮皮、铁锈等应在使用前进行清除干净。在焊接前,焊接点处的水锈应清除干净。将同规格钢筋根据不同长度长短搭接,统筹安排,先断长料,后断短料,减少短头,减少损耗。在切断过程中,如发现钢筋有劈裂、缩头或严重弯头等必须切除。

钢筋弯曲前,对形状复杂的钢筋,对钢筋料牌上标明的尺寸,用石笔将弯曲点的位置划出,钢筋弯曲处不得有裂缝,钢筋不能弯过头再弯回来。

钢筋绑扎接头应符合设计及规范要求。首先划出钢筋位置线,即在模板上用红油漆划线。钢筋安装完毕后,检查钢筋接头的位置及搭接长度是否符合设计要求。检查钢筋接头是否牢固,有无松动变形。

C. 混凝土的施工方法

混凝土混合料在拌合场用搅拌机生产,混凝土按照设计要求进行配比。混凝土拌合后,人工进行摊铺,采用平板振动或插入式振动器振捣,振动器搁在纵向侧模顶上,自一端向另一端依次振动 2~3 遍。混凝土成型后 2~3h 且物触无痕迹时,用麻袋进行全面覆盖,经常洒水保持湿润。

6）搅拌桩施工

坑内基底软塑状粉质黏土采用深层搅拌桩进行加固处理,加固深度至基岩顶部。搅拌桩桩径 550mm,桩间距 400mm,42.5R 普通硅酸盐水泥,设计搅拌水泥用量不少于 65kg/m,采用四喷四搅工艺,水泥浆水灰比为 0.50。桩位偏差不超过 ±50mm,垂直度偏差不超过 1.0%,成桩直径和桩长不得小于设计值,如出现不合格桩位,应及时进行补救,相邻桩施工间隔时间不超过 2h。

施工时因故停浆,应将搅拌头下沉至停浆点以下 0.5m 处,待恢复供浆时再喷搅提升。若停机超过 40min 以上,必须立即进行全面清洗。防止水泥再设备和管道中结块,影响施工。

深层搅拌桩地基加固系利用水泥作固化剂,采用机械搅拌,将固化剂和软土强制拌和,使固化剂和软土之间产生一系列物理,化学反应而逐步硬化,形成具有整体性、水稳性和一定强度的水泥土桩体,承担上部荷载,详细施工工艺如下:

A. 施工步骤

平整场地、放样→搅拌机就位、调整垂直度→搅拌下沉→注浆、搅拌、提升→重复搅拌下沉→重复提升→关闭搅拌机→搅拌机移至下一桩位。

B. 主要施工参数

多头搅拌桩桩位偏差不超过 5cm,步长 225mm,成墙厚度不小于 300mm,水泥掺入量 14%,垂直度允许偏差 1%。水泥为 32.5R 普硅水泥,水泥比 0.45 左右。四喷四搅工艺,最后一次提升速度应小于 0.4m/min,其他按深圳规范执行。

C. 施工方法

（1）施工场地平整:平整施工场地,清除一切地面和地下障碍物;

（2）桩位放样:由现场技术员根据设计图纸和测量控制点放出桩位,桩位平面偏差不超过 5cm。

（3）搅拌桩机就位:用卷扬机和人力移动搅拌桩机到达作业位置,搅拌机机架安装就位应水平,导向塔的垂直度偏差不得超过 1.5%。

（4）搅拌下沉:启动电动机,根据土质情况按计算速率,放松卷扬机使搅拌头自上而下切土拌和下沉,直到钻头下沉钻进至桩底标高。

（5）注浆、搅拌、提升:开动灰浆泵,待纯水泥浆到达搅拌头后,按计算要求的速度提升搅拌头,边注浆、边搅拌、边提升,使水泥浆和原地基土充分拌和,直提升到离地面 50cm

处或桩顶设计标高后再关闭灰浆泵。

（6）重复搅拌下沉：再次将搅拌机边搅拌边下沉至桩底设计标高。

（7）重复搅拌提升：边搅拌边提升（不注浆）至离地面30cm处，回填水泥土并压实，即完成一根桩的成桩。

（8）关闭搅拌机、移位：关闭搅拌机，移动搅拌机至下一个桩位。

D. 施工要点

开机前必须探明和清除一切地下障碍物，须回填土的部位，必须分层回填夯实，以确保桩的质量；桩机行驶路轨和轨枕不得下沉，桩机垂直偏差1%；水泥宜采用32.5R普通硅酸盐水泥，根据不同地质情况和工期要求可掺加不同类型外加剂；严格控制注浆量和提升速度，防止出现夹心层或断浆情况；搅拌头提升速度均控制在2.5~3min/m。注浆泵出口压力控制在0.4~0.6MPa。

桩与桩须搭接的工程应注意：桩与桩搭接时间不应大于24h；如超过24h，则在第二根桩施工时增加注浆量，可增加20%，同时减慢提升速度；如因相隔时间太长致使第二根桩无法搭接，则在设计认可下采取局部补桩或注浆措施。

侧向支护工程应注意：成桩4h内必须完成桩顶插锚固筋等工作；搅拌桩完工后，应及时按图制作路面、路面钢筋与桩的锚固筋须连成一体；路面钢筋混凝土强度未达到设计要求不得开挖基坑土方。

桩机预搅下沉应根据原土情况，保证充分破碎原状土的结构，使之利于同水泥浆均匀拌和；采用标准水箱，严格控制水灰比，水泥浆搅拌时间不少于2~3min，滤浆后倒入集料池中，随后不断搅拌，防止水泥离析压浆应连续进行，不可中断；每个台班必须做7.07cm×7.07cm×7.07cm试块一组（三块），28天后测定无侧限抗压强度，应达到设计标号；工地质量员应填写每根成桩记录，记好施工日记，各种原材料必须有质保单方可使用。

E. 质量标准

施工过程必须严格控制跟踪检查每根桩的水泥用量、桩长、搅拌头下降和提升速度、浆液流量、喷浆压力、成桩垂直度、标高等。搅拌桩桩体验收质量应符合规范要求。

F. 施工中常见的问题与处理方法

施工中常见的问题与处理方法见表8-29。

表8-29　施工中常见的问题与处理方法

常见问题	发生原因	处理方法
预搅下沉困难，电流值高，电机跳闸	①电压偏低；②土质偏硬，阻力太大；③遇大石块、卵砾石层等障碍物	①调高电压；②重量冲水或浆液下沉；③挖除障碍物
搅拌机下不到预定深度，但电流不高	土质黏性大，搅拌机自重不够	增加搅拌机自重或开动加压装置
喷浆未到设计设计顶面（或底部桩端）标高，集料斗浆液已排空	①投料不准确；②灰浆泵磨损漏浆③灰浆泵输浆偏大	①重新标定投料量；②检修灰浆泵；③重新标定灰浆输浆量

续表

常见问题	发生原因	处理方法
喷浆到设计位置集料斗中剩浆液过多	①拌浆加水过量;②输浆管路部分阻塞	①重新标定拌浆用水量;②清洗输浆管路
输浆管堵塞爆裂	①输浆管内有水泥结块;②喷浆口球阀间隙大小	①拆洗输浆管;②使喷浆球阀间隙适当
搅拌钻头和混合土同步旋转	①灰浆浓度过大;②搅拌叶片角度不适宜	①重新标定浆液水灰比;②调整叶片角度或更换钻头

G. 搅拌桩穿透砾石层深度大于 1m 的施工措施及检验方法

a. 施工措施

采用多头长螺旋钻孔高压浆搅拌桩,多头长螺旋钻机在钻杆顶部配备大功率动力头 (150~200kW),可以保证 3~5 根长螺旋钻杆不同向旋转钻进 20~30m,配备不同形状的合金钻头,可使钻头入岩或穿越卵砾石层,密集的碎石随钻杆的旋转被螺旋叶片携带至地面,减少了钻进阻力。由于采用高压注浆系统(5MPa 以上),钻进和提钻时随时可开泵注浆,因孔内部分土被提出孔外,孔内滞留疏松土体利于高压浆液渗透。

b. 检验方法

螺旋钻进不靠浆液携带出碴,而是通过螺旋叶片连续旋转提升出土,可以观察提出土的类别,判断是否进入砾层,在这一过程中要做好施工记录工作,在钻杆上标好入砾层时的位置及入砾层 1m 时的位置,当从土类别判断入砾石层的位置到标志 1m 位置时,入砾层的深度就保证大于 1m 了。

7)钢筋混凝土支撑结构

A. 施工流程

a. 钢结构立柱施工流程

支承桩施工,安排在支护结构施工的同时进行,采用冲孔桩的施工方法。钢立柱安装时先用冲击钻机成孔(孔径为 Φ1000),然后吊装钢筋笼和钢管,先安装钢筋笼,再安装钢立柱,并与钢筋笼在孔口焊接,再用 C30 水下混凝土浇筑混凝土至基坑开挖面。由于运输车辆长度限制,采用每条钢立柱分为上、下两段单元加工方法。每段钢立柱在工厂加工成形后运至工地现场进行拼装。每条钢立柱经拼装、复检后,才进行安装。钢立柱采用一台 20 吨汽车式吊车。

所有钢管的焊缝质量检测标准为 I 级,按《钢结构工程施工及验收规范》(GBJ205 - 83)要求,进行抽样检验评定。

b. 钢筋混凝土支撑施工流程

当支护结构的强度足够的情况下,就可以进行第一层土方开挖,钢筋混凝土支撑的施工一般是紧随着土方开挖的后面施工。

工序为:基坑土方开挖至第一道钢筋混凝土支撑梁底的垫层底面→凿开支护结构与围檩的连接面、支承桩清理→钢筋混凝土支撑垫层施工→绑扎支撑钢筋→支立侧模板→浇筑混凝土(预留拆除钢筋混凝土支撑梁的爆破孔)、梁边护栏预埋铁件→养护、拆模、清理。

往下各道支撑与第一钢筋混凝土支撑的工艺流程相同。

B. 施工要点

a. 护壁施工中有关问题

支护结构施工时应考虑支撑点的位置处理,当支撑点设在支护顶的压顶帽梁时,其顶上必须加长预留钢筋,作为浇筑支护顶的压顶帽梁的锚筋;当支撑点设在支护上的某一标高处时,该处的支护一般应预埋钢筋,在挖土方暴露后,清理干净该标高的混凝土,还将预埋钢筋拉出并伸直,用以锚入围檩梁内。同样,钢筋混凝土支撑桩也应用同样的方法预留和预埋钢筋。与围檩梁接触的支护壁部位,一定要凿毛清理,以保证围檩梁与护壁的紧密衔接。

b. 支撑梁的施工

钢筋混凝土支撑梁和围檩梁的底模(垫层)施工,可以采用基坑原土填平夯实加覆盖尼龙薄膜,也可用铺模板、浇筑素混凝土垫层、铺设油毛毡等方法。经过测量放线后,才绑扎钢筋,然后安装侧模板。

围檩梁和支护结构之间的连接可用预埋钢筋,以斜向方式焊接在支护壁的主筋上。钢筋混凝土支撑梁和围檩梁的侧模利用拉杆螺丝固定,钢筋混凝土撑梁应按设计要求预起拱。钢筋混凝土支撑梁和围檩梁混凝土浇筑应同时进行,保证支撑体系的整体性。

为了方便拆除钢筋混凝土支撑梁及围檩梁,在浇筑混凝土时应考虑预留爆破孔。为了保证施工人员在支撑梁上行走的安全,支撑梁两侧预埋用于焊接栏杆的铁件。

为了缩短工期,及早进入土方开挖阶段,混凝土配比中可加入早强剂,并加强养护,当混凝土达到要求强度后,就可以进行土方开挖。

c. 土方开挖

在先施工的支撑范围内的土方安排首先开挖,由远至近地进行,若有多道钢筋混凝土支撑,应按支撑的道数分层开挖。每层又要根据基坑深度不同和挖土机械伸展深度能力进行分层挖土,每一层土方开挖都要待混凝土的强度满足要求时才能进行往下土方开挖。

在基坑下运土车辆通过的路段中遇到混凝土支撑梁时,先用掘土机将土覆盖在支撑梁上,以作保护,覆盖厚度不小于50cm,这样就让运土车辆可以在上面行走,免受车辆压坏支撑梁。

随着挖土深度加深,护壁和立柱的支撑点凿毛也同时进行。

d. 立柱施工工艺

(1)立柱施工工艺流程。立柱施工工艺流程图如图8-103所示。

本工程立柱采用冲孔灌注桩内插角钢格构柱的形式。立柱桩采用 Φ1000 的冲孔灌注桩,桩长进入底板不少于8m。钢立柱采用4L160×16角钢格构柱,见图8-104。

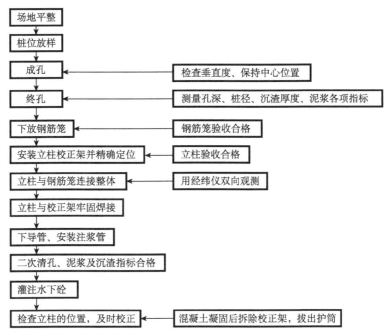

图 8-103　立柱施工工艺流程图

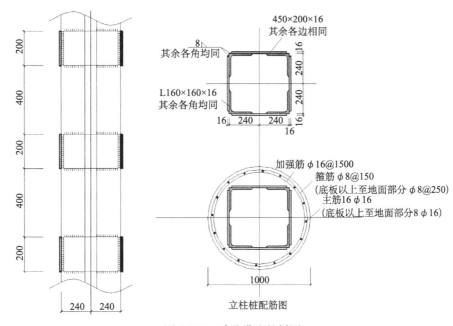

立柱桩配筋图

图 8-104　冲孔灌注桩样图

（2）立柱制作、安装。

立柱桩施工详见《冲孔灌注桩施工》，其成孔工艺与冲孔灌注桩相同，但成孔垂直度须控制在 1/300，以确保格构柱垂直度。

格构柱采用现场制作，制作场地选用混凝土硬化地坪，严格按设计长度下料，拼装前角铁需校正,下料长度内允许偏差为±5mm,局部变形允许偏差为±2mm。缀板拼接严格按每道梁中心线为基准安排缀板位置。为保证钢柱垂直度,在专用靠模中拼接。缀板与角钢的焊缝等级为三级,焊缝厚度为10mm。角铁拼接的焊缝等级为二级。焊条使用前应按出厂证明书规定进行烘干,严禁使用药皮脱落、焊芯生锈的焊条。柱身弯曲允许偏差$h/250$,不大于5mm。格构柱丢放必须整齐,且不能超过两层,所垫导木必须在同一直线上。格构柱在距底板顶700mm位置设置一道止水钢板,待开挖后施工。

格构柱间对接焊接时接头应错开,保证同一截面的角钢接头不超过50%,相邻交感错开位置不小于50cm。角钢接头在焊缝位置角钢内侧采用同材料短角钢进行补强。格构柱加工允许偏差如表8-30所示。

表8-30 格构柱加工允许偏差

项目	规定值及允许偏差/mm	检查方法
下料长度	±5	钢尺量
局部允许变形	±2	水平尺测
焊缝厚度	≥10	游标尺量
柱身弯曲	$h/250$且不大于5mm	水平尺量
同平面角钢对角线长度	±5	对角点用尺量
角钢接头	≤50%,相邻角钢错开位置不小于50cm	钢尺量
接缝处表面平整度	±2	水平尺量

为保证格构柱施工时的焊接质量,格构柱加工过程中采取以下措施,加强焊接质量控制:施工前,检查直接进行焊接作业的工人,是否有操作证,没有操作证的不得上岗;施工过程中项目部指定专门技术人员进行监督旁站,对于焊接质量不合格的坚决返工重焊;焊缝必须饱满,表面无漏焊夹渣现象,焊缝厚度≥10mm;焊接材料必须有出厂质量保证书,对于无产品合格证或质量保证书的坚决清退出场,不得使用;施工过程中,项目部质检员严格按照规范要求控制施工,加强过程控制。

格构柱加工成品必须向监理工程师报检,严格按照"三检制度"验收,合格后方可进入现场投入使用,对于不符合要求的格构柱必须整改,无法整改的格构柱坚决清退不得使用。

格构柱安放前,先进行钢筋笼的安放。钢筋笼吊放入孔时,必须垂直确保桩孔和钢筋笼的同心度,并保证搁置平稳。对于较长的钢筋笼,分三节制作吊装下放,钢筋笼主筋焊接采用单面焊,焊缝长度≥10d,焊缝宽度≥0.7d,焊缝厚度≥0.3d。钢筋笼下放到与护筒齐平位置,暂时固定。

钢筋笼安放后,进行格构柱校正架安装,根据设计要求,钢立柱各边与轴线严格垂直或平行,格构柱校正架定位时,除四边中心刻有"十字"线记号,用于对准桩孔中心外,还须将格构柱校正架各边与轴线垂直或平行。

将格构柱校正架与两块行车道板或钢板连接牢固,调整校正架保证水平,下放格构柱,插入钻孔桩设计顶标高以下 3.0m 位置,格构柱每侧面与两根主筋焊接牢固,焊接采用双面焊,焊缝长度≥5d,并用定位钢筋将格构柱固定在桩孔中心处。为保证下放过程中钢筋笼不变形,在笼顶第一道加强筋位置采用两根加强箍筋对笼顶易变形位置进行加强,然后将格构柱与钢筋笼用吊车整体起吊下放。下放过程中,用二经纬仪双向观测控制,使安装后的格构柱上口居于中心,待上下二点垂直后入孔。确保钢立柱垂直度控制在 1/300 以内,中心偏差不大于 20mm。

格构柱顶标高控制及固定:格构柱标高控制,预先用水准仪测定桩孔处校正架顶标高,然后根据插入孔内深度,在钢立柱上用红油漆标出注定标高位置,当钢立柱下放到位时,在格构柱两侧用 L160×16 角钢焊接固定在校正架上,格构柱标高控制为 ±20mm。

(3)混凝土浇筑。

二次清孔满足要求后,按照正常混凝土灌注方法进行混凝土灌注。混凝土灌注时应注意以下几个方面的问题:

混凝土灌注过程中,格构柱底以下部分按照正常浇筑方法浇筑,整个浇筑过程由专人控制。浇筑至格构柱位置时,严格控制浇筑速度,仔细观察泛浆情况及导管内下料情况,发现问题及时处理;当混凝土灌注达到桩顶标高,超灌 0.5~1.0m 且保证泛浆,停止混凝土灌注,逐节拔出导管;为了保证格构柱位置不移动,应待混凝土凝固后,方可松动格构柱校正架上的校正固定螺栓,拆除移走校正架;安装和拆除导管避免碰撞格构柱,确保格构柱垂直度,轴线偏差符合要求。

C. 安全要求

施工工程中应遵守建筑施工安全规定。此外,应注意以下问题:

(1)挖土之前,应预先在支护结构上设置变形、位移的观测点,并做好原始数据的记录,随着施工的进展过程,定期、随时检查,及时发现问题,并立即向有关部门汇报,采取相应的预防措施。

(2)整个挖土过程必须有专人指挥,严格控制挖土深度,谨防挖土机械对支撑梁或围檩梁的破坏。

(3)挖土时应根据基坑土质情况留有一定的安全坡度,防止塌方而造成事故。

(4)当第一层土方挖去后,应立即在基坑边和支撑梁上设置安全栏杆。

8)预应力锚索

预应力锚索的施工顺序:成孔、清孔→组装、安放锚索钢绞线→常压注浆→二次压力注浆→安设腰梁和锚具→达到要求后张拉锁定。

A. 施工流程

预应力锚索施工流程见图 8-105。

B. 施工工艺

a. 锚索钻孔

预应力锚索成孔直径为 Φ150mm,钻孔深度应超过锚杆设计深度 0.5m,成孔时必须带护壁套管钻进,不得采用泥浆护壁,成孔完毕后在套管内安装锚筋并逆向进行一次注

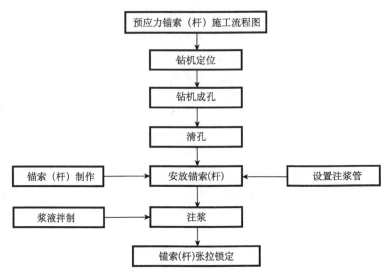

图 8-105　预应力锚索施工流程图

浆,然后才能拔出套管,拔出套管后利用一次注浆管进行一次补浆,补浆量为一次注浆量的 50%。成孔过程中如果发现地层情况与勘察报告不符,应及时通知有关各方进行处理。

b. 锚杆杆体的组装与安放

锚筋采用 5 股 7Φ5 高强度低松弛钢绞线,钢绞线标准强度为 1860MPa;锚筋按图纸要求设置自由段,自由段锚筋涂防腐油脂并外套软塑料波纹管,波纹管两端用铁丝扎紧,锚固段锚筋按图纸要求设置对中支架;锚筋下料时应预留张拉段,严格按设计要求下料,允许误差不大于 50mm。

钢绞线平直、顺直、除油除绣。杆体自由段应用油脂涂抹后再用塑料布包扎,与锚固段连接处用铅丝绑扎。锚索长度必须比设计长度长 1.0 ~ 1.5m,以便安装锚具和张拉。

安放锚杆杆体时,应防止杆体扭曲、压弯,注浆管采用 Φ30 软塑料管,置于锚索、定位器中间,注浆管宜随锚杆一同放入孔内,管端距孔底为 100 ~ 300mm,杆体放入角度与钻孔倾角保持一致,安好后使杆体始终处于钻孔中心。

若发现孔壁坍塌,应重新透孔、清孔,直至能顺利送入锚杆为止。

c. 注浆

锚索注浆时采用 P·O42.5R 水泥;一次注浆及补浆时水灰比 0.40 ~ 0.45,常压注浆,注满全孔,锚固体设计强度不低于 30MPa;二次注浆时水灰比 0.50 ~ 0.60,二次注浆压力不小于 2.5MPa,注浆量不少于一次注浆量。注浆管应与锚筋一起放入钻孔,一次注浆管内端距孔底 500mm,二次高压注浆管的出浆孔和端头应可靠密封,保证一次注浆时浆液不进入二次注浆管内。二次高压灌浆是高压灌浆型锚索施工工艺的关键,它的成功与否直接影响锚索的承载能力。二次高压灌浆在一次常压灌浆结束后 12h 后进行。

d. 张拉与锁定

按设计和工艺要求安装好腰梁,并保证各段平直,腰梁与挡墙之间的空隙要紧贴密实,并安装好支承平台;锚杆张拉前至少先施加一级荷载(即 1/10 的锚拉力),使各部紧固伏贴和杆体完全平直,保证张拉数据准确;锚索锚固体强度达到 20MPa 后,可进行逐根锁定,锁定时张拉荷载为设计荷载的 1.05 倍,稳定 10min 后卸荷,安装夹片后张拉至锁定荷载锁定;锚杆张拉至设计轴力,土质为砂土时保持 10min,为黏性土时保持 15min,然后卸荷至设计预加值并锁定;锚杆锁定后,若发现有明显预应力损失,应进行补偿张拉。

C. 预应力锚索质量保证措施

成孔施工时必须严格控制角度,并按照剖面图控制终孔条件,以保证锚索有足够锚固长度,锚索自由长度 5m。

锚索体的制作与安装是锚索施工的第二道重要工序,锚索体制作的质量直接影响锚索的质量及可靠性。工序为:确定锚索长度→检查材料外观→下料→装配→捆扎→复查长度、装配质量→安装入孔内。

锚索体安装入孔内前应检查组装质量效果、规格、长度,并做好记录。搬动、装入孔内时应防止扭压、弯曲锚索体。杆体装入孔内的角度、方向应与锚索孔轴向相一致,用人力握紧缓缓推送,避免扭转、抖动,推送至孔底后略向外拔出,以保障索体在孔内的位置及顺直,之后在孔口将锚杆体固定牢。安装好后进入注浆环节。如不能顺利有效装入孔内,需查找原因,并作响应处理。抽拔出的锚索体需清洗干净,重新组装。

设计要求:本工程采用二次注浆工艺施工。一次注浆为常压注浆,第二次注浆为高压劈裂注浆。浆液材料:42.5R 普通硅酸盐水泥调制的纯水泥泥浆。调配比例:注浆水灰比为 0.38~0.45,二次注浆水灰比为 0.45~0.55,水泥浆随用随配,搅拌充分,时间不少于 2min。要求:严格按配比配浆,一次注浆充填饱满,二次注浆压、量合适。

因本工程将可能在锚索造孔的过程中有大量地下水从孔中涌出,确保灌浆的顺利进行是锚索达到设计要求的保证。在遇到上述情况时,采用锚索送入两个止浆袋同步加压注浆。其中一个止浆袋放于孔底,用于封住孔底水源,另一个止浆袋放于孔口封住口部,并事先安放 1 根排水管,排水管一端置于孔腰,另一端在孔口外。当发现排水管外流的已不是水而是水泥浆时,即将排水管外端扎牢。这样向两个止浆袋中加压注浆,孔中的水已完全排出,使孔中完全充满水泥浆。在压力注浆下,孔腰处漏水也被封住。

9)微型桩施工

微型桩施工顺序:成孔、清孔→下工字钢→充填碎石→常压注浆→二次压力注浆。施工过程需要主要的有:

(1)设计桩径 350mm,桩长 10.0m,工程地质钻机成孔,桩位偏差小于 10mm,垂直度偏差小于 0.5%。

(2)成孔时采用泥浆护壁,成孔完成后立即吊装工字钢(工字钢内侧绑扎注浆管),工字钢安装完毕后利用注浆管立即从孔底用清水冲孔,稀释泥浆,待泥浆比重小于 1.05后,在孔口放置锥形漏斗,从漏斗内投入 1~3cm 粒径碎石,投碎石过程中,可用细长钢筋在漏斗内插捣,且不得停止冲孔,如此直至孔内投满碎石,一般情况下,碎石投入量不宜少于桩孔计算体积的 0.9 倍。

（3）桩孔内投满碎石后，从注浆管内注入纯水泥浆，采用二次注浆，第一次注浆至孔口流出稀水泥浆液为止。如果注浆过程中孔口碎石面下降，应从孔口补充碎石。第二次注浆采用高压注浆，注浆压力不少于 2.0MPa，注浆量不少于第一次注浆量。注浆用纯水泥浆采用 42.5 普通硅酸盐水泥拌制，水灰比 0.4～0.45，每米水泥用量一般不应少于 80kg。

（4）孔底送浆至孔口完全返出水泥浆为止，注浆完毕后，震动回拔注浆管，以达到石料充填密实的作用。

10）土钉墙施工

土钉墙的施工顺序：分层分段开挖→初喷 30～40mm 厚混凝土→安设土钉→挂网固定→喷射第二层混凝土。

A. 材料要求

（1）基坑 KLMNK 段土钉采用 Φ20 钢筋制作。

（2）土钉外露不小于 80mm。土钉头部用 2 根加强钢筋 Φ25 压紧焊牢。网筋采用 A8@200×200，加强筋 Φ16 通长。

（3）土钉孔位和孔深允许偏差均为 50mm，成孔直径 90mm；土钉注浆材料为纯 P. O. 42.5R 普通硅酸盐水泥浆，水灰比 0.40～0.45，水泥浆应随拌随用，常压灌注；注浆必须密实饱满，注浆第二天应从孔口补浆。注浆管应插至距孔底 500mm 处。

B. 钢筋土钉施工方法

钢筋土钉施工工艺流程为：放线测定锚杆孔位→钻机就位、成孔→吹风清孔→钢筋制作安装→注浆→补浆。

测量放线：土方开挖形成边坡施工面，利用工地已施测并复测完成的施工控制点，采用测量仪测放边坡最上一排钢筋土钉两端锚杆点，然后进行拉线（皮尺）逐个等距放点，并用竹签扎上红布扦入点位，作为识标。

成孔：本工程钢筋成孔采用锚杆机干法成孔，不得采用泥浆护壁，成孔深度应超过土钉设计深度 0.3m。成孔直径 90mm，钻机位采用人工平整，就位后应检查机架是否稳固，钻杆成孔角度是否符合设计要求，钻至设计深度后应进行吹风清渣，确保孔底沉渣厚度小于 100mm，以及孔道基本上无粉渣，保证注浆质量。

钢筋制作：根据设计大样图要求制作钢筋，钢筋应平直无弯曲，钢筋无明显的锈蚀，对中架焊接要牢固，制作完成后应经有关质检人员检验合格方可使用。

放置钢筋：放置入孔道中的钢筋，在孔口处垫上一块碎石略将锚杆尾端抬起，确保钢筋置中，在放置过程中应抬起杆体向上沿孔道顶壁推入，避免钢筋端扦入孔道底壁无法推入，并因多次反复造成孔壁坍塌，影响注浆效果，从而降低钢筋的抗拔力。

注浆：钢筋注浆材料应采用 1:0.45 水泥净浆，水泥用 P. O. 42.5R 水泥，注意拌和均匀，随拌随用，采用常压注浆工艺。钢筋土钉在施工前应进行除锈处理。采用孔底常压注浆，注浆压力不小于 0.2MPa，浆体采用纯水泥浆，水灰比 0.45，注浆管插至距孔底 250～500mm 处，注浆时，先排气，即先不封口，待水泥浆液溢出孔口后再封口，然后用

0.6～0.8MPa 压力注浆。多次补浆,确保孔口饱满。

C. 挂网喷混凝土施工方法

喷射混凝土等级为 C20,粗骨料粒径不宜大于 15mm,施工前应进行配合比试验。当需要采用外掺料时,掺量应通过试验确定,添加外掺料后的喷射混凝土性能必须满足设计要求。喷射混凝土干混合料应随拌随用,无速凝剂掺入的混合料,存放时间不应超过 2h,干混合料掺速凝剂后,存放时间不应超过 20min,混合料不干燥时,不得掺入速凝剂。

土钉施工完毕,立即喷混凝土,采用喷射机高压喷射,网筋采用 $\Phi8@200\times200$。喷锚支护施工 24h 后方可进行下一层土方开挖,必要时可增加早强剂以缩短时间。喷射混凝土终凝 2h 后,应喷水养护,养护时间不少于 7 天。

11) 土方开挖

A. 施工部署

基坑面积约 9325m²,基坑周长约 388m,基坑整体挖深 14.6m。本工程土方开挖和外运工程量大,约有 16 万 m³,其中有 7500m³ 为中、微风化岩石要爆破开挖。

(1) 平面安排:基坑开挖范围按地下室外边线外扩 1.5m,考虑以作为坑底加固及施工预留操作空间。

(2) 立面安排:基坑土方开挖必须遵循分层分段开挖的原则,控制开挖的进度与节奏,严禁全断面、一次性开挖到底。分层(每层开挖深度为设计标高面下 300～500mm)、分段(每段开挖长度以 20～30m 为宜)、分区(按周边作业区和中心开挖区划分)进行开挖支护的施工。土钉墙支护段对喷混凝土面层处理施工完毕后不少于 24h 才能开挖下层土方。

西北角内撑部分:土方开挖前必须对坡脚软塑状粉质黏土进行高压旋喷桩加固处理,加固深度不少于 6m。土方严禁超挖,每层开挖深度为该层支撑梁梁底标高,待该层支撑全部完工 14 天后方可允许继续向下开挖土方。

除西北角外其余部分:桩锚支护部分严格按剖面分层开挖,冠梁完工 4 天后方可开挖第一层土方,每层开挖标高比该层锚索头标高低 0.5m,该层锚索完工满足强度要求并锁定后,方可开挖下一层土方。

(3) 土方开挖时大型机械不得碰撞围护桩、钢立柱、围檩和支撑梁,挖土机挖至离支撑结构 0.3m 后改用人工挖土。

(4) 运土车道的设置:在场地东北侧出入口处设置运土车道。开挖的土方随即用自卸车运走,所有土方全部外运,经大门出口拉运到指定土方堆放地点。

(5) 根据施工进度安排,计划投入 3 部 1m³ 单斗挖掘机,30 部 m³ 自卸汽车进行运土。工作按 16 小时/天考虑,弃土地点根据现场的实际情况确定,车辆装土约 15m³。平均每天完成的工程量为 3500m³,施工高峰计划完成的土方挖运量为 5000m³,3 个分区,每个工作面每天完成 1200m³。

B. 施工顺序

(1) 基坑放线、场地平整清理工作面、安全护栏施工、修建洗车池。

（2）土方开挖前，按设计平面图在基坑坡顶预计变形较大处设置 13 个水平位移点、27 个沉降观测点；基坑四周设置 4 口水位观测井；基坑周边未迁移的管道端点、拐点与中部，间距不大于 30m 设置周边管线监测点；沿基坑东侧创业园路每隔 30～40m 布置，设置周边道路监测。

（3）基坑四周冲孔灌注桩（分两个施工区域跳桩法施工，一个由东北角往西南方向（5-5～1-1）剖面施工，支撑桩一并施工，另一个由西南往东北方向（1-1～5-5）剖面施工）、冲孔灌注桩施工 7 天后，施工桩间旋喷桩；西北角深层搅拌桩加固处理同时施工。

（4）桩顶冠梁、支撑立柱、坡顶水沟施工→西北角土方开挖至 −2.0m，施工第一道横向支护结构，待该层支撑全部完工 14 天后方许继续向下开挖土方、其余剖面冠梁完工 4 天后开始分层、分段垂直开挖开挖第一层土方，并施工第一道横向支护结构，该层锚索完工满足强度要求并锁定后，方可开挖下一层土方。

（5）土方开挖至 −6.5m，施工第二道横向支护结构，同时进入办公楼冲孔灌注桩施工。

（6）待办公楼冲孔灌注桩施工 28 天后方可允许继续向下开挖土方。

（7）土方开挖至 −12.2m，施工第三道横向支护结构。

（8）直到开挖至设计标高，施工坑底排水沟及集水井施工。

（9）（8-8）剖面土方开挖与土钉墙挂网喷射混凝土施工。

（10）在基坑开挖完毕后施工单管高压旋喷桩地基处理、地下室抗浮锚杆施工。

C. 施工工艺

a. 测量放线

土方工程开挖时，根据建设单位提供的测量成果对本工程的控制点进行复测，并报建设单位认可。

根据永久性控制坐标和水准点，按建筑物总平面要求，引测到现场。在工程施工区域设置测量控制网，包括控制基线、轴线和水平基准点；做好轴线控制的测量和校核。

控制网要避开建筑物、构筑物、土方机械操作及运输线路，并有保护标志；基坑底整平应设 10m×10m 方格网，在各方格点上做控制桩，并测出各标桩处的设计标高，作为工程验收的控制依据。

对基坑的底部、坡顶做定位轴线的控制和位移测量校核；做好上部边线和底部边线和水准标志，在确保灰线、标高、轴线复核无误的前提下，进行场地整平和基坑开挖。

土方工程开工前，根据施工图纸及轴线桩要求，测放场地开挖放坡，坡度比为按设计图要求；边线上下口白灰线。

基坑开挖时，起先开挖 I 区部位，供立柱及支撑梁施工，顺着开挖 II 区，分层开挖至 −6.5m 设计标高，供办公楼冲孔桩施工先予施工，因冲孔桩仍有 28 天龄期，在冲孔桩基坑的同时，应将 I 区、III 区基坑与冲孔桩基坑同时分层开挖。作为运输土方车辆进入基坑运土方的临时运输车道，在基坑桩全部完成后再开挖。基坑开挖分区进行，基坑开挖区域划分见图 8-106。

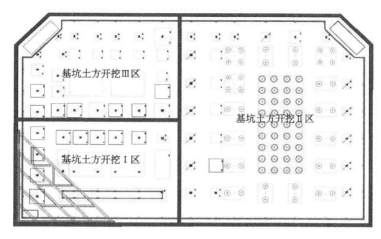

基坑土方开挖区域图

图 8-106 基坑开挖分区

坡道处土方收尾采用长臂挖土机进行挖土,装车运走。

b. 施工排水设施

在基坑底四周砖砌一道 35cm×35cm 排水沟,分段设集水井,排水沟的排水坡度位 0.3%,集水坑底比排水沟深 50cm,集水井设置数量、位置根据现场情况确定;每个集水坑设一台自动抽水泵、镀锌钢管,基坑侧上设钢支架。固定镀锌钢管;在施工区域内基坑上部设置临时排水沟及截水沟,将基坑底地面水排至过滤池内,再排入市政管道(但排入市政管道的水质必须符合要求),排水沟纵向坡度一般不小于 2‰,使场地不积水;基坑上排水沟的设置必须考虑截水功能,阻止基坑上部场地内的雨水流入基坑内,避免雨水冲刷基坑边坡造成塌方;若基坑底的地下水位较高,在开挖前一周将水位降低到要求的深度;地面排水沟设置在围护栏杆外侧,规格 30cm×30cm 四周连通。沟底、墙铺筑红砖,水泥砂浆抹面压光。

D. 准备机具、物资及人员

(1)开挖前作好设备调配,对进场挖土、运输车辆及各种辅助设备进行维修检查,试运转,并运至弃土地点就位;准备好施工用料及工程用料、抽水机等,按施工平面图要求堆放。

(2)组织并配备土方工程施工所需各专业技术人员、管理人员和技术工人;组织安排好作业班次;制定较完善的技术岗位责任制和技术、质量、安全、管理网络;建立技术责任制和质量保证体系。

E. 边坡开挖

(1)基坑边坡开挖时,根据测量放线采取自上而下开挖,并配合围护结构施工,分层、分段依次进行,在多台挖掘机进行分段同时开挖时,两台挖掘机的开挖距离不能少于 6m 以确保施工安全。

(2)分层、分区、分段边坡开挖完成是,必须及时通知围护结构的施工队伍,做好分层、分区、分段跟班施工,防止基坑边坡土方暴露时间过长,造成不安全因素。

(3)分层、分区、分段边坡开挖的同时,在边坡下部设排水沟,并确保排水沟畅通,确保坡脚不被冲刷,防止边坡稳定的范围内积水,造成安全事故。

F. 基坑土方开挖

(1)根据本工程特点采用反铲挖掘机开挖土方,基坑施工过程,基坑边沿的建筑材料、移动运输工具和机械,距基坑上部边缘 2m 内不准堆放、行驶,若零星材料需要堆施工时,其高度不能超过 1.5m。

(2)反铲挖掘机的挖土特点为"后退向下,强制切土"。适合本工程的施工方案,在施工过程按挖掘机的开挖路线与汽车运输道路,边后退开挖边装车外运。并采用以下几种施工方法进行土方开挖。

沟端开挖法:反铲停于沟端,后退挖土,同时装汽车外运,若为配合围护结构施工,局部土方往沟一侧弃土。

挖掘宽度按土钉施工要求的工作面应根据机械最大挖掘半径综合考虑。避免挖掘机移运而影响工作效率,挖掘机臂杆回转半径仅 450~900m,同时可挖到最大深度 5m。最大一次挖掘宽度为反铲有效挖掘半径的 2 倍,但汽车须停在机身后面装土,生产效率降低。若工作面大于反铲有效挖掘半径的 2 倍时,采用几次沟端开挖法完成作业。即每一次成沟后退挖土,挖出土方随即装车外运。

沟侧开挖法:反铲停于基坑上部面层上开挖,汽车停在挖掘机的安全范围处,边开挖边装土,挖掘机铲臂回转角度小,施工进度较快,能将土弃于距沟边较远的地方,但挖土宽度比挖掘半径小,边坡不好控制,同时机身靠沟边停放,稳定性较差。用于横挖土体和需将土方甩到离基坑较远距离时使用。

沟角开挖法:

反铲位于基坑前端的边角上,随着基坑的掘进,机身沿着基坑边往后作"之"字形移动。臂杆回转角度平均在 45°左右,机身稳定性好,可挖较硬的土体,并能挖出一定的坡度。

G. 土方机械施工要点

(1)确定土方开挖路线、顺序、范围、基底标高、边坡坡度、排水沟、集水井位置以及挖出的土方堆放地点等。施工过程控制应尽可能使机械多挖,减少机械超挖和人工挖方。

(2)开挖时,先挖边坡配合围护施工,再整片挖至招标内容要求的标高,局部的排水沟、集水井放线开挖。当一次开挖深度超过挖土机最大挖掘高度(5m 以上)时,分两层开挖,并修筑 10% 坡道,以便挖土及运输车辆进出。

(3)基坑边角部位,机械开挖不到之处,应用少量人工配合清坡,将松土清至机械作业半径范围内,再用机械掏取外运。

(4)机械开挖应由深而浅,基底应预留一层 300mm 土层,挖承台清底、修坡、找平,确保基底标高和质量要求,避免超挖和土层遭受扰动。

(5)做好机械的表面清洁和运输道路的清理工作,以提高挖土和运输效率。

（6）基坑土方井挖若影响邻近树木、建筑物、管线安时，必须有可靠的保护措施，并将有效的保护措施报监理、业主审批。

（7）机械开挖施工时，应保护排水沟、集水井受损坏，同时对平面控制桩、水准点、基坑平面位置、水平标高、边坡稳定等定期进行复测检查。

（8）雨期开挖土方，工作面不宜过大，应逐段分期完成。若地基土方较软，进入基坑行走时，铺垫钢板或铺路基垫道。

（9）夜间开挖土方的照明和现场机修用电，在基坑四周架设的临时用电线路上接引。夜间照明采用固定灯架，在挖机和锯桩机布置范围内每 50m 搭设一个灯架，每个灯架安装一个 3kV 探照灯，基坑内禁止照明出现死角。运土道路、现场出入口、坡道口、洗车场及其他危险地段也要安装必要的散光灯和警戒灯。

（10）开挖至车道部分部分，自卸车在道路上直接装土外运，现场安排两名杂工负责道路的清扫，协助指挥现场交通，施工期间必须防止土方外运过程中对城市道路的污染，文明施工，所有上路汽车都必须经过洗车池清洗轮胎。

H. 特殊情况的应急处理措施

土方开挖工程是风险性较大的工程，施工过程中可能会遇到各种意外情况，为做到有备无患，针对本工程特点，制定以下应急措施：

对坑外的水位进行密切观察，如坑外水位下降达到报警值，应立即分析会同监理及设计等专家分析原因，检查坡体是否有渗漏等。

现场常驻抢险用的施工班组，设置专业安全员及施工现场管理人员，随时听候调遣，抢险机械和车辆以工程施工用机械车辆为主，昼夜安排操作人员值班，保证紧急情况及时出动。

I. 安全管理

在土方施工阶段，边坡的防塌是难点，除要有科学的计算依据，良好的施工质量外，还应派专人进行基坑监测，出现不良现象及时处理，防止发生坍塌事故。

边坡开挖工程中，要时刻注意边坡的稳定性，在雨后要仔细观察土壤情况，如发现有裂缝、鼓包、滑动等现象，要及时排除险情后方可施工。

基坑周边 1m 范围内严禁堆放重物，搭设防护栏（单排），1.2m 高，刷黄黑相间警告色。

现场应保证足够照明。现场电气设备均作漏电保护装置，配电线采用三相五线制。

加强对施工人员的安全教育，做好技术交底和安全交底。

施工前应查明现场地下障碍物，在有地下电缆、管线处做出明显标志，严禁在电缆 1m 范围内进行作业。

当配合机械作业的清底需进入机械回转半径内时，必须停止机械回转，机上、机下人员应密切配合。

反铲作业时，挖机履带应距工作面边缘至少保持 1～1.5m 安全距离，铲斗未离开工作面时，不得进行回转、行走等动作，装车时，铲斗不得碰撞汽车。

本设计按地面施工荷载 20kPa 设计,施工中应严格控制地面超载,若有特殊情况应及时与设计人员联系。

施工现场配备大型的照明设备以供夜间挖土施工使用。

J. 文明施工及环保管理

a. 文明施工责任制

为了全面落实创建文明工地的要求,本工程实行文明施工责任制,项目管理部经理为本工程的文明工地责任人,具体措施管理范围落实到个人,组织安全文明施工管理机构网络图。

b. 文明施工措施

在出大门口外,设置清洗池,马路上铺设湿草垫,用于扫清轮胎上外带土块。每天收车后,派专人清扫马路,并适量撒水压尘,达到环卫要求。所有施工人员应保持现场卫生,生产及生活垃圾均装入运土车中带走。合理进行施工现场的平面布置,做到计划用料,使现场材料堆放降到最低值,保证场内道路通畅。运输散装材料时,车厢后封闭,避免撒落。合理安排作业时间,采用低噪声施工机械,对可能产生较大噪声的设备,设置防噪棚,减少噪声污染。机械设备完好,安全装置齐全有效,做到专人管理,施工材料堆放整齐。施工区域或危险区域有醒目的安全警示标志,并定期组织专人检查。加强土方施工管理,挖出的湿土先卸在场内暂堆,尽量缩短会所的工期,能更多地利用挖出的余土,如湿土需要直接外运,则使用经专门改装的带密封车斗的自卸卡车装运湿土,防止湿土(如泥浆)沿途漏污染马路。大门车辆出入口设置混凝土道路,并设污水沉淀池。设立专职的"环境保洁岗",负责检查、清除出场的车辆上的污泥,清扫受污染的马路,做好工地内外的环境保洁工作。项目部、施工队设文明施工负责人,每周召开一次关于文明施工的例会,定期与不定期检查文明施工措施落实情况,组织班组开展"创文明班组竞赛"活动,经常征求建设单位和项目监理对文明施工的批评意见,及时采取整改措施,切实搞好文明施工。

12) 静力爆破法施工

本工程开挖过程中,可能会遇到石方,对于中、微风化岩石采用静力爆破法开挖,约有 7500m³ 的石方。在实施静力爆破施工前,先采用挖掘机开挖基坑上部土方并外运,使用风镐开挖基坑松石,然后准确测量出静力爆破的实施范围。

A. 施工要点

a. 破碎前准备

应对构筑物构造、性质、作业环境、工程量、破碎程度、工期要求、气候条件、配置钢筋规格及布筋情况进行详细调查;对于岩石破碎,需要了解岩石性质、节理、走向及地下水情况。钻孔参数、钻孔分布和破碎顺序则需要根据破碎对象的实际情况(材质种类、钢筋配置情况、岩石性状、破碎或切割的块度等)确定。

b. 计布眼

布眼前首先要确定至少有一个以上临空面,钻孔方向应尽可能做到与临空面平行,临空面(自由面)越多,单位破石量就越大,经济效益也更高。切割岩石时同一排钻孔应尽可能保持在一个平面上。孔距与排距的大小与岩石硬度有直接关系,硬度越大,孔距与排距越小,反之则大,孔距与排距布置,见图 8-107。

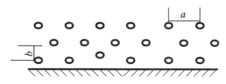

图 8-107　梅花型布孔示意图

炮孔的排距及孔距:排距:$a = 0.4 \sim 0.5$m;孔距:$b = 0.3$m;

炮眼深度:$L = H + \Delta h = 2.5$m + 0.3m;

炮眼倾角:$\alpha = 900$;灌入膨胀剂。

c. 钻孔

钻孔直径与破碎效果有直接关系,钻孔过小,不利于药剂充分发挥效力;钻孔太大,孔口难以堵塞。推荐用直径为 38 ~ 42mm 的钻头。钻孔内余水和余渣应用高压风吹洗干净,孔口旁应干净无土石渣。

d. 钻孔深度和装药深度

孤立韵岩石和混凝土块钻孔深度为目标破碎体80% ~90%;矿山荒料开采钻孔深度可达到 6m 左右,大体积需要分步破碎酌岩石和混凝土块,钻孔深度可根据施工要求选择,一般在 1 ~2m 较好。装药深度为孔深的100%。

e. 装药

向下和向下倾斜的眼孔,可在药荆中加入22% ~32%(重量比)左右的承(具体加水量由颗粒大小决定)拌成流质状态(糊状)后,迅速倒入孔内并确保药剂在孔内处予密实状态。用药卷装填钻孔时,应逐条捅实。粗颗粒药剂水灰比调节到 0.22 ~0.25 时静态破碎剂的流动性较好,细粉末药剂水灰比在 32% 左右时流动性较好,也可以不通过捅实过程。向下灌装捣实较方便,如施工条件允许,推荐采用"由上到下,分层破碎"的施工方式,方便工人操作。

水平方向和向上方向的钻孔,可用比钻孔直径略小的高强长纤维纸袋装入药剂,按一个操作循环所需要的药卷数量,放在盆中,倒入洁净水完全浸泡,30 ~50s 药卷充分湿润、完全不冒气泡时,取出药卷从孔底开始逐条装入并捅紧,密实地装填到孔口。即"集中浸泡,充分浸透,逐条装入,分别捣实"。也可将药剂拌和后用灰浆泵压入,孔口留 5cm 用黄泥封堵保证水分药剂不流出。

岩石刚开裂后,可向裂缝中加水,支持药剂持续反应,可获得更好效果。

对于采石场和超大体积的设备基础破碎施工,操作人员的协调配合很重要。应采用多分灌装小组的方式。每小组由主副两名灌装手组成。取药搅拌时,主灌装手负责取药份量和搅拌,副灌装手负责药剂在搅拌过程中加水。灌装时,主灌装手负责灌装进孔,副灌装手负责确保药剂捣实,完成后用旧麻袋覆盖孔口。各小组采用"同步操作。少拌勤装"的方式操作,即每组施工工人在每次操作循环过程中负责装孔的孔数不能过多,每次拌药量不能超过实际完成的工作量。各灌装小组在取药、加水、掉和、灌装过程中应基本保持同步,可以让每个孔内药剂的最大膨胀压基本保持同期出现,有利于混凝土和岩石的破碎。

每次装填药剂,都要观察确定岩石、药剂、拌和水的温度是不是符合要求。灌装过程中,已经开始发生化学反应的药剂(表现开始冒气和温度快速上升)不允许装入孔内。从药剂加入拌合水到灌装结束,这个过程的时间不能超过5min。

f. 药剂反应时间的控制

药剂反应的快慢与温度有直接的关系,温度越高,反应时间越快,反之则慢。实际操作中,控制药剂反应时间太快的方法有两种,一种是在拌合水中加入抑制剂。另一种方法是严格控制拌和水、干粉药荆和岩石(或混凝土)的温度。夏季气温较高,破碎前应对被破碎物遮挡,药剂存放低温处,避免曝晒。将拌合水温度控制在15℃以下。

药剂(卷)反应时间过快易发生冲孔伤人事故,可用延缓反应时间的抑制剂。抑制剂放入浸泡药剂(卷)的拌和水中。加入量为拌合水的0.5%～6%。冬季加入促发剂和提高拌和水温度。拌和水温最高不可超过50℃。反应时间一般控制在30～60min较好,条件较好的施工现场可根据实际情况缩短反应时间,以利于施工。

B. 安全措施和注意事项

无关人员不得进入施工现场。施工人员必须配戴防护眼镜,未戴防护眼镜操作属安全违章。

发生冲孔是正常现象。也是不可预见和不可完全控制的现象。冲孔产生的原因较多,大致有以下几种:操作人员操作不当,操作时间太长,包括药剂已经发热雷气仍在灌装等,装填不密实有空气隔层等;温度控制不当。气温高时,拌和水、药剂、钻孔孔壁温度控制不当、抑制剂药量不够。致使药剂反应过快等;布孔设计不当;孔距及抵抗线过大;钻头选用不当,钻孔直径过大;孔壁光滑等。冲孔时药剂温度较高且有腐蚀性,冲入跟内可能会对角膜造成严重损害。为防止伤人事故,操作人员必须戴符合国家安全标准生产的防冲击防尘PVC护目镜进行操作。

站在药剂灌入钻孔到岩石或混凝土开裂前,不可将面部直接近距离面对已装药的钻孔。药剂灌装完成后,盖上麻袋或棕垫,远离装灌点。观察裂隙发展情况时应更加小心。此外施工现场应专门备好清水和毛巾,冲孔时如药剂溅入眼内和皮肤上,应立即用清水冲洗。情况严重者立即送医院清洗治疗。

在破碎工程施工中需要改变和控制反应时间,必须依照规定加入抑制剂和促发剂,并按要求配制使用。严禁擅自加入其他任何化学物品。

严禁将破碎剂加水后装入小孔容器内(如直口玻璃杯、啤酒瓶等),否则非常危险。

刚钻完孔和刚冲孔的钻孔,孔壁温度较高。应确定温度正常符合要求并清洗干净后才能继续装药。

使用破碎剂前请确认操作人员对说明书已仔细阅读并理解。破碎剂运输和存放中应防潮。开封后请立即使用。如一次未使用完,应立即紧扎袋口,需用时再开封。

13) 监测施工

A. 监测一般要求

基坑监测以获得定量数据的专门仪器测量或专用测试元件监测为主,以现场目测检查为辅观测点的布置应能满足监测要求,基坑开挖影响的范围随开挖深度的增加而增大,一般从基坑边缘向外 2~4 倍开挖深度范围内的建(构)筑物均为各监测项目在基坑施工影响前应测得稳定的初始值,且不应少于两次。

施工的时候需要避免过度降低基坑水位,加强监测基坑周围地下水位的变化,并加强对周边建筑物进行各种变形检测,基坑围护结构、交通疏解道路路面及相邻房屋均应加强施工检测。严格控制地面沉降量和围护结构的水平位移。

B. 监测点布置

为保证基坑自身稳定和安全,在基坑施工过程中的土方开挖前必须对基坑进行监测。根据监测数据,了解基坑安全状态,判断支护设计是否合理,施工方法和工艺是否可行。同时,监测周边建(构)筑区的变形和安全。

支护结构顶部水平位移、沉降监测点设置在基坑坡顶预计变形较大处设置水平位移12 个点、沉降观测 27 个点。地下水位观测位置设置在基坑四边的水位观测井,共 4 口。周边管线监测点设置在基坑周边未迁移的管道端点、拐点与中部。间距不大于 30m。周边道路监测点设置在沿基坑东侧创业园路每隔 30~40m 布置。

C. 观测频率

基坑开挖前建立监测点并进行两次初始监测,基坑开挖中,每 1~2 天监测一次,开挖到底,基坑变形稳定后,每 7 天监测一次,直至基坑回填。如发现变形发展速率较大、支护结构开裂等情况,应增加观测密度,并及时向监理、设计人员和施工人员报告监测结果。当变形急剧发展、出现破坏预兆时,应对变形连续监测,及时掌握变形发展趋势和准确判断基坑安全性状。

D. 监测项目允许值和报警值

(1)坡顶水平位移和周边地面沉降不得影响相邻构筑物、各类管线的正常使用。周边变形允许值具体为:设计安全等级为一级基坑,坡顶位移容许值不得大于 30mm,且小于 0.25% H(H 为基坑开挖深度)。沉降容许值不得大于 30mm。

(2)基坑支护结构水平位移、坑顶沉降允许值及预警值:支护结构水平位移允许值为35mm,预警值为 28mm;坑顶沉降允许值为 30mm,预警值为 24mm。

(3)管道变位报警值:沉降或水平位移均不得超过 30mm,每天发展不得超过 1.5mm。

(4)对于在沉降稳定后,又突然有沉降的建筑物或者管线,应及时通知相关单位处理。

E. 观测精度

沉降及水平位移观测精度不低于三等精度。观测仪器在使用前应予以校准,操作和维护应符合有关标准和规定。

F. 监测结果处理要求及其反馈制度

变形观测资料包括:观测基准点和变形观测点的位置、编号、观测日期、本次观测值和累积观测值。

观测资料应编制成表或绘制成曲线,对变形的发展趋势作出评价。当观测数据达到报警值及其他异常情况时必须立即通报监理、设计人员和施工人员。

监测记录和监测报告应采用监测记录表格,并经监测、记录、校核人员签字。监测人员应在基坑监测工作完成后提交完整的监测报告。

基坑的设计和施工是一个信息化的过程,而基坑相关的监测是信息化的基础。此项工程应委派有丰富经验的专业人员承担,并据设计和有关的规范要求制定详细的监测方案,协同设计、施工人员对监测结果进行有效的评价和反馈,进一步指导下一步的施工。

G. 应急措施

地面出现裂缝,顺裂缝注入水泥与水玻璃混合液,防止地表水灌入增加坑壁压力,地面用水泥砂浆抹平,在裂缝外侧布置钢筋钉,增加抗拉力,稳固变形土体。当水平位移达到报警值时,采用水平或斜支撑限制水平位移发展。

H. 组建监测小组

针对本工程监测的特点和重要性,建立 3 人组成的专业监测小组,由具有丰富施工经验、监测经验及有结构受力计算、分析能力的工程技术人员组成。专业测量工程师或有工程测量经验的工程师主理,并由公司驻地总工程师担任监测组组长,负责工程监测计划、组织及监测的质量审核,采用信息化管理,确保工程效益。

8.5.3　桩基础施工

本工程场地属于岩溶地区,裙房和地下室部分采用独立基础和筏板基础;主楼采用冲孔灌注桩,桩端持力层为微风化石灰岩和中风化粉砂岩。桩端嵌入基岩面不应小于500mm(最低处),桩顶嵌入承台100mm。桩身混凝土强度为C40,桩身混凝土水灰比不应大于0.45,抗渗等级不应低于S8。纵筋保护层为100mm。

1. 冲孔灌注桩施工

冲孔灌注桩施工时,塔楼部位基础采用 $\Phi1200 \sim \Phi2000$ 冲孔灌注桩约 100 根。本工程土方开挖至 -6.5m,施工第二道横向支护结构,同时进入塔楼部位基础冲孔灌注桩施工。

1)施工流程

施工流程:测量放样→埋设护筒→挖泥浆池→冲孔机就位→冲孔→泥浆护壁及清孔→钢筋笼加工及吊放→浇筑混凝土→压浆。

2)施工工艺

A. 测量放样

平整场地后,进行桩位放样,在桩位处浇混凝土,埋设钢筋标注桩的中心点,并做好护桩。对每条桩编号,将编号写在混凝土表面。桩位放样完成后,由监理工程师复核。

B. 埋设护筒

采用 $\delta = 6mm$ 厚钢板护筒,护筒中心与桩位中心线偏差不得大于 50mm,内径大于钻头直径 200mm,埋设深度根据土质和地下水位而定,在黏性土中不宜小于 1m;在砂土中不宜小于 1.5m;顶面高出地面 30cm,并满足孔内泥浆面高出地下水位 1m 以上。护筒下端外侧应采用黏土填实,起到保护孔口、防止地面水流入、增加孔内静水压力以维持孔壁稳定、为钻进导向的作用。

C. 挖泥浆池

在桩位附近适当位置挖一个 $5m \times 5m$,深约 0.5m 的泥浆池,作为冲孔时孔内泥浆循环使用。采用泥浆循环的方法掏渣,同时准备红泥作泥浆用。

D. 桩机就位

护筒埋设结束后将桩机就位,冲孔机摆放平稳,钻机底座用钢管支垫,桩机摆放就位后对机具及机座稳定性等进行全面检查,用水平尺检查钻机摆放是否水平,吊线检查桩机摆放是否正确;在护筒定位、固定后,用重锤吊绳作为桩位的中心,桩身垂直度偏差不超过桩长的 1%。

E. 冲孔

开孔时,冲锤中心对准护筒中心,低锤密击,锤高 0.4 ~ 0.6m,并及时加片石、砂砾(或石子)和黏土泥浆护壁,使孔壁挤压密实,直至孔深达护筒底以下 3 ~ 4m 后,才可加快速度,将锤提高至 1.5 ~ 2.0m 以上转入正常冲击,并随时测定和控制泥浆比重。当在黏土和亚黏土层中冲击时,应采用中小冲程(1 ~ 2m)冲孔,并补充稀泥浆或清水,避免糊粘;如地下水位低,要加水补充,发现漏水及时补充,并应保持孔内水位高于地下水位 1.5m 左右,以防坍孔;遇岩层表面不平或倾斜,应抛入 20 ~ 30cm 厚块石,使孔底表面略平,然后低锤快击使其成一紧密平台后,再进行正常冲击,同时泥浆比重可降到 1.2 左右,以减少粘锤阻力,但又不能过低,避免岩渣浮不上来。

每根桩的入岩面确定、终孔验收均由专业地质勘察人员参加确认,监理人员积极配合专业地质人员进行入岩面确定及终孔验收工作,督促施工单位做好岩样的保护等相关工作。而专业地质勘察人员基本上根据桩机冲击锤冲孔进尺速度、冲击锤取样筒内渣样及护筒出浆口的渣样来分析判断,即检查冲孔进尺速度快慢的同时,对冲击锤取样筒内渣样及护筒出浆口的渣样作认真观察分析。已进入微风化岩层的渣样新鲜、边角较尖锐。各土层中冲程及泥浆比重见表 8-31。

F. 泥浆护壁及清孔

在钻进过程中,应随时补充泥浆,调整泥浆比重,泥浆作用:泥浆夹带被钻头削碎的土颗粒不断从孔底溢出孔口,达到连续钻进连续排土;加固保护孔壁,防止地下水渗入面造成坍孔。在黏土和亚黏土中成孔时,可用水泵喷射清水,使清水和孔中钻头切削下来的土颗粒混成泥浆,称自造泥浆护壁,排渣泥浆的比重应控制在 1.3 ~ 1.4;在易坍孔的砂土和较厚的夹砂层中成孔中时,应设置循环泥浆池和泥浆泵,用比重为 1.2 ~ 1.5 的泥浆护壁;在穿过砂夹卵石层时,泥浆比重应控制在 1.3 左右。泥浆用塑性指数 IP≥17 的黏土调制,并经常测定泥浆比重。

表 8-31　各土层中冲程及泥浆比重表

序号	项目	冲程/m	泥浆比重	备注
1	在护筒中及护筒脚下 2m 以内	0.9 ~ 1.1	1.2 ~ 1.5	土层不好时宜提高泥浆密度,必要时加入小片石和黏土块
2	黏土	1 ~ 2	清水	和稀泥浆,经常清理钻头上泥块
3	砂土	2 ~ 3	1.2 ~ 1.5	抛黏土块,勤循环,防坍孔
4	砂卵石	3 ~ 4	1.3 左右	加大冲击能量,勤循环
5	风化岩	1 ~ 4	1.2 ~ 1.4	高低冲程交替冲击
6	坍孔回填重成孔	1	1.3 ~ 1.5	反复冲击,加黏土块及片石

冲孔达到设计要求深度后,应尽量把孔底沉渣捞清,以免影响桩的承载力。可吊入清孔导管,用水泵压入清水换浆;用清水换浆,如孔壁土质较好不易坍孔,可用空气吸泥机清孔,气压为 0.5MPa,使导管内形成强大高压气流向上涌,被搅动的泥渣随着高压气流上涌从喷口排出,直至孔口喷出清水为止(为提高工作效率,可采用 6 ~ 9m³ 空压机,气体清孔效果更佳)。本法能使冲碎的卵石、石块由泥浆带出。一次清孔采用橡胶管,完成后,安放钢筋笼后安放导管,安放导管时间越快越好,防治悬浮状态的岩渣沉回桩孔底部;下导管完毕利用导管进行二次清孔工作,先将泥浆调稀至密度为 1.1g/cm³ 左右,二次清孔清孔结束时必须测定孔底沉渣厚度,要求沉渣厚度≤10cm(一般是 5cm 左右)时,才能灌注水下混凝土,否则,继续清孔直到合格为止。清孔完毕后,必须在 30min 内灌注混凝土。

G. 钢筋笼加工及吊放

钢筋笼组装在桩基工程附近地面平卧进行,方法是在地面上设二排轻轨,先将加强箍按间距排列在轻轨上,按划线逐根放上主筋并与之点焊焊接,控制平整度误差不大于 50mm。上下节主筋接头错开 50%,螺旋箍筋每隔 1 ~ 1.5 箍与主筋按梅花形用电弧焊点焊固定。在钢筋笼四侧主筋上每隔 5m 设置一个 Φ20mm 耳环作定位垫块之用,使保护层保持 7cm,钢筋笼外形尺寸要严格控制,比孔小 11 ~ 12cm。

钢筋笼就位,用吊车吊放入孔内就位,并固定在孔口钢护筒上,使其在浇筑混凝土过程中不向上浮起,也不下沉。

H. 浇筑混凝土

采用垂直导管水下浇筑混凝土的方法。导管用内径 300mm、厚 3mm 钢板制作,每节长 2 ~ 2.5m,并配几节 1 ~ 1.5m 的调节长度用的短管,底管长度不宜小于 4m,管端采用双螺纹扣快速接头,接头处用橡胶垫圈封防水,接头外部应光滑,避免上拔时挂住钢筋笼。

导管使用前应试拼装、试压,试水压力可取 0.1 ~ 1.0MPa。开始灌注混凝土时,导管底部至孔底的距离宜为 300 ~ 500mm。

开导管方法采用球胆隔水塞,球胆预先塞在混凝土漏斗下口,当混凝土浇灌后,从导管下口压出漂浮泥浆表面。在整个浇灌过程中,混凝土导管应埋入混凝土中 2～4m,最小埋深不得小于 2m,亦不宜大于 6m,埋入太深,将会影响混凝土充分地流动。导管随浇灌随提升,避免提升过快造成混凝土脱空现象,或提升过晚而造成埋管拔不出的事故。浇灌时利用不停浇灌及导管出口混凝土的压力差,便混凝土不断从导管内挤出,使混凝土面逐渐均匀上升,槽内的泥浆逐渐被混凝土置换而排出槽外,流入泥浆池内。

开导管时下料斗内须初存的混凝土量要经计算确定,以保证完全排出导管内泥浆,并使导管出口埋深不小于 0.8m 的流态混凝土中,防止泥浆卷入混凝土中。

浇筑混凝土时,塌落度控制在 18～22cm;随时检查混凝土灌注高度,确保混凝土灌注到孔顶后要进行翻浆,将和泥土混合在一起的混凝土翻出孔外,直至新鲜混凝土冒出桩顶,试验人员要在监理见证下现场随机检测坍落度、含气量、入模温度等技术指标,并取样做好试块送检。每 50m³ 留置一组试块。每根桩应最少有 1 组试块,且每个浇注台班不得少于 1 组,每组 3 件。

浇筑混凝土时应注意事项:

(1)混凝土浇筑要一次性完成,不得中断,并控制在 6h 内浇完,以保证混凝土的均匀性;由于混凝土在泥浆中灌注和养护,建议将强度提高 10%,塌落度控制在 18～22cm。

(2)首灌混凝土和易性和流动性一定好。首灌混凝土量要经过计算确定,要保证首灌后混凝土埋管 2m 左右,否则会影响首灌混凝土的冲击力和排淤能力,进而影响桩尖嵌岩质量,对一些泡水易软化的软质岩还应控制从终孔到首灌的时间;浇灌时要保持槽内混凝土面均衡上升,导管提升速度应与混凝土的上升速度适应,始终保持导管在混凝土中的插入深度不小于 2m。

(3)在混凝土浇灌过程中,要随时用探锤测量混凝土面实际标高、导管下口与混凝土相对位置,统计混凝土浇灌量,及时做好记录。

(4)混凝土浇筑到顶部 3m 时,可在孔内放水适当稀释泥浆,或将导管埋深减为 1m,或适当放慢浇灌速度,以减少混凝土排除泥浆的阻力,保证浇灌顺利进行。

(5)当混凝土浇到桩顶时,由于孔内超压力减少,混凝土与泥浆混杂,浇灌后必须清除顶部浮浆一层,一般采用比设计高 0.8～1.0m,凿除泛浆后必须保证暴露的桩顶混凝土强度达到设计等级。

I. 压浆

根据设计图纸要求,本工程钻孔灌注桩采用后压浆施工工艺。

压浆可于成桩 2 天后开始。正式压浆作业前,应进行试桩压浆,对浆液水灰比、注浆压力、注浆量等工艺参数调整优化,最终确定设计工艺参数。

后压浆施工过程中应对压浆各项工艺参数经常进行检查,杜绝并及时纠正不正常的压浆作业现象,对于各方条件变化引起的异常现象及时采取相应措施处理,并根据实际情况调整压浆工艺参数。

3）质量控制

A. 质量标准

灌注桩的原材料和混凝土强度必须符合设计要求和施工规范的规定。浇筑混凝土后的桩顶标高及浮浆的处理,必须符合设计要求和施工规范的规定。桩身直径应严格控制,最大偏差不超过50mm;桩身垂直度偏差不超过桩长的1%;桩位允许偏差不大于100 + 0.01 H(H 为施工现场地面标高与桩顶设计标高的距离。筋笼制作允许偏差值见表8-32。

表 8-32 钢筋笼制作允许偏差

项次	项目	允许偏差/mm	检验方法
1	钢筋笼主筋间距	± 10	尺量检查
2	钢筋笼箍筋间距	± 20	尺量检查
3	钢筋笼直径	± 10	尺量检查
4	钢筋笼长度	± 100	尺量检查

B. 冲击钻进施工应遵守的一般规定

(1)应控制钢丝绳放松量,勤放小放,勤松绳(指次数),小松绳(指长度),防止钢丝绳放松过多减少冲程,放松过小则不能有效冲击,形成"打空锤",损坏冲击机具。用卷扬机施工时,应钢丝绳上作记号控制冲程。冲击钻头到底后要及时收绳提起冲击钻头,防止钢丝绳缠卷筒。应经常检查钢丝绳磨损情况、卡扣松紧程度、转向装置是否灵活,以免突然掉钻。

(2)必须保证泥浆补给,保持孔内浆面稳定,护筒埋设较浅或表土层土质较差者,护筒内泥浆压头不宜过大。

(3)一般不宜多用高冲程,以免扰动孔壁而引起坍孔、扩孔或卡钻事故。

(4)如有特殊原因停钻后再次开钻时,应由低冲程逐渐加大到正常冲程,以免卡钻。

(5)冲击钻头磨损较快,应经常检修补焊。每工作班要2~3次将冲锤提出孔口清洗检查,检查锤头是否变成蒜头锤,有无断齿,钢丝绳扎口是否松动,大螺杆的磨损程度,大弹簧是否折断等,发现问题应及时向主管工程师报告,并进行解决处理。如换用新焊锤齿的冲锤,应与原冲锤比较锤径大小,若新锤径大于原冲锤,孔内应回填块石进行修孔,以免卡锤。

(6)施工过程中注意孔位是否偏移,每隔一段时间应检查一次,若发现有偏位立即进行调整。

(7)每隔4h量测一次孔深,并取好岩样,做好记录,岩样摆放整齐,发现进入弱风化层应及时上报;进入基岩要及时取样,并通知监理工程师等到有关部门确认,每次取出的岩样做好详细记录,并晒干保留作为工程验收依据。交接班应详细交接冲孔情况及注意问题,发现异常情况马上纠正,因故停冲时冲锤要提出孔外以防埋锤,并随即切除电源。

(8)施工过程中严格按照技术交底施工,发现异常情况立即上报。

(9)冲孔过程中桩机上必须设有记录本及该桩超前钻土层情况终孔位置表,由操作人员做好各项原始记录,一般每两个小时记录一次,遇特殊情况每半小时记录一次,终孔后将原始记录交给资料员保留,作为工程竣工资料。

C. 黏土层中钻进注意问题

在黏土层中钻进应注意:可利用黏土自然造浆的特点,向孔内送入清水,通过钻头冲捣形成泥浆,可选用十字小刃角形的中小钻头钻进;控制每次进尺不大于 0.6 ~ 1.0m;在黏性很大的黏土层中钻进时,可边冲边向孔内投入适量的碎石或粗砂;当孔内泥浆黏度过大、相对密度过高时,向孔内泵入清水,使用泥浆比重控制在 1.3 ~ 1.4。

D. 砂砾石层中钻进应注意问题

使用黏度较高、相对密度适中的泥浆;保持孔内有足够的水头高度;视孔壁稳定情况边冲边向孔内投入黏土,使黏土挤入孔壁,增加孔壁的胶结性。

E. 卵石、漂石层钻进应注意问题

宜选用带侧刃脚一字形冲击钻头,钻头重量要大,冲程要高;冲击钻进时可适时向孔内投入黏土,增加孔壁的胶结性,减少漏失量,保持孔内水头高度,不断向孔内补充泥浆,防止因漏水过量而坍孔,在大漂石层钻进时,要注意控制冲程和钢丝绳的松紧,防止孔斜;遇弧石时可抛填硬度相近的片石或卵石,用高冲程冲击,或高低冲程交替冲击,将大弧石击碎挤入孔壁。

F. 第二次清孔应遵守的一般规定

孔壁土质较好不容易坍孔,可用空气吸泥机清孔;孔壁土质较差者宜用泥浆循环清孔,清孔后泥浆相对密度就控制在 1.15 ~ 1.25,黏度≤28s,含砂率≤8% ;必须及时补充足够的泥浆或清水,始终保持桩孔中浆面稳定;清孔后孔底沉渣厚度应符合灌注桩施工允许偏差的规定,孔底沉渣厚度≤50mm;第二次清孔后混凝土浇注前,现场应实测孔深,检查沉渣厚度、泥浆比重是否满足设计要求(沉渣厚度 = 第一次清孔孔深—第二次清孔孔深),不能满足要求的重新进行清孔。清孔完毕,应立即灌注水下混凝土。

G. 常见问题、原因及处理方法

冲孔桩常见问题、原因及处理方法见表 8-33。

表 8-33　冲孔桩常见问题、原因及处理方法

常遇问题	产生原因	预防措施及处理方法
桩孔不圆,呈梅花形	①钻头的转向装置失灵,冲击时钻头未转动;②泥浆黏度过高,冲击转动阻力太大,钻头转动困难;③冲程太小,钻头转动时间不充分或转动很小	经常检查转向装置的灵活性;调整泥浆的黏度和相对密度;用低冲程时,每冲击一段换用高一些的冲程冲击,交替冲击修整孔形
钻孔偏斜	①冲击中遇探头石、漂石、大小不均,钻头受力不均;②基岩面产状较陡;③钻机底座未安置水平或产生不均匀沉陷;④土层软硬不均;孔径大,钻头小,冲击时钻头向一侧倾斜	发现探头石后,应回填碎石或将钻机稍移向探头石一侧,用高冲程猛击探头石,破碎探头石后再钻进,遇基岩时采用低冲程,并使钻头充分转动,加快冲击频率,进入基岩后采用高冲程钻进;若发现孔斜,应回填重钻;经常检查及时调整;进入软硬不均地层,采取低锤重击,保持孔底平整,穿过此层后再正常钻进;及时更换钻头

常遇问题	产生原因	预防措施及处理方法
冲击钻头被卡	①钻孔不圆,钻头被孔的狭窄部位卡住(叫下卡);冲击钻头在孔内遇到大的探头(叫上卡);石块落在钻头与孔壁之间;②未及时焊补钻头,钻孔直径逐渐变小,钻头入孔冲击被卡;③部孔壁坍落物卡住钻头;④在黏土层中冲程太高,泥浆黏度过高,以致钻头被吸住;⑤放绳太多,冲击钻头倾倒顶住孔壁;⑥护筒底部出现卷口变形,钻头卡在护筒底,拉不出来	若孔不圆,钻头向下有活动余地,可使钻头向下活动并转动至孔径较大方向提起钻头;使钻头向下活动,脱离卡点;使钻头上下活动,让石块落下及时修补冲击钻头;若孔径已变小,应严格控制钻头直径,并在孔径变小处反复冲刮孔壁,以增大孔径;用打捞钩或打捞活套助提;利用泥浆泵向孔内泵送性能优良的泥浆,清除坍落物,替换孔内黏度过高的泥浆;使用专门加工的工具将顶住孔壁的钻头拨正;将护筒吊起,割去卷口,再在筒底外围用Φ12mm圆钢焊一圈包箍,重下护筒于原位
孔壁塌坍	①冲击钻头倾倒,撞击孔壁;②泥浆相对密度偏低,起不到护壁作用;孔内泥浆面低于孔外水位;③遇流砂、软淤泥、破碎地层或松砂层钻进时进尺太快;④地层变化时未及时调整泥浆相对密度;⑤清孔或漏浆时补浆不及时,造成泥浆面过低,孔压不够而塌孔;⑥成孔后未及时灌筑混凝土或下钢筋笼时撞击孔壁造成塌孔	探明坍塌位置,将砂和黏土(或砂砾和黄土)混合物回填到坍孔位置以上1~2m,等回填物沉积密实后再重新冲孔;按不同地层土质采用不同的泥浆相对密度;提高泥浆面;严重坍孔,用黏土泥膏投入,待孔壁稳定后,采用低速重新钻进;地层变化时要随时调整泥浆相对密度,清孔或漏浆时应及时补充泥浆,保持浆面在护筒范围以内;成孔后应及时灌筑混凝土;下钢筋笼应保持竖直,不撞击孔壁
流砂	孔外水压力比孔内大,孔壁松散,使大量流砂涌塞孔底	流砂严重时,可抛入碎砖石、黏土,用锤冲入流砂层,做成泥浆结块,使成坚厚孔壁,阻止流砂涌入,保持孔内水头,并向孔内抛黏土块,冲击造浆护壁
冲击无钻进	①钻头刃脚变钝或未焊牢被冲击掉;②孔内泥浆浓度不够,石渣沉于孔底,钻头重复击打石渣层	磨损的刃齿用氧气乙炔割平,重新补焊;向孔内抛黏土块,冲击造浆,增大泥浆浓度,勤循环
钻孔直径小	①选用的钻头直径小;②钻头磨损未及时修复	选择合适的钻头直径,宜比成桩直径小20mm;定期检查钻头磨损情况,及时修复
钻头脱落	①钢丝绳在转向装置连接处被磨断;或在靠近转向装置处被扭断,或绳卡松脱,或钻头本身在薄弱断面折断;②转向装置与钻头的联结处脱开	掉钻后应及时摸清情况,查明原因,如孔深、钻头是否偏斜,有无坍孔等,应尽快处理。如钻头被沉淀物或坍孔埋住,应首先清孔,再使用打捞工具(主要采用打捞叉、打捞钩、打捞活套、偏钩和钻锥平钩等)钩挂钻头保险绳,提升时应缓慢,以防造成坍孔;小铁件可用电磁铁打捞
吊脚桩	①清孔后泥浆相对密度过低,孔壁坍塌或孔底涌进泥砂,或未立即灌筑混凝土;②清渣未净,残留沉渣过厚;③沉放钢筋骨架、导管等物碰撞孔壁,使孔壁坍落孔底	做好清孔工作,达到要求立即灌筑混凝土;注意泥浆浓度,及时清渣;注意孔壁,不让重物碰撞孔壁

4）成品保护

成品保护应注意：已成孔的桩孔及时放好钢筋笼，及时浇筑混凝土，间隔时间不得超过 4h 以防坍孔；桩孔上口外圈应做好挡土台，防止灌水及掉土；保护好已成形的钢筋笼，不得扭曲、松动变形。吊入桩孔时，不要碰坏孔壁。导管应垂直放置，防止因混凝土斜向冲击孔壁，破坏护壁；浇筑混凝土时，在钢筋笼顶部固定牢固，限制钢筋笼上浮；桩孔混凝土浇筑完毕，应复核桩位和桩顶标高。将桩顶的主筋或插铁扶正，用塑料布或草帘围好，防止混凝土发生收缩、干裂；施工过程妥善保护好场地的轴线桩、水准点。不得碾压桩头，弯折钢筋。

2. 单重管旋喷桩施工

基坑西北角采用单管高压旋喷桩法复合地基加固，在基坑开挖完毕后施工，节约空桩成本。共 772 根单管高压旋喷桩，桩长平均约 6.0m，总长度 4632m。

1）单重管旋喷桩技术参数

复合地基承载力特征值 180kPa，单桩承载力特征值 200kN，旋喷桩桩身强度 3.5MPa。

单重管高压旋喷桩进行加固处理，桩径 500mm，采用 42.5R 普通硅酸盐水泥，设计旋喷桩水泥用量不少于 200kg/m。

桩加固深度不少于 5m，桩端土为粉质黏土（2~3）层，并进入粉质黏土（2~3）层不少于 3m，如粉质黏土（2~3）层少于 3m，则应穿过粉质黏土（2~3）层至基岩面，施工时停浆面应高于桩顶设计标高 300~500mm。

承台底部设置 300mm 厚的砂夹石褥垫层，砂、石的最大粒径不宜大于 20mm，褥垫层压实系数不小于 0.95；另外，褥垫层下旋喷桩头应外露 50~100mm。

单重管高压旋喷桩施工主要技术参数见表 8-34。开工前，应选取 1~2 条桩就表中参数进行试喷，适当调整后作为最终施工参数。

表 8-34　单管高压旋喷桩施工主要技术参数

序号	项目名称	参数	备注
1	水射流压力	30MPa	
2	钻杆提升速度	12cm/min	
3	浆液材料及配比	1∶0	42.5R 普硅
4	每米水泥用量	200kg/m	
5	旋喷桩直径	1.0m	400kg/m
6	旋喷桩间距	1.8m	

2）单重管高压旋喷桩施工方法

单管高压旋喷桩施工方法如下：

（1）钻机就位。钻机安放在设计的孔位上并应保持垂直，施工时旋喷管的允许倾斜度不得大于 1.5%。

（2）钻孔。单管旋喷常使用76型旋转振动钻机,钻进深度可达30m以上,适用于标准贯入度小于40的砂土和黏性土层,当遇到比较坚硬的地层时宜用地质钻机钻孔。钻孔的位置与设计位置的偏差不得大于50mm。

（3）插管。插管是将喷管插入地层预定的深度。使用76型振动钻机钻孔时,插管与钻孔两道工序合二为一,即钻孔完成时插管作业同时完成。如使用地质钻机钻孔完毕,必须拔出岩芯管并换上旋喷管插入到预定深度。在插管过程中,为防止泥砂堵塞喷嘴,可边射水、边插管,水压力一般不超过1MPa,若压力过高,则易将孔壁射塌。

（4）喷射作业。当喷管插入预定深度后,由上而下进行喷射作业,技术人员必须时刻注意检查浆液初凝时间、注浆流量、风量、压力、旋转提升速度等参数是否符合设计要求,并随时做好记录,绘制作业过程曲线;当浆液初凝时间超过20h应及时停止使用该水泥浆液（正常水灰比1:1,初凝时间为15h左右）

（5）冲洗。喷射施工完毕后,应把注浆管等机具设备冲洗干净,管内机内不得残存水泥浆。通常把浆液换成水,在地面上喷射,以便把泥浆泵、注浆管和软管内的浆液全部排出。

（6）移动机具将钻机等机具设备移到新孔位上。

3）质量控制

桩位偏差<5cm,钻孔垂直度<1%H。钻杆要进行量测,并作记录,经常检查孔深,保证孔深达到设计要求。严格按设计配合比例率拌制水泥浆液,拌制好的水泥浆液超过2h不能使用。旋喷桩施工中,严格控制空压机、高压水泵、送浆泵的压力和提升喷浆速度。提升过程中,拆卸钻杆后,继续旋喷施工时,保持钻杆有不小于10cm的搭接长度。经常检查高压系统、管道系统,使压力、流量能够达到规范要求,以保证桩径达到设计要求。

4）注意事项

（1）在旋喷桩施工区最外围的一排桩采用1,5,9,…,间隔跳打的方法进行施工,围内部采用不跳桩按次序施工。

（2）钻机或旋喷机就位时机座要平稳,立轴或转盘要与孔位对正,倾角与设计误差一般不得大于0.5°。

（3）喷射注浆前要检查高压设备和管路系统。设备的压力和排量必须满足设计要求,管路系统的密封圈必须良好,各通道和喷嘴内不得有杂物。

（4）喷射注浆作业后,由于浆液析水作用,一般均有不同程度收缩,使固结体顶部出现凹穴,所以应及时用水灰比为0.6的水泥浆进行补灌,并要预防其他钻孔排出的泥土或杂物进入。

（5）为了避免固结体尺寸减小,可以采用提高喷射压力、泵量或降低回转与提升速度等措施,也可以采用复喷工艺:第一次喷射（初喷）时,不注水泥浆液,初喷完毕后,将注浆管边送水边下降至初喷开始的孔深,再抽送水泥浆,自下而上进行第一次喷射（复喷）。

（6）在喷射注浆过程中,应观察冒浆的情况,以及时了解土层情况,喷射注浆的大致效果和喷射参数是否合理。采用单管或一重管喷射注浆时,冒浆量小于注浆量20%为正常现象,超过 20% 或完全不冒浆时,应查明原因并采取相应的措施。若系地层中有较大空隙引起的不冒浆,可在浆液中掺加适量速凝剂或增大注浆量,如冒浆过大,可减少注浆量或加快提升和回转速度,也可缩小喷嘴直径,提高喷射压力。

(7)对冒浆应妥善处理,及时清除沉淀的泥渣。在砂层中用单管或二重管注浆旋喷时,可以利用冒浆进行补灌已施工过的桩孔。但在黏土层、淤泥层旋喷时,因冒浆中掺入粘上或清水,故不宜利用冒浆回灌。

(8)在软弱地层旋喷时,固结体强度低。可以在旋喷后用砂浆泵注入 M15 砂浆来提高固结体的强度。

(9)在湿陷性地层进行高压喷射注浆成孔时,如用清水或普通泥浆作冲洗液,会加剧沉降,此时宜用空气洗孔。

(10)在砂层尤其是干砂层中旋喷时,喷头的外径不宜大于注浆管,否则易夹钻,在开钻前根据管线图摸清管线位置及走向,遇有不明管线应及时向上级汇报。

3. 抗浮锚杆

1)抗浮锚杆技术参数

锚杆 G1 直径为 180mm,抗拔承载力特征值为 220kN;锚杆 G2 直径为 220mm,抗拔承载力特征值为 400kN。锚杆的抗拔承载力最终应通过基本试验确定。抗浮锚杆锚固体灌注纯水泥浆体并加微膨胀剂,二次高压注浆工艺。采用 P·O 42.5R 水泥,水灰比 0.45 ~ 0.50;采用二次注浆工艺,第二次注浆掺入水泥用量 10% 的微膨胀剂。锚固体强度等级为 > M30。锚筋采用 HRB400 螺纹钢筋,锚杆钢筋锚入底板均为 40d,防锈漆可选用铁红氧脂漆或其他品种。底板标高处粉质黏土区锚杆锚固段长 $L = 12m$,强风化区锚杆锚固段长 $L = 8m$,微风化区锚杆锚固段长 $L = 3m$。

底板抗浮锚杆,总数 1371 根。锚杆 G1 直径为 180mm,抗拔承载力特征值为 220kN;锚杆 G2 直径为 220mm,抗拔承载力特征值为 400kN。锚筋采用 HRB400 螺纹钢筋,锚杆钢筋锚入底板均为 40d,防锈漆可选用铁红氧脂漆或其他品种。底板标高处粉质黏土区锚杆锚固段长 $L = 12m$,强风化区锚杆锚固段长 $L = 8m$,微风化区锚杆锚固段长 $L = 3m$。

2)工艺流程及施工工艺

A. 工艺流程

工艺流程为:锚孔定位编号→钻机就位→钻孔→下锚→注浆拔管→二次注浆→防水、防腐→成品保护措施。

B. 施工工艺

a. 放线定位

按施工桩位平面布置图放线确定桩位,做好标记和预检;桩位误差控制在规范要求之内。

b. 地质嵌风钻机锚孔钻进方法

安装锚孔钻机、调平、调立、稳固;锚杆 G1 直径为 180mm,锚杆 G2 直径为 220mm,孔径偏差不大于 2cm,钻孔深度偏差不应小于设计深度 1%,也不宜大于设计深度 500mm,

成孔深度达到设计要求;锚孔钻进经常检查钻头尺寸,保证钻孔孔径;掌握锚孔中心度,防止锚孔偏斜,跑斜后应采取措施,重新成孔。

c. 洗孔

锚孔成孔后,将连接空压机的洗井管置入孔内,由上往下,再由下往上反复冲洗,沉渣小于等于30cm;做好孔口维护,防止渣土流入孔内。

d. 杆体加工制作及孔内安装

G1 锚杆杆体为 3Φ32(HRB400),G2 锚杆杆体为 3Φ25(HRB400),采用 Φ32×3 钢管长度 80mm 的焊接按间距 1800mm 将主筋点焊成束;锚杆按 1.8m 间距焊接 3Φ6(HRB400)定位中心支架,以使锚杆体保持平行,保证锚杆在锚孔中心;注浆管内径 20mm,长度要求能满足能自孔底开始依次向上的注浆长度;锚杆体采用人工安放;下锚前,锚杆制作质量和锚杆长度需经监理验收合格后,方可下入孔内,锚杆按设计及规范制作组装,其结构示意图如图 8-108 所示。

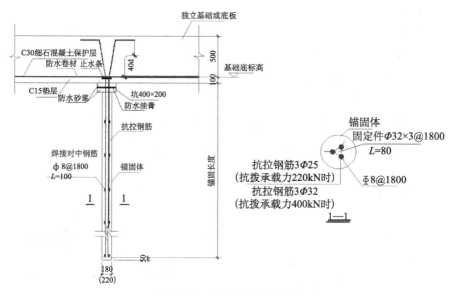

图 8-108　锚杆结构示意图

e. 注浆

浆液配制:注浆材料为普通硅酸盐水泥强度等级 42.5,水灰比 0.45～0.5。采用二次注浆工艺,第二次注浆掺入水泥用量 10% 的微膨胀剂,锚固体强度等级为 >M30。水泥浆搅拌均匀,具有可靠性,低泌浆性。

注浆前先泵送清水至孔口返水以疏通管路,后采用常压泵送方法注浆,注浆前不得拔出注浆管,以保证锚杆底端注浆充实。

采用水下混凝土灌注法,首次注浆量以注满孔为准,充盈系数达 1.2 以上;注浆作业连续,注浆管要边注边拔,拔管高度不超出孔内浆液面;待一次注浆体初凝强度达 5.0MPa 后,即可用高压注浆管进行二次高压注浆。二次注浆时间可根据注浆工艺通过试验确定。

锚固段注浆采用孔底返浆法,将注浆管插入到距孔底50cm处,用压浆机(泵)将水泥浆通入注浆管注入孔底,水泥浆从钻孔底口向外依次充满并将孔内空气压出,而水泥浆则由孔眼处挤出并冲破第一次注浆体。

试块制作,除见证取样外,每天或每20根(锚)桩做3组,规格70.7mm×70.7mm×70.7mm,取28d抗压强度值。基本试验则取同条件养护下试块强度。

补浆方法为:待孔内素浆初凝后,开动注浆泵先用清水冲洗孔内泥浆,再用上述方法注浆,直至孔内浆液饱满。

f. 防水、防腐

清理锚桩头、与建筑基础防水施工一起做好抗浮锚杆的防水施工。对穿过底板防水层的锚杆,采用一层渗透性结晶防水材料和两层高分子聚合物卷材进行防水处理。锚杆头外露锚杆体用防腐树脂、砂浆封闭,承压板用防锈漆及沥青材料涂刷,进行防锈、防腐处理。

C. 施工注意事项

锚杆体应无损伤,并应作除锈处理。锚杆体的选择试验(基本试验、验收试验),质量的要求等,应严格按有关规范、规程进行,禁止盲目操作,以免发生危险。锚孔内的水泥浆应有足够的养护时间,在养护期内不得移动锚杆。设计与现场实际情况有出入时,经设计单位同意后,可酌情调整。

3)成品保护措施

现场成立成品保护小组,项目经理任组长,成品保护小组每天24h进行日常检查和维护。

A. 抗浮锚杆施工过程中成品保护措施

在锚杆完成灌浆工作以后,如何对已完成的锚杆进行保护,是成品保护的重要部分。根据实际情况,计划采取如下措施:

为了避免后续基础施工对锚杆造成破坏,任何机械不允许进入该区域进行工作;对伸出工作面的锚杆体用素水泥浆进行涂抹,以避免锚杆体锈蚀;抗浮锚杆必须分区并且按照一定的顺序进行施工,绝对禁止遍地开花,从而增大成品保护的难度。

B. 底板施工过程中成品保护措施

为了防止在底板施工过程中,锚杆体因钢筋运输、绑扎、焊接、混凝土浇筑等工序施工时造成破坏,根据工程实际情况,将需要采取如下保护措施:基础底板施工时,绝对禁止在锚杆部位进行焊接和火焰切割工作。在混凝土浇筑前,对锚杆体锚固部分全部进行检查,并进行二次防腐。

4. 施工安全保证措施

施工安全保证措施如下:

(1)认真贯彻执行"安全第一,预防为主"的方针。

(2)开工前进行一次安全教育,开工后每周进行一次安全大检查,日常上班随时进行安全检查,发现隐患,应及时限期整改。

（3）现场作业人员，均需经安全培训，特殊工作如电工、电焊工，场内机动车驾驶员必须持证上岗，临时工只能做辅助工作。

（4）工地配备专职安全员　专职安全工程师并持证上岗。

（5）设备安装、移动及拆除安全措施

①机架设备必须安装在平整、坚实的场地上，松软的场地必须夯实，加垫基台木和木板。在台架上作业的钻机，必须要有可靠的底盘与台架连接。

②机械设备必须安装稳固、周正水平、确保施工中不发生倾斜、移动、沉陷。

③机架设备传动的外面，必须安装牢固的防护栏或防护罩，加压轮钢丝绳必须加防护套。

④安装、拆卸和迁移机具必须由机长或施工员统一指挥，严禁上下抛掷工具、物件，严禁塔架上下同时作业；严禁塔上或高空位置存放拆装工具和物件；整件竖放塔架时施工人员应离开塔架起落范围。

⑤塔架不得安装输电电线，塔架立起或放倒时其外侧边缘与输电线路的边线之间必须保持一定安全距离。

⑥设备迁移时，应先检查并清除障碍物，设专人照看电缆，防止轧损，无关人员撤到安全地带。

⑦机架移位应事先检查滑轮、流筒、钢丝绳等安全情况，移位时应力求平稳。

（6）安全用电措施。

①各种机电设备安装、使用、维修均应按其说明书的要求进行，电气作业按相关规范进行。

②机电设备必须建立使用、检查、维护、保养制度，配齐安全防护设备，在工程结束时，及时组织人员对设备进行检查维修，确保安全可靠。

③机械动转中，不得进行零部件拆卸和修理，拆洗和检查机械时，要防止转动伤人。

④电气设备的线路必须保持绝缘电阻不得低于 $0.5M\Omega$.

⑤缆线路应架空或悬挂铺设，固定线路尽量接近桩基平面，并设固定线路，应敷设在不被车辆游轧、人踩、不被管材工件碰撞的明显地方，不得置于泥土和水中，每周必须停电检查一次电线外层磨损情况，发现问题及时处理，电缆通过临时道路时，应用钢管做护套，挖沟埋设。

⑥每个机台设置一个配电柜，柜内应有足够的闸刀开关，空气开关插座，并安装漏（触）电保护器，配电柜应有防雨措施，在使用中配电补充的电流量不得超过电气设备的额定值。

⑦保险盒、熔断器、熔丝必须按规定的规格使用连续发生熔丝等其他金属导线代用。

⑧电气设备的金属外壳或机架必须根据技术条件采取保护性接地或接零，但同一电网的用电设备不得有接地、有的接零，不得拆除接地、接零装置。

⑨夜间施工应有足够的照明，灯具应悬挂或固定在合适的架上，不妨碍作业施工，低压电气设备，如Ⅲ类电动工具、安全行灯等应有国家标准 GB3805 - 83《安全电压》范围内

使用。

⑩检修电器设备和线路时,首先要切断电源,并在开关上持"有人工作,禁止合闸"的标志牌,如用电工作时,必须有确保安全的措施,并有专人监护,非电工不得从事电气设备的安装与检修工作。当电器设备、线路着火及作业场所发生其他火灾时,应立即切断面电源,未切断电源前,严禁用水或泡沫灭火器灭火。

进行电、气焊作业必须严格执行《焊接安全规程》,非焊工不得从事电、气焊作业。大风大雨后,要及时对电气设备及线路进行系统检查,停电后应闭总闸,采用应急照明措施。

(7)其他安全措施。

①下钢筋笼受阻时,禁止盲目下放,禁止施工人员在笼上踩压,以防突然下沉伤人。

②灌桩前孔口周围要铺好安全防护,以防人、工具掉入孔内,灌浆时,随时操作人员必须与孔口配合好。

③灌桩发生堵管而升降抖动导管时,孔口无关人员应撤至安全地带。

④混凝土灌注完毕,空孔段及时回填,泥浆池也须及时回填。

5. 环境保护措施

对施工人员进行环保法律、法规和生态环境建设各项规定的教育,使参建人员牢固树立环保意识,自觉地遵守环保规定。

所有建筑垃圾、生活垃圾均集中存放,主要处理好泥浆,泥浆及时抽入泥头车内的铁罐按当地政府要求运至指定地点处理,防止污染水源和环境。施工现场和运输道路设专人养护维修,经常洒水,清理污物,防止筑路机械和施工车辆产生扬尘。噪声较大的施工机械,操作人员要配耳塞,同时注意机械保养,降低噪音的声级。距居民150m以内的施工现场,限定施工时间。施工期间噪声低于70分贝。

8.5.4　工程项目管理

1. 勘察设计阶段

勘察单位根据设计提出的勘察要点进行详勘,设计单位提出勘察要点时考虑到位于灰岩地区,地质情况复杂,勘察点进行了加密处理。

设计单位根据详勘情况,在桩基础设计过程中,考虑到下伏基岩深度在 15~40m 深处,桩较长为保证冲孔桩的成桩质量,普遍采用了大直径冲孔桩,桩径大于等于1m。

根据桩位布置情况,勘察单位做了一桩一孔的超前钻,在岩溶特发育的区域做了一桩二孔或三孔超前钻,由于有了较详细的勘察资料,对桩的质量及工程造价的控制有了保证的基础。

认真分析地质勘察报告,超前钻资料,针对不同地质情况采用不同的施工工艺参数是解决问题的基础。对于异常复杂的地质条件,应通过超声波、CT 扫描仪等设施进行桩孔周围断面扫描测试,为施工提供更详细的依据。

2. 施工招投标阶段

根据以往的经验,在岩溶发育地区的冲孔桩施工过程中会出现各种复杂的情况,本次施工招投标过程中工程量清单的编制考虑到了抛松石处理斜岩面的费用,穿过一层或多层溶洞范围内岩层的费用,溶洞造成卡锤掉锤的费用,溶洞引起的混凝土超灌的费用,溶洞漏浆处理的费用等均做了较详细的考虑,做到了尽量减少在工程结算中的争议。

通过招投标选择具有相应等级的有灌注桩施工资质,有较好社会信誉、有保证质量和安全生产措施,标价合理、工期适当的单位承包施工。在评标前要对施工队伍的素质、技术水平和管理水平进行调查了解。

审查承包方的施工组织设计书,审查其选用的机械设备、施工工艺是否合理,质保体系是否健全、劳动组织、材料供应、进度计划是否落实等;一份好的施工组织设计,应对本工程的特点、重点和难点有较深刻的了解,并提出切实可行的有针对性的措施。

以工序管理为核心,以岗位职责为关键,协助承包方提高作业人员的质量意识和责任心,督促承包方健全和搞好各种施工记录等。

3. 工程施工阶段

针对岩溶地区冲孔桩施工的特点,根据设计规范要求制订以下几个施工要点编制成资料,让施工员、机手人手一份,这是保证工程质量进度投资控制,防患于未然的有效措施,是工程项目管理的重点。

熟悉和掌握有关图纸设计和施工规范中的要求及图纸会审记录,特别是每一个桩孔的超前钻资料。根据超前钻孔资料,绘制桩端持力层顶、底板地形等高线控制图,绘制桩基岩层埋深、厚度、岩溶发育情况推算图等,以便进行工程质量监控和记录。

保证桩的垂直度偏差控制在规范要求 $1\% H$ 范围内(H 为桩长),当桩底有溶洞或斜岩面时,更应随时检查观察桩的垂直度,每冲进 $1 \sim 2m$ 检查一次,防止出现桩的偏位过大或 S 型桩。

由于场地岩溶发育,岩面凹凸不平,为确保桩进入稳定岩层,要做好岩样的检查,记录岩面深度,保存好岩样。在确定了桩孔已进入稳定岩面后,孔深必须满足超前钻地质资料确定的稳定岩层深度;按已判断的界面进入稳定岩层深度 $\geqslant 500mm$;对于倾斜岩面,必须保证最浅一侧的嵌岩深度 $\geqslant 500mm$ 。除满足以上要求外,在施工中,要求在保证设计要求深度的前提下,还要综合在全断面嵌入微风化灰质岩 $500mm$ 段的冲进速度、石渣情况,每一桩成孔需有勘察、设计、监理单位认可,方可终孔。

成孔施工中要严格控制泥浆各项性能指标,尤其是比重和砂率这两项最直观、最重要的指标。泥浆比重过大致使孔壁泥皮增厚;泥浆比重过小则使护壁性能差,容易坍孔。为防止塌孔,冲孔过程中泥浆比重控制在 $1.2 \sim 1.5$ 。冲孔完成后就是清孔,一次清孔降低泥浆浓度,防止二次清孔因淤泥过厚而难以清理,二次清孔在导管下放后,利用导管进行,二次清孔泥浆比重控制在 $1.15 \sim 1.25 g/cm^3$,黏度 $\leqslant 28Pa \cdot S$,含砂率 $\leqslant 8\%$,孔底沉渣厚度 $\leqslant 50mm$ 。清孔完毕后必须在 $30min$ 内进行灌注混凝土。

在钢筋笼的吊放过程中,要注意钢筋笼能否顺利下放,沉放时不能碰撞孔壁;当吊放受阻时,不能加压强行下放,因为这将会造成坍孔、钢筋笼变形等现象,应停止吊放并寻找原因。钢筋笼吊装主要检查各节钢筋笼间的焊接质量、钢筋笼入孔中心位置,钢筋笼应准确定位、固定牢固,避免钢筋笼偏位或上浮。

水下混凝土灌注桩施工。水下混凝土灌注是成桩过程的关键性工序,灌注过程中应明确分工,密切配合,统一指挥,做到快速、连续施工,灌注成高质量的混凝土,防止发生质量事故。施工人员应从思想上高度重视,在做好准备工作和技术措施后,才能开始浇注,混凝土必须具备良好的和易性,坍落度控制在 18～22cm,灌注前,在料斗内灌入 0.2m³ 左右的 1:1.5 水泥砂浆保证第一料斗混凝土快速灌入桩底,能有效地冲走孔底沉渣,减少孔底沉渣厚度。在灌注有溶洞的桩过程中,应尽量降低混凝土灌注的上升速度,防止护壁破坏,混凝土流入溶洞。当导管内混凝土不满含有空气时,后续混凝土宜通过滑槽徐徐流入漏斗和导管,不得将混凝土整斗从上面倾入管内,以免在导管内形成高压气囊,挤出管节间的橡胶垫而使导管漏水。水下灌注混凝土的实际桩顶标高应高出桩顶设计标高 0.5～1.0m,混凝土充盈系数不得小于 1.0,一般土质取 1.1,软土取 1.2～1.3。

桩基工程为隐蔽工程,严格把握内业资料管理非常重要。桩基施工每道工序均须监理验收签认后,方可进入下一道工序,这样不仅保证了工程质量,也为全面工程验收提供依据,档案资料必须按规定齐备。

4. 施工验收阶段

桩抽芯检查过程中,个别桩在桩底 3 倍桩径或 5m 深范围内出现了个别小溶洞或裂隙,对于这个别桩采用钻孔注浆处理方案,高压清理小溶洞和裂隙,再高压注浆,水灰比为 0.6:1 的浓浆,通过抽芯检测,注浆效果满足设计要求,最后均顺利通过了工程验收。

由此可知,岩溶地区冲孔灌注桩工程项目应从勘察设计,工程施工招投标到工程施工过程等方面进行严格的控制管理。加强桩成孔到成桩的各个环节的质量管理,如果质量把关不好,都可能会引起灌注桩的质量事故,因此在桩基工程开工前应做好各项准备工作,认真审查地质勘探资料和设计文件,实行会审和技术交底制度,抓好每一环节施工,及时消除事故隐患。

8.5.5 施工事故预防与处理

1. 事故预防措施

(1)对有溶洞的桩要进行独立的施工质量安全技术交底,对所施工桩地质情况充分了解,当快到到溶洞上端岩层时进锤要短而慢,做到心中有数,不乱阵脚;施工要有专人进行质量技术安全等进行跟踪,对施工进度进行时刻记录,时刻观察冲孔进度情况。

(2)在预计有溶洞的桩孔上施工时,采用加长大木枋或长工字钢架来设桩机,防止发生掉机事故。

(3)开钻前组织桩机手详尽了解该桩位的地质情况,准确了解桩机冲进情况,并密切观察溶洞或土洞的深度位置。每个桩孔开钻前都需做好以下准备工作:

①人员配备:选择在处理溶洞方面有着丰富经验的施工队伍负责本工程的桩基施

工,为顺利穿越溶洞打下了良好的基础。

②材料储备:现场储备足够的黏土、卵石、块石、片石、水泥、充足水源及长木枋;每台桩机的泥浆池要制备不少于10m³的备用泥浆。同时钻进过程中确保泥浆泵的使用正常。

③若没有停钻,留守人员要密切注意孔内情况,并备有反铲式挖机1台。

④桩机底座的架设采用长木枋,既可分散施工压力,又可防止掉机等事故发生。

(4)桩孔未灌注桩芯混凝土前,必须设专人值班观察,一旦发现异常情况,应及时报告给有关技术人员,并按事先制定的应急方案采取适当的抢救措施。

(5)现场必须备足抢救材料,如黄泥、片石、长木枋和汽车吊机等。现场机械、材料堆放有序,临时设施分布合理,一旦事故发生,有可供应急和撤离的通道。

2. 事故处理

1)塌孔处理方法

A. 卵石黏土填充法

在松散粉砂土或流砂中钻进时,应控制进尺速度,选用较大相对密度、黏度、胶体率的泥浆或高质量泥浆,冲击钻孔时投入黏土,掺片,卵石,低冲程锤击,使黏土膏片、卵石挤入孔壁以起到护壁作用;汛期或潮汐地区水位变化过大时,应采取升高护筒,增高水头,或采用虹吸管、连通管等措施保证水头相对稳定;发生孔口崩塌时,可立即拆除护筒并回填钻孔,重新埋设护筒再钻;如发生孔内坍塌,判明坍塌位置,回填砂和黏质土(或砂砾和黄土)混合物到坍孔处以上1~2m,如坍孔严重时应全部回填,待回填物沉积密实后再行钻进;严格控制冲程高度;清孔时应指定专人补浆(或水),保证孔内必要的水头高度,供浆(水)管最好不要直接插入钻孔中,应通过水槽或水池使水减速后流入钻孔中,以免冲刷孔壁。应扶正吸泥机,防止触动孔壁,不宜使用过大的风压,不宜超过1.5~1.6倍钻孔中水柱压力;吊入钢筋骨架时应对准钻孔中心竖直插入,严防触及孔壁。对轻度坍孔可加大泥浆相对密度和提高水位,对严重坍孔,可用黏土泥膏投入,待孔壁稳定后采用低速钻进。

B. 高稠度泥浆护壁冲填片石填充法

重新开孔后首先用比重大于1.5的膨润土造浆,冲孔过塌方顶盖处抛填2m³左右的片石与黏土,下冲1m左右,再抛填2m³左右的片石,如此连续冲孔并抛填片石3次左右,确保塌孔处侧壁稳固;其次在冲过溶洞时,于近孔口安全位置备置大量泥土、片石,必要时加填水泥包,确保及时填充,护住液面标高。一旦有大面积塌方的事故,应立即先救人,然后回填大量的黏土、水泥等物以填充。

C. 素混凝土填充法

如以上两种方法都用了仍然不起作用时,采用低标号混凝土进行填充,直到混凝土沿孔护壁上升时,则停止填充混凝土,在孔内填充满泥浆,防止护壁长时间无泥浆护壁造成再次塌孔,待混凝土终凝后再进行冲孔。

当施工中遇到土(溶)洞且发生塌孔,而桩孔中又埋有钢筋笼、钻头等难以用锤冲烂的物体时,我们首先尽量进行排障,如顺利则可施工钢套管护壁,若无法排除就应采取素混凝土灌注原桩位,然后在两旁对称另补2根桩的方法。

　　碰到斜孔桩,锤体落下去,一边着力,一边悬空,很难成孔,即使成孔也是斜孔,达不到规范要求的规定斜率。要不断地重复投放片石和黄泥找平,重复冲钻直至通过斜岩面从而纠正偏孔位。图 8-109 ~ 图 8-113 是纠正偏孔位几组示意图。

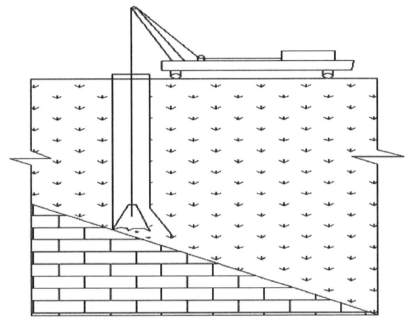

图 8-109　桩孔遇斜岩时示意图

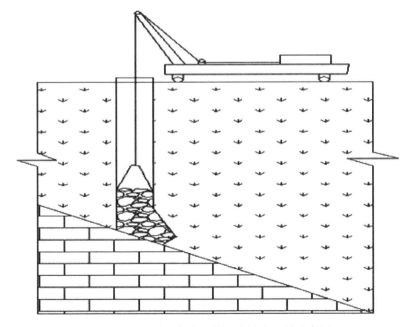

图 8-110　桩孔遇斜岩面第一次填充石块示意图

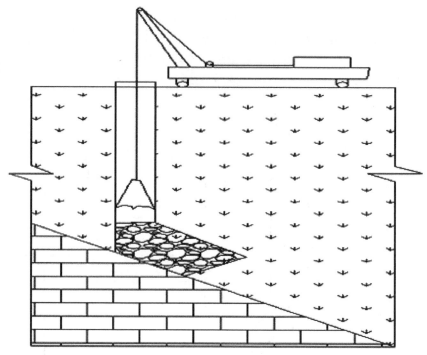

图 8-111　桩孔遇斜岩面第二次填充石块示意图

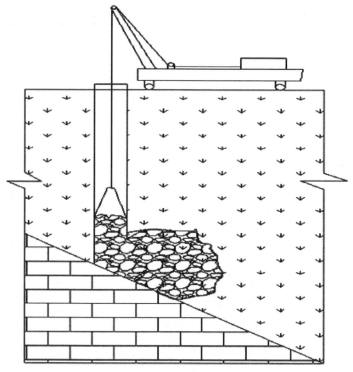

图 8-112　桩孔遇斜岩面通过多次填充石块示意图

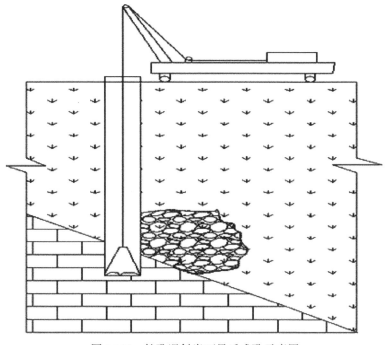

图 8-113　桩孔遇斜岩面最后成孔示意图

2) 溶洞处理办法

A. 深度小于 5m 的溶洞

冲锤打穿溶洞后直接填充片石与黏土,让所填片石与黏土在冲锤冲击的作用下对溶洞进行填充密实,提前根据溶洞深度估计需要填充量,事先准备好要填充的材料于护筒外 5m 位置,等冲孔到了溶洞位置观察孔内泥浆情况,如大量漏浆,说明溶洞虽小但可能与其他溶洞连通,例如在没有塌孔的情况下,立即放下导管于孔底,用低标号混凝土进行分层填充,24h 后再进行冲孔;如少量跑浆进行回填片石与黏土,回填后即时冲进,如图 8-114 和图 8-115 所示。

B. 深度大于 5m 而小于 10m 的大溶洞

对大溶洞要派专人进行跟踪,对施工作业人员要进行交底,准备好回填用的片石、水泥包等,于孔外 5m 左右便于施工到溶洞时能即时进行回填充,特别是快要到溶洞上端岩层时冲进速度要慢,提锤高度要低,防止锤冲进时突然打穿岩层冲锤掉进溶洞造成卡锤等事故,当冲锤打穿溶洞上端岩层后出现孔内泥浆大量流失,在没有塌孔的情况下即时安装混凝土导管于溶洞岩层上端,以便来不及填充就发生塌孔现象,就算塌孔也能通过导管对孔底溶洞进行低标号混凝土填充,如填充混凝土,则要分层多次填充,减少混凝土流失,让混凝土分层堆积,直到溶洞上端堵封为止;拔出导管后 24h 再冲孔;当冲锤打穿溶洞上端岩层没有大量的泥浆流失时,对孔内进行填充片石与黏土,6h 后再进行冲进;如反复出现跑浆,则在填充片石与黏土的同时增填水泥包,增加形成泥浆护壁的强度;如在没有塌孔的情况下,只是大量跑浆,或孔内浆全部跑完,可对孔内进行混凝土与片石分层

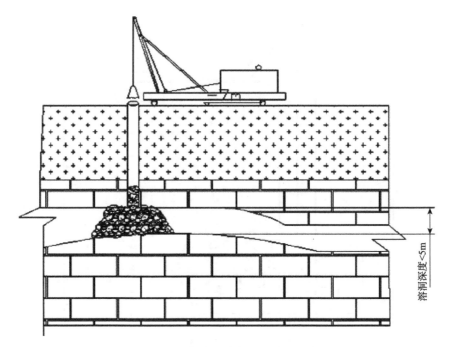

图 8-114 一般溶洞填充片石黏土示意图

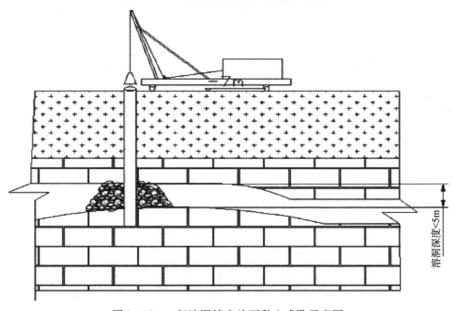

图 8-115 一般溶洞填充片石黏土成孔示意图

填充,直到填充到溶洞上端用混凝土进行填充,直到混凝土填充到高于溶洞上端岩层 3m,使溶洞上端在一定范围也保证密实,24h 后再进行冲进,如图 8-116 和图 8-117 所示。

　　C. 深度大于 10m 的特大溶洞

　　对特大溶洞,除派专人进行跟踪外,还要加派技术人员多方面收集特大溶洞处理的相关资料,结合本项目的基础工程桩的实际情况,根据超前钻资料对施工作业人员进行相关质量安全技术交底,让施工作业人员心里有充分的思想准备,提前配合项目技术管

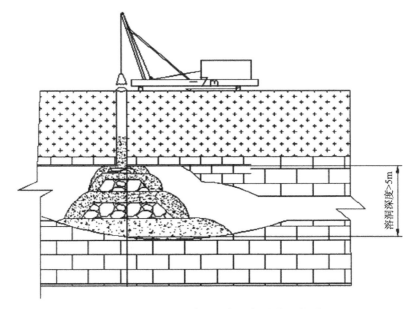

图 8-116　大溶洞填充混凝土与石块示意图

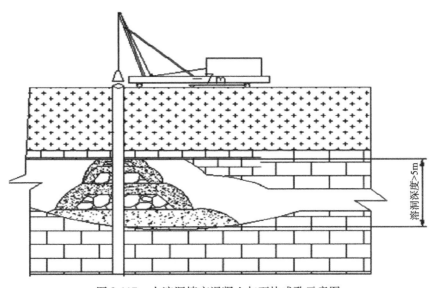

图 8-117　大溶洞填充混凝土与石块成孔示意图

理人员做好遇溶洞的处理措施,时时观测冲孔进度,做好冲孔记录,按单桩施工技术交底进行施工,当施工到溶洞上端岩层时或快到溶洞顶端 2m 高度时施工进尺要慢,提锤高度要小,不能超过 500mm,冲锤打穿溶洞上端后,如少量跑浆则说明是小的溶隙,不用处理,只是在孔内加泥浆则可;如出现大量跑浆则是溶洞或大溶隙,如是大溶隙则在孔内填充片石、黏土,同时给孔内填充泥浆,黏土、片石能填充大溶隙,填充泥浆能保护成孔的护壁不塌孔;如采用片石、黏土都不成功,第二次冲孔到溶洞上端时还出现大量跑浆,则在填充片石与黏土的同时加填充水泥包,这样多填充几次则成;或打穿溶洞上端后,如没有塌孔的情况,则直接采用 C15 混凝土与片石分层填充,让混凝土与片石在溶洞内形成下底约 10m,上底约 6m,高为溶洞高度的圆锥台;或直接用素混凝土分层填充,直到把溶洞顶端填充密实后,24h 后再进行冲池,如图 8-118 和图 8-119 所示。

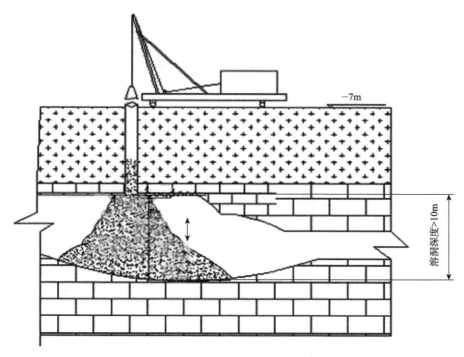

图 8-118　特大溶洞填充混凝土示意图

3. 出现塌陷、机械损坏、人员伤亡事故的处理

基础桩施工过程中如出现大面积塌陷,首先施工人员应尽快撤离危险区,到达安全地方,如发现有人员伤亡,应立即对伤者进行施救,同时向急救小组组长进行电话汇报,施救原则是先重伤后轻伤,先近后远,先上面再下面,即时有序施救,先将患者以最快的速度脱离危险区,对重伤者要即时送往最近医院进行抢救,对轻伤者进行常规的包扎处理,等施救工作完成后,再对基础塌陷现场进行保护。

地基出现塌陷造成机械损严重损坏的,先要切断机械电源,再将机械撤离安全区进行修复,不能修复的要清出场外。

8.6　项目工程难点及应急措施

8.6.1　工程难点

(1)本场地赋存多层地下水,基坑开挖深度范围内的浅层地下水赋水程度一般,深层地下水较为丰富。雨季阶段施工,需做好基坑降排水措施,保证施工能正常作业,有效控制工程施工进度。

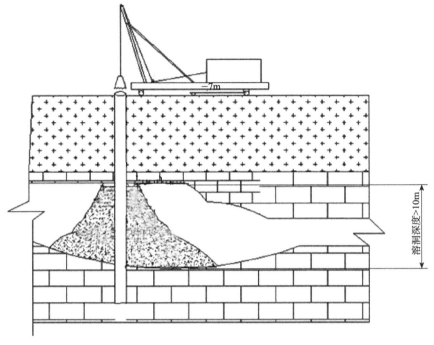

图 8-119　特大溶洞填充混凝土成孔示意图

（2）场地内原有建筑物基础、地下管线等，是保证进度、施工安全的重点。

（3）冲孔桩施工遇到溶洞、土洞、石芽、岩面倾斜等问题的处理方案措施是否妥当，决定工程质量和施工进度。承包人应根据超前钻揭示情况，制定好预控方案措施。

（4）本工程地处龙岗中心区，必须做好文明施工，特别是冲孔桩的泥浆收集、处理和排放，土方运输等，做好泥头车专项整治工作，进一步加强本工地土石方运输管理，遏制违法违规行为，是保证进度、施工安全的重点。

（5）本工程工期需提前两个月竣工验收，内容多、质量要求高，工期紧并跨越雨季施工，必须具备较高的组织协调、施工管理、技术能力、充足的机械设备和施工物资储备能力，才能圆满地完成本工程的施工。

8.6.2　应急措施

从超前钻与前期地质资料看，本工程地质条件较复杂、覆盖层（或基岩风化层）厚度大，力学强度低，存在地下工程的不可预见性等不利因素；并且该地带其他项目工程也在施工，经常发现有石灰岩夹层和溶洞出现，施工中稍有不慎，就会发生事故。为了减少经济损失，并结合我们以往施工中的得失，特编制该应急预案，做到："预则立，不预则废"，以指导施工，确保工程质量与进度。

项目施工过程中重点强调施工中要统一指挥，密切配合，协调有序，做到忙而不乱，稳中求胜，把事故隐患处理在萌芽中。鉴于以上情况，所以特成立应急小组，以对事故提前预防，事后及时处理，减少损失。

参 考 文 献

[1]李勇峰. 深圳大运中心场地岩溶地面塌陷危险性评价研究[D]. 中国地质大学博士学位论文,2013.

[2]郭纯青. 岩溶多重介质环境与岩溶灾害[J]. 地球与环境,2005,33:8-12.

[3]刘恒. 贵州岩溶地基评价及处理[J]. 地球与环境,2006,34:87-91.

[4]李继锋. 岩溶地基稳定性的分析评价方法探讨[J]. 公路交通科技,2006,6:41-43.

[5]潘懋. 灾害地质学[M]. 北京:北京大学出版社,2012.

[6]雷明堂,蒋小珍. 城市岩溶塌陷灾害风险评估方法:以贵州六盘水市为例[J]. 火山地质与矿产,2000,21(2):118-127.

[7]罗小杰. 武汉地区碳酸盐岩"六带五型"划分与岩溶地质灾害防治[J]. 水利学报,2014,(2):171-179.

[8]盛玉环. 岩溶塌陷的勘察与防治[J]. 岩土工程界,2004,7(4):72-74.

[9]袁道先,等. 中国岩溶学[M]. 北京:地质出版社,1994.

[10]龚成中. 岩溶地区嵌岩桩基承载特性研究[D]. 东南大学硕士学位论文,2005.

[11]刘之葵. 岩溶区溶洞及土洞对建筑地基影响的研究[D]. 中南大学博士学位论文,2004.

[12]陈国亮. 岩溶地面塌陷的成因与防治[M]. 北京:中国铁道出版社,1994:76~157.

[13]华南理工大学,东南大学,浙江大学,等. 地基及基础[M]. 北京:中国建筑工业出版社,1998:113-116.

[14]叶书麟,韩杰,叶观宝. 地基处理与托换技术[M]. 北京:中国建筑工业出版社,1994,85-90;283-291.

[15]陈奇,武强. 矿区岩溶塌陷工程治理研究[J]. 工程勘察,2008,(6):31-35.

[16]胡新发,柳建新. 山地和岩溶地区端承桩质量检测与加固技术研究[J]. 岩土力学,2011,(S2):686-692.

[17]任美锷. 岩溶学概论[M]. 北京:商务印书馆,1983.

[18]王松帆,汤华. 岩溶地区建筑物基础设计探讨[J]. 地下空间,2001,21(1):23-27.

[19]黄友建. 连州市岩溶地区地基处理和基础选型研究[D]. 华南理工大学硕士学位论文,2010.

[20]晏致涛,李正良,邓安福. 高层建筑基础选型专家系统研究[J]. 重庆建筑大学学报,2001,23(6):22-26.

[21]http://d. g. wanfangdata. com. cn/Periodical_cqjzdxxb200106004. aspx.

[22]郑伟国. 岩溶地区基础选型的思路和建议[J]. 建筑结构,2012,(7):115-118.

[23]郑伟国,谢毓才,薛绪标. 岩溶地区桩基选型浅谈[J]. 岩土工程学报,2011,(S2):404-407.

[24]薛绪标,郑伟国,周力红,等. 深圳龙岗盛龙花园二期桩基设计[J]. 建筑结构,2011,(S1):1261-1264.

[25]周秋燕,曾毅学. 载体桩在岩溶地区某工程中的应用[J]. 建筑结构,2011,(3):98-99.

[26]邓燕,汤小军. PHC 管桩作桩身的复合载体桩的应用[J]. 建筑结构,2009,(10):147-150.

[27]茜平一,陈晓平. 高层建筑基础.[M]. 武汉:武汉工业大学出版社,1997.

[28]纪凤阁. 青岛某高层建筑基础选型研究[D]. 青岛理工大学硕士学位论文,2013.

[29]茜平一,陈晓平. 高层建筑基础[M]. 武汉:武汉工业大学出版社,1997.

[30]赵锡宏,董建国. 高层建筑与地基基础共同作用理论与实践[M]. 上海:同济大学出版社,1997.

[31]赵锡宏. 高层建筑与地基基础的共同作用[M]. 1987.

[32]郑大同,孙更生. 软土地基与地下工程[M]. 北京:中国建筑工业出版社,1984.

[33]Valliappan S,赵锡宏,曹名葆,等. 子结构分析法在空间结构—基础板—地基的共同作用分析中的应用[C]//中国第二届岩土力学解析与数值分析方法会议论文. 上海:同济大学地下系,1985.

[34]朱百里,曹名葆,魏道垛. 框架结构与地基基础共同作用的数值分析—线性与非线性地基[J]. 同济大学学报,1981,(4):18－34.

[35]孙更生,郑大同. 软土地基与地下工程[M]. 北京:中国建筑工业出版社,1984.

[36]董建国,赵锡宏,等. 高层建筑地基基础共同作研究及其应用[M]. 北京:中国建筑工业出版社,1992.

[37]张问清,赵锡宏,董建国. 上海粉砂土地基(弹塑性模型)与高层建筑箱型基础的共同作用[J]. 建筑结构学报,1982,3(4):50-63.

[38]Zhao X,mingbao C,Lee I K. Soil-Structure Interaction Analysis and its Application to Foundation Design in Shanghai, Ftoc. Of 5Th Inter [J]. Conf. On Numerial Methods in Geomechanics, Nagoya, 1985,V2:805-811.

[39]中国建筑科学研究院. 高层建筑箱形基础设计与施工规程[M]. 北京:中国建筑工业出版社, 1981.

[40]袁聚云,赵锡宏,董建国. 高层空间剪力墙结构与地基(弹塑性模型)共同作用

的研究[C]. 全国岩土力学数值分析与解析方法讨论会,1991,15(2):60-69.

[41]赵锡宏,等. 上海高层建筑桩筏与桩箱基础设计理论[M]. 上海:同济大学出版社, 1989:162-178.

[42]Mindlin R D. Force at a point in the Interior of a Semi-Infinite Solid[J]. Physics, 1953,7(5):195-202.

[43]杨敏. 上部结构与桩筏基础共同作用的理论与实验研究[D]. 同济大学地下系博士学位论文, 1989.

[44]Shamoudy B E, Novak M. Pile Groups Under Static and Dynamic Loading[J]. Proc. 11Th Icsmef. San Francisco,1985,3:1449-1454.

[45]Cooke R W, Price G, Tarr K. Jacked Piles in London Clay—Interaction and Group Behaviour Under Working:Conditions. Geotochnique[J]. 1980, 2(30):97-136.

[46]杨敏. 上部结构与筏桩基础共同作用的理论与试验研究[D]. 上海:同济大学, 1989.

[47]韦树英,韦斌. 钢筋混凝土结构的弹塑性分析[M]. 广西:广西师范大学出版社, 2001.

[48]陈惠发. 土木工程材料的本构方程(第一卷、第二卷)[M]. 武汉:华中科技大学出版社, 2001.

[49]费康,张建伟. ABAQUS 在岩土工程中的应用[M]. 北京:中国水利水电出版社, 2013.

[50]连镇营,韩国城,孔宪京. 强度折减有限元法研究开挖边坡的稳定性[J]. 岩土工程学报, 2001,23(4):407-411.

[51]Ugai K. A Method of Calculation of Total Factor of Safe of Slops by Elasto－Palstic Fem[J]. Soils and Foundations, 1989,29,(2):190-195.

[52]郑宏,李春光,等. 求解安全系数的有限元法[J]. 岩土工程学报, 2002,24(5):626-628.

[53]周维垣,杨若琼,剡公瑞. 高拱坝稳定性评价的方法和准则[J]. 水电站设计, 1997,(02):2-8.

[54]喻晓峰. 桩基下溶洞顶板稳定性多因素模拟分析[D]. 广西大学硕士学位论文,2007.

[55]李娜. 岩溶区筏板基础作用下溶洞薄顶板极限承载力研究[D]. 华南理工大学硕士学位论文,2012.

[56]吴明鑫. 高层建筑下岩溶空洞地基的稳定性分析[D]. 广州大学硕士学位论文,2013.

[57]韦树英,韦斌. 钢筋混凝土结构的弹塑性分析[M]. 广西:广西师范大学出版社,2001.

[58]陈惠发. 土木工程材料的本构方程(第一卷 第二卷)[M]. 武汉:华中科技大学

出版社,2001.

　　[59]费康,张建伟.ABAQUS 在岩土工程中的应用[M].北京:中国水利水电出版社,2013.

　　[60]连镇营,韩国城,孔宪京.强度折减有限元法研究开挖边坡的稳定性[J].岩土工程学报,2001,23(4):407-411.

　　[61]Ugai K. A method of calculation of total factor of safe of slops by elasto-palstic fem[J]. Soils and Foundations,1989,29,(2):190-195.

　　[62]周维垣,杨若琼,剡公瑞.高拱坝稳定性评价的方法和准则[J].水电站设计,1997,13(2):2-8.

　　[63]袁道先.岩溶地质名词术语[M].北京:地质出版社,1988.

彩 图

图 8-1 场地地理位置示意图

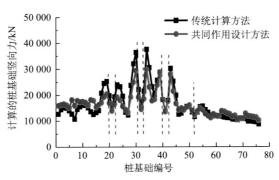

图 8-6 不同计算方法下桩基础受力

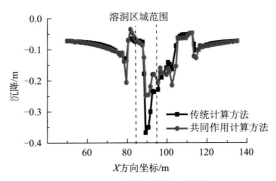

图 8-7 X方向各点沉降值

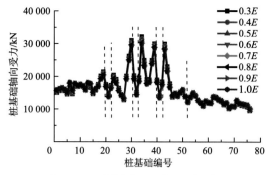

图 8-9　不同桩位置下桩的受力值

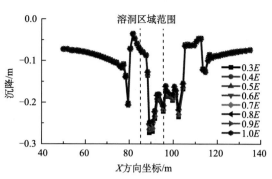

图 8-13　不同 X 方向坐标的各点沉降值

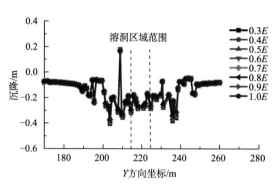

图 8-14　不同 Y 方向坐标的各点沉降值

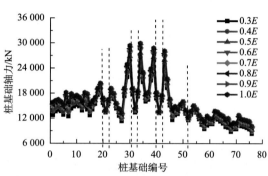

图 8-17　不同桩位置下桩的轴力值

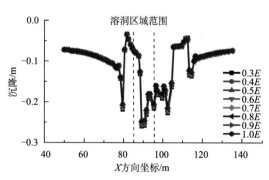

图 8-21　不同 X 方向坐标的各点沉降值

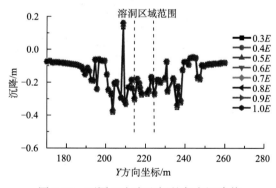

图 8-22　不同 Y 方向坐标的各点沉降值

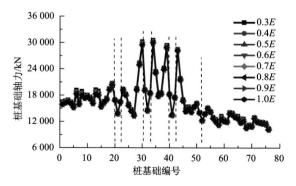

图 8-25　不同桩位置下桩的轴力值

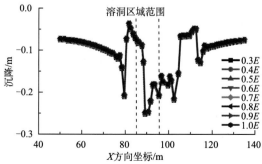

图 8-29　不同 X 方向坐标的各点沉降值

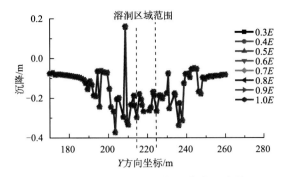

图 8-30　不同 Y 方向坐标的各点沉降值

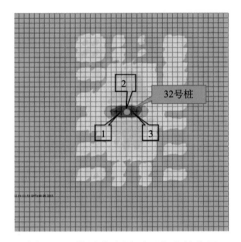

图 8-33　微风化岩层顶面各点的位置

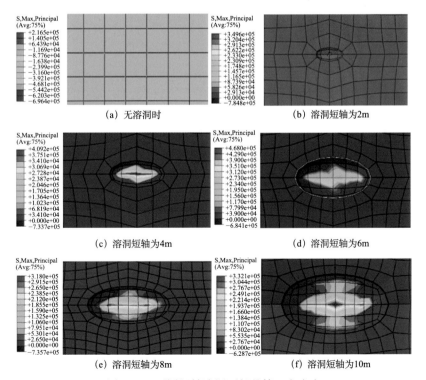

（a）无溶洞时　　　　　　　　　　　（b）溶洞短轴为2m

（c）溶洞短轴为4m　　　　　　　　　（d）溶洞短轴为6m

（e）溶洞短轴为8m　　　　　　　　　（f）溶洞短轴为10m

图 8-36　不同短轴溶洞顶部的第一主应力

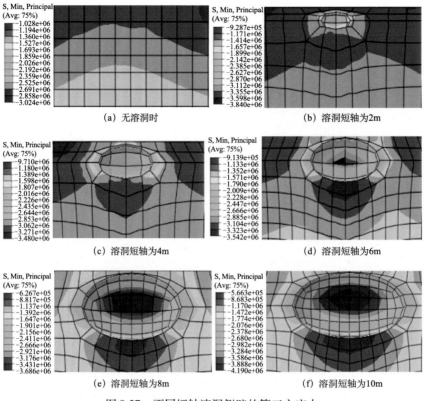

图 8-37　不同短轴溶洞侧壁的第三主应力

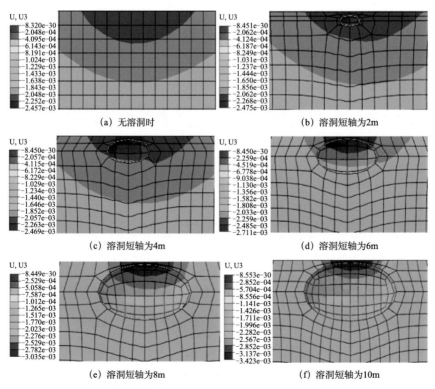

图 8-40　不同短轴溶洞周围的竖向变形

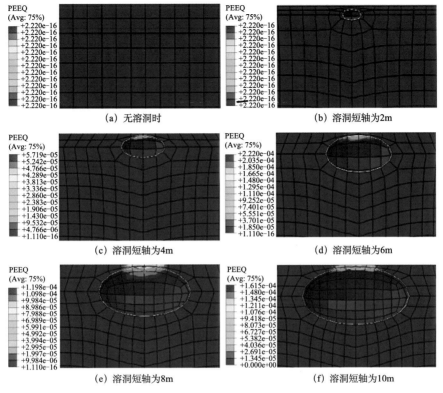

图 8-41　不同短轴溶洞周围的塑性应变

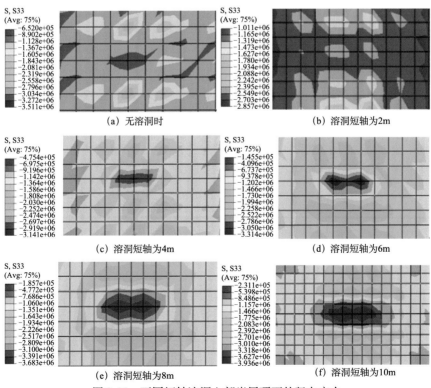

图 8-46　不同短轴溶洞上部岩层顶面的竖向应力

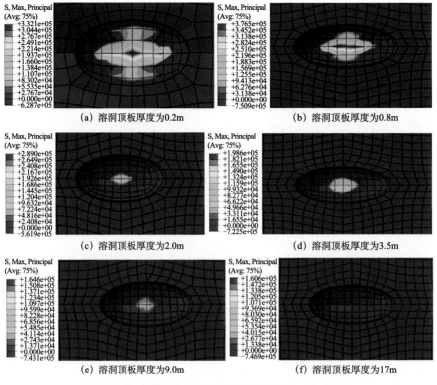

图 8-49　不同顶板厚度下溶洞顶部的第一主应力

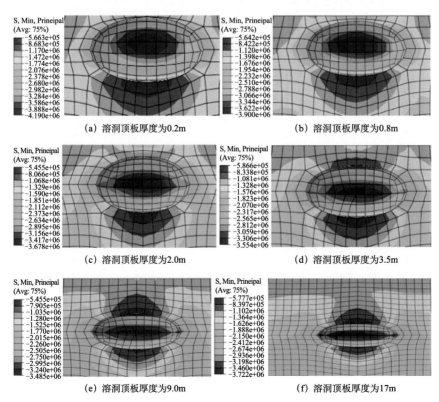

图 8-50　不同顶板厚度下溶洞侧壁的第三主应力